ANGEWANDTE AKUSTIK BAND 1

Herausgegeben von
Prof. Dr.-Ing. habil. Wolfgang Kraak
Prof. Dr. sc. techn. Günther Schommartz

D1734657

VEB VERLAG TECHNIK BERLIN

Angewandte Akustik / hrsg. von Wolfgang Kraak ;
Günther Schommartz. - Berlin : Verl. Technik
NE: Kraak, Wolfgang [Hrsg.]

Bd. 1. - 1. Aufl. - 1987. - 284 S. : 149 Bilder,
        10 Taf.
        ISBN 3-341-00284-7

ISBN 3-341-00284-7
ISSN 0863-0089 / Angew. Akust.

1. Auflage
© VEB Verlag Technik, Berlin, 1988
Lizenz 201 · 370/70/88
Printed in the German Democratic Republic
Druck: Druckerei „Thomas Müntzer", Bad Langensalza
Lektor: Dipl.-Ing. Rolf Fischer
Umschlag: Rainer Klaunick
LSV 1157 · VT 3/5891-1
Bestellnummer: 553 718 6
03500

Geleitwort

Mit diesem Band wird eine Buchreihe eröffnet, in der Autoren aus allen Teilgebieten der Akustik über ein aktuelles Forschungsgebiet berichten oder einen Überblick über einen größeren Themenkomplex geben werden. In gewisser Weise wird damit das zweibändige „Taschenbuch Akustik" ergänzt, das 1984 im Verlag Technik erschien und von dem zur Zeit eine Nachauflage vorbereitet wird.

Die Akustik ist, wie kaum eine andere Wissenschaftsdiziplin, weit verzweigt. Über die Teilgebiete

automatische Sprachverarbeitung,

musikalische Akustik,

Elektroakustik,

Raum- und Bauakustik,

Hydroakustik,

Maschinenakustik,

Lärmbekämpfung,

Oberflächenwellenakustik,

Ultraschalltechnologie,

Ultraschallortungsverfahren in Medizin, Geophysik, Werkstoffprüfung, Ozeanografie, Schifffahrt

ist sie mit zahlreichen anderen Wissensgebieten mehr oder weniger eng verbunden. Die volkswirtschaftliche Bedeutung der Akustik als Wissenschaft ist damit außerordentlich groß, aber sie ist auch häufig so in andere Wissensgebiete integriert, daß ihre Bedeutung oft unterschätzt wird.

Die wissenschaftlichen Probleme der Akustik sind so vielfältig wie ihre Verzweigungen. Entsprechend den jeweiligen interdisziplinären Ausrichtungen stehen physikalische, physio-psychologische, maschinentechnische, architektonische, medizinische, elektrotechnische, musikalische, signalanalytische Aspekte im Vordergrund oder in unterschiedlichen Verknüpfungen zueinander. Die wissenschaftlichen Arbeiten zu den verschiedenen Anwendungsgebieten der Akustik sind deshalb meist so spezialisiert, daß sie nur einen engen Interessentenkreis finden. Das war bei der Einrichtung eines Jahrbuches zu bedenken, das für die ganze Fülle wissenschaftlicher Arbeiten auf dem Gebiet der Akustik offen sein soll.

Gerade die starke Spezialisierung darf aber nicht zu einer zu starken Einengung des Wissens der Spezialisten führen. Ein Jahrbuch mit wissenschaftlichen Arbeiten, die vorwiegend Übersichtscharakter haben sollen und bei denen die Autoren angehalten werden, nicht nur für einen spezialisierten Leserkreis zu schreiben, wird dazu beitragen, daß sich „die Nachbarn über die Zäune schauen". Der erste Band des Jahrbuches wird bereits einen Eindruck von der Fülle des Stofflichen und Methodischen geben, das derzeit im Vordergrund der technischen Anwendungen steht.

Dem Titel des Jahrbuches entsprechend, werden die Beiträge anwendungsorientiert sein. Anwendung soll hier nicht nur im produktionstechnischen Sinne verstanden werden, sondern im Sinne von Produktentwicklung, Meßtechnik, Qualitätsbeurteilung, Projektierung, Umweltschutz, Arbeitshygiene, um nur einige der Anwendungen zu nennen, die sich in ihrer Vielfalt schon aus den breiten interdisziplinären Verzweigungen der Akustik ergeben. Es sind aber auch Beiträge erwünscht, die das theoretische Gebäude der Akustik in dem Sinne erweitern, daß aus dem Erkenntniszuwachs neue und nicht immer gleich sichtbare Anwendungen entstehen. In der Regel wollen die Herausgeber und die Mitarbeiter der Redaktion Autoren zur Anfertigung von Beiträgen auffordern; es sind aber durchaus auch Angebote möglich. Beabsichtigt ist, jährlich mindestens einen Band herauszubringen.

Es soll an dieser Stelle auch des Nestors der Akustik in der DDR gedacht werden. Im Juli 1985 ist Professor Dr.-Ing. Walter Reichardt ganz plötzlich im Alter von 82 Jahren verstorben. Er starb mitten in einem bis dahin noch immer intensiven Schaffen. Walter Reichardt hat wie kein anderer zur Entstehung des wissenschaftlichen Niveaus der Akustik in der DDR beigetragen. Er hat hier nicht nur die Mehrzahl der Akustiker ausgebildet, sondern er hat auch durch eine große Zahl von eigenen Publikationen, Büchern und Zeitschriftenartikeln, das Fachgebiet der Akustik, vorwiegend das der Raumakustik, bereichert. Wird Walter Reichardt in der Jahrbuchreihe auch nicht mehr mitwirken, so hat er doch Voraussetzungen für ihre Einrichtung geschaffen, und seine Denkweise wird auch in den hier publizierten Arbeiten seiner Schüler und deren Schüler noch spürbar sein.

Dem Verlag Technik, insbesondere Herrn Verlagsdirektor Hieronimus, sei an dieser Stelle für die Aufnahme des Jahrbuches in das Programm des Verlages gedankt. Es sei auch allen Mitarbeitern des Verlages gedankt, die am ersten Band mitgearbeitet haben und bei denen sich schon der zweite Band in Bearbeitung befindet. Hier gilt unser besonderer Dank dem Lektor, Herrn R. Fischer, der durch sein großes Bemühen einen wesentlichen Anteil an dieser Publikationsreihe hat.

Wir alle wünschen uns, daß die „Angewandte Akustik" eine gute Aufnahme in der Fachwelt findet.

Wolfgang Kraak
Günther Schommartz

Inhaltsverzeichnis

Contents

Sommaire

Johannes Plundrich

Schallintensitätsmeßtechnik

Es wird ein Überblick über ein spezielles Gebiet der akustischen Meßtechnik gegeben, das innerhalb des letzten Jahrzehntes einen rapiden Aufschwung erfahren hat. Zunächst werden Grundlagen und Entwicklung der Intensitätsmeßtechnik beschrieben, wobei insbesondere auf die Zweimikrofontechnik eingegangen wird (Signalverarbeitung, Sondenaufbau, systematische Fehler). Breiten Raum nehmen die Behandlung der verschiedenen Formen des Intensitätsfeldes und die Ableitung von Schlußfolgerungen für die Meßpraxis ein (Nahfeld einer Quelle, mehrere Quellen im freien Feld, Diffusfeld). Die beiden Hauptanwendungsgebiete (Schalleistungsbestimmung unter Störgeräuscheinfluß und Schallquellenermittlung) werden eingehend diskutiert und anhand von praktischen Meßbeispielen kommentiert.

A survey of a special field of the acoustic measuring technique is given which has experiences within the last decade a rapid upswing. First, fundamentals and development of the intensity measuring technique is described, in which it is particularly dealt with the two-microphone technique (signal processing, sensing element construction, systematic errors). Much attention is given to the dealing with the various shapes of the intensity field and the inference of conclusions for the measurement practice (near field of a source, several sources in the free field, diffuse field). The two main fields of application (acoustic power determination under noise influence and sound source determination) are discussed in detail and commentated with the help of practical measurement examples.

On donne une vue d'ensemble d'un domaine spécifique de la technique de mesure acoustique qui, durant la dernière décennie, a pris un essor rapide. On décrit d'abord les fondements et le développement de la technique de mesure de l'intensité sonore en traitant plus en détail la méthode des deux microphones. (Traitement de signal, construction des sondes, erreurs systématiques.) L'auteur présente une description détaillée des différentes formes du champ d'intensité et tire des conclusions pour la pratique de mesure. (Champ proche d'une source, plusieures sources dans le champ libre, champ diffus.) Les deux principaux domaines d'application (détermination de la puissance sonore sous l'influence de signaux brouilleurs et détermination de sources sonores) sont discutés en détail et commentés sur la base d'exemples de mesure pratiques.

1   Einleitung

Die Schallintensität ist eine sehr aussagefähige Meßgröße zur Kennzeichnung akustischer Quellen und Felder. Ihre Eigenschaft, außer dem Betrag auch die Richtung des Schallenergieflusses zu beschreiben, prädestiniert sie geradezu für einige wichtige Aufgaben der technischen Akustik. Sie liefert immer dann wertvolle zusätzliche Informationen, wenn das Schallfeld nicht nur von einer Quelle, sondern von mehreren gleichzeitig wesentlich bestimmt wird. Wichtige Einsatzgebiete in der Lärmbekämpfung sind daher Schalleistungsmessungen und Lokalisationsaufgaben unter Praxisbedingungen, beispielsweise an Maschinen und Anlagenteilen während der laufenden Produktion, wenn keine Ausfallzeiten entstehen dürfen, oder an gekoppelten Maschinen, die einsatztypisch nicht getrennt betrieben werden können. Aber auch bei einer Reihe weiterer spezieller Aufgaben bietet sich die Intensitätsmeßtechnik als wertvolles Hilfsmittel an, z.B. bei der Messung des Abstrahlgrades von Strukturen, der spezifischen Impedanz des akustischen Feldes und bei anderen Meßaufgaben der Raumakustik sowie in Rohrleitungen und Kanälen ohne Strömung.

Die Bemühungen um die unmittelbare meßtechnische Bestimmung der Schallintensität (in diesem Beitrag wird nur Luftschall betrachtet) reichen weit zurück. Vor etwa 100 Jahren stellten HELMHOLTZ und RAYLEIGH erste Betrachtungen hierzu an. Das Problem, praktisch einsetzbare Meßsysteme zu realisieren, erwies sich jedoch als sehr kompliziert und konnte erst mittels der Digitaltechnik zufriedenstellend gelöst werden.

In den dreißiger bis fünfziger Jahren wurden erste analoge Systeme für den Laborbetrieb vorgestellt, die bereits eine beachtliche Meßgenauigkeit erreichten (OLSON, 1932, CLAPP/ FIRESTONE, 1941, SCHULTZ, 1954). Aufgrund von Nachteilen, die sich aus dem damaligen Stand der Technik ergaben, wie umfänglicher Aufbau, mechanische Empfindlichkeit und zeitaufwendige Bedienung, konnten sich derartige Geräte jedoch nicht durchsetzen.

Als in den sechziger Jahren die akustische Meßtechnik einen großen Aufschwung erfuhr, wiesen besonders REICHARDT (1961) und LÜBCKE (1962) auf die großen Vorteile einer Bestimmung des Schalleistungspegels aus Intensitätsmessungen hin.

Anfangs der siebziger Jahre begannen erneut intensive Untersuchungen zur Lösung verfahrensseitiger und gerätetechnischer Probleme. Die Realisierung von Geräten in analoger Technik wurde von ODIN (1973), BURGER u.a. (1973), OLSON (1974), PAVIĆ (1977), WOGECK (1979) u.a. weitergeführt und ist bei einigen Autoren bis heute zu verfolgen.

Mit dem Einzug der Mikroelektronik und der digitalen Signalverarbeitung in die Meßtechnik begann aber eine neue, erfolgreichere Entwicklungslinie. Es wurde möglich, genaue, schnelle und weniger umfängliche Geräte zu bauen. Grundlegende Arbeiten legten insbesondere FAHY (1977), CHUNG (1978), GADE, GINN, ROTH und RASMUSSEN (ab 1981) vor. Dem folgte eine wahre Flut von Literatur, die sich theoretischen und praktischen Aspekten dieser Technik widmete (z.B. Meßunsicherheit, Datenverarbeitung, Meßpraxis, Standardisierung, Schallleistungspegelbestimmung, Lokalisationsverfahren, Weiterverarbeitung zu anderen Meßgrößen).

2 Schallintensität, Schalleistung, Schalldruck — Grundlagen

Die durch ein Flächenelement $\overrightarrow{dS}$ transportierte Schalleistung ergibt sich aus dem Skalarprodukt

$$dP = \overline{(p\,\overrightarrow{v})}^{\,t} \cdot \overrightarrow{dS}. \tag{1}$$

Der Zeitmittelwert des Produktes aus Schalldruck p und Schallschnelle $\overrightarrow{v}$ [1] wird als Schallintensität $\overrightarrow{J}$ definiert:

$$\overrightarrow{J} = \lim_{T\to\infty} \frac{1}{T} \int_{t_1}^{t_1+T} p\,\overrightarrow{v}\,dt = \overline{p\,\overrightarrow{v}} \tag{2}$$

Im Gegensatz zum Schalldruck ist sie ein Vektor in Schallausbreitungsrichtung. Sie beschreibt nach Betrag und Richtung die senkrecht durch das Flächenelement $\overrightarrow{dS}$ tretende akustische Wirkleistung je Fläche (auch als Nettoenergiefluß bezeichnet).

Sind Druck und Schnelle sinusförmig schwankende Größen, so kann mit Hilfe der komplexen Schreibweise ($p(t) = \text{Re}\{\hat{p}\exp j\,(\omega t + \varphi_p)\}$, $\overrightarrow{v}(t) = \text{Re}\{\overrightarrow{\hat{v}}\exp j\,(\omega t + \varphi_v)\}$) einfach gezeigt werden, daß gilt

$$\left.\begin{aligned}
\overrightarrow{J} &= \text{Re}\{\underline{p}\,\overrightarrow{\underline{v}}\,{}^*\} = \frac{\hat{p}\,\overrightarrow{\hat{v}}}{2}\cos(\varphi_p - \varphi_v), \\
\overrightarrow{J} &= \widetilde{p}\,\overrightarrow{\widetilde{v}}\cos\varphi_{pv}.
\end{aligned}\right\} \tag{3}$$

Darin kennzeichnen der Stern die konjugiert komplexe Größe, die Tilde den Effektivwert und φ_{pv} die Phasenverschiebung zwischen Druck und Schnelle. Um beispielsweise einen Fehler von 0,5 dB einzuhalten, darf hier φ_{pv} bis 27° betragen. Aus (2) folgt für den Betrag der Intensitätskomponente in Raumrichtung $\overrightarrow{r}$ (im allg. wird in Kugelkoordinaten gerechnet):

$$J_r = \overline{p\,v_r}. \tag{4}$$

Besonders einfach sind die Verhältnisse für eine sich im freien Schallfeld ausbreitende ebene Welle. Hier ist der Quotient aus Druck und Schnelle

$$Z_0 = p/v_r = \varrho_0\,c$$

eine ortsunabhängige, rein reelle Größe - die Schallkennimpedanz. Damit kann der Betrag der Intensität aus dem recht einfach und genau meßbaren Schalldruck bestimmt werden ($\widetilde{p}^2$-Methode):

$$J_r = \overline{p^2/(\varrho_0\,c)} = \widetilde{p}^2/(\varrho_0\,c). \tag{5}$$

Die Bezugsgrößen für Schalldruck-, Schalleistungs- und Schallintensitätspegel wurden daher auch so gewählt, daß in der ebenen Welle Schalldruck- und Schallintensitätspegel bis auf eine geringfügige Differenz gleich groß sind. Diese Differenz $L_p - L_J$ beträgt in Abhängigkeit von Temperatur und Dichte etwa 0,1 dB. Wird eine Schallquelle in einer beliebigen akustischen Umgebung aufgestellt, wo Reflexionen bewirken, daß die Impedanz sich wesentlich

---

[1] Die Symbole p und v bezeichnen Momentanwerte von Wechselgrößen mit dem Mittelwert Null. Sind Gleichanteile p_- und v_- enthalten, so heben sich nach ausreichend langer Integration zwar die Kreuzprodukte heraus, das Produkt $p_-\,v_-$ führt jedoch zu einem Meßfehler. Das Symbol t zur näheren Kennzeichnung des Zeitmittelwertes entfällt im folgenden. In der Meßpraxis werden je nach Aufgabenstellung Integrationszeiten von $T = 10^{-2}\ldots10^2$ s gewählt.

von dem rein reellen Wert ϱ_0 c unterscheidet, so müssen sowohl Druck als auch Schnelle bekannt sein, um die Schallintensität zu bestimmen.

Hieraus wird bereits erkennbar, daß die Schallintensität im Zusammenhang mit dem Schalldruck die wohl bedeutendste Größe ist, um die akustischen Bedingungen an einem bestimmten Punkt im Schallfeld zu beschreiben (vgl. Abschn. 7.2).

3 Entwicklung des Meßverfahrens

3.1 Meßprinzipien

Wie kann nun die Intensität unter allgemeinen Schallfeldbedingungen gemessen werden? Das Hauptproblem ist die Bestimmung der Schallschnelle mit einer Genauigkeit, die der bei Schalldruckmessungen üblichen nahekommt. Dabei sind Druck und Schnelle als Momentanwerte gleichzeitig und theoretisch am gleichen Punkt im Schallfeld aufzunehmen. Die Kombination der beiden Aufnehmer soll als Intensitätsmeßsonde bezeichnet werden. Da die Schnelle bzw. der Druckgradient eine gerichtete Größe ist, hat jede Intensitätsmeßsonde im Idealfall eine achtförmige Richtcharakteristik (J $\sim \cos\alpha$). Praktische Realisierungen weichen - insbesondere bei höheren Frequenzen - hiervon ab.

Zur Realisierung der Schnellemessung in der Intensitätsmeßsonde wurden folgende Lösungsansätze verfolgt:

- Schnellemikrofon,
- Gradientenmikrofon,
- Intensitätsmikrofon,
- Zweimikrofontechnik (Schalldruck).

Durchgesetzt hat sich heute die Zweimikrofontechnik. Zunächst jedoch soll im folgenden ein kurzer Überblick über die anderen Verfahren gegeben werden, wobei einige ausgewählte Beispiele den jeweilig erreichten Entwicklungsstand charakterisieren.

3.2 Schnellemessung

Das nächstliegende ist eine direkte Schnellemessung. OLSON [1] [2] schlug ein kombiniertes dynamisches Bändchenmikrofon vor, bei dem der obere Teil des Metallbändchens beidseitig vom Schall beaufschlagt wird und eine der Schnelle proportionale Spannung u_v abgibt. Das Bändchenmikrofon weist massebestimmtes Verhalten auf (schlaffe Einspannung, tiefabgestimmt). Der untere Teil wird einseitig mit einem Rohr abgeschlossen, so daß eine dem Schalldruck proportionale Spannung u_p gewonnen wird. Die Weiterverarbeitung in analoger Technik (Röhren und

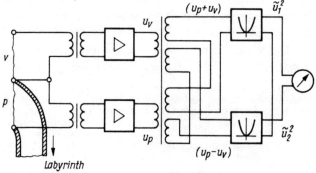

Bild 1 Prinzipschaltung des Schallintensitätsmeßgerätes nach OLSON

Transformatoren) erfolgte nach der „Viertelquadratmethode". Dabei werden die Summen- und Differenzspannungen $u_1 = u_p + u_v$ bzw. $u_2 = u_p - u_v$ gebildet und quadriert. Das der Intensität proportionale Spannungsprodukt ergibt sich dann nach

$$ J \sim \widetilde{(u_p\, u_v)} = \frac{1}{4}\,(\widetilde{u_1^2} - \widetilde{u_2^2}). $$

Bild 1 zeigt die Prinzipschaltung. Die Quadrierstufe war zunächst als Thermoumformer, dann als Diodenschaltung konzipiert [2]. Für frequenzselektive Messungen sind u_1 und u_2 zu filtern. Als theoretisch nutzbarer Frequenzbereich wird in [2] f = 40 Hz bis 8 kHz angegeben, als Richtungsselektivität $L_J(90°) - L_J(0) = -30$ dB.

Von CLAPP und FIRESTONE [3] wurde vorgeschlagen, zwei getrennte Mikrofone für Druck und Schnelle zu verwenden. Da die Umsetzung der Schnelle in eine proportionale Spannung nicht phasentreu erfolgte, ergaben sich bei der nachfolgenden Multiplikation mit dem Drucksignal relativ große Fehler.

BURGER [5] beschreibt ebenfalls ein analoges Meßgerät, das der Gleichung (4) folgt. In der Arbeit wurde ein realisierbarer Frequenzbereich von 50 Hz bis 12 kHz genannt, obwohl Meßergebnisse nur für die Oktaven 125 Hz bis 500 Hz angegeben sind. Es wurde auch versucht (BAKER [6]), die Partikelgeschwindigkeit direkt mit Hilfe eines speziell ausgelegten gerichteten Hitzdrahtanemometers zu messen. Ein solcher Schnelleaufnehmer ist äußerst empfindlich und für praktische Messungen an Maschinen kaum einsetzbar, denn es ist hierbei eine zusätzliche Kompensation des Luftstromes erforderlich.

Da also eine echte Schnellemessung schwer zu realisieren ist, waren andere Ansätze nötig.

3.3 Gradientenmessung

Nach dem 2. Newtonschen Grundgesetz gilt

$$ \varrho_0\, \frac{d\vec{v}}{dt} = -\,\text{grad}\; p, $$

auch als Eulersche Beziehung bezeichnet. In einer Raumrichtung $\vec{r}$ gilt, solange die Schallschnelle viel kleiner als die Schallgeschwindigkeit c ist,

$$ \varrho_0\, \frac{\partial v_r}{\partial t} = -\,\frac{\partial p}{\partial r}\,. \tag{6} $$

Die gesuchte Schallschnelle ergibt sich dann durch zeitliche Integration des vom Mikrofon aufgenommenen Druckgradienten.

Ein solches Mikrofon liegt vor, wenn die Druckdifferenz vor und hinter der Membran direkt die sie antreibende Kraft bestimmt. Das wird z.B. erreicht, indem man in der Gegenelektrode eines geeignet ausgelegten Kondensatormikrofons durchgängige Bohrungen anbringt [4]. Das Verhalten der Membran ist durch geringe Eigenmasse und straffe Einspannung steifebestimmt. Die Resonanzfrequenz liegt oberhalb des Arbeitsfrequenzbereiches. Ungenügende Leistungsparameter ließen bislang auch diese Lösung ungeeignet erscheinen.

Wird durch großen Bohrungsabstand eine Reibungshemmung der Membran verursacht, so entsteht übrigens wieder ein Schnelleaufnehmer [4]. Neuerdings ist diese Idee der Gradienten-Schnelle-Messung in einem relativ aufwendigen digitalen Meßsystem wieder aufgegriffen worden [21] [22]. Die fortgeschrittene Wandlertechnik führt im Zusammenhang mit den Vorzügen der digitalen Datenverarbeitung zu einem leistungsfähigen Gerätesystem, das Messungen im Bereich von 20 Hz bis 10 kHz gestattet. Allerdings ist ein erhöhter Bedienaufwand erforderlich, insbesondere bei der Kalibrierung (vgl. Abschn. 6.4).

3.4 Intensitätsmikrofone

Sowohl bei der Schnelle- als auch bei der Gradientenmessung ist in unmittelbarer Nähe noch ein Druckmikrofon erforderlich. Bilden nun beide Aufnehmer sowohl eine konstruktive als auch akustisch interaktive Einheit, so soll im folgenden von einem Intensitätsmikrofon gesprochen werden.

Vom rein konstruktiven Aspekt her betrachtet fallen auch die Lösungen von OLSON und SCHULTZ (s.u.) hierunter. ODIN ging in seiner Lösung vom Kondensatormikrofon mit Nierencharakteristik aus. Bei diesem Mikrofon befinden sich auf zwei Seiten einer Gegenelektrode Membranen, die über durchgehende Bohrungen akustisch miteinander gekoppelt, aber elektrisch voneinander getrennt sind. Das Mikrofon reagiert auf den Schalldruck, der beide Membranen gegeneinander treibt, aber auch auf den Druckgradienten, der eine Bewegung beider Membranen in gleiche Richtung bewirkt. Die Bewegung der Membranen besteht also aus gleich- und gegenläufigen Auslenkungen. Eine geeignete Auslegung der Membranhemmung hat zur Folge, daß der vom Gradienten erzeugte Spannungsanteil der Schnelle proportional ist. Die Weiterverarbeitung erfolgte ebenfalls nach der „Viertelquadratmethode". Sehr günstig ist dabei, daß Summen- und Differenzbildung von u_p und u_v bereits im Mikrofon erfolgen. ODIN schlug vor, das Intensitätsmikrofon im Impedanzrohr zu kalibrieren, denn einerseits kann hier aus dem Absorptionsgrad des Abschlusses der Phasenunterschied zwischen Druck und Schnelle als Funktion des Ortes berechnet werden, und zum anderen ist der Absorptionsgrad mit Hilfe des Schalldrucks allein bestimmbar. Der nutzbare Frequenzbereich des Gerätes, das vorzugsweise für die Zwecke der Lärmbekämpfung bestimmt war, reichte von 100 Hz bis 1,25 kHz.

4 Zweimikrofontechnik

SCHULTZ wies in einer grundlegenden Arbeit [8] nach, daß die Schallschnelle nicht mit Spezialmikrofonen ermittelt werden muß, die mechanisch kompliziert und daher recht teuer, i.allg. wenig robust sowie umständlich zu kalibrieren sind.

Zwei in definiertem Abstand im Schallfeld positionierte Schalldruckmikrofone liefern nach entsprechender Verarbeitung ihrer Signale für einen zwischen ihnen liegenden Aufpunkt Schalldruck und Schallschnelle. Aufgrund der sehr ausgereiften Technologie der Herstellung von Schalldruckmikrofonen und ihrer guten technischen Daten führt dieses Konzept zu leistungsfähigen und preiswerten Meßanordnungen. Nach der Art der Weiterverarbeitung der Schalldrucksignale werden drei Methoden unterschieden.

- direkte Methode: Ermittlung der Schnelle aus der Druckdifferenz und Multiplikation mit dem Druck zur Intensität;
- Methode nach PAVIĆ: eine Spezialform der direkten Methode;
- indirekte Methode: Ermittlung der Schallintensität aus dem Imaginärteil der Kreuzleistungsdichte.

4.1 Direkte Methode

Wird an zwei benachbarten Punkten im Abstand $\Delta r = r_2 - r_1$ der Schalldruck gemessen, so gilt am Mittelpunkt r_M für den Schalldruck (<u>Bild 2</u>)

$$p \approx p_m = \frac{p_1 + p_2}{2} \tag{7}$$

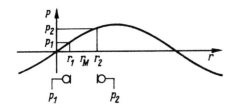

Bild 2 Messung des Schalldrucks an zwei
benachbarten Punkten im Schallfeld

und, aus (6) folgend, für die Schallschnellekomponente in r-Richtung

$$v_r = -\frac{1}{\varrho_0} \int \frac{\partial p}{\partial r}\, dt \approx v_{rm} = -\frac{1}{\varrho_0} \int \frac{p_2 - p_1}{\Delta r}\, dt, \tag{8}$$

wenn Δr im Vergleich zur Wellenlänge genügend klein ist. Die Schallintensität kann damit
direkt nach (4) ermittelt werden:

$$J_{rm} = \frac{1}{2\varrho_0\, \Delta r} \overline{(p_1 + p_2) \int (p_1 - p_2)\, dt}. \tag{9}$$

Darin soll der Index m jeweils den verfahrensbedingten Meßwert kennzeichnen. Aus (9) folgt
die im Bild 3 angegebene Prinzipschaltung, die in mehreren Versionen analog und digital realisiert wurde. Wegen der einfacheren Überschaubarkeit und ihrer speziellen Vorzüge für die
Lärmbekämpfung wird in den folgenden Abschnitten bei der Darstellung von Möglichkeiten und
Grenzen der Intensitätsmeßtechnik im allgemeinen auf die direkte Methode Bezug genommen.

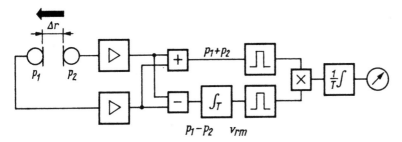

Bild 3 Prinzipschaltung für die Messung der Schallintensität nach der direkten Methode

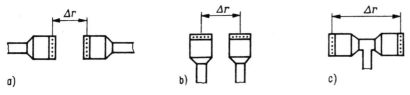

Bild 4 Möglichkeiten der Kapselanordnung in einer Sonde für die Zweimikrofontechnik
a) face to face; b) side by side; c) back to back

Es gibt konstruktiv drei Möglichkeiten, die Mikrofonkapseln zu einer Sonde zu vereinen
(Bild 4).

SCHULTZ [8] wählte eine spezielle Form der Anordnung c) mit einem Membranabstand von
$\Delta r = 3$ mm. In etwa 30 mm Entfernung befanden sich die Mikrofonvorverstärker. Eine Filterung
war nicht vorgesehen. Summen- und Differenzbildung erfolgten durch einen Transformator. Die
Multiplizier- und Mittelungsstufe wurde durch ein Drehspulmeßwerk realisiert. Das Gerät erreichte einen Dynamikbereich von 50 dB ab etwa 100 Hz bis zu einer oberen Grenzfrequenz von
10 kHz.

COOK und PROCTOR [9] benutzten ein Impedanzrohr mit offenem Abschluß als Schallquelle absolut bekannter Schalleistung für Labormessungen. Zur Bestimmung der Schallintensität im Rohr wurde ein Analogrechner benutzt, der die Funktion gemäß der Prinzipschaltung (Bild 3) ausführte. Es wurden keramische Mikrofone eingesetzt, deren Abstand beliebig einstellbar war. Die Autoren wiesen bereits darauf hin, daß geometrischer und akustischer Membranabstand nicht gleich sind. Es war unbewertet bei Sinusanregung zu messen, so daß Filter hier ebenfalls entfielen. Wie in [9] gezeigt wird, ergeben sich die besten Auswertungsbedingungen bei Messung im Rohr für $\Delta r = \lambda/4$. Zur Positionierung im Rohr wurde ein Schneckentrieb benutzt. Die Meßauswertung bietet bereits wichtige Ansätze zum Einfluß reaktiver Felder.

Auf der Basis des Laborgerätesystems der Akustik von VEB ROBOTRON Meßelektronik Dresden und zusätzlichen Funktionsbausteinen wurde auch von WOGECK [10] die angegebene Schaltung realisiert. Die Phasendifferenz zwischen den Kanälen einschließlich der beiden Bandpaßfilter betrug maximal 2°. Die Anzeige erfolgte hier digital als Pegelgröße. Bei einem Abstand der 1/2"-Mikrofone von 25 mm ergab sich eine Abweichung zum konventionell in einer Rohrleitung gemessenen Schalleistungspegel von maximal 1 dB im Bereich 200 Hz bis 1,25 kHz.

Von PLEECK und PETERSEN [11] wurde ein analog arbeitendes Gerät nach Bild 3 mit folgenden Besonderheiten vorgestellt:

- wahlweise lineare, A-bewertete oder externe Filterung,
- lineare oder exponentielle Mittelung des Ergebnisses in Echtzeit,
- wahlweise Messung von Schalldruck, Schallschnelle oder Intensität,
- Pegelausgabe am Display und Digitalausgang.

Es kann damit als Vorgänger des digitalen Gerätes B&K Typ 3360 betrachtet werden. In dieser Arbeit wurden schon die im folgenden noch zu behandelnden systematischen Fehler der Zweimikrofontechnik untersucht. Insbesondere konnte festgestellt werden, daß die Mikrofonanordnung a) nach Bild 4 der Anordnung b) und, will man mit üblichen Kondensatormikrofonkapseln kleine Abstände Δr realisieren, selbstverständlich auch der Anordnung c) überlegen ist. Die gesamte Phasendifferenz zwischen beiden Kanälen war $\varphi < 1°$ (100 Hz bis 10 kHz). Die Bestimmung des A-Schalleistungspegels an einem 300-MW-Turbogenerator (64 Meßpunkte) ergab $L_P = 116$ dB(A), während nach Standard ($\overline{p^2}$-Methode) $L_P = 117$ dB(A) gemessen wurde, wobei die Abweichung durch andere Schallquellen im Raum erklärt werden kann.

4.2   Methode nach PAVIĆ

Nach Auflösung der Klammerausdrücke in (9) läßt sich mit den Methoden der Integralrechnung einfach zeigen, daß die Gleichung für physikalisch reale Signale p(t) auch geschrieben werden kann als

$$J_{rm} = \frac{1}{\varrho_0 \, \Delta r} \, \overline{p_2 \int p_1 \, dt} . \tag{10}$$

Die Schaltung vereinfacht sich dadurch wesentlich (<u>Bild 5</u>).

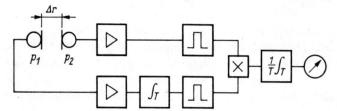

Bild 5 Schaltung für die Messung der Schallintensität nach der Methode von PAVIĆ

PAVIĆ [12] benutzte zur Integration einen kapazitiv rückgekoppelten Operationsverstärker. Filter entfielen in seiner Anordnung. Multiplikation und Zeitmittlung wurden mit einem Digitalkorrelator ausgeführt. Für ein Verhältnis von Mikrofonabstand zu -durchmesser $\Delta r/D > 20$ konnte eine Phasendifferenz zwischen beiden Kanälen $\varphi < 2°$ eingehalten werden. Die obere Grenzfrequenz wird für diese Meßmethode für 1/2"-Mikrofone zu etwa 2 kHz abgeschätzt. Auch von WOGECK [10] wurde diese Variante untersucht. Im Vergleich zur Schaltung nach Bild 3 waren ein glatterer Frequenzgang (Gewinn etwa 1 Oktavbandbreite) und eine verbesserte Dynamik zu verzeichnen, allerdings bei erhöhtem Einfluß der Phasendifferenz beider Kanäle.

4.3   Indirekte Methode

Bisher konnte auf die komplexe Schreibweise weitestgehend verzichtet werden, hier bietet sie sich für eine überschaubare Darstellung an. Analog zu (3) kann (9) geschrieben werden als

$$J_{rm} = \frac{1}{2\varrho_0\,\Delta r}\,\mathrm{Re}\left\{(\underline{p}_1 + \underline{p}_2)\int(\underline{p}_1^* - \underline{p}_2^*)\,dt\right\}.$$

Für Messung in ausreichend schmalen Frequenzbändern gilt

$$\int \underline{p}^*\,dt = -\frac{1}{j\omega}\,\underline{p}^*$$

und damit

$$J_{rm} = \frac{1}{\omega\,\varrho_0\,\Delta r}\cdot\frac{1}{2}\left\{\frac{1}{j}\,(\underline{p}_1\,\underline{p}_2^* - \underline{p}_1^*\,\underline{p}_2)\right\}. \tag{11}$$

Das zeitgemittelte Produkt beider Schalldrücke ist der Wert ihrer Kreuzkorrelationsfunktion am Punkt $\tau = 0$. Nach Fouriertransformation läßt sich mit

$$J_{rm} = \int\limits_0^\infty J_{rm}(f)\,df$$

und dem Wiener-Chinčin-Theorem für eine Frequenzkomponente der Schallintensität schreiben

$$J_{rm}(f) = -\frac{1}{\omega\,\varrho_0\,\Delta r}\,Q_{12}(f), \tag{12}$$

worin $Q_{12}(f)$ den Imaginärteil der (einseitigen) Kreuzleistungsdichte $\underline{G}_{12}$ zwischen den beiden Schalldrücken bezeichnet.

Wird in Erweiterung der eingangs angestellten Überlegungen die komplexe Schallintensität betrachtet[1]

$$\underline{\vec{J}} = \overline{\underline{p}\,\underline{\vec{v}}^*} = J^\perp + j\,J^{\perp\!\perp},$$

so ergibt sich analog zur Ableitung von (12) der Imaginärteil (auch als reaktiver oder Blindanteil bezeichnet) zu

$$J_{rm}^{\perp\!\perp} = \frac{1}{2\varrho_0\,\Delta r}\,\mathrm{Im}\left\{\overline{(\underline{p}_1 + \underline{p}_2)\int(\underline{p}_1^* - \underline{p}_2^*)\,dt}\right\},$$

$$J_{rm}^{\perp\!\perp}(f) = \frac{1}{2\omega\,\varrho_0\,\Delta r}\,(G_{11}(f) - G_{22}(f)), \tag{13}$$

worin G_{11} und G_{22} die Autoleistungsspektren bezeichnen (vollständige Ableitung z.B. in [14]).

----

[1] Das J ohne komplexe Kennzeichnung wird weiter wie bisher als Synonym für $J^\perp$ benutzt.

(12) wurde zuerst von FAHY [13] angegeben. Die dort verwendete Gerätetechnik bestand außer der Kondensatormikrofonsonde mit Vorverstärkern aus einem digitalen Datenanalysesystem im On-line-Betrieb. Hier ist anzumerken, daß eine effektive Nutzung dieser Meßmethode nur mit moderner Digitaltechnik möglich, dann aber auch relativ unkompliziert zu bewerkstelligen ist (s. Abschn. 5).

FAHY benutzte zwei 1/4"-Mikrofone im Abstand von 10 mm. Bei Messungen der Intensität etwa 1 m vor einem 4-Zylinder-Dieselmotor konnte er nachweisen, daß in diesem speziellen Fall die Gesamtintensität nach der $\tilde{p}^2$-Methode um 1,7 dB zu hoch, im Frequenzbereich 2 kHz bis 2,4 kHz sogar um 4 dB zu hoch bestimmt wurde.

4.4   Einfluß der Digitalisierung und Miniaturisierung

Die Intensitätsmeßtechnik ist eine zweikanalige Meßtechnik, die Signale unter Ausnutzung ihrer Phasenbeziehungen verarbeitet. An die Phasentreue aller analogen Komponenten eines Meßsystems, bei denen die tatsächliche Phasenlage für die nachfolgende Verarbeitung zum Meßergebnis noch entscheidend ist, werden daher höchste Ansprüche gestellt, wenn Frequenz- und Dynamikbereich möglichst groß sein sollen. Das betrifft bei rein analogen Systemen alle Teile bis zur Multiplikation bzw. Effektivwertbildung (besonderen Einfluß haben die Systemglieder bis zur Summen- und Differenzbildung) und bei digitalen Systemen alle Teile bis zur Analog-Digital-Umsetzung (ADU). Bei den etwa 1975 bis 1980 aufgekommenen hybriden Meßsystemen erfolgte die Digitalisierung i. allg. erst, wenn die Phasenlage unkritisch war. Bei der Realisierung phasentreuer Mitlauffilter und Zwischenspeicherung beider Signale auf Magnetband traten die meisten Schwierigkeiten auf.

Außer bei den Methoden nach PAVIĆ und FAHY sind stets Differenzen fast gleichgroßer Signale analog zu verarbeiten, so daß auch an die Dynamik der Signalverarbeitung hohe Anforderungen gestellt werden. Das erforderte besondere Sorgfalt bei der Wahl der Verstärkungsfaktoren für p und v bzw. p_1 und p_2 und entsprechende Skalierung des Ergebnisses (vgl. z.B. [7] [9] [11]).

Um tieffrequente Störsignale zu eliminieren, wurden teilweise Hochpässe mit $f_{gr} \approx 100$ Hz eingesetzt (vgl. z.B. [8] [11]), was natürlich eine wesentliche Einschränkung des nutzbaren Frequenzbereiches bedeutete.

Mit der breiten Anwendung der digitalen Signalverarbeitung in der Meßtechnik etwa ab Ende der 70er Jahre konnten die wesentlichsten Probleme grundsätzlich gelöst werden:

- Die Phasenbeziehungen sind in digitalen Systemen eindeutig.
- Die Dynamik ist bei ausreichender Amplitudenauflösung und Verarbeitungsbreite, wie auch die Phasendifferenz zwischen den Kanälen, nur von den unumgänglichen Analogbaugruppen vor dem ADU abhängig (Mikrofone, Vorverstärker).
- Die Realisierung beliebig komplizierter Funktionen durch den eingebauten Meßprozessor ist bei ausreichender Speicherkapazität und Rechengeschwindigkeit nur eine Frage der implementierten Software.

Als weitere nutzbare Vorteile kommen hinzu·

- die Vorzüge der Echtzeitanalyse,
- die Möglichkeit des Aufbaus weitestgehend automatisierter Meßplätze,
- die Speicherung fast beliebig großer Datenmengen sowie deren
- Weiterverarbeitung in speziellen detaillierten Analysen (Lokalisationsaufgaben, Teilschalleistungsermittlung, Fehlerbetrachtungen u.a.m.).

Mit der parallellaufenden Weiterentwicklung der Analogtechnik konnten auch die Voraussetzungen für den Bau von Mikrofonsonden geschaffen werden, die das Schallfeld im Meßfrequenzbereich nicht wesentlich beeinflussen. Am Anfang dieses Jahrzehnts erschienen die ersten in Serie gefertigten Intensitätsmeßsysteme.

4.5   Vergleich von direkter und indirekter Methode

Im Bild 6 sind stark vereinfacht die Schaltungen zweier typischer Vertreter in heutiger Technik realisierter Intensitätsmeßsysteme gegenübergestellt. Bis zum Vorliegen der digitalisierten Werte des Schalldrucks sind die Schaltungen für die hier anzustellenden Betrachtungen gleichwertig.

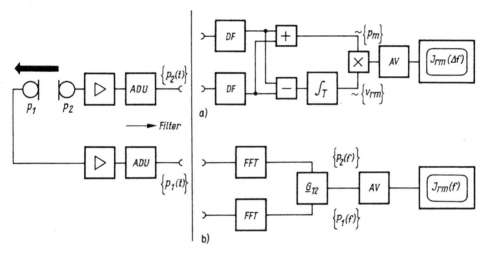

Bild 6 Prinzipschaltungen für die Messung der Schallintensität
a) nach der direkten Methode (z.B. B & K Typ 3360); b) nach der indirekten Methode
(z.B. B & K Typ 2034)

    In Schaltung 6a geschieht die Frequenzanalyse mittels digitaler Filterung (DF). Die weitere Verarbeitung erfolgt nach der bereits beschriebenen direkten Methode, speziell nach (9), jedoch rein digital, so z.B. die Integration durch Multiplikation mit $1/\omega$ und Phasenverschiebung um 90° [14] [15]. In der technischen Akustik wird in der Regel mit konstanter relativer Bandbreite gearbeitet. Bei der direkten Methode wird dies mit Hilfe der digitalen Filterung realisiert (Oktav-, Terz- oder 1/12-Oktavbandbreite).
    Bei der Lösung 6b folgt auf die Digitalisierung die schnelle Fouriertransformation (FFT). Gleichung (12) entsprechend wird anschließend die komplexe Kreuzleistungsdichte $\underline{G}_{12}$ berechnet, aus deren Imaginärteil - i.allg. nach Mittelung über mehrere Realisierungen (AV) - die Schallintensität berechnet wird. (Für Meßanordnungen nach der indirekten Methode werden Zweikanal-FFT-Analysatoren benutzt, bei denen die Schallintensität meist nur eine von vielen anderen Funktionen, wie Frequenzspektrum, Übertragungsfunktion, Korrelation, Kohärenz, Impulsantwort, statistische Funktionen u.a.m., ist.) Bei der Messung nach der indirekten Methode werden also stets Schmalbandspektren konstanter absoluter Bandbreite erhalten, was beispielsweise für spezielle Identifikationsaufgaben sehr wichtig sein kann. Die Konvertierung in konstante relative Bandbreite erfordert aber i.allg. einen zusätzlichen Rechner, zumindest jedoch zusätzliche Zeit und Speicherkapazität.

Mittels der digitalen Filterung kann nach der direkten Methode bei exponentieller Ergebnismittlung auch in Echtzeit gearbeitet werden. Wegen der blockweisen Verarbeitung bei der FFT und erst recht, wenn Relativbandbreite gefordert wird, ist dies nach der indirekten Methode nicht möglich. Bei vergleichbarer Rechentechnik ist die digitale Filterung etwa 100mal schneller als die FFT [14].

5 Intensitätsmeßsonde für die Zweimikrofontechnik

5.1 Grundsätzliche Forderungen

Unabhängig von der benutzten Methode müssen an eine hochwertige und praktikable Meßsonde folgende Anforderungen gestellt werden:

- geringe Beeinflussung des zu messenden Schallfeldes,
- linearer Frequenzgang,
- definierter akustisch wirksamer Mikrofonabstand,
- möglichst gute Annäherung an die ideale Richtcharakteristik,
- geringe Phasendifferenz,
- einfache Kalibrierung.

Die einfache Kalibrierung z.B. mittels Pistonfon ist bei der Zweimikrofontechnik natürlich von vornherein gegeben, eine sinnvolle mechanische Konstruktion vorausgesetzt.

Wie noch gezeigt wird, hat für die allgemein interessierenden Einsatzfälle die Phasentreue nur im unteren Frequenzbereich entscheidende Bedeutung, z.B. für f < 500 Hz, wenn $\varphi < 0{,}5°$ ist, was sondenseitig durch Auswahl geeigneter Mikrofonkapseln relativ leicht abgesichert werden kann.

Die Einhaltung der anderen Forderungen im gesamten Arbeitsfrequenzbereich, insbesondere oberhalb etwa 2 kHz, bedarf sorgfältiger geometrischer Betrachtungen.

5.2 Beeinflussung des Schallfeldes, Linearität des Frequenzganges

Oberhalb 2 kHz kann der gesamte mechanische Aufbau einer Meßsonde (Kapseln, Vorverstärker, Halterung) i.allg. nicht mehr als sehr klein gegenüber der Wellenlänge betrachtet werden. Die Wellennatur des Schalls bewirkt dann Effekte wie Beugung, Reflexion und Abschattung. Es ist daher nötig, alle Teile der Sonde möglichst klein zu halten und ebene Flächen weitestgehend zu vermeiden.

Bild 7 zeigt eine nach diesen Grundsätzen ausgelegte Sonde. Die Mikrofonkapseln sind gemäß Bild 4a angeordnet. Der Mikrofonabstand kann zwischen 0 und 80 mm variiert werden. Alle den Mikrofonkapseln nahegelegenen Teile sind mehr als 20 mm entfernt und haben runden Quer-

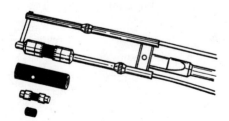

Bild 7 Mikrofonsonde des Schallintensitätsmeßsystems B & K Typ 3360 nach [14]

1/2"-Kapseln mit Distanzstücken 12 mm und 50 mm
1/4"-Kapseln mit Distanzstücken 6 mm und 12 mm

schnitt (1/4"). In ihnen sind auch die in hybrider Technik aufgebauten Mikrofonverstärker untergebracht. Die für die Schnellebildung benötigte Druckdifferenz $p_1 - p_2$, schmalbandig gemessen, ist unabhängig von der Beschallungsrichtung für ebenen Schalleinfall im gesamten interessierenden Frequenzbereich auf $\pm 0,5$ dB konstant, desgleichen das Schalldrucksignal $p_1 + p_2$ bei den Einfallswinkeln $\alpha = 0°$ und 180°. Bei anderen Schalleinfallsrichtungen ergeben sich für das Drucksignal oberhalb etwa 3 kHz Einflüsse durch den seitlich angebrachten Vorverstärker (Bild 8). Die durch Auswahl hochwertiger Kondensatormikrofonkapseln potentiell mögliche gute Linearität des Frequenzganges wird somit außerhalb $\alpha \approx 0°$; 180° nur bedingt wirksam. Hinzu kommen die grundsätzlichen Fehler der Zweimikrofontechnik (s. Abschn. 6).

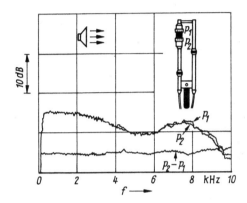

Bild 8 Frequenzgang der Mikrofonsonde nach [14] im freien Schallfeld bei seitlicher Beschallung ($\alpha = 90°$)

Abstand zur Schallquelle 1,5 m

Andere Autoren (z.B. [10] [18] [19]) nutzten - nach ihren Angaben mit gutem Erfolg - die Mikrofonanordnung nach Bild 4b, jedoch konnten derartig detaillierte Untersuchungsergebnisse nicht gefunden werden.

5.3 Richtcharakteristik

Die Idealform der Richtcharakteristik einer Intensitätsmeßsonde ist gegeben durch

$$J(\alpha) = J(0) \cos \alpha \ ,$$

auch als Achtercharakteristik bezeichnet. In der Zweimikrofontechnik ist diese nicht nur

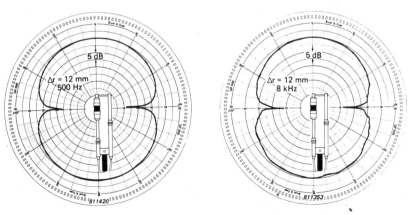

Bild 9 Richtcharakteristik der im Bild 7 abgebildeten Intensitätsmeßsonde bei zwei ausgewählten Testfrequenzen

1/2"-Mikrofonkapseln

21

eine Funktion der Kapselgeometrie der beiden Schalldruckmikrofone, sondern auch der Signalverarbeitung, bei der direkten Methode speziell der Schnellebildung. Voraussetzung ist aber
in jedem Fall eine möglichst gute Einhaltung der Kugelcharakteristik für die einzelne Mikro-
fonkapsel. Das kann als erfüllt betrachtet werden, wenn die Mikrofonabmessungen klein gegenüber der Wellenlänge an der oberen Grenze des Arbeitsfrequenzbereiches sind. Unter Berücksichtigung des heutigen Standes der Technik bei Kondensatormikrofonen (Empfindlichkeit,
technologische Aspekte) kommen praktisch 1/2"- und 1/4"-Mikrofonkapseln in Frage. Bild 9
zeigt als Beispiel für heute in Serienfertigung erzielte Ergebnisse die Richtcharakteristik
einer industriell hergestellten Meßsonde.

5.4 Definierter akustisch wirksamer Mikrofonabstand

Wie (9), (10) und (12) zu entnehmen ist, ist die Schallintensität dem Mikrofonabstand umgekehrt proportional. Daraus leitet sich die Forderung ab, den wirksamen Mikrofonabstand als
Abstand der akustischen Zentren auf den beiden Membranen im gesamten interessierenden Frequenzbereich möglichst konstant zu halten. Es wurden die im Bild 4 angegebenen Anordnungen
von verschiedenen Autoren (z.B. [9] [11] [16]) untersucht. Wiedergegeben werden sollen mit
der schon vorgestellten Sonde erzielte Ergebnisse. Bei dieser Konstruktion dienen zylinder-
förmige Distanzstücke aus Plast der einfachen Einstellung von drei vorgegebenen, vom Steuer-
gerät ausgewerteten Mikrofonabständen (50, 12 und 6 mm). Ohne Distanzstück bewirken Beugungseffekte eine Verlagerung des akustischen Zentrums vor die Membran (vgl. z.B. COOK/PROCTOR
[9]). Zwischen Membran und Distanzstück wird ein kleines Luftvolumen geschaffen, das über
die Schlitze des Grills mit dem Schallfeld gekoppelt ist. Dadurch wird ein wohldefinierter
Abstand der akustischen Zentren erzwungen. Mit Gleitsinusbeschallung bei α = 0 im reflexionsfreien Raum läßt sich die Phasenverschiebung zwischen den elektrischen Signalen der
Kapseln messen. Daraus kann auf den wirksamen Mikrofonabstand Δr_{eff} geschlossen werden.

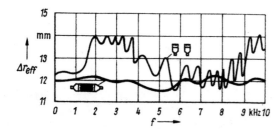

Bild 10 Abweichung des akustisch
wirksamen Mikrofonabstandes Δr_{eff}
vom Nominalwert Δr = 12 mm für die
Anordnungen a) mit Distanzstück und
b) nach Bild 4 [14]

Bild 10 zeigt die Ergebnisse von 1/2"-Kapseln mit einem geometrischen Abstand von 12 mm für
die Anordnungen a und b. Die relativ starken Schwankungen von Δr_{eff} bei Anordnung b sind
auf Beugung, Reflexion und streifende Membranbeschallung zurückzuführen. Ohne Distanzstück
beträgt Δr_{eff} bei Anordnung a mit 1/2"-Kapseln 4...7 mm und mit 1/4"-Kapseln 8...9 mm
[31] [32] .

6 Systematische Fehler der Zweimikrofontechnik (eine Quelle)

6.1 Vorgehensweise der Fehlerbetrachtung

Die Messung des Schalldrucks an zwei benachbarten Punkten im Schallfeld hat systematische Abweichungen zwischen gemessener und exakter Intensität zur Folge. Für einige einfach beschreibbare Schallfeldformen kann der Fehler berechnet werden, indem entsprechende Ausdrücke für den Schalldruck bzw. das Schnellepotential angesetzt werden. Mit (7) (8) und (3) lassen sich dann sowohl die exakten Werte p, v_r, J_r als auch die zu erwartenden Meßwerte p_m, v_{rm}, J_{rm} berechnen. (8) wird dabei für sinusförmige Größen geschrieben als

$$\underline{v}_{rm} = \frac{1}{j\omega\varrho_0 \Delta r}\,(\underline{p}_1 - \underline{p}_2)\,.$$

Aus dem Verhältnis $\varepsilon = J_{rm}/J_r$ ergibt sich der nachfolgend mehrfach benutzte <u>Fehlerpegel</u> zu

$$L_\varepsilon = 10\ \lg\frac{J_{rm}}{J_r}\ \text{dB} = 10\ \lg\ \varepsilon\ \text{dB}\,.$$

6.2 Obere Frequenzgrenze

Wie anhand Bild 2 nachprüfbar ist, können akzeptable Werte nur für $\Delta r < \lambda/2$ erhalten werden, d.h., die obere Grenze des nutzbaren Frequenzbereiches ergibt sich aus der Gradientenapproximation (8). Für den Fall ebener sinusförmiger Schallwellen, die unter dem Winkel α auf die Sonde einfallen (<u>Bild 11</u>), sind folgende Ansätze möglich:

$$\underline{p}_1 = \hat{p}\ \exp\left[\,j\,(\omega t - kr_1)\right], \qquad \underline{p}_2 = \underline{p}_1\ \exp\left[-j\,(k\Delta r\cos\alpha + \varphi)\right],$$

worin φ die nur gerätebedingte Phasendifferenz zwischen den beiden Kanälen des Meßsystems kennzeichnet. Das Verhältnis zwischen gemessener und exakter Schallintensität ist dann

$$\varepsilon_e = \frac{\sin\,(k\Delta r\cos\alpha + \varphi)}{k\Delta r\cos\alpha}\,. \tag{14}$$

Der Index e steht für ebenen Schalleinfall.

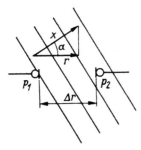

x *Schallausbreitungsrichtung*   Bild 11 Mikrofonsonde im ebenen Wellenfeld
r *Raumrichtung der Messung*

Für hohe Frequenzen wird die gesamte Phasendifferenz zwischen beiden Signalen (Argument der Sinusfunktion) praktisch nur durch den Mikrofonabstand Δr bestimmt. <u>Bild 12</u> zeigt den Fehlerpegel für $\varphi = 0$ in Abhängigkeit vom Mikrofonabstand Δr bei frontalem Schalleinfall und bei $\Delta r = 12$ mm für ausgewählte Schalleinfallsrichtungen. Generell wird die Schallintensität

23

bei hohen Frequenzen zu niedrig gemessen, wobei die Schalleinfallsrichtung $\alpha = 0$ den ungünstigsten Fall darstellt.

Aufgrund der Gültigkeit von (14) tritt für arg sin x = $\pi \ldots 2\pi$ außer der Betragsbewertung durch die Spaltfunktion auch eine Vorzeichenumkehr der gemessenen gegenüber der tatsächlich vorhandenen Intensität ein.

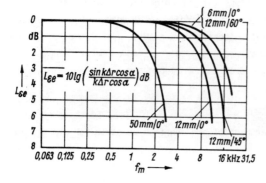

Bild 12 Fehler bei hohen Frequenzen infolge Gradientenapproximation

Parameter: Mikrofonabstand und Einfallswinkel

6.3 Untere Frequenzgrenze

Existiert zwischen beiden Kanälen des Meßsystems eine Phasendifferenz φ, so sind entsprechend (14) um so größere Fehler zu erwarten, je kleiner kΔr cos α ist. Durch geeignete Auswahl der Mikrofonkapseln und exakten Phasenabgleich der analogen Elektronik kann heute bei industriell gefertigten Intensitätsmeßsystemen eine Phasendifferenz zwischen beiden Kanälen von $\varphi < 0,3°$ eingehalten werden. Im Bild 13 ist der resultierende Fehlerpegel für eine Phasendifferenz von $|\varphi| = 0,3°$ aufgetragen. Betrag und Vorzeichen des Fehlers hängen hier vom Vorzeichen der Phasendifferenz ab. Für $\alpha = 0$ ergeben sich die günstigsten Voraussetzungen. Insgesamt können für die Zweimikrofontechnik bei Zulassung von 1 dB Fehler ohne zusätzliche Korrekturen die in Tabelle 1 angegebenen Frequenzbereiche zwischen f_u und f_o genutzt werden. Durch Wahl geeigneter Mikrofonabstände kann damit der gesamte akustisch (speziell für die Lärmbekämpfung) interessierende Frequenzbereich abgedeckt werden.

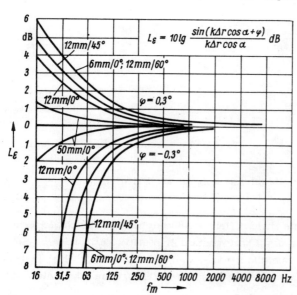

Bild 13 Fehler bei tiefen Frequenzen infolge Phasendifferenzen

Parameter: Mikrofonabstand und Einfallswinkel

Tabelle 1 Nutzbarer Frequenzbereich der Zweimikrofontechnik
für maximal 1 dB Fehler ($\alpha = 0$, $|\varphi| \leq 0,3°$)

Δr in mm	f_u in Hz	f_o in Hz	f_{ok} in kHz
6	200	10000	(28)
12	100	5000	(14)
50	25	1250	(3,4)

f_{ok} obere Frequenzgrenze bei nachträglicher Korrektur, un-
geachtet der Membraneigenfrequenz der Kapseln

6.4   Korrekturmöglichkeiten

Die Gradientenapproximation hat einen generellen Fehler zur Folge. Andere Fehlereinflüsse
lassen sich, wie noch gezeigt wird, als Faktoren zu ε_e darstellen (s. Abschn. 6.5), so daß
sowohl in der ebenen Welle als auch beim Punktstrahler außerhalb des Nahbereiches die Fehler
nach Bild 12 bzw. (14) bei hohen Frequenzen zur Meßwertkorrektur benutzt werden können, solange das Argument der Sinusfunktion $< \pi$ ist [46] [55] . Für frontalen Schalleinfall ist die
obere Grenzfrequenz f_{ok} in Tabelle 1 angegeben. Die Korrektur setzt natürlich eine zumindest
näherungsweise Kenntnis des Einfallswinkels voraus.

Um die phasenbedingten Fehler im niederfrequenten Bereich nach (14) korrigieren zu können, müßten die Phasenabweichungen mit hoher Genauigkeit bekannt und konstant sein. Außerdem dürften die Mikrofone nicht vertauscht werden. Daher wird bei Routinemessungen i.allg.
auf eine Korrektur verzichtet. Wird aber eine hohe Genauigkeit gefordert, werden Mikrofone
unbekannter Phasendifferenz benutzt oder Magnetbandaufzeichnungen mit entsprechend größerer
Phasendifferenz ausgewertet, so sind andere Wege zur Meßwertkorrektur zu beschreiten.

Eine recht einfache Methode, Phasenfehler zu eliminieren, besteht darin, den Mittelwert
aus zwei Messungen zu bilden, wobei die zweite bei ausgetauschten Mikrofonpositionen durchgeführt wird (switching). Unter Berücksichtigung des Vorzeichens ergibt sich für den Mittelwert nach (14)

$$\overline{J}_{rm} = \frac{1}{2} (J_{rm} - J_{rm}^S) = \frac{J_r}{2} \left(\left| \frac{J_{rm}(-\varphi)}{J_r} \right| + \left| \frac{J_{rm}(+\varphi)}{J_r} \right| \right) ,$$

d.h., es ist

$$\frac{\overline{J}_{rm}}{J_r} = \frac{\sin k \Delta r \cos \alpha}{k \Delta r \cos \alpha} \cos \varphi .$$

Der erste Term entspricht dem im Bild 12 dargestellten Gradientenapproximationsfehler. Die
Phasendifferenz geht ähnlich wie in (3) nur noch mit $\cos \varphi$ ein, so daß hier der phasenbedingte Fehler unabhängig von dem Produkt $k \Delta r$ und dem Einfallwinkel wird und außerdem für
die Praxis vernachlässigbar ist ($< 0,1$ dB für $\varphi \leq 12°$).

Bei Messung nach der indirekten Methode wird in (12) der geometrische Mittelwert beider
Meßwerte eingesetzt, wobei sich eine ähnliche Phasenfehlerreduzierung ableitet [23] :

$$\overset{\circ}{Q}_{12}(f) = \sqrt{Q_{12} \, Q_{21}^S} .$$

Eine weitere Möglichkeit besteht darin, dem Meßsystem (einschl. Mikrofonen) zur Kalibrierung vor der Messung in beiden Kanälen ein möglichst identisches Signal anzubieten (z.B. im
Impedanzrohr). Das System ermittelt in einem Kalibrierzyklus komplexe Korrekturfaktoren, die

dann bei der aktuellen Messung eingerechnet werden. (Diese Idee wird übrigens auch in einer neueren Version eines Meßsystems auf der Basis von Druck- und Schnellemessung [21] [22] benutzt.)

Die genannten Verfahren wurden in letzter Zeit noch verfeinert und z.T. kombiniert, um optimale Ergebnisse zu erzielen [14]. Allen nachträglichen Phasenkorrekturen haften jedoch für praktische Messungen, z.B. im Rahmen der Lärmbekämpfung, einige entscheidende Nachteile an:

Switching-Verfahren

- Der Meßaufwand verdoppelt sich.
- Nutz- und Störsignale müssen stationär sein.
- Echtzeitbetrieb ist unmöglich.
- Es ist ein zusätzlicher Rechner, zumindest zusätzliche Rechnerkapazität erforderlich.
- Das Umschalten (sowohl mechanisch als auch elektrisch) bringt Kalibrierprobleme und Störimpulse mit sich.
- Die Umpositionierung der Mikrofone erfordert äußerste Sorgfalt und stellt u.U. die beabsichtigte Verbesserung völlig in Frage.

Verfahren mit Korrekturfaktoren

- Die Kalibrierung „vor Ort" ist schwierig. Es werden entsprechende Kuppler, ein reflexionsfreier Raum oder ein Kanal mit ausreichend hoher Querresonanzfrequenz benötigt.
- Die Kalibrierung ist ggf. periodisch zu wiederholen, um Drifteffekte auszuschließen.

Den meßpraktischen Erfordernissen am besten angepaßt erscheint daher die Lösung,

- ausgesuchte Mikrofonpaare mit einer maximalen Phasendifferenz von $0,2°...0,3°$ im unteren Frequenzbereich zu verwenden,
- beide Kanäle elektrisch exakt anzugleichen, so daß der Austausch der Kapseln unkritisch wird,
  und
- den Mikrofonabstand Δr der Meßaufgabe anzupassen (s. Tab. 1).

Nur Aussagen über einen noch breiteren Frequenzbereich erfordern dann eine zweite Messung bei verändertem Abstand.

6.5   Nahbereichseinflüsse

Prinzipiell ist die als flächenbezogene akustische Wirkleistung definierte Schallintensität mit einem Intensitätsmesser auch im Quellennahfeld meßbar. Es können aber, wie bereits gezeigt, Pegel von Verhältnissen zwischen mit der Zweimikrofontechnik als Meßwert zu erwartender und tatsächlich im Feld vorhandener Wirkschallintensität berechnet werden:

$$L_\varepsilon = L_\varepsilon{}^\perp = 10 \lg \frac{J_{rm}^\perp}{J_r^\perp} \; .$$

Die damit beschriebenen Fehlereinflüsse im Quellennahbereich haben nichts mit der Phasenverschiebung zwischen Schalldruck und Schallschnelle im akustischen Nahfeld der Strahler zu tun, die bei der Intensitäts- bzw. Leistungsbestimmung nach der $\widehat{p}^2$-Methode einen Meßfehler hervorruft.

Wenn statt des Realteils der Imaginärteil der Schallintensität gemessen werden soll, z.B. nach der indirekten Methode (13), können dafür ebenfalls entsprechende Fehlerpegel

$$L_{\varepsilon^{\perp}} = 10 \lg \frac{J_{rm}^{\perp}}{J_r^{\perp}}$$

abgeleitet werden.

Beide Fehlerpegel wären grundsätzlich zur Meßwertkorrektur geeignet. Ihre Benutzung würde jedoch voraussetzen, daß sowohl der Typ des Strahlers als auch die Lage seines akustischen Zentrums exakt bekannt sind, welche aber oft erst bestimmt werden soll. Sinnvoller ist es, die Fehler so klein zu halten, daß eine Korrektur entfallen kann. Wie im folgenden gezeigt wird, ist dies durch Einhaltung gewisser Mindestentfernungen i.allg. leicht möglich.

In Abhängigkeit von der Ordnung des betrachteten Strahlers wird ein Ausdruck für das Schnellepotential im Abstand r vom Zentrum der Quelle angesetzt. Mit den Grundbeziehungen für wirbelfreie Felder in ruhender Luft

$$\underline{v_r} = \mathrm{grad}\ \underline{\Phi}_v \quad \text{und} \quad \underline{p} = -j\omega\varrho_0\ \underline{\Phi}_v$$

können entsprechend Abschnitt 6.1 für die verschiedenen Strahler die relativen Fehler hergeleitet werden. Das Ergebnis dieser Rechnung läßt sich als Modifikation des systematischen Fehlers für die ebene Welle[1] entsprechend der Strahlerordnung darstellen (M Monopol, D Dipol, Q lateraler Quadrupol):

$$\begin{rcases}
\varepsilon_e = \frac{\sin{(k\Delta r \cos\alpha)}}{k\Delta r \cos\alpha}\ , \quad \varepsilon_M = \varepsilon_e \frac{4\varrho^2}{4\varrho^2 - \cos^2\alpha}\ , \\[2ex]
\varepsilon_D = \varepsilon_M \left\{ 1 + \frac{4Z\cos^2\alpha}{3(4\varrho^2 - \cos^2\alpha)} \right\}, \\[2ex]
\varepsilon_Q = \varepsilon_M \left\{ 1 + \frac{\cos^2\alpha}{\varrho^2} \left[Z + \frac{12(Z-1)}{(k\Delta r)^2(4\varrho^2 - \cos^2\alpha)} \right] \right\}
\end{rcases} \tag{16}$$

$$\text{mit} \quad Z = \frac{3 - 3x\cot x}{x^2} \approx 1 + \frac{x^2}{15} \quad \text{für} \quad x = k\Delta r \cos\alpha \leq 2.$$

Wie leicht nachprüfbar ist, ist der wichtigste Parameter im quellennahen Bereich der relative Meßabstand $\varrho = r/\Delta r$. Für große Werte dieses Verhältnisses, d.h. im Fernfeld, reduzieren sich alle Fehler auf ε_e. Dort ist, wie bereits diskutiert, $k\Delta r$ der bestimmende Parameter.

Um einen Nahbereichsfehler < 1 dB einzuhalten, lassen sich aus diesen Beziehungen folgende Bedingungen für den relativen Meßabstand ϱ ableiten ($\alpha = 0$, ungünstigster Fall):

	Monopol	Dipol	Quadrupol
$\varrho = r/\Delta r$	>1,1	>1,6	>2,3

Wenn man bedenkt, daß mit der Zweimikrofontechnik $\varrho \leq 0,5$ z.B. für $\alpha = 0$ gar nicht möglich und $\varrho < 1$ aufgrund der Sondenabmessungen i.allg. ebenfalls kaum realisierbar ist, sind dies keine einschneidenden Beschränkungen. Es sei noch einmal darauf hingewiesen, daß diese Über-

---

[1] Da hier insbesondere das Verhalten bei höheren Frequenzen interessiert, wird in ε_e im folgenden $\varphi = 0$ gesetzt.

legungen nur für Strahler gelten, die gekrümmte Wellenflächen abstrahlen, hier speziell Kugelwellen. In ebenen Wellen, z.B. genügend weit entfernt von Kugelstrahlern (s.o.) oder nahe vor konphas schwingenden größeren Flächen, gilt nur ε_e.

7 Messung in Gegenwart von mehreren Schallquellen und Reflexionen

7.1 Diskrete Schallquellen im freien Feld

In der Nähe mehrerer Schallquellen ergeben sich Überlagerungen ihrer Schnellepotentiale, die ein entsprechendes Nahfeldverhalten der Intensität bewirken.

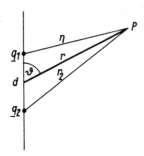

$$r_1^2 = r^2 + d^2/4 - rd \cos \vartheta$$
$$r_2^2 = r^2 + d^2/4 + rd \cos \vartheta$$

Bild 14   Zwei Monopole im akustischen Freifeld

Bild 14 zeigt als Beispiel zur Untersuchung dieser Überlagerungen einen einfachen Modellfall, bei dem Druck und Schnelle im Punkt P von zwei Monopolquellen bestimmt werden. Variiert man in diesem System die Parameter Anregung (harmonisch, stochastisch), Quellenstärken (Betrag und Phase) und Geometrie (r/d, ϑ), dann lassen sich eine Reihe verschiedener Fälle betrachten. Faßt man $\underline{q}_2$ als Störung zu $\underline{q}_1$ auf, so kann als Fehlermaß das Verhältnis der Gesamtschallintensität[1] zur Intensität, hervorgerufen durch Monopol 1, angegeben werden:

$$\varepsilon_r = \frac{J_r}{J_{r1}} = 1 + Q^2 \left(\frac{r_1}{r_2}\right)^3 \Delta + \left(\frac{r_1}{r_2}\Delta + 1\right)\frac{r_1}{r_2} Q \cos (k\,r_1 - k\,r_2 - \beta) +$$

$$+ \left[\left(\frac{r_1}{r_2}\right)^2 \Delta - 1\right]\frac{r_1}{r_2} Q \frac{\sin (k\,r_1 - k\,r_2 - \beta)}{k\,r_1} \qquad (17)$$

$$\text{mit} \quad \Delta = \frac{2r + d \cos \vartheta}{2r - d \cos \vartheta}\;.$$

Außerdem ist für harmonische Anregung

$Q = |\underline{q}_2/\underline{q}_1|$ das Verhältnis der Störquellenstärke $\underline{q}_2$ zu $\underline{q}_1$ und

$\beta = \beta_2 - \beta_1$ die Phasenverschiebung zwischen beiden Quellen.

Für stochastische Anregung ist, aus der Fouriertransformation folgend, zu ersetzen

Q^2 durch das Verhältnis der (Auto-)Leistungsdichten $\dfrac{G_{22}(f)}{G_{11}(f)}$

---

[1] Für die beabsichtigten Aussagen genügt es, die Radialkomponente J_r der Schallintensität zu betrachten; es existiert in diesem Fall aber auch eine Tangentialkomponente.

und im dritten und vierten Term

$$Q \text{ durch } \frac{|G_{12}(f)|}{G_{11}(f)} = \gamma_{12}(f) \sqrt{\frac{G_{22}}{G_{11}}} \; .$$

Die Phasenverschiebung β versteht sich dann als stochastische Phasenverschiebung im untersuchten Frequenzband. Wie sofort erkennbar ist, entfallen für inkohärente Quellen die beiden
letzten Ausdrücke, so daß ε_r im wesentlichen nur noch vom Verhältnis der Leistungsdichten
abhängt (energetische Überlagerung). Für harmonische Anregung gilt ähnliches in der Symme-
trieebene $\vartheta = 90°$. Dort ist frequenz- und entfernungsunabhängig

$$\varepsilon_r = 1 + 2 Q \cos \dot{\beta} + Q^2 \, ,$$

d.h., der Fehlerpegel ist nur eine Funktion der Quellenparameter. Natürlich ist ganz allgemein die Beeinflussung für unwesentliche Störquellen gering, z.B. für $Q \lesseqgtr 0,25$ ist
$L_{\varepsilon r} < 3$ dB. Die Interferenzeffekte werden aber für $Q \approx 0,5$ schon beachtlicher. Für $Q = 1$
kann - je nach Phasenlage und kr - totale Auslöschung auftreten, d.h., $L_{\varepsilon r}$ liegt zwischen
$-\infty$ und $+6$ dB ($kr > 0,2$). Im Nahfeld $r/d \lesseqgtr 0,5$ kann es dabei durchaus zur Vorzeichenumkehr
kommen. <u>Bild 15</u> zeigt das Fehlermaß für den Fall $Q = 1$ und $\beta = 180°$ unter einem Winkel von
$\vartheta = 45°$ über dem normierten Frequenzmaßstab kr für verschiedene relative Abstände r/d.

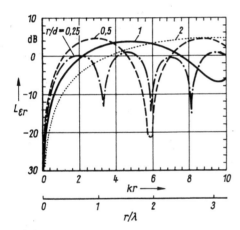

Bild 15 Beeinflussung der Schallintensität
im Nahfeld eines Monopols

$Q = 1$, $\beta = 180°$, $\vartheta = 45°$, $r/d = 0,25...2$

Für den Schalldruck ergibt sich ein ähnliches Interferenzfeld:

$$\frac{p^2}{p_1^2} = 1 + Q^2 \left(\frac{r_1}{r_2}\right)^2 + 2 Q \frac{r_1}{r_2} \cos (kr_1 - kr_2 - \beta) \; .$$

Mit diesem Modell kann auch der Fall eines Monopols vor einer reflektierenden Wand beschrieben werden [30].

Aus der Betrachtung leiten sich folgende Schlußfolgerungen ab:

Inkohärente Strahler weisen eine einfache entfernungsabhängige energetische Überlagerung
ihrer Felder auf. Das erlaubt z.B. i.allg. noch die Lokalisation durch Ermittlung von
Intensitätsvektoren, ausreichend kleine Wellenlänge gegenüber Hindernissen vorausgesetzt.
Außerdem ist, wie noch gezeigt wird, die getrennte Ermittlung der Schalleistung der einzelnen Teilquellen bei gleichzeitigem Betrieb beider möglich.

- Bei kohärenten Strahlern vergleichbarer Quellenstärke ist dies nicht möglich. Die orts-, entfernungs- und phasenabhängigen Interferenzeffekte bewirken eine Verfälschung der von einem Strahler in einem bestimmten Raumpunkt erzeugten Intensität durch einen zweiten kohärenten Strahler bis zur Vorzeichenumkehr (s.a. KRISHNAPPA [26] [30] und WITTEK [27]). Vorzeichenwechsel innerhalb kleinster Raumbereiche, wie sie z.B. vor biegeschwingenden Platten auftreten, bei gleichbleibender Orientierung der Sonde sind regelrecht ein Indiz für das Vorhandensein gekoppelter Strahler bzw. naher Reflexionen (ausgenommen Fälle gemäß Abschn. 9.2).

Im Abschnitt 6 wurden die Probleme der Intensitätsmessung an einer einzelnen Quelle, in diesem Abschnitt die Beeinflussung durch eine zweite Quelle beschrieben. Dabei zeigt sich, daß die Verhältnisse bereits in dem sehr abstrakten Modellfall eines zweiten kohärenten Punktstrahlers im freien Schallfeld für die Meßpraxis kaum noch überschaubar sind.

Für mehr als zwei Strahler, ggf. höherer Ordnung, nicht vernachlässigbarer Abmessungen und/oder bei mehrfachen Reflexionen bringt eine wellentheoretische Rechnung keinen weiteren Nutzen. Man muß sich dann bei der Entscheidung, ob die Messung der Schallintensität noch aussagefähige Ergebnisse bringen kann, einer komplexeren Beschreibung der Meßumgebung bedienen, wie sie in den folgenden Abschnitten dargestellt wird.

7.2   Messung im reaktiven Feld

Intensitätsmeßgeräte sind so ausgelegt, daß sie nur auf den sich ausbreitenden Anteil der Schallintensität (aktiver oder Realteil) reagieren und den nur flukturierenden Anteil (reaktiver oder Imaginärteil) ignorieren, eine Eigenschaft, die Schallpegelmesser nicht aufweisen. Die ebene fortschreitende Welle im freien Feld ist beispielsweise ein rein aktives Schallfeld ($J^{\perp} \neq 0$, $J^{\parallel} = 0$). Im rein reaktiven Schallfeld sind die Verhältnisse umgekehrt ($J^{\perp} = 0$, $J^{\parallel} \neq 0$). Als Beispiel dafür steht die ideale stehende Welle, in der Druck und Schnelle um 90° phasenverschoben sind und daher ihr zeitgemitteltes Produkt Null wird. Reaktive Feldanteile sind daher insbesondere in Quellennähe und nahe vor reflektierenden Flächen zu finden. In größerer Entfernung von Quellen im freien Feld überwiegt der aktive Anteil.

Wie läßt sich nun die Reaktivität des Schallfeldes kennzeichnen? Da in der ebenen Welle Gleichung (5) gilt und deshalb bei Vernachlässigung der bezugsgrößenbedingten Differenz $L_J - L_p = 0$ ist, lag es nahe, das Verhältnis

$$K = \frac{\widetilde{p}^2/\varrho_0\, c}{J_r}$$

bzw. die Differenz

$$L_K = L_J - L_p = -10\ \lg K\ \text{dB} \tag{18}$$

als Maß für die Reaktivität des Feldes zu benutzen. Jede Abweichung von $L_K = 0$ weist damit auf das Vorhandensein reaktiver Intensitätsanteile hin.

Unter der Voraussetzung, daß an beiden Mikrofonen der gleiche Schalldruck auftritt und der Kohärenzgrad $\gamma_{12}^2 = 1$ ist, gilt für die Kreuzleistungsdichte

$$\underline{G}_{12} = |G_{12}|\ (\cos \Phi_{12} - j \sin \Phi_{12}) = \widetilde{p}^2\ (\cos \Phi_{12} - j \sin \Phi_{12}),$$

worin Φ_{12} die gesamte Phasendifferenz $\Phi(k, \Delta r, \varphi)$ zwischen beiden Schalldrucksignalen bezeichnet. In der ebenen Welle ist beispielsweise $\Phi_{12} = k\Delta r \cos\alpha + \varphi$. Solange Φ_{12} klein ist, folgt mit (12)

$$K = k\Delta r/\Phi_{12},\tag{19}$$

der sog. Reaktivitätsindex. Diese Kenngröße wurde von ROLAND [33] eingeführt und wird insbesondere von GADE u.a. [34] [35] in dieser Form benutzt. Eine allgemeingültigere Darstellung liefert die folgende Ableitung.

Aus (3) und (6) folgt mit $p \sim \exp(-j\Phi)$

$$J_r = -\frac{\tilde{p}^2}{\omega\varrho_0}\frac{\partial\Phi}{\partial r}$$

und daraus

$$K = -\frac{k}{\partial\Phi/\partial r}.\tag{20}$$

Mit der Näherung für den Phasengradienten $\partial\Phi/\partial r \approx -\Phi_{12}/\Delta r$ ergibt sich (19).

Nomographisch aufbereitet (Bild 16), ist (19) ein sehr nützliches Hilfsmittel, besonders zur Einschätzung der Fehler infolge von Phasendifferenzen. Der Gradientenapproximationsfehler ist dabei unberücksichtigt.

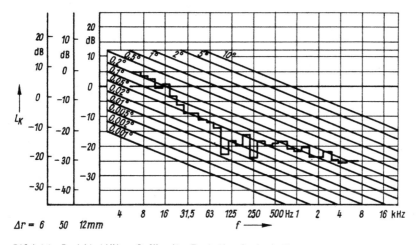

Bild 16 Reaktivitätsmaß für die Zweimikrofontechnik
————— L_K nach (19), Parameter: Φ_{12}
━━━━━ $L_{K,0}$ für ein Meßgerät B & K Typ 3360 ($\Phi_{12} = \varphi$)

Ein Intensitätsmeßgerät (nach der Zweimikrofontechnik) muß Null anzeigen,

- wenn p_m und v_{rm} um 90° phasenverschoben sind (reaktives Feld),
- wenn an beiden Mikrofonen exakt der gleiche Schalldruck $p(t)$ anliegt. Das ist der Fall in der ebenen Welle (aktives Feld) bei Schalleinfall unter dem Winkel $\alpha = 90°$, aber auch im ideal diffusen Feld.

Diesem „Auslöschungseffekt" sind natürlich Grenzen gesetzt sowohl durch Unvollkommenheiten des realen Feldes als auch des Meßgerätes. Die unter 90° einfallende ebene Welle kann simuliert werden durch Anregung der Mikrofone in einem akustischen Kuppler (Druckkammer mit Abmessungen $\ll \lambda$) oder über ein elektrostatisches Eichgitter unter der Voraussetzung, daß die elektrostatische Vorspannung die akustomechanischen Eigenschaften der beiden Kapseln nicht bzw. nur gleich beeinflußt. Die gesamte Phasendifferenz Φ_{12} reduziert sich in diesem Fall auf die gerätebedingte Differenz φ, die wiederum bei gut abgeglichener Elektronik im wesentlichen von den Mikrofonen bestimmt wird.

Mißt man bei derartiger Anregung die Restintensität $L_{J,R}$ und bestimmt daraus die Eigenreaktivität

$$L_{K,0} = 10 \lg \frac{\varphi}{k \Delta r} = L_{J,R} - L_P \tag{21}$$

eines bestimmten Intensitätsmeßsystems (ein konkretes Meßbeispiel ist im Bild 16 mit eingetragen), so steht damit ein Maß für die Güte des Systems zur Verfügung. $L_{K,0}$ ist die mit diesem Gerät betragsmäßig maximal bestimmbare Feldreaktivität. Aus $L_{K,0}$ kann sowohl auf die gesamte gerätebedingte Phasendifferenz φ rückgeschlossen werden - im konkreten Beispiel ist sie oberhalb 20 Hz $\varphi \lesssim 0,2°$ - als auch der verfügbare Frequenz-Dynamik-Bereich bestimmt werden. $L_{K,0}$ ist gleichzeitig die Richtungsselektivität (90°-Pegel in der Richtcharakteristik der Sonde).

Wie Bild 16 zeigt, ist die Begrenzung der Dynamik im Bereich tiefer Frequenzen am kritischsten. Der kausal durch eine Phasenmessung zu quantifizierende Fehlereinfluß läßt sich mit Hilfe des Reaktivitätsmaßes auf eine Pegelmessung zurückführen.

Gemäß Abschnitt 6.2 gilt im freien Feld für den phasenbedingten Fehler Gleichung (14). Ist die Bedingung Freifeld nicht mehr erfüllt, so gilt allgemein

$$\varepsilon_\varphi = \frac{\sin \Phi_{12}}{\Phi_{12} \mp \varphi}$$

und daraus folgend als Fehlerpegel für kleine Φ_{12}

$$L_{\varepsilon\varphi} = -10 \lg (1 \mp \frac{\varphi}{\Phi_{12}}) \text{ dB} .$$

Im Mittel über das untersuchte Frequenzband ist

$$|\Phi_{12}| \lesssim k \Delta r + |\varphi| ,$$

so daß i.allg. K < 1 ist, d.h. L_K negative Werte annimmt.

Mit (18) und (21) läßt sich der Fehlerpegel dann als Funktion der Differenz zwischen Eigenreaktivität $L_{K,0}$ des Meßsystems (Gerätekenngröße) und der Reaktivität L_K des Feldes im untersuchten Raumpunkt schreiben:

$$L_{\varepsilon\varphi} = -10 \lg (1 \mp 10^{(L_{K,0} - L_K)/10\text{dB}}) \text{ dB} , \tag{22}$$

der Form nach als Pegelsubtraktion bzw. -addition bekannt.

Zu beachten ist, daß K bzw. L_K Vektoreigenschaft haben sowie i.allg. orts- und frequenzabhängig sind. Beispielsweise nimmt in einem Interferenzfeld infolge der ortsabhängig unterschiedlichen Schwankungen von Schalldruck und Schallintensität L_K an verschiedenen Punkten unterschiedliche positive und negative Werte an, wobei die Häufigkeit negativer Werte überwiegt [34]. So ließe sich z.B. die Reaktivität in r-Richtung für das in Abschnitt 7.1 betrachtete Beispiel zweier interferierender Monopole,

$$L_{Kr} = L_{Jr} - L_P = L_{Kr}(r, \vartheta, d, f, \varphi) ,$$

bestimmen, wobei von der exakt im Feld vorhandenen Intensität ausgegangen wird. NICOLAS und

LEMIRE [36] [37] haben für diesen Modellfall unter Einbeziehung des Ansatzes der Zweimikrofontechnik nachgewiesen, daß bei ungünstiger Konstellation der Parameter mit (19) noch beachtliche Fehleinschätzungen der Reaktivität des Feldes möglich sind.

7.3   Messung im diffusen Feld

Die Einteilung in aktive und reaktive Felder setzt Korrelation zwischen Druck und Schnelle voraus. Da im rein diffusen Feld Druck und Schnelle unkorreliert sind, läßt sich diese Schallfeldform weder den aktiven noch den reaktiven Feldern zuordnen. Eine Gemeinsamkeit mit letzterem besteht darin, daß kein Energietransport auftritt. Während im aktiven Feld sich alle Energie ausbreitet, fluktuiert sie im reaktiven Feld ständig und ist beim diffusen Feld im Feld selbst gespeichert.

Zwar läßt sich formal analog zur ebenen Welle aus der Schallenergiedichte im diffusen Feld die einseitig auf ein Flächenelement im Raum auftreffende Schallintensität

$$J = \tilde{p}^2/(4\varrho_0 c)$$

herleiten, die vektorielle Addition ergibt jedoch Null. Ein Intensitätsmeßgerät muß also wie im reaktiven Feld Null anzeigen. Da durch Einspeisung des gleichen Signals in beide Kanäle eines Gerätes nach der Zweimikrofontechnik auch ein ideales diffuses Feld simuliert wird, kann aus der Eigenreaktivität $L_{K,0}$ auf die zur Verfügung stehende Dynamik des Gerätes für Intensitätsmessungen bei inkohärentem Störschall L_D geschlossen werden. Aus der Forderung, daß ein Meßwert durch die Eigenreaktivität nicht mehr als um 1 dB verfälscht sein darf, folgt anhand von (22) die verfügbare Dynamik zu

$$L_D(f) = L_{K,0}(f) + 6 \text{ dB}.$$

Mit dem in Bild 16 als Beispiel angeführten Meßsystem sind also bei einem Mikrofonabstand von 12 mm im Frequenzbereich 100 Hz bis 4 kHz im diffusen Feld noch gerichtete Schallflüsse meßbar, die etwa 15 dB unter dem Diffusfeldpegel liegen (d.h. deren Energie nur etwa 3% der inkohärenten Diffusfeldenergie beträgt).

Bei Messung im (ideal) diffusen Feld außerhalb wand- und quellennaher Bereiche müßte sich also die Restintensität

$$L_{J,R} = L_P + L_{K,0}$$

abbilden (Vorzeichen phasenabhängig). Theoretische Betrachtungen und Laboruntersuchungen zeigten, daß praktisch höhere Beträge der Schallintensität gemessen werden [38] [39] [40].

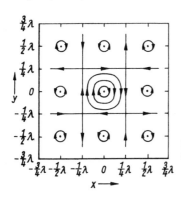

Bild 17 Wirbelfeld der aktiven Schallintensität bei senkrecht aufeinander wirkenden stehenden Wellen [38]

Der Grund dafür ist, daß in realen Schallfeldern stets alle drei idealisierten Feldformen - selbstverständlich mit unterschiedlichen Anteilen - gemeinsam auftreten. Speziell im realen Diffusfeld, das das Vorhandensein mehrerer reflektierender Flächen voraussetzt, können sich Wirbel der Schallintensität (Realteil) ausbilden, die bei der Messung mit erfaßt werden. Bild 17 zeigt das Schema eines solchen Wirbelfeldes, wenn zwei stehende Wellen senkrecht aufeinander wirken. Dadurch sind auch Probleme zu erklären, wie sie beispielsweise bei der Vektorverfolgung in Räumen auftreten können (vgl. Abschn. 9.2). Die theoretischen Grundlagen dieser Entscheidung sind bekannt (s. z.B. [40]), die Definition einer Kenngröße für die Meßpraxis, ggf. analog zum Reaktivitätsindex, steht aber noch aus.

8   Schalleistungsbestimmung

8.1   Einsatzbereich der Intensitätsmeßtechnik

Die Geräuschemission einer technischen Schallquelle wird durch die von ihr erzeugte und in die Umgebung abgestrahlte Schalleistung P bzw. ihren Schalleistungspegel L_P bestimmt. Aus der Gleichung für die im Schallfeld transportierte Schalleistung (1) folgt mit (2)

$$P = \oint \vec{J} \cdot \vec{dS} = \oint J_n \, dS. \tag{23}$$

Die Integration ist über die gesamte durchstrahlte Fläche S zu erstrecken. J_n ist die flächennormale Komponente des Intensitätsvektors (Realteil). In der konventionellen Meßpraxis wird J_n durch die Schallintensität in der ebenen Welle gemäß (5) angenähert ($\tilde{p}^2$-Methode). Durch genügend weite Entfernung von der Quelle kann theoretisch auch ein beliebig kleiner Fehler realisiert werden. Praktisch sind dem aber rein geometrisch bereits enge Grenzen gesetzt. Außerdem nimmt der Störgeräuscheinfluß mit der Entfernung zu. Da die Fehleranalyse trotzdem recht günstige Resultate liefert [41] [46] , ist diese Methode national und international, sowohl im RGW als auch in der ISO, standardisiert (Übersicht z.B. in [42] [43]).

Entsprechend den Aufstellungs- und Betriebsbedingungen sowie der gewünschten Genauigkeit kann aus dem Standardkomplex ein geeignetes Verfahren gewählt werden und, wo immer möglich, sollte danach gemessen werden.

Es gibt aber einige praktisch sehr wichtige Fälle, in denen diese Verfahren nicht anwendbar sind, und zwar wenn starke Reflexionen und/oder ein hohes Störgeräusch die Messung beeinflussen. Diese Erscheinungen treten insbesondere dann auf, wenn eine Maschine im zu untersuchenden Betriebszustand (meist Lastlauf) nicht getrennt unter akustisch günstigen Bedingungen aufgestellt und betrieben werden kann.

Bei der unmittelbaren Messung der Schallintensität werden Störungen des freien Feldes durch das Meßverfahren selbst weitgehend eliminiert. Für die meßpraktische Bestimmung des Schalleistungspegels wird die Integration in (23) durch eine Summation über N Meßpunkte auf einer Hüllfläche S ersetzt:

$$L_P = \left[10 \, \lg \frac{\Sigma J_n}{J_0} - 10 \, \lg N + 10 \, \lg \frac{S}{S_0} \right] dB \tag{24}$$

mit der Bezugsfläche $S_0 = 1 \, m^2$ und der Bezugsintensität $J_0 = 1 \, pW/m^2$.

8.2 Vorzüge und Grenzen des Verfahrens

Schallfeldform

Es gibt nur sehr geringe, theoretisch keine Anforderungen an das Schallfeld, d.h. daß die Messung am Aufstellungsort (in situ) stattfinden kann. Praktisch wird am Aufstellungsort der Diffusfeldanteil an einem bestimmten Meßpunkt aber nur in den Grenzen der verfügbaren Dynamik des verwendeten Meßgerätes unterdrückt (vgl. Abschn. 7.3), was in diesem Zusammenhang als „lokaler Effekt" der Störschallunterdrückung bezeichnet wird.

Nahfeldeinfluß

Messungen im Nahfeld verbessern den Störabstand und erfordern weniger Platz. Wegen der Phasenverschiebung zwischen Schalldruck und Schallschnelle sind Schalleistungsmessungen nach der $\tilde{p}^2$-Methode hier u.U. mit großen Fehlern behaftet (s. z.B. [41] [44] [46]), da der reaktive Anteil des Feldes mit erfaßt wird. Für die Intensitätsmessung trifft das nicht zu; Real- und Imaginärteil können getrennt werden. Allerdings ist das Schallfeld in Quellennähe bei realen technischen Schallquellen komplizierter als im Fernfeld. Es treten auf:

- Abweichungen vom einfachen 6-dB-Gesetz (entfernungs-, frequenz- und strahlertypabhängig, vgl. Abschn. 6.5) und
- Kurzschlußschallflüsse, die nicht bis in Fernfeld gelangen (z.B. zwischen lokalen Quellen und Senken auf schwingenden Flächen).

Dies erfordert die Einhaltung der Mindestentfernungen nach Abschnitt 6.3 sowie eine erhöhte Meßpunktdichte (im Mittel etwa 2,5fache Dichte wie bei den Standardverfahren [45]), damit sich die Kurzschlußanteile entsprechend ihrem Vorzeichen bei der Summation über die Hüllfläche herausmitteln - ein Sonderfall des noch zu besprechenden „integralen Effektes". Bei einem Gerät mit Echtzeitanalysemöglichkeit und summierendem Speicher ist dies i.allg. nur ein geringer Nachteil.

Hüllflächenform

Es bestehen keine besonderen Forderungen an die Größe und die Form der Meßhüllfläche. Bei senkrechter Orientierung der Sonde auf die Teilfläche wird die Normalkomponente gemessen. Es bleibt natürlich weiterhin der Fehler, der durch Approximation des Hüllflächenintegrals durch eine Summation als Funktion der Richtcharakteristik und der Meßpunktdichte verursacht wird; er wird auch als Endlichkeitsfehler bezeichnet.

Störschallunterdrückung

Die Intensitätsmeßmethode bietet die Möglichkeit, bei der Schalleistungsbestimmung auch stationären gerichteten Störschall zu eliminieren. Diese wohl wichtigste Eigenschaft ergibt sich aus der räumlichen Energiebilanz unter Berücksichtigung der Richtungsinformation. Das Umlaufintegral in (23) liefert die durch die Hüllfläche S des abgeschlossenen Volumens

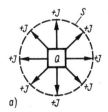 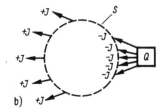

Bild 18 Auf der Meßfläche S erzeugte Intensitätswerte bei unterschiedlicher Lage der Schallquelle Q
a) Quelle innerhalb der Meßfläche,
$$\oint_S \vec{J} \cdot \vec{dS} = P$$
b) Quelle außerhalb der Meßfläche,
$$\oint_S \vec{J} \cdot \vec{dS} = 0$$

35

heraustretende akustische Leistung der eingeschlossenen Schallquelle. Ist weder eine Quelle noch eine Senke (Absorption) in S eingeschlossen, so liefert das Integral den Wert Null. Im Bild 18 sind beide Fälle gegenübergestellt. Dieser Mechanismus wird in der Literatur auch als „integraler Effekt" der Störschallunterdrückung bezeichnet. Voraussetzung ist, wie beim „lokalen Effekt", daß Nutz- und Störschall miteinander unkorreliert sind ($\gamma_{NS}^2 = 0$). Nicht auszuschließen ist bei der praktischen Messung natürlich die Zufallskorrelation infolge der endlichen Integrationszeit T des Meßgerätes.

Abgesehen vom Endlichkeitsfehler enthält ΣJ_n in (24) bereits alle Eigenschaften der Hüllflächenintegration. Geht man davon aus, daß Druck und Schnelle außer dem Nutzsignal noch ein Störsignal aufweisen ($p_N + p_S$; $v_{nN} + v_{nS}$), so läßt sich schreiben

$$\Sigma J_n = \Sigma J_{nN} + \Sigma J_{par}.$$

Darin bezeichnet

$$\Sigma J_{nN} = \Sigma \overline{p_N \, v_{nN}}$$

die Summe aller Nutzsignalanteile, also den gesuchten Meßwert, während ΣJ_{par} die Summe der für die Messung parasitären Anteile als Summe der zeitgemittelten Mischprodukte enthält. Nur für $\gamma_{NS}^2 = 0$ und $T \longrightarrow \infty$ ist auch $\Sigma J_{par} = 0$. Praktische Voraussetzungen für eine hohe Wirksamkeit des „integralen Effektes" sind daher

- möglichst große Integrationszeit und
- möglichst dichte und gleichmäßige Meßpunktverteilung.

Die Forderungen sind um so höher, je instationärer der Störlärm ist. Günstig ist wiederum die Tatsache, daß z.B. an einzelnen großen Flächen reflektierter Breitbandschall bereits in relativ geringer Entfernung hiervon praktisch kaum noch mit dem unreflektierten korreliert ist.

Die Leistungsfähigkeit dieses Effektes läßt sich leicht anhand der energetischen Pegeladdition abschätzen. Um eine Störpegelunterdrückung von 10 bzw. 20 dB zu erzielen, ist eine Differenz zwischen gemessenen positiven und negativen Störintensitätsanteilen von 0,4 bzw. 0,04 dB einzuhalten. Praktische Messungen zeigten, daß der „integrale Effekt" bei sorgfältiger Meßdurchführung Störschallunterdrückungen von etwa 10...17 dB(A) bringt (s. z.B. [44] bis [48]). Ein Meßbeispiel ist unter 9.1 aufgeführt.

8.3   Randbedingungen

Nachteilig, zumindest z.Z., ist, daß dieses Verfahren noch nicht standardisiert ist. Insbesondere fehlen verbindliche Forderungen an die Meßumgebung und an die verwendeten Geräte, an die Meßparameter (wie z.B. Meßpunktdichte, Meßabstand und Integrationszeit) sowie Aussagen zur Meßunsicherheit. Wichtige Vorarbeiten hierzu leisteten u.a. HÜBNER und BOCKHOFF [44] bis [48]. Einige Aspekte der Meßunsicherheit unter ungünstigen In-situ-Bedingungen werden auch in [49] behandelt.

Für Geräte der Zweimikrofontechnik ist ggf. auch der beschränkte Frequenzbereich von Nachteil (s. Abschn. 6).

Außerdem sind Intensitätsmessungen in strömender Luft praktisch noch nicht möglich. An der Entwicklung geeigneter Windschutzeinrichtungen wird derzeit noch gearbeitet, die optimale Grundform dürfte zeppelinartig (doppeltkonisch) sein [17] [50].

9   Schallquellenermittlung

Eine erfolgreiche Lärmbekämpfung an realen Schallquellenkomplexen, wie sie als Maschinen und Anlagen in der Industrie anzutreffen sind, muß an der Hauptlärmquelle beginnen. Ihre Lokalisation und quantitative Einordnung, z.B. in eine Rangfolgetabelle, ist daher eines der wichtigsten Meßprobleme der Lärmbekämpfung. Es gibt verschiedene Möglichkeiten, die Richtungsinformation der Intensitätsmessung dafür zu nutzen, die sich vor allem durch die Art der Ergebnisrepräsentation unterscheiden. Objekte der Lokalisation sind hier einzelne Maschinen innerhalb von Anlagen, Teilaggregate davon oder an der Oberfläche von Strukturen liegende Quellen (abstrahlende Teile oder Öffnungen). Wegen der Wellennatur des Schalls können nur offen im Ausbreitungsmedium Luft liegende Quellen direkt lokalisiert werden. Auf innerhalb der Struktur liegende Anregungsmechanismen kann nur mit Hilfe zusätzlicher Informationen geschlossen werden (s. z.B. [51]).

9.1   Schallquellenermittlung durch Schalleistungsmessung

An zusammengestzten Aggregaten, die ohne Beeinträchtigung ihrer Funktion nicht getrennt betrieben werden können, ist die Bestimmung der Hauptlärmquelle durch Messung und Vergleich der Schalleistungen ihrer Teilaggregate möglich. Dies gilt insbesondere für den meist am stärksten interessierenden Betriebszustand, den Lastlauf, z.B. bei Kombinationen Motor - Getriebe - Arbeitsmaschine, Walzwerksanlagen, kontinuierlich arbeitenden Aggregaten, wie in der polygrafischen Industrie, Getränkeabfüllanlagen u.dgl.

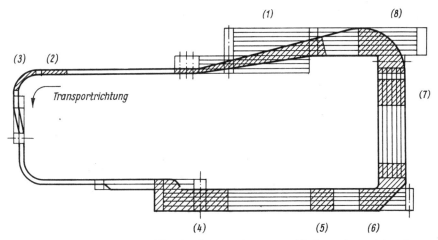

Bild 19 Versuchsaufbau des Flaschentransportsystems mit den untersuchten Baugruppen, vgl. Tab. 2
Die Baugruppen (6), (7), (8) dienten hier nur der Vervollständigung des Rundlaufs.

  Am Versuchsaufbau eines Rundlaufs aus Elementen eines Flaschentransportsystems für die Getränkeindustrie war die Rangfolge der einzelnen Lärmquellen zu ermitteln [52] . Dazu wurden Baugruppen mit bestimmter Länge definiert, deren Schalleistung entsprechend Abschnitt 8 ermittelt werden konnte. Bild 19 zeigt eine Skizze des Rundlaufs. In Tabelle 2 sind die relativen Teilschalleistungspegel für den Betriebszustand „volle Flaschen" zusammengestellt. Hauptlärmquelle des Rundlaufs war die Flaschenzusammenführung (1) - in der Produktion nach

Tabelle 2 Relative Teilschalleistungspegel L_P^* ausgewählter Baugruppen des Flaschenrundlaufs. Der Pegel für Baugruppe (1) wurde der Übersichtlichkeit halber willkürlich festgelegt.

Baugruppe	Länge in m	L_P^* in dB(A)
(1) Zusammenführung (Walzengeländer)	3,0	100
(2) einbahnige Geradführung	0,5	83
(3) einbahnige Kurve	0,5	84
(4) Auseinanderführung	1,5	90
(5) fünfbahnige Geradführung	0,5	83
(6) Eckverbindung mit 45°-Geländer (unübliche Bauform)	1,0	94
(7) sechsbahnige Geradführung	0,5	85,5
(8) Eckverbindung mit Kurvengeländer	1,0	88,5

dem Auspacken und Reinigen der Flaschen angeordnet - gefolgt von der Auseinanderführung - in der Produktion vor dem Einpacken angeordnet. Die Abstrahlung rein passiver Transportelemente liegt wesentlich darunter. Damit konnten dem Auftraggeber erstmals Schalleistungspegel einzelner Baugruppen des Transportsystems im Lastlauf übergeben werden. Solche Emissionskennwerte gestatten es wiederum, die nur vom Transportsystem herrührenden Anteile zur Lärmimmission an beliebigen Punkten in beliebigen realen Anlagenkonfigurationen bereits im Projektstadium zu errechnen [53].

9.2   Operative Lokalisation

Die Methoden sind besonders geeignet für orientierende Untersuchungen und qualitative Auswertung vor Ort. Die selektive Vorgehensweise bewirkt einen geringen Datenanfall.

Abtasten der Oberfläche

Hierbei wird das scharfe Minimum in der Richtcharakteristik (s. Bild 9) ausgenutzt. Wie im Bild 20 dargestellt, wird die Oberfläche entlang einer Linie in gleichbleibendem Abstand abgetastet und dabei die Anzeige beobachtet. Vorzeichenwechsel bedeutet, daß sich bei $\alpha = 90°$ eine Schallquelle befindet.

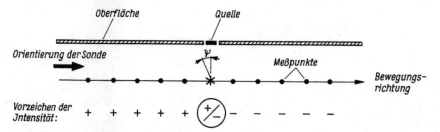

Bild 20 Ermittlung der Quellenlage durch Bestimmung des Umschlagpunktes * der Schallintensität

ψ phasenbedingte Winkelabweichung

Phasendifferenzen bewirken bei Geräten der Zweimikrofontechnik im tieffrequenten Bereich eine Fehllokalisation $\alpha = 90° \pm \psi$ des Minimums. Wie aus (14) ersichtlich ist, beträgt die Winkelabweichung

$$\psi = \arcsin \frac{\varphi}{k \Delta r} \ .$$

Vektorverfolgung

In Räumen, deren Abmessungen in die Größenordnung der Wellenlänge der dominierenden Frequenzen kommen, breitet sich der Schall aufgrund der örtlich unterschiedlichen Impedanz des Feldes nicht mehr geradlinig aus. Eine Auffindung der Quelle durch rückwärtige Verlängerung eines gemessenen Vektors ist nicht möglich. In kleinen Räumen mit genügender Absorption, wie z.B. in PKW-Fahrgasträumen, kann ausgehend vom Immissionsort in geeigneten Abständen (etwa 0,2...0,3 m) mehrfach die Raumrichtung des Intensitätsvektors im dominierenden Frequenzband bestimmt und dadurch die Schallausbreitung bis zur Quelle zurückverfolgt werden (vgl. [54]). Die Winkelabweichung ψ ist wegen des iterativen Vorgehens nicht sehr bedeutend. In Räumen mit starkem Reflexionsschallanteil, insbesondere bei stehenden Wellen, versagt diese Methode.

Ortung

In größeren Räumen oder im Freien können an mehreren Aufpunkten die Winkel für Minimalanzeige gemessen und nach den bekannten Ortungsverfahren (z.B. Peilung oder Triangulation) ausgewertet werden. Dabei geht die Winkelabweichung ψ voll in das Meßergebnis ein. Praktisch interessant wird beispielsweise das einfache Anpeilen der Quelle bei instationärer Geräuscherzeugung. Alle anderen Verfahren stellen hohe Anforderungen an die Konstanz bzw. Reproduzierbarkeit der Schallabstrahlung.

9.3   Grafische Lokalisation

Die nachstehenden Methoden sind vor allem für Auswertebogen im Labor geeignet. Sie erfordern wegen des erheblich größeren Datenanfalls eine rechnerunterstützte Auswertung und grafische Ausgabesysteme.

Flächen oder Linien vor der zu untersuchenden Struktur oder Querschnitte von Kanälen werden in einem definierten Raster abgetastet. Nach Zwischenspeicherung, z.B. auf einer Digitalmagnetbandkassette, werden die Meßergebnisse vorzugsweise als Terz- oder Oktavbandpegel im Zusammenhang mit der Strukturgeometrie dargestellt. Zu beachten ist, daß die Bildung von Gesamtpegeln bei Lokalisationsaufgaben i.allg. sehr problematisch ist:

- Bei unterschiedlichem Vorzeichen der Komponenten im Spektrum kommt es zu einer artifiziellen energetischen Auslöschung; die beiden Raumrichtungen sind dann ggf. getrennt zu betrachten.
- Zu breitbandige Auswertung, z.B. bei der Lokalisation tonaler Teilquellen, kann u.U. das Vektordiagramm erheblich verwischen.

Bei sehr schmalbandiger Analyse wiederum können Fluktuationen bei ungenügend langer Mittelungszeit zu unsicherer Lokalisation führen.

Vektordarstellung

Es werden zwei (oder drei) Komponenten des Intensitätsvektors gemessen und zusammen mit der Struktur maßstabsgerecht dargestellt. Aus Richtung und Betrag kann auf die Lage der Quellen und deren Beitrag zum Gesamtpegel geschlossen werden. <u>Bild 21</u> zeigt als Beispiel das Vektor-diagramm auf eine Linie vor der Flaschenauseinanderführung des o.g. Rundlaufs. Als Haupt-lärmursachen wurden ermittelt [52] :

- bei A und B Aufprall auf langsamer laufende Flaschen,
- bei C Transportgeräusch der Flaschen im losen Verband.

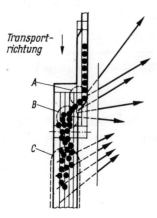

Transport-richtung

A
B
C

Bild 21   Vektordiagramm der Schallintensität vor einer Flaschenauseinanderführung einer Getränkelinie

f_{mterz} = 2 kHz

Die zeitlich versetzte Messung zweier Komponenten ist nur bei ausreichender Konstanz der Schallabstrahlung möglich. Weicht der Pegel der mittleren Intensität in der zuerst gemes-senen Richtung vom Mittelwert in dieser Richtung während der Messung der anderen Kompo-nente geringfügig ab, so beträgt der Winkelfehler $\varepsilon_\alpha = \Delta\alpha/\Delta L$

$$\varepsilon_\alpha = (6{,}6 \sin 2\alpha)°/dB,$$

d.h. im Mittel über den ganzen Winkelbereich etwa 5°/dB. Um solche Einflüsse zu minimieren, wird derzeit an der Entwicklung von 2D- und 3D-Sonden gearbeitet, wobei letztere eine meist nicht mehr akzeptable Störung des Schallfeldes bewirken [32] [57] [58] . Die Meßergebnisse können auch als Vektorfeld innerhalb einer Ebene dargestellt werden (z.B. Schnittebene einer Struktur oder andere Ebenen, die einen oder mehrere Strahler enthalten, ggf. auch Projek-

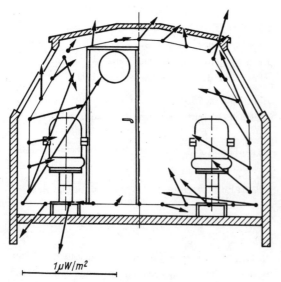

Bild 22 Führerstand einer Diesel-lokomotive mit Intensitätsvektoren in der Schnittebene

Abstand zu den Raumbegrenzungs-flächen 125 mm
f_{mterz} = 1 kHz

1µW/m²

tionen gekrümmter Flächen usw.). Auch dreidimensionale Vektordarstellungen werden benutzt, jedoch haben diese meist nur Übersichtscharakter.

Bild 22 zeigt einen Schnitt durch den Führerstand einer Diessellokomotive [59] . Eingezeichnet sind die Vektoren der Schallintensität bei 1 kHz in der Schnittebene. Mit Ausnahme der Decke strahlen alle Raumbegrenzungsflächen Schall ab. Insbesondere scheinen Montageundichtheiten zwischen Wand und Fußboden, unter dem sich das Strömungsgetriebe befindet, zu bestehen. Deutlich erkennbar ist auch die Wirkung der schallabsorbierenden Deckenauskleidung in diesem Frequenzbereich.

Komponentendarstellung

Vor strahlenden Oberflächen oder in Kanalquerschnitten wird eine Komponente, meist die Normalkomponente der Schallintensität, im Raster gemessen und darüber gestellt. Dabei wird die Intensität oder der Intensitätspegel zwischen den Rasterpunkten interpoliert (in der Regel linear oder logarithmisch).

Die zweidimensionale Darstellung der Meßergebnisse kann als Kurven gleicher Intensität oder als Pegel je Teilfläche erfolgen (Bild 23). Zur Ermittlung des Pegels je Teilfläche wird i.allg. durch Bewegung der Sonde während der Meßdauer über diese Teilfläche der Mittelwert gebildet.

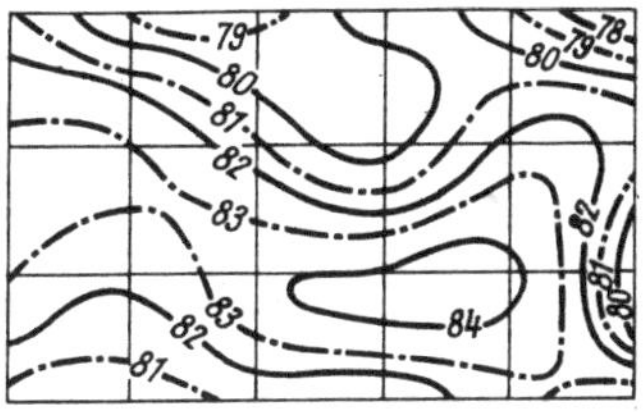

81,3	79,2	78,7	80,6	79,4	77,1
83,1	82,9	81,1	79,5	82,3	81,5
83,1	82,2	83,8	84,0	84,1	79,3
80,7	80,5	81,3	81,5	82,7	83,4

a)   b)

Bild 23 Auswertung von 24 Meßpunkten auf einer Fläche vor einer Etikettiermaschine der Getränkeindustrie [56]
a) Kurven gleicher Intensität; b) Pegel je Teilfläche

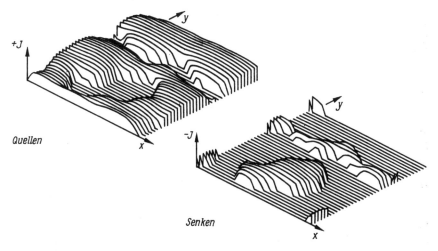

Bild 24 Intensitätsverteilung über einer Motorabdeckung bei $f_{m\,terz}$ = 315 Hz

Um z.B. lokale Schallquellen und -senken auf abstrahlenden Flächen zu veranschaulichen, ist eine dreidimensionale Darstellung der Normalkomponente günstig. Dazu wird das „Gebirge" der Schallintensität, zweckmäßigerweise positive und negative Werte getrennt, aufgezeichnet. Bild 24 zeigt als Beispiel die Intensitätsverteilung über der Motorabdeckung eines Kraftfahrzeugs [14] .

10 Zusammenfassung

Die Intensitätsmeßtechnik eröffnet dem Akustiker neue Möglichkeiten, da sie stärker als die konventionelle Schalldruckmeßtechnik die Feinstruktur des akustischen Feldes aufdeckt. Ihre Haupteinsatzgebiete ergeben sich aus der im Meßergebnis enthaltenen Richtungsinformation: Lokalisation von Schallquellen und Bestimmung der Schalleistung unter Störschalleinfluß. Die Anwendung dieser Technik zwingt den Messenden aber auch, gewohnte einfache Modellvorstellungen zur Struktur des Schallfeldes neu zu überdenken; Probleme von bisher überwiegend theoretischem Interesse erhalten jetzt praktisches Gewicht. So können z.B. dem diffusen Schallfeld in Räumen überlagerte Wirbel der Schallenergie die Messung gerichteter Schallflüsse beeinträchtigen. Wenn aus Messungen im Nahfeld von Schallquellen auf deren Fernfeldwirkung geschlossen werden soll, beeinflussen nicht mehr in erster Linie Phasenverschiebungen von Druck und Schnelle das Meßergebnis, sondern strahlertypabhängige Abweichungen vom 6-dB-Gesetz und Kurzschlußflüsse der Schallenergie.

Die meisten mit dieser Meßtechnik verbundenen Probleme konnten hier nur skizziert, weitere, wie z.B. die Verarbeitung zu anderen Meßgrößen, gar nicht behandelt werden. Einige Möglichkeiten seien aber kurz erwähnt:

Wenn Schalldruck und Schallschnelle für einen Punkt in einer Raumrichtung bekannt sind, kann die Impedanz des Feldes in diesem Punkt vektoriell gemessen werden. Möglich ist auch die Messung der Wirksamkeit von Absorbern im eingebauten Zustand. Dabei wird die absorbierte Energie durch Intensitätsmessung vor der Oberfläche des Absorbers bestimmt, die einfallende Energie durch Schalldruckmessung im Raum. In ähnlicher Weise können auch andere raum- und bauakustische Kenngrößen ermittelt werden. Mißt man nahe vor einer schwingenden Struktur die Schallintensität und auf der Oberfläche die Schwinggeschwindigkeit, so kann z.B. mit einem angeschlossenen Meßprozessor unmittelbar der Abstrahlgrad der Struktur bestimmt werden.

Die weitere Vervollkommnung der Gerätetechnik, insbesondere der Meßsonden, sowie eine noch breitere Ànwendung dieses Meßverfahrens sind Gegenstand derzeit international laufender Untersuchungen auf diesem Teilgebiet der akustischen Meßtechnik.

Literatur

[1] OLSON, H. F.: System responsive to the energy flow in sound waves. U.S. Patent 1. 892. 644, 1932

[2] OLSON, H. F.: Field-type acoustic wattmeter. J. Audio Engng. Soc. 22 (1974) 5, S. 321-328

[3] CLAPP, C. W.; FIRESTONE, F. A.: An acoustic wattmeter, an instrument for measuring sound energy flow. J. Acoust. Soc. Amer. 13 (1941), S. 124ff.

[4] REICHARDT, W.: Grundlagen der Technischen Akustik. Leipzig: Geest u. Portig, 1968

[5] BURGER, J. F., u.a.: Measurement of sound intensity applied to the determination of radiated sound power. J. Acoust. Soc. Amer. 53 (1973) 4, S. 1167-1168

[6]   BAKER, S.: An acoustic intensity meter. J. Acoust. Soc. Amer. 27 (1955) 2, S. 269-273

[7]   ODIN, G.: Bestimmung der Schalleistung breitbandiger Schallquellen im Direktfeld. Diss.
       Tech. Univ. Dresden, 1974

[8]   SCHULTZ, T. J.: Acoustic wattmeter. J. Acoust. Soc. Amer. 28 (1956) 4, S. 693-699

[9]   COOK, R. K.; PROCTOR, T. M.: A standig-wave tube as an absolutely known source of
       sound power. J. Acoust. Soc. Amer. 65 (1979) 6, S. 1542-1555

[10]   WOGECK, L.: Die direkte Messung der Schallintensität. Tag.-Ber. 12. Fachkoll. Infor-
       mationstechnik, Tech. Univ. Dresden, 1979; Luft- u. Kältetech. (1980) 2, S. 98-100

[11]   PLEEK, D.; PETERSEN, E. C.: Real time sound intensity measurements performed with an
       analog and portable instrument. IC on recent developments in acoustic intensity meas-
       urements. Senlis: CETIM, 1981

[12]   PAVIĆ, G.: Measurement of sound intensity. J. Sound and Vibr. 51 (1977) 4, S. 533-545

[13]   FAHY, F. J.: Measurement of acoustic intensity using the cross spectral density of
       two microphone signals. J. Acoust. Soc. Amer. 62 (1977) 4, S. 1057-1059

[14]   GADE, S.: Sound intensity. T. 1 Theory, T. 2 Instrumentation and applications.
       Brüel & Kjaer Tech. Rev. (1982) 3, S. 3-39; (1982) 4, S. 3-32

[15]   ROTH, O.: A sound intensity real-time analyzer. IC on recent developments in acoustic
       intensity measurements. Senlis: CETIM, 1981

[16]   RASSMUSSEN, G.; BROCK, M.: Noise measurement, analysis and instrumentation: Acoustic
       intensity measuring probe. In: Proc. Internoise '81, Amsterdam, 1981, Bd. 2, S. 907
       bis 912

[17]   RASSMUSSEN, G.; BROCK, M.: Acoustic intensity measurement probe. IC on recent devel-
       opments in acoustic intensity measurements. Senlis: CETIM, 1981

[18]   ROLAND, J.; CROCKER, M. J.; SANDBAKKEN, M.: Measurements of fan sound power in ducts
       using the acoustic intensity technique. IC on recent developments in acoustic inten-
       sity measurements. Senlis: CETIM, 1981, S. 237-243

[19]   REINHART, T. E.; CROCKER, M. J.: Source identification on an Diesel engine using
       acoustic intensity measurements. Noise Control Engng. 18 (1982) 3, S. 84-92

[20]   Geräuschintensitätsmeßverfahren. VDI-Ber. 526. Düsseldorf: VDI-Verlag, 1984

[21]   RIEDLINGER, R.: Anwendung von Mikrofonen mit unterschiedlichen Übertragungseigen-
       schaften in einer Intensitätsmeßsonde. In: Fortschritte der Akustik - DAGA '84.
       Bad Honnef, 1984, S. 235-238

[22]   RIEDLINGER, R.; FRITSCH; KROSCHEL, K.: Ein Meßgerät zur spektralen Erfassung und Dar-
       stellung der akustischen Intensität. In: Fortschritte der Akustik - DAGA '84.
       Bad Honnef, 1984, S. 239-242

[23]   CHUNG, J. Y.: Cross-spectral method of measuring acoustic intensity without error
       caused by instrument phase mismatch. J. Acoust. Soc. Amer. 64 (1978) 6, S. 1613-1616

[24]   THOMPSON, J. K.; TREE, D. R.: Finite difference approximation errors in acoustic in-
       tensity measurements. J. Sound and Vibr. 75(1981) 2, S. 229-238

[25]   POPE, J.; CHUNG, J. Y.: Comments on „Finite difference approximation errors ...".
       J. Sound and Vibr. 82(1982) 3, S. 459-464

[26]   KRISHNAPPA, G.: Acoustic intensity in the nearfield of two interfering monopoles.
       J. Acoust. Soc. Amer. 74 (1983) 4, S. 1291-1294

[27]   WITTEK, G.: Schallfeldintensitäten von Punktstrahlern. In: Fortschritte der Akustik-
       DAGA '84. Bad Honnef, 1984, S. 227-230

[28]   2. International congress on acoustic intensity-measurement, techniques and appli-
       cations. Senlis (Frankreich): CETIM, 1985

[29] PRASAD, M. G.; HAM, S. Y.: Interference of the acoustic intensity and pressure fields of a primary source due to a secondary source. In: [28] , S. 105-112

[30] KRISHNAPPA, G.: Sound intensity in the nearfield of a point source over a hard reflecting plane. In: [28] , S. 89-96

[31] BRÜEL, P. V.: Microphone configurations used in acoustic intensity probes. In: [28] , S. 17-22

[32] RASMUSSEN, G.: Measurement of vector fields. In: [28] , S. 53-58

[33] ROLAND, J.: What are the limitations of intensity technique in a hemi-diffuse field. In: Proc. Internoise '82, San Francisco, S. 715-718

[34] GADE, S.: Validity of intensity measurements in partially diffuse sound field. Brüel & Kjaer Tech. Rev. (1985) 4, S. 3-31

[35] GADE, S.; NIELSEN, T. G.; GINN, K. B.: Sound intensity terminology. In: [28] , S. 295 bis 300

[36] NICOLAS, J.; LEMIRE, G.: A systematic study of the pressure-intensity index. In: Proc. Internoise '85, München, 1985, Bd. 2, S. 1179-1182

[37] NICOLAS, J.; LEMIRE, G.: Comments on the validity of the index L_I - L_p. In: [28] , S. 337-342

[38] SCHULTZ, J.; SMITH, Jr. P. W.; MALME, C. I.: Measurement of acoustic intensity in reactive sound field. J. Acoust. Soc. Amer. 67 (1975) 6, S. 1263-1268

[39] PASCAL, J. C.: Structure and patterns of acoustic intensity fields. In: [28] , S. 97 bis 104

[40] TICHY, J.: Use of the complex intensity for sound radiation and sound field studies. In: [28] , S. 113-120

[41] Erfahrungen mit DIN 45635. VDI-Ber. 335. Düsseldorf: VDI-Verlag, 1979

[42] BIEHN, K.: Rahmen-Meßvorschriften zur Bestimmung der Lärmkenngrößen von Maschinen und am Aufenthaltsort von Menschen. Beitr. f. d. Praxis, H. 15. Dresden: Zentralinst. f. Arbeitsschutz, 1981

[43] KRACHT, L.; PARTHEY, W.; HEIDEKRÜGER, A.: Titelverzeichnis von Vorschriften zum Gebiet Lärmschutz. 2. Aufl. Beitr. f. d. Praxis, H. 7. Dresden, Zentralinst. f. Arbeitsschutz, 1985

[44] HÜBNER, G., u.a.: Zum Anwendungsbereich des Schallintensitätsverfahrens bei der Schalleistungsbestimmung von Masch. In: Fortschritte der Akustik - FASE/DAGA '82. Göttingen S. 427-430

[45] HÜBNER, G.: Recent development of requirements for an intensity measurement code determining sound power levels of machines. In: [28] , S. 307-318

[46] HÜBNER, G.: Grundlagen der Intensitätsmeßmethode und Untersuchungen zum Anwendungsbereich in der Praxis der Geräusch-Emissionsermittlung. In: [20] , S. 1-47

[47] BOCKHOFF, M.: Sound power determination in the presence of background noise. In: [28] , S. 275-282

[48] BOCKHOFF, M.: Der Einsatz der Schallintensitätsmeßtechnik zur Ortung von Schallquellen und zur Bestimmung ihrer Schalleistung vor Ort - Beispiele. In: [20] , S. 49 bis 64

[49] PLUNDRICH, J.: Zur Meßunsicherheit bei der Bestimmung des Schalleistungspegels aus Intensitätsmessungen unter Praxisbedingungen. Zentralinst. f. Arbeitsschutz, Dresden. Ber. Nr. 870, 1984, unveröff.

[50] FAHY, F. J.; LAHTI, T.; JOSEPH, P.: Some measurements of sound intensity in air flow. In: [28] , S. 185-192

[51] Lärmminderung an Maschinen - Arbeitsmethoden und Beispiele. Hrsg. W. SCHIRMER. Beitr. f. d. Praxis, H. 41, Zentralinst. f. Arbeitsschutz, Dresden, 1984

[52] PLUNDRICH, J.: Ermittlung der Teillärmquellen an einer Versuchsanlage der Getränke-linie ET 60. Zentralinst. f. Arbeitsschutz, Dresden, Ber. Nr. 868, 1984, unveröff.

[53] PLUNDRICH, J.: Bestimmung des Schalldruckpegels an Flaschentransportanlagen (ver-einfachtes Verfahren). Zentralinst. f. Arbeitsschutz, Dresden, Ber. Nr. 868-A, 1984, unveröff.

[54] KUTTER-SCHRADER, H.; BETZHOLD, C.; GAHLAU, H.: Intensitätsmessung im KFZ-Innenraum mit einem kleinen Analogmeßgerät. In: [20] , S. 137-151

[55] PLUNDRICH, J.: Auslegung und Erprobung einer Intensitätsmeßsonde für die Zweimikrofon-technik. Zentralinst. f. Arbeitsschutz, Dresden, Ber. Nr. 9/86, 1986, unveröff.

[56] GADE, S.; WULFF, H.; GINN, K. B.: Sound power determination using sound intensity measurements. Brüel & Kjaer Applic. Note BO 0055, 1982, S. 2-4

[57] VANDENHOUT, J.; SAS, P.; SNOEYS, R.: Measurement, accuracy and interpretation of real and imaginary intensity patterns in the near field of complex radiators. In: [28] , S. 121-128

[58] ŽUKOV, A. N.; IVANNIKOV, A. N.; TONAKANOV, O. S.: Izpol'sovanie izmeritelja intensiv-nosti dlja issledovanija struktury zvukovogo polja. Univ. Moskva, 1985; in: Proc. Noise-Control '85, Kraków, 1985, S. 669-672

[59] PLUNDRICH, J.: Schallintensitätsmessungen im Führerstand einer Diesellokomotive - Standmessung. Zentralinst. f. Arbeitsschutz, Dresden, Ber. Nr. 892, 1986, unveröff.

Anschrift des Autors:

Dr.-Ing. Johannes Plundrich

Zentralinstitut für Arbeitsschutz
Gerhart-Hauptmann-Straße 1
Dresden
8020

Wolfgang Klippel

Zusammenhang zwischen objektiven Lautsprecherparametern und subjektiver Qualitätsbeurteilung

Ein wichtiges Kriterium für die Qualität von Lautsprecherboxen ist der empfundene Höreindruck. Bisher werden diese Aussagen weniger aus physikalischen Meßwerten abgeleitet, sondern in aufwendigen subjektiven Abhörversuchen bestimmt. Sehr oft stehen die Ergebnisse der
subjektiven und objektiven Bewertung im Widerspruch. Eine zweckmäßige Qualitätsbewertung von
Lautsprecherboxen erfordert eine kritische Überprüfung und vor allem eine stärkere Verknüpfung beider Methoden. Als Ergebnis dieser Untersuchung entstand ein Modell der objektiven
Klangbewertung, mit dem die wesentlichen subjektiven Testergebnisse aus physikalischen Meßwerten erklärt und vorausberechnet werden können. Dieses Modell ermöglicht die rechentechnische Simulation von Lautsprecherabhörtests unter verschiedenen Abhörbedingungen (Räume,
Musikprogramme, Klangstellereinsatz) und erlaubt verallgemeinerungsfähige Aussagen über die
empfundene Klangqualität von Lautsprecherboxen.

An important criterion for the quality of loudspeaker boxes ist the felt hearing impression.
Up to now this information is less derived from physical measuring values, but it is determined in expensive, subjective listening tests. A suitable quality evaluation of loudspeaker
boxes requires a critical examination and above all a stronger connection of both the methods. As result of this examination a model of the objective sound evaluation has been devel-
oped which allows to explain and precalculate the essential subjective test results from
physical measuring values. This model enables the computational simulation of loudspeaker
listening tests under different listening conditions (rooms, musical programmes, sound disc
use) and allows statements capable of being generalised on the felt sound quality of loudspeaker boxes.

Un critère important de la qualité d'enceintes acoustiques est la qualité du son perçu.
Jusqu'à présent, ces données ont été déduites moins de valeurs de mesure physiques mais
plutôt d'essais d'écoute subjectifs comportant des frais considérables. Très souvent, les
résultats d'évaluations subjectives et objectives sont en contradiction. Une évaluation
efficace de la qualité sonore d'enceintes acoustiques demande un examen critique des deux
méthodes et de les mettre en relation plus étroite. Le résultat de cette étude est un modèle de l'évaluation objective du son qui permet de définir et de calculer au préalable,
en partant des valeurs de mesure physiques, les résultats essentiels d'essais subjectifs.
Ce modèle rend possible la simulation assistée par ordinateur d'essais d'écoute de haut-
parleurs sous différentes conditions d'écoute (salles, programmes de musique) et permet de
caractériser, sous forme généralisée, la qualité du son perçu d'enceintes acoustiques.

1   Einleitung

Ein Ziel der Elektroakustik ist es, ein beliebiges Schallereignis an einem anderen Ort zu
einer anderen Zeit identisch zu reproduzieren. Hierbei ist es nicht erforderlich, daß sich
die Schallfelder physikalisch vollständig gleichen, es ist vielmehr ausreichend, wenn der
Mensch als Hörer die Reproduktion für sehr natürlich hält. Auf dem jetzigen Stand der Elektroakustik ist das noch nicht möglich. Die Probleme liegen nicht nur auf der Wiedergabe-
seite, sie beginnen schon bei grundsätzlichen Fragen der Schallaufnahme, der Aufzeichnung
usw. Der Hörer hat sich jedoch auf das Leistungsvermögen der Elektroakustik eingestellt und
erwartet in seinem Wohnraum nicht den gleichen Eindruck wie in einem Konzertsaal. Er akzep-
tiert einerseits Veränderungen im Höreindruck, erwartet andererseits jedoch auch eine Verbesserung der Durchsichtigkeit und Balance der Stimmengruppen, die eine regietechnische Bearbeitung z.B. möglich macht. Für den Hörer ist der Wohlklang letztlich das entscheidende
Kriterium. Er wird das Klangbild bevorzugen, das er als das angenehmste empfindet. Seine
subjektiven Empfindungen beeinflussen die Eingriffe des Tonmeisters und die Gestaltung der
elektroakustischen Geräte überhaupt. Selbst die Entwickler und Hersteller von Lautsprecherboxen müssen sich an der durch den Hörer empfundenen Wiedergabequalität orientieren. Zu
diesem Zweck werden Lautsprecherabhörversuche durchgeführt.

Die Lautsprecherbox wird in solchen subjektiven Tests nicht isoliert bewertet, sondern
im Zusammenhang und unter dem Einfluß von konkreten anwendernahen Abhörbedingungen. Durch
die Einbeziehung mehrerer Musikprogramme, Hörer usw. hofft man, repräsentative Aussagen zu
gewinnen. Reproduzierbare und zuverlässige Ergebnisse erfordern aber einen großen Testaufwand und bedeuten eine hohe Belastung der Testpersonen. Deshalb strebt man an, die Klangqualität der Boxen auf objektivem Wege, durch physikalische Messungen, zu ermitteln. Bisher
sind standardisierte Boxkenngrößen entwickelt worden, die wesentliche physikalische Übertragungseigenschaften der Boxen unter definierten Meßbedingungen (z.B. Freifeld) erfassen.
Die unter diesen Bedingungen gewonnenen Meßergebnisse sind in hohem Grade vergleichbar, reproduzierbar und beziehen sich unmittelbar auf die Box selbst, die realen Abhörbedingungen
der Praxis und die besonderen Vorgänge bei der psychoakustischen Wahrnehmung berücksichtigen sie jedoch nicht. In diesen Punkten gehen die bisherige Lautsprechermeßtechnik und die
subjektiven Tests von völlig verschiedenen Voraussetzungen aus.

Dennoch möchte man die Ergebnisse beider Meßmethoden miteinander vergleichen. Dazu werden einerseits die physikalischen Meßwerte interpretiert und Aussagen über die möglichen
Empfindungen eines Hörers abgeleitet. Andererseits versucht man, für die subjektiven Urteile der Lautsprechertests physikalische Ursachen zu finden. Diese Zusammenhänge sind häufig nicht offensichtlich. Allzuoft werden subjektive Phänomene registriert, die sich schein-
bar nicht erklären lassen. Oder es tritt sogar ein grundlegender Widerspruch zwischen objek-
tiver Messung und subjektiver Bewertung auf. In jedem Fall liefern die subjektiven Urteile
keine konkreten Anhaltspunkte für konstruktive Veränderungen.

Die widersprüchlichen Aussagen stellen grundsätzliche Anfragen an beide Methoden der
Qualitätsbewertung: Werden die physikalischen Meßwerte richtig interpretiert? Oder liegt
das eigentliche Problem bei der Wahl eines geeigneten Meßverfahrens? Häufig wird die Frage
aufgeworfen, ob die bisherigen Messungen auch wirklich all die physikalischen Eigenschaften

erfassen, die für die subjektive Empfindung bedeutsam sind. Bisher war der Amplitudenfrequenzgang des Übertragungssystems für die Qualitätseinschätzung entscheidend. Welche Rolle spielen Phasenverzerrungen und nichtlineare Verzerrungen? Aber auch die Aussagefähigkeit subjektiver Lautsprechertests sollte kritisch überprüft werden. Welche Aussagen haben wirklich allgemeine Gültigkeit, und welche Testergebnisse werden nur unter den speziellen Testbedingungen beobachtet und verändern sich unter realen Verhältnissen?

Diese Probleme zeigen, daß für die Einschätzung der Klangqualität von Lautsprecherboxen eine stärkere Verbindung zwischen subjektiver Beurteilung und physikalischer Messung hergestellt werden muß.

2 Methodik subjektiver Lautsprecherabhörtests

Von subjektiven Lautsprechertests verlangt man, daß sie den Charakter von Messungen haben. Ihre Ergebnisse sollen in einem bestimmten Rahmen vergleichbar und reproduzierbar sein. Die gewählte Testmethodik hat hierauf einen entscheidenden Einfluß. Wie wird nun ein geeigneter Lautsprechertest durchgeführt?

2.1 Auswahl geeigneter Testpersonen

Der Hörer ist das eigentliche Meßinstrument in subjektiven Tests. Sein Beurteilungsvermögen und seine individuellen Vorstellungen über ein ideales Klangbild beeinflussen maßgeblich die Ergebnisse eines Abhörtests. Selbstverständlich muß der Hörer eine grundsätzliche audiologische Hörtauglichkeit besitzen. Aber auch seine Hörerfahrung (bewußtes HiFi-Hören, regelmäßiger Konzertbesuch, aktive musikalische Betätigung usw.) bestimmen nicht nur wesentlich seine Idealvorstellungen, sondern auch die Fähigkeit, ein Klangbild kritisch und differenziert zu beurteilen. Die Testerfahrung, das Vertrautsein mit der Skalierungsmethode und den anderen Bedingungen in einem Abhörversuch spielen hier ebenfalls eine Rolle. Lautsprechertests bedeuten für die Testperson eine zeitliche und körperliche Belastung. Ermüdungserscheinungen können die Aufmerksamkeit und Motivation beträchtlich vermindern.

2.2 Skalierung der Klangeigenschaften

2.2.1 Attributive Bewertung

Vielfach interessiert in subjektiven Lautsprechertests nicht nur, welche Box unter den konkreten Abhörbedingungen bevorzugt wird, sondern auch, welche Empfindungen hierfür entscheidend waren. Die Testperson wird hierzu aufgefordert, das Klangbild nicht nur zu werten, sondern auch zu beschreiben.

Für diese Klangeigenschaften mangelt es nicht an verbalen Bezeichnungen. Aus der Musik, Instrumentenkunde, Akustik, Übertragungstechnik und aus sonstigen Begriffswelten werden spezielle Formulierungen entlehnt und als Klangattribute verwendet. Die freie verbale Beschreibung der Boxen durch einen Hörer spielt in Lautsprechertests eine untergeordnete Rolle. In der Regel wird die Testperson systematisch befragt. Aus der Vielzahl der möglichen Klangattribute werden die aussagekräftigsten ausgewählt und der Testperson zur Bewertung vorgegeben. Jeder Testlautsprecher soll in allen Testattributen quantitativ eingeschätzt,

und seine Eigenschaften sollen durch Zahlenwerte beschrieben werden. Die verschiedenen (eindimensionalen) Skalierungsverfahren sollen die Testperson bei dieser Aufgabe methodisch unterstützen.

2.2.1.1 Eindimensionale Skalierungsverfahren

Ein sehr verbreitetes Skalierungsverfahren ist das als Zensurenbewertung allgemein bekannte
Ratingverfahren. Es erfolgt eine direkte absolute Größenschätzung der durch das Attribut be-
zeichneten Empfindung. Die Testperson muß einer einzelnen Lautsprecherbox für jedes Testattribut unmittelbar einen Zahlenwert (Zensur) zuordnen. So werden die Testboxen relativ
isoliert bewertet. Ihre Schätzwerte sind untereinander nur vergleichbar, wenn sich der
Beurteilungsmaßstab während des Tests nicht verschoben hat. Durch Anker (Vergleichsobjekte)
versucht man, das akustische Gedächtnis zu unterstützen und die Skala zu stabilisieren. Obwohl nur größere Klangunterschiede zwischen Boxen reproduzierbar wiedergegeben werden können, hat dieses Verfahren den unbestreitbaren Vorteil, am schnellsten zu subjektiven Skalenwerten zu führen.

Für die Bewertung hochwertiger Boxen haben sich jedoch die relativen Verfahren bewährt,
bei denen sehr kleine Klangunterschiede durch unmittelbares Vergleichen zweier Boxen aufgelöst werden können. Für diesen Vergleich ist wesentlich, daß ohne Pause auf die andere Box
umgeschaltet werden kann. Eine Stille von 5...10 s während der Umschaltung kann eine sichere
Unterscheidung schon deutlich erschweren. Die relativen Verfahren bilden i.allg. alle Paarkombinationen zwischen den Testboxen und lassen die Testperson für jedes Testpaar ein Urteil
finden.

Manche Skalierungsverfahren benötigen von der Testperson nur ein Ordinalurteil. Da hierbei die Testperson keinen direkten Zahlenwert zuordnet, sondern nur entscheidet, welche der
beiden Boxen die stärkere Eigenschaft besitzt, werden sie als indirekte Verfahren bezeichnet. Faßt man die Ordinalurteile aller Paarkombinationen zusammen, so kann man z.B. berechnen, wie oft eine Box sich gegenüber den anderen als die stärkere erwies bzw. bevorzugt
wurde. Aus der Anzahl dieser relativen Bevorzugungen kann zwar eine Rangfolge (von der in
dieser Eigenschaft stärksten bis zur schwächsten Box) abgeleitet werden, die Unterschiede
zwischen den Boxen, d.h. die Abstände zwischen den Skalenwerten, lassen sich hiermit aber
nicht beschreiben. Diese Intervalle versucht man durch eine zusätzliche Transformation zu
bestimmen.

Die Häufigkeitstransformation setzt voraus, daß die Testboxen von einer Testperson mehrfach oder von verschiedenen Testpersonen beurteilt wurden und daß für jedes Boxpaar mehrere
Ordinalaussagen vorliegen. Widersprüchliche Ordinalaussagen zeigen, daß dieses Boxpaar sehr
ähnlich ist und die Skalenwerte dieser Boxen sich nur wenig unterscheiden. Eine bessere
Übereinstimmung der Ordinalurteile deutet auf einen größeren Unterschied in der Empfindungsgröße hin. Aus den Verwechslungen lassen sich die Unterschiede zwischen den Skalenwerten berechnen - das ist der Ansatzpunkt der Häufigkeitstransformation.

Diese Transformation unterstellt jedoch, daß eine gleichgroße Veränderung der Empfindungsgröße immer in gleicher Weise erkannt wird. Anders ausgedrückt heißt das, daß die gerade unterscheidbare Empfindungsstufe konstant und von der Empfindungsgröße unabhängig ist.
Bei allen Positionsempfindungen (z.B. Tonhöhe) ist das der Fall. Eine gerade wahrnehmbare
Tonhöhenänderung ist an jeder Stelle der Tonheitsskala gleich groß. Hier liefert die Häufigkeitstransformation Zahlenwerte auf dem Niveau einer Intervallskala, d.h., das Verhältnis
von Skalendifferenzen trägt Aussagewert. Die Skalenwerte können nach einer ggf. notwendigen
linearen Transformation (Veränderung des Maßstabs, Verschiebung des Nullpunkts) unmittelbar

mit anderen Ergebnissen verglichen werden und können z.B. die bekannte Tonheitsskala verzerrungsfrei wiedergeben.

Bei Intensitätsempfindungen (z.B. Lautheit) ist die eben wahrnehmbare Empfindungsgrößen-
änderung vom jeweiligen Wert der Empfindungsgröße abhängig. Die Häufigkeitstransformation
führt hier zu systematisch verzerrten Skalenwerten (s. ausführliche Darstellung in [1]).
Eine Intensitätsempfindung liegt auch bei der Wahrnehmung des Klangbildes vor. Insbesondere
die Beurteilung der Stärke eines Klangmerkmals deutet auf diese Empfindungsart. Indirekte
Skalierungsverfahren sollten für diese Problematik nicht verwendet werden. Selbst der Paarvergleich (paired comparison) [2] ist aufgrund der Häufigkeitstransformation der Ordinalurteile hierfür ungeeignet.

Intensitätsempfindungen lassen sich vorteilhafter mit relativen direkten Verfahren ska-
lieren. Die Lautsprecherboxen werden auch hier paarweise beurteilt. Jedoch wird nicht die
Box mit der stärkeren Empfindung gekennzeichnet, sondern es wird z.B. das Größenverhältnis
beider Empfindungen geschätzt und durch Streckenteilung einer vorgegebenen Einheitsstrecke
protokolliert. Das Längenverhältnis beider Teilstrecken entspricht dem Verhältnis der Empfindungsgröße beider Testboxen. Diese Methode der konstanten Summen nach METFESSEL und
TORGERSON (s. [2]) wird durch die praktizierte Streckenteilung recht anschaulich und erlaubt der Testperson, die Verhältnisschätzung auf rein optischem Wege zu vollziehen. Sie
bereitet der Testperson kaum Schwierigkeiten, vielmehr kommt sie dem Bedürfnis der Testperson entgegen, die Unterschiede zwischen den Boxen differenzierter zu beschreiben, als es mit
dem Ordinalurteil möglich ist. Auch belastet die Streckenteilung die Testperson zeitlich
kaum mehr als ein Ordinalurteil beim Paarvergleich. Der Zeitaufwand wird bei beiden Verfahren maßgeblich durch die Anzahl der Paarkombinationen bestimmt und steigt mit der Anzahl
der zu testenden Boxen überproportional an. In den Lautsprechertests wurden die Verhältnis-
schätzungen aller Paarkombinationen auf einer Markierungskarte gesammelt, rechentechnisch
unmittelbar ausgewertet und die Skalenwerte bestimmt. Dadurch konnte die anfallende Datenmenge sicher und effektiv bewältigt werden.

2.2.1.2   Zusammenfassung zum Merkmalraum

Durch die Skalierung wurde allen Testboxen ein Zahlenwert auf den Skalen der im Test verwendeten Attribute zugeordnet. Obgleich die Attributbezeichnungen sich wesentlich unterscheiden, liefert nicht jedes Testattribut eine andere Aussage über die Testboxen. Schon
eine visuelle Auswertung dieser Datensätze zeigt, daß manche Attribute die Boxen ähnlich
beschreiben. So beobachtet man z.B. übereinstimmende Ergebnisse für hell und scharf,
baßbetont und voluminös, oder es tritt sogar ein gegenläufiger Zusammenhang zwischen
hell und baßbetont auf. Der Datensatz der attributiven Bewertung hat eine hohe Redundanz,
die die Auswertung unnötig erschwert.

Mit Hilfe der Faktorenanalyse kann die Vielzahl abhängiger Testattribute auf wenige unabhängige Merkmale reduziert werden, die im wesentlichen die gleichen Aussagen liefern wie
der vollständige Datensatz. Die Faktorenanalyse untersucht dafür zunächst die Abhängigkeit
der Attribute untereinander mit einem Korrelationsmaß. Danach werden schrittweise unabhängige Merkmale (Faktoren) extrahiert, die diese Attribute erklären und jeweils ein Maximum
der Gesamtvarianz des Datensatzes ausschöpfen (Hauptkomponentenmethode). Auf eine ausführliche Darstellung dieser Analyse muß an dieser Stelle verzichtet werden (s. [1]).

Dafür soll das Prinzip an einem konkreten Beispiel illustriert werden. Die Boxen wurden
von einer Testperson mit fünf Attributen bewertet. Der erste extrahierte Faktor erklärte
schon 85% der Gesamtvarianz des Datensatzes, der zweite, unabhängige Faktor nur noch 12%.

Die weiteren drei möglichen Faktoren erfassen zusammen nur 3% Restvarianz. Sie werden nicht extrahiert, sondern als Fehlerstreuung interpretiert. In diesem Beispiel führt die Faktorenanalyse auf zwei unabhängige Merkmale, die zusammen 97% der Gesamtvarianz aller 5 Testattribute wiedergeben (completeness C = 0,97).

Das Ergebnis einer solchen Analyse kann geometrisch sehr anschaulich gedeutet werden. Die n unabhängigen Merkmale (extrahierte Faktoren) stehen senkrecht aufeinander und spannen als Einheitsvektoren einen n-dimensionalen Faktorenraum auf (in unserem Beispiel eine Ebene, Bild 1). Die Testattribute, die sich aus einer unterschiedlichen Linearkombination dieser Faktoren zusammensetzen, liegen als Vektoren in diesem Raum. Ihre Länge im Verhältnis zur Faktorenlänge zeigt, wie vollständig sie in diesem Raum vertreten sind und durch die extrahierten Faktoren erklärt werden (Kommunalität). Die Lage der Attributvektoren zueinander spiegelt ihre statistische Abhängigkeit wider. Liegen die Vektoren sehr dicht beieinander (oder genau entgegengesetzt), dann korrelieren diese Attribute sehr stark positiv (oder negativ) miteinander und enthalten die gleiche Aussage über die Testboxen.

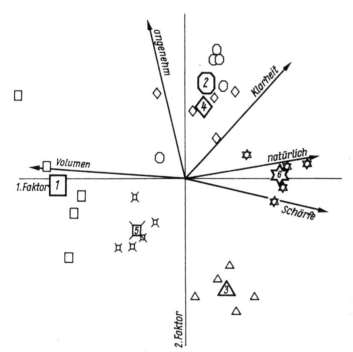

Bild 1 Subjektive Testergebnisse eines Hörers bei attributiver Bewertung von 6 Testboxen

Im zweidimensionalen Merkmalraum wurden dargestellt die Boxenbewertungen bei den einzelnen Musikprogrammen (kleine Symbole), die Boxenmittelwerte (große Symbole mit Boxenkennzahl) und die verwendeten Testattribute (Vektoren).

Der Faktorenraum des Beispiels (Bild 1) zeigt, daß die Schärfe der Boxen mit steigendem Volumen abnimmt. Auch die Klarheit der Boxen verbessert sich mit steigender Schärfe. Das, was dieser Hörer als natürlich empfindet, deckt sich bei diesen Testboxen weitestgehend mit der Eigenschaft der Schärfe. Die Aussage des Gesamtattributs angenehm ist jedoch von der Schärfe und dem Volumen grundsätzlich verschieden.

Die Vektorenkonfiguration, d.h. wie die einzelnen Attribute zueinander stehen, ist eine wesentliche Aussage des Faktorenraumes. Die Lage des Koordinatensystems ist völlig willkürlich und kann durch eine beliebige Rotation verändert werden. Jede über eine Orthogonaltransformation veränderte Faktorenlösung (Ladungsmatrix) erfüllt das faktorenanalytische Problem. Häufig bevorzugt man jedoch eine definierte Lage des Koordinatensystems. Die Faktoren sollen (Einfachstruktur von THURSTONE) möglichst in der Nähe von Vektoren liegen, so daß sie einfach interpretiert werden können (Varimaxrotation) [1].

Der Faktorenraum dient jedoch nicht nur der Darstellung und Untersuchung der Dimensionalität und Abhängigkeit der Attribute. Für die Auswertung der Testergebnisse ist es zweckmäßig, auch die konkreten Eigenschaften der Testlautsprecher mit einzubeziehen. Der Faktorenraum wird dazu als Merkmalraum aufgefaßt. Die Eigenschaften der Boxen bestimmen ihre Position in diesem Raum. In Richtung der Vektoren nimmt die durch das Attribut bezeichnete Eigenschaft zu. Legt man eine Gerade durch solch einen Vektor und projiziert alle Testboxen (Symbole im Bild 1) darauf, dann erhält man eine ähnliche Verteilung der Testboxen wie auf den ursprünglichen Skalen der Testattribute.

Lautsprecher werden in der Regel bei verschiedenen Musikprogrammen getestet. In dem Beispiel Bild 1 stehen die kleinen Symbole für die Klangbewertung der Testboxen bei den einzelnen Teilversuchen. Die großen Symbole kennzeichnen die mittleren Eigenschaften der Testboxen bei einem repräsentativen Programmquerschnitt. Die Testboxen 2 und 4 wurden am angenehmsten, die Box 3 am unangenehmsten empfunden. Der natürlichsten, schärfsten aber volumenschwächsten Box 6 steht die Box 1 gegenüber.

Die Streuung der Einzelurteile wird nicht nur durch den Einfluß der Musikprogramme, sondern auch durch die Reproduzierbarkeit der Testaussagen bestimmt.

2.2.2   Mehrdimensionale Skalierung (MDS)

Die Klangwahrnehmung läßt sich nicht durch eine einzige Empfindungsgröße vollständig beschreiben. Im Rahmen der attributiven Bewertung versucht man, die speziellen Klangeigenschaften durch verschiedene Testattribute zu erfassen. Dadurch führt man das komplexe, mehrdimensionale Skalierungsproblem auf gewöhnliche, eindimensionale Methoden zurück. Die Testobjekte werden hinsichtlich dieser Attribute bewertet und in Skalen eingeordnet. Die Faktorenanalyse faßt die Skalen aller verwendeten Attribute wieder zu einem mehrdimensionalen Merkmalraum zusammen. Dieser Merkmalraum ist nur dann vollständig, wenn die Testattribute alle relevanten Klangeigenschaften erfassen. Bei der Auswertung von praktischen Lautsprechertests beobachtet man jedoch immer wieder eine sehr geringe Dimensionalität. Entspricht dieses Ergebnis der Wahrnehmung oder waren die Testattribute unvollständig, ließen sich manche Klangmerkmale einfach nicht verbal beschreiben? Diese Frage zeigt die Grenzen der attributiven Bewertung, der eindimensionalen Skalierungsverfahren überhaupt. Die Einschränkungen bei der Vorgabe von Attributen und die Probleme bei ihrem individuellen Begriffsverständnis machen die Anwendung von mehrdimensionalen Skalierungsmethoden notwendig.

Die MDS-Verfahren versuchen die Beziehung der Testobjekte im Merkmalraum direkt zu erfassen, die Boxkonfiguration unmittelbar abzubilden. Ihr Ansatzpunkt ist der Begriff der Ähnlichkeit zweier Testobjekte. Es wird davon ausgegangen, daß es der Testperson zwar relativ schwer fällt, den Unterschied zweier Objekte mit detaillierten Merkmalen (scharf, klar, hell usw.) zu beschreiben, daß sie aber recht gut den Grad der allgemeinen Ähnlichkeit bewerten kann. Die Ähnlichkeit zweier Objekte läßt sich im Merkmalraum als Distanz deuten. Objekte mit ähnlichen Eigenschaften liegen im Merkmalraum sehr dicht beieinander, und ihre Distanz ist klein. Sind für alle möglichen Objektpaare die Distanzen bekannt, so ist die Objektkonfiguration in ihrer geometrischen Gestalt vollständig beschrieben. Hier wird das Grundprinzip der MDS erkennbar: Aus den subjektiven Aussagen über die Ähnlichkeit von Objekten kann ihre Lage im Merkmalraum berechnet werden.

Für die Skalierung der Ähnlichkeit eignen sich grundsätzlich alle eindimensionalen Skalierungsmethoden. In der Psychologie und Marktforschung werden jedoch die indirekten Verfahren bevorzugt, die nur Ordinalurteile bei der Datenerhebung erfordern. Beim Tripelvergleich, dem wohl bekanntesten Verfahren, werden der Testperson nacheinander alle Dreierkombinationen der Testobjekte zur Beurteilung vorgestellt. Sie muß entscheiden, welches das ähnlichste und unähnlichste Paar in dem angebotenen Tripel ist. Diese auf Ordinalurteilen beruhenden, nichtmetrischen MDS-Verfahren bedeuten eine hohe Belastung der Testperson. Die gleichzeitige Bewertung von drei Lautsprecherboxen und die große Anzahl von Dreierkombinationen stellen die Anwendung des Tripelvergleichs für die Lautsprecherbewertung in Frage.

Zweckmäßiger ist es in diesem Fall, die metrische MDS (MMDS) anzuwenden und die Distanzen zwischen den Boxpaaren direkt schätzen zu lassen. Bei diesem Distanzrating wurde ein zusätzliches Vergleichspaar zur Verankerung des Beurteilungsmaßstabes zur Verfügung gestellt. Zu Anfang des Abhörtests wählte die Testperson die zueinander unähnlichsten Boxen aus und ordnete ihnen die maximale Distanz (Zahl 10 auf der Markierungskarte) zu. Allen weiteren Paarkombinationen wurde bei der Bewertung ein Zahlenwert zugeordnet, der zwischen Null (sehr ähnliche Boxen) und dem Maximalwert des Ankerpaares lag. Die Testperson konnte jederzeit selbständig auf das Ankerpaar umschalten und seine Zahlenschätzung justieren. Die Zusammensetzung der geschätzten Distanzen zu einer Boxkonfiguration ist ein rein algebraisches Problem [2].

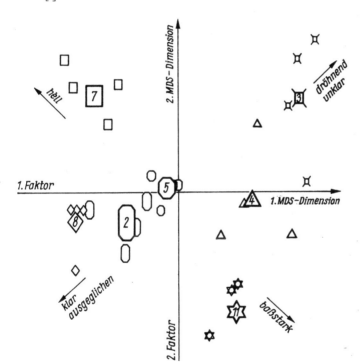

Bild 2 Ergebnis der mehrdimensionalen Skalierung (MDS) von 7 Testboxen unter Benutzung verschiedenen Programmaterials (kleine Symbole) und nachträgliche Interpretation des Merkmalraumes durch den Hörer (Kommentare)

Bild 2 zeigt das Ergebnis einer MDS von 7 Testlautsprechern. Der Hörer beurteilte die Boxen nacheinander an vier verschiedenen Musikprogrammen. Die kleinen Symbole stellen die Ergebnisse dieser unabhängigen Teiltests dar, die großen Symbole entsprechen ihrem Mittelwert. Zwischen den Konfigurationen der Teiltests besteht eine relativ hohe Übereinstimmung. Sie zeigen eine differenzierte und reproduzierbare Beurteilung. Doch wie ist diese Boxkonfiguration zu deuten, welche detaillierte Klangeigenschaft verbirgt sich in der Position der einzelnen Testboxen?

Die bekannten Attributvektoren, die diesen Merkmalraum verbal erklären, fehlen selbstverständlich. Deshalb muß der Merkmalraum der MDS durch den Anwender nachträglich interpretiert werden. Hierbei können ihm zusätzliche Randinformationen helfen, z.B. sehr charakteristische, markante Testboxen, die zur Orientierung bzw. Markierung bestimmter Eigenschaften mit in die Bewertung aufgenommen wurden. Auch ein Vergleich mit dem Merkmalraum, der mit der attributiven Bewertung gewonnen wurde, kann eine Grundlage für die Interpretation sein. In dem Beispiel Bild 2 wurde die dritte, sehr interessante Möglichkeit genutzt, den Merkmalraum durch die Testperson selbst interpretieren zu lassen. Dazu wurde ein weiterer, relativ offener Abhörversuch durchgeführt. Die Testperson konnte entsprechend der berechneten Boxkonfiguration sich verschiedene Objekte anhören, vergleichen und den Raum mit verbalen Klangeigenschaften erklären (s. Kommentare im Bild 2). Zweckmäßigerweise interpretiert man nur die verschiedenen, unabhängigen Eigenschaften, die den Dimensionen des Merkmalraumes entsprechen.

2.3   Abhörbedingungen

Die empfundene Klangqualität einer Schallwiedergabe über Lautsprecher hängt selbstverständlich nicht nur von dem jeweiligen Strahler, sondern auch von den konkreten Abhörbedingungen ab. Die folgende Aufstellung gibt einen Überblick über die wichtigsten Einflußgrößen.

a) Eigenschaften der Musikprogramme
   - Spektrum
   - Vergleichbarkeit zum Original
   - regietechnische Bearbeitung
   - Mono-Stereo-Darbietung
   - Störgeräusche usw.
b) Eigenschaften des Abhörraumes
   - Größe
   - Verlauf der Nachhallzeit über der Frequenz
   - Raumresonanzen
c) Abhörort
   - Abhörentfernung (Box - Hörer)
   - lokaler Frequenzgang
   - Zeit- und Richtungsstruktur früher Reflexionen
d) Aufstellung der Boxen
   - akustische Beeinflussung (Tisch, Wand, Regal)
   - Verdeckung der optischen Gestaltung
e) Abhörlautstärke
   - Absolutwert
   - Lautstärkeunterschiede zwischen den Testboxen
f) zusätzliche Verzerrungen jeglicher Art
   (verursacht durch die Gerätetechnik).

Beim praktischen Einsatz eines Lautsprechers unterscheiden sich die Abhörbedingungen beträchtlich. Dennoch versucht man, in subjektiven Lautsprechertests relevante Aussagen für den praktischen Gebrauch zu gewinnen. Hierfür reicht es nicht aus, den Lautsprecher unter speziellen Abhörbedingungen zu testen und das Testergebnis vorschnell zu verallgemeinern. Vielmehr ist es erforderlich, die Testbedingungen entsprechend den praktischen Einsatzverhältnissen zu variieren und die Teilergebnisse der Einzeltests zu einer Gesamtaussage zusammenzufassen.

Häufig beschränkt sich die Variation der Abhörbedingungen auf die Veränderung der Test-programme. Neben klassischer Instrumentalmusik, Chorwerken und Sprachdarbietungen werden auch moderne Tanzmusik, Jazz usw. und synthetische Testsignale (rosa Rauschen) als Programm-material benutzt. Der Einsatz elektronischer Klänge stellt die Bewertung der Natürlichkeit des Klangeindrucks in Frage, erweist sich aber für bestimmte Übertragungseigenschaften (Klar-heit, Baßwiedergabe) als besonders aussagefähig.

Untersuchungen zum Raumeinfluß zeigen, daß sich die Beurteilungsergebnisse in verschie-denen Abhörräumen beträchtlich verändern können [3] [4]. Dennoch ist es bei der Qualitäts-einschätzung konkreter Erzeugnisse i.allg. nicht möglich, Lautsprechertests in verschie-denen Räumen durchzuführen und eine verallgemeinerte Aussage zu bestimmen. Um wenigstens die Vergleichbarkeit der Abhörergebnisse verschiedener Autoren zu sichern, wurden von der IEC detaillierte Empfehlungen für die Gestaltung des Abhörraumes und aller weiterer Abhörbedin-gungen erarbeitet [5].

Eine wesentliche Voraussetzung für jeden Lautsprechertest ist die Nivellierung der Test-boxen auf gleiche Lautstärke. Schon Pegeldifferenzen von 2...3 dB werden während des paar-weisen Vergleichens hörbar und führen zu einer Bevorzugung der lauteren Box [6]. Da die un-terschiedliche Kennempfindlichkeit der Boxen für die subjektive Klangbewertung ein trivialer Parameter ist, wird er durch eine geeignete technische Nivellierung ausgeglichen (s. Abschn. 5.3.2).

An die benötigte Studiotechnik (Magnetbandgeräte, Verstärker) müssen selbstverständlich höchste Anforderungen gestellt werden.

2.4   Praktische Testorganisation

Das verwendete Skalierungsverfahren bestimmt wesentlich den eigentlichen Testablauf. Das in den Tests grundsätzlich praktizierte paarweise Vergleichen wurde durch eine automatische Teststeuerung unterstützt. Diese Auswahl- und Umschalteinheit bot der (den) Testperson(en) ein Boxenpaar zur Beurteilung an. Die Hörer konnten selbständig umschalten, ihr Urteil bil-den und auf der Markierungskarte festhalten. Ihre Bereitschaft meldeten die Testpersonen dem Auswahlsystem durch Tastendruck, das ihnen daraufhin eine neue Paarkombination der Testboxen zur Beurteilung vorstellte. Diese automatische Steuerung entlastete nicht nur den Testleiter, sondern ermöglichte auch einen „doppelt blinden" Test [7]. Weder die Testperson noch der Leiter wußten, welches Boxenpaar hinter dem Vorhang zur Beurteilung ausgewählt wurde. Da-durch konnten Vorurteile und eine Beeinflussung der Testperson vermindert werden.

In Lautsprechertests beurteilen i.allg. mehrere Testpersonen gleichzeitig. Hier muß in den Fragen der Lautsprecherumschaltung und des Zeitrasters eine Einigung gefunden werden. Zweckmäßiger ist es, die Lautsprechertests einzeln durchzuführen. Dieses Testprinzip be-lastet die Testperson weniger, verhindert eine gegenseitige Beeinflussung und ermöglicht gleiche, definierte Abhörbedingungen für jeden Hörer. Der beträchtlich erhöhte Testaufwand kann durch automatische Steuerung bewältigt werden.

Die attributive Bewertung eines Boxenpaars kann entweder in allen attributiven Eigenschaf-ten gleichzeitig (Fragebogen) oder nacheinander in getrennten Befragungen erfolgen. Bei der Ausfüllung eines Fragebogens neigen die Testpersonen dazu, die Urteile eines Kriteriums auf andere zu übertragen und erhöhen dadurch die Abhängigkeit der Attribute untereinander. Für die Untersuchung der Dimensionalität des Wahrnehmungsraumes, d.h. die Bestimmung der unab-hängig wahrnehmbaren Klangmerkmale, ist eine getrennte, unabhängige Bewertung günstiger. Der Hörer kann sich auf eine detaillierte Klangeigenschaft konzentrieren, ein klares Begriffsverständnis aufbauen und die Vorteile der attributiven Bewertung besser nutzen. Für eine gleichzeitige, komplexe Klangbewertung sollte ein MDS-Verfahren angewendet werden.

Der Einfluß der Musikprogramme wurde in den hier durchgeführten Tests ebenfalls einzeln, getrennt erfaßt. Der Hörer mußte also für jedes Boxenpaar, für jedes Attribut und Testprogramm eine neue, unabhängige Entscheidung treffen. Er konnte weder auf abgegebene Urteile zurückgreifen noch die Urteile vergleichen, nachträglich korrigieren und eine scheinbare Reproduzierbarkeit der Urteile vortäuschen. Dieses Testprinzip verlangte von den Hörern, bis zu 500 Verhältnisurteile zu bilden. Da selbst eine trainierte Testperson nur 2...3 Boxenpaare in der Minute bewerten kann und die Konzentration schon nach 30...40 Urteilen stark abnimmt, mußte das Gesamtpensum auf mehrere Tage verteilt werden. Zu Beginn einer Sitzung wurde dem Hörer das Testattribut erklärt und die Möglichkeit gegeben, sich an verschiedenen Testboxen einzuhören. Danach wurden mit Hilfe eines Testprogramms, das fortlaufend hintereinander auf Band geschnitten war, alle Paarkombinationen bewertet. Bei einer geringen Anzahl von Testboxen war in einer solchen Sitzung der Test an weiteren Musikprogrammen möglich.

2.5   Statistische Auswertung

2.5.1   Zusammenfassung der Einzelurteile

2.5.1.1   Gewöhnliche eindimensionale Mittelwertbildung

Die Skalenwerte des benutzten Skalierungsverfahrens (Methode der konstanten Summen, s. Abschn. 2.2.1.1) haben Verhältnischarakter, d.h., zwei Skalenwerte spiegeln das eingeschätzte Verhältnis der Empfindungsgrößen richtig wider. Auch der Nullpunkt dieser Skala hat einen interpretierbaren Sinn. Ein beliebiger Faktor kann die Skala stauchen oder strecken, ohne daß sich ihre Aussage ändert; i.allg. normiert man jedoch die Skala so, daß der geometrische Mittelwert aller Boxen eines Einzeltests 1 ist. Dadurch sind alle Einzeltests (verschiedene Programme, Personen, Wiederholungen) miteinander vergleichbar, arithmetische Mittelwerte, selbst Streuungen sind berechenbar.

Zur Ableitung von Gesamtaussagen und zur Untersuchung verschiedener Einflußgrößen wurden für jede Testbox in jedem Attribut Mittelwerte bestimmt. Dabei wurde über die verwendeten Musikprogramme oder über die Ergebnisse der verschiedenen Testpersonen bzw. über beides gemittelt. Die Unterschiede zwischen den Testpersonen sind in der Regel größer als die Einflüsse des Programmaterials. Diese relativ großen Streuungen werden durch die verschiedenen Idealvorstellungen und durch ein unterschiedliches Begriffsverständnis verursacht. Durch die Einbeziehung einer großen Anzahl von Einzeltests werden die Mittelwerte stabiler und für die Grundgesamtheit der Hörer (Mitarbeiter und Studenten des Arbeitsbereiches) bzw. für die aktuellen Musikproduktionen repräsentativ. Aus den zugehörigen Vertrauensbereichen kann man entscheiden, zwischen welchen Testboxen ein signifikanter Unterschied wahrgenommen wurde.

2.5.1.2   Mittelung der Merkmalräume

Die Mittelung der attributiven Skalenwerte über die Testpersonen setzt selbstverständlich voraus, daß die Hörer unter einer Bezeichnung die gleiche Klangeigenschaft bewertet haben. Ist diese Voraussetzung nicht erfüllt, so zeigen die berechneten Mittelwerte geringere signifikante Unterschiede zwischen den Boxen.

Zweckmäßiger ist es, die Skalenwerte in den Testattributen als ein Zwischenergebnis zu betrachten und die resultierenden Merkmalräume der Testpersonen miteinander zu vergleichen.

Praktische Erfahrungen zeigen, daß die Boxkonfigurationen sehr ähnlich sind, daß bei der Stellung der Attributvektoren jedoch eindeutige Unterschiede auftreten. Die Testpersonen nehmen zwar prinzipiell die gleichen Klangeigenschaften wahr, beschreiben sie mit den Attributen jedoch unterschiedlich. Für die Lautsprecherbewertung ist die Aussage und die Übereinstimmung der Boxkonfigurationen wesentlich, die Unterschiede in den Vektorenkonfigurationen zeigt nur das individuelle Begriffsverständnis der Testattribute.

Ein Ähnlichkeitsrotationsverfahren [1] erlaubt die individuellen Merkmalräume so zu positionieren, daß sie vergleichbar werden. Hierbei werden die einzelnen Boxkonfigurationen auf maximale Ähnlichkeit gedreht und in einem gemeinsamen Merkmalraum dargestellt. Das Beispiel im Bild 3 zeigt das Ergebnis einer solchen Rotation. Die kleinen Symbole stellen die Einzelurteile der von den Testpersonen beurteilten sieben Testboxen dar. Sie streuen i.allg. recht wenig um den gemeinsamen Gruppenmittelwert (große Symbole). Nur bei den Boxen 11 und 7 treten größere Unterschiede auf. Besonders bei der Klarheit und der Natürlichkeit der Box 11 gehen die Meinungen der Testpersonen auseinander. Für die eine Gruppe von Testpersonen 1, 3, 7 war diese Box besonders angenehm, andere Testpersonen 9, 11 bevorzugten sie weniger. Das scheint an der besonders hohen Baßbetonung dieser Box zu liegen. Bei der Box 7 mit einer sehr niedrigen Baßbetonung zeigt sich die gleiche Meinungsverschiedenheit, nur drehen sich hier die Verhältnisse um. Diese Box wird gerade von der Hörergruppe als besonders schlecht empfunden, die die Box 11 bevorzugt. Bei den anderen Testboxen sind sich die Hörer im wesentlichen einig.

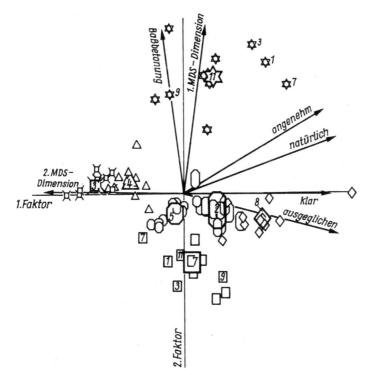

Bild 3 Gemeinsamer Merkmalraum einer Gruppe von Hörern nach Ähnlichkeitsrotation und Zusammenfassung der individuellen Einzelräume

Dargestellt sind die Gruppenmittelwerte der Boxen (große Symbole mit Boxenkennzahl), die individuellen Boxenbewertungen (kleine Symbole mit Hörerkennzahl) und die mittleren Testattribute (Vektoren).

Neben der attributiven Bewertung wurden in diesem Merkmalraum auch die Aussagen der MDS mit einbezogen. Die Ergebnisse beider Skalierungsverfahren stimmen weitestgehend überein. Die erste MDS-Dimension korreliert hoch mit der Baßbetonung, die zweite entspricht der Klarheit und Natürlichkeit.

Die individuellen Vektorenkonfigurationen wurden bei der Ähnlichkeitsrotation der individuellen Boxkonfigurationen entsprechend mitgedreht. Da in diesem Beispiel die individuellen Attributvektoren dicht nebeneinander liegen, wurden im gemeinsamen Merkmalraum (Bild 3)
nur die über die Hörer gemittelten Attributvektoren dargestellt. Durch die Verwendung relativ eindeutiger verbaler Bezeichnungen konnte eine Übereinstimmung im Begriffsverständnis
erzielt werden.

In anderen Versuchen haben die Hörer auch sehr unterschiedliche Klangeigenschaften einem
Testattribut zugeordnet. Das soll an dem Beispiel zweier Testpersonen illustriert werden,
die vier ähnliche hochqualitative Boxen mit 6 Attributen bewertet haben. Im gemeinsamen
Merkmalraum (Bild 4) wurden die individuellen Boxbewertungen und Attributvektoren dargestellt. Ihre zwei Boxkonfigurationen zeigen im wesentlichen übereinstimmende Aussagen. Auch
die beschreibenden Testattribute hell, klar und baßbetont benutzten beide Testpersonen
in der gleichen Weise. Jedoch haben die beiden Hörer unterschiedliche Idealvorstellungen.
Der eine Hörer (durchgezogene Linien) bezeichnet ein helleres, klareres Klangbild als
unverfärbter und natürlicher, der andere (unterbrochene Linien) bevorzugt einen baßbetonteren Klang. Etwas gänzlich Verschiedenes verstehen die beiden Testpersonen unter
dem Testattribut voluminös. Die eine Testperson ordnet es der Baßbetonung zu, die andere der Höhenbetonung und Klarheit. Diese Beobachtung ist kein Einzelfall. Auch bei
dem Testattribut Schärfe lag i.allg. ein sehr unterschiedliches und unklares Begriffsverständnis vor. Obgleich die Begriffe Schärfe und Volumen in der Psychoakustik einen
festen Platz beanspruchen und vielleicht allgemeine unabhängige Empfindungsgrößen beschreiben, waren sie in den Lautsprechertests nur schlecht als Attribute geeignet. Sie wurden
durch andere Formulierungen (Höhen- und Baßbetonung) ersetzt, die sich bei den Testpersonen als eindeutig und allgemeinverständlich erwiesen.

Durch die Ähnlichkeitsrotation kann das unterschiedliche Attributverständnis nicht nur
erkannt und zum Teil ausgeglichen werden, diese Methode erlaubt auch ein neues, sehr inter-
essantes Testprinzip, bei dem eine Vorgabe von Attributen durch den Leiter unnötig ist. Jede

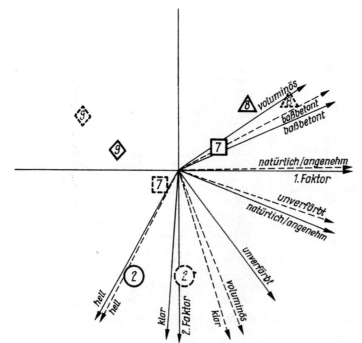

Bild 4 Beispiel für
individuell unterschied-
liches Begriffsverständ-
nis der Testattribute

Im gemeinsamen Merkmal-
raum wurden die auf maxi-
male Ähnlichkeit rotier-
ten Boxenkonfigurationen
(Symbole) und die indivi-
duellen Attributvektoren
zweier Hörer (gestrichelt
bzw. durchgezogen) dar-
gestellt.

Testperson kann nach ihrem Klangempfinden, nach ihrem eigenen Vokabular Attribute formulieren, auswählen und bei der Bewertung verwenden. Die Ergebnisse sind im gemeinsamen Merkmalraum dennoch vergleichbar. Hiermit kann der entscheidende Nachteil der attributiven Bewertung, die mögliche Einschränkung der Beurteilungsdimensionen durch unzureichende Attribute vermieden werden.

2.5.2 Reproduzierbarkeit der subjektiven Aussagen

2.5.2.1 Varianzanalytische Untersuchung der Abhöreinflüsse

Die Lautsprecher werden im Rahmen des Abhörtests unter verschiedenen Bedingungen (hauptsächlich Musikprogramme) und von mehreren Hörern getestet. Mitunter werden sogar identische Testwiederholungen durchgeführt. In all diesen Einzeltests liegen für die Testboxen Skalenwerte vor. Aus diesem Datensatz kann mit der Varianzanalyse nicht nur die Zuverlässigkeit (intraindividuelle Streuung) der Testaussagen überprüft, sondern auch der Einfluß der spezifischen Eigenheiten der Testprogramme und der Hörer auf das Testergebnis untersucht werden. Eine ausführliche Darstellung dieser Methode ist an dieser Stelle nicht möglich, sie erfolgt in [1] und [8].

2.5.2.2 Konsistenz und Identität der Paarurteile

Jedes Skalierungsverfahren auf Grundlage des paarweisen Vergleichs ermöglicht eine logische Überprüfung der Ordinalurteile auf Widerspruchsfreiheit (auch Verhältnisurteile lassen sich auf Ordinalurteile reduzieren). In diesem Zusammenhang läßt sich aus der Anzahl der widersprüchlichen Aussagen eine Konsistenzrate k berechnen (s. [1]).

In den Abhörtests mit der Verhältnisschätzung wurde die Testperson aufgefordert, im Zweifelsfall bei sehr ähnlichen Boxen ein Gleichurteil abzugeben und ein widersprüchliches Urteil zu vermeiden. Die relative Anzahl der Gleichurteile einer Testperson wurden in einer Identitätsrate erfaßt. Eine hohe Konsistenz und eine niedrige Identität zeigen eine differenzierte und reproduzierbare Beschreibung, d.h. eine hohe Leistungsfähigkeit des Hörers. Diese Kenngrößen sind ein zweckmäßiges Kriterium für die Auswahl geeigneter Testpersonen und unterstützen ein langfristiges Hörtraining. Sie zeigen der Testperson, ob sie bei der Beurteilung ein optimales Verhältnis von Risiko und Sicherheit gefunden hat.

Bild 5 zeigt die Konsistenz und Identität der Hörer des Abhörversuchs T2. Der Merkmalraum einer sehr leistungsfähigen Testperson (Kennzahl 61) ist im Bild 1 dargestellt und bestätigt die Aussage dieses Diagramms. Das rechte Teilbild zeigt im Vergleich den Merkmalraum der leistungsschwachen, ungeeigneten Testperson 62. Die Ergebnisse dieses Hörers wurden in die weitere Mittelwertbildung und Auswertung nicht einbezogen.

2.5.2.3 Interklassen- und Intertestkorrelation

Im Zusammenhang mit der Varianzanalyse (Modell II - zufällige Effekte) können einfache Kenngrößen berechnet werden, die die Reproduzierbarkeit der Testaussagen beschreiben und die leicht zu interpretieren sind.

Die Interklassenkorrelation (IK) beschreibt, wie die Ergebnisse zweier Einzeltests im Mittel übereinstimmen.

Faßt man die Ergebnisse der Einzeltests zusammen, so erhält man Mittelwerte, die für die Grundgesamtheit aussagefähiger sind als die Einzelwerte. Wie reproduzierbar diese Boxmittelwerte sind, untersucht die Intertestkorrelation (IT). Der Koeffizient r_{IT} schätzt die Korrelation ab, die auftreten würde, wenn man den Gesamttest unter ähnlichen Bedingungen wiederholt und die Ergebnisse vergleicht (ausführliche Beschreibung in [1]).

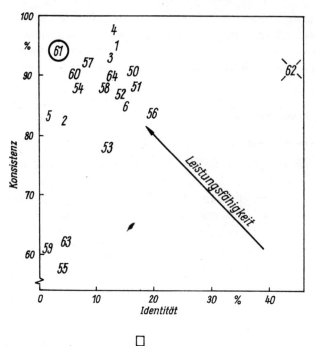

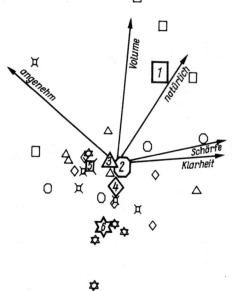

Bild 5 Beurteilung der intra-
individuellen Reproduzierbarkeit
der subjektiven Aussagen mit Hilfe
des Konsistenz-Identitäts-Diagramms
(oben)

Die Position der Hörerkennzahl zeigt
die Leistungsfähigkeit des Hörers.
Der Merkmalraum der leistungsstarken
Testperson 61 (Kreis) ist im Bild 1,
das Testergebnis einer ungeeigneten
Testperson 62 (Kreuz) ist unten
dargestellt.

3   Subjektive Tests im Überblick

3.1   Testgestaltung

Tabelle 1 gibt einen Überblick über Schwerpunkte, methodische Aspekte und den praktischen
Testaufwand der hier durchgeführten Lautsprechertests. Da die Belastung der Testperson den
Testumfang (Anzahl der Boxen, Programme, Attribute usw.) beschränkt, mußten in den Tests
Schwerpunkte gesetzt und die Abhöreinflüsse nacheinander untersucht werden.

Im allgemeinen wurde angestrebt, eine möglichst große Boxenzahl zu testen und günstige

Tabelle 1 Überblick über die durchgeführten Abhörversuche (Testgestaltung)

Test	Untersuchungsschwerpunkt	Skalierungsverfahren (VS Verhältnisschätzung)	Boxen reale	Boxen synthetische	Aufstellung	Attributanzahl	Programme Anzahl	Programme je Attribut	Testpersonen (W Wiederholer, ES Einzelsitzung, GS Gruppensitzung)	Raum	Anzahl der abgegebenen Einzelurteile jeder Testperson	Anzahl der abgegebenen Einzelurteile insgesamt
T0	Lautstärkenivellierung	VS	5	–	mono	1	2	2	8 GS	Abhörraum	20	160
T1	Programmaterial	VS	4	–	mono	8	13	13	5 GS	Studio	520	2600
T2	Testpersonen	VS	6	–	mono	5	13	5	7 + 3 W Musiker GS, 6 HiFi-Hörer, 9 Sonstige	reflexfr. Raum	375	9375
T3	Skalierungsverfahren	VS MDS	7	–.	mono	8 1	12	1 8	10 + 2 W Mitarbeiter, 7 Studenten GS	Abhörraum	336	6384
T4	Einfluß der Raumeigenschaften (Wiederholung T3)	VS MDS	7	–	mono	7 1	8	1 3	10 + 2 W Mitarbeiter, 7 Studenten GS	reflexfr. Raum	210	3990
T5	Beeinflussung des Frequenzganges	VS MDS	6	2	mono/ stereo	8 2	9	1-3 3	12 + 2 W ES	Abhörraum	448	6272
T6	Raumgefühl	VS	1	7	stereo	3	4	2-3	13 + 3 W ES	Abhörraum	196	2136

Voraussetzungen für Korrelationsuntersuchungen zu objektiven Daten zu schaffen. Bei acht Testboxen war eine Beschränkung auf wenige kritische, der jeweiligen Fragestellung angepaßte Testprogramme nötig. In den Versuchen T2 bis T4 wurden Hörergruppen nach verschiedenen Kriterien gebildet und die Testergebnisse getrennt ausgewertet. Auch wurden drei verschiedene Räume für die Abhörversuche genutzt. Der im Abhörraum durchgeführte Test T3 wurde unter sonst identischen Bedingungen im reflexionsfreien Raum wiederholt.

In den letzten beiden Tests wurden die Eigenschaften realer Boxen durch verschiedene Hilfsmittel verändert und synthetische Testobjekte erzeugt. Im Test T5 wurde dazu eine minderwertige Box durch einen Klangsteller subjektiv bestmöglich korrigiert. Defekte in der Helligkeit konnten damit ausgeglichen und eine etwas bessere Bewertung erzielt werden. Besonders auffällig war die Wirkung eines Terzequalizers, der die zweite synthetische Box erzeugte. Das Klangbild ließ sich bis auf die als Raumgefühl bezeichnete Eigenschaft grundsätzlich verändern und optimal gestalten. Im Test T6 wurde das Raumgefühl in einem speziellen Versuchsaufbau veränderlich gestaltet (bei gleichem Amplitudenfrequenzgang) und subjektiv bewertet [9].

3.2   Testergebnisse

An dieser Stelle können die beurteilten Skalenwerte der Testboxen nicht im einzelnen dargestellt werden, sondern es wird lediglich gezeigt, welche unabhängigen Klangmerkmale in diesen Tests beobachtet und bewertet wurden. Diese stellen die entscheidenden subjektiven Testergebnisse dar. Sie sollen im Rahmen der objektiven Klangbewertung (Abschn. 5 und 6) erklärt werden. Tabelle 2 zeigt wesentliche Eigenschaften der Merkmalräume von sechs eigenen Tests und von sechs Fremdtests (FT1 und FT2 aus dem VEB Nachrichtenelektronik Leipzig, FT3 und FT6 von GABRIELSSON und LINDSTRÖM [10] [11]).

In den Tests T3, T4, T5 wurde parallel zur attributiven Bewertung eine MDS durchgeführt. Die Ergebnisse beider Skalierungsverfahren wurden einer gemeinsamen Faktorenanalyse unterzogen. In der Regel (bis auf T4) reichten zwei Faktoren aus, die Aussagen der Tests wiederzugeben und den Großteil der Gesamtvarianz (completeness C) zu erfassen. Für jeden Faktor wurden die Attribute oder MDS-Dimensionen angegeben, die ihn entscheidend erklären. In den Versuchen T3 und T5 führen die MDS und die attributive Bewertung zu dem gleichen Merkmalraum. Im Test T4 konnten mit der attributiven Bewertung noch zwei weitere Faktoren erfaßt werden.

Die Reproduzierbarkeit dieser Merkmale beschreiben die Koeffizienten der Interklassen- (r_{IK}) und der Intertestkorrelation (r_{IT}). Korrelationen, die mit einer Sicherheit von S = 0,95 signifikant sind, wurden fett gedruckt. Durch einen Einzeltest (d.h. ein Hörer an einem Musikprogramm) kann eine signifikante Aussage i.allg. nicht ermittelt werden. Die Mittelwerte über verschiedene Einzeltests haben jedoch fast immer reproduzierbaren Aussagewert. Nur im Versuch T4, die Wiederholung von T3 im reflexionsfreien Raum, fiel es den Testpersonen schwer, den Wohlklang und die Natürlichkeit des Klangbildes zu werten. Das lag einerseits an der trockenen Darbietung, die von allen Hörern als grundsätzlich unnatürlich und unangenehm eingeschätzt wurde. Andererseits empfanden die Testpersonen, daß die Klangunterschiede zwischen den Boxen geringer waren als im Abhörraum. Besonders die unangenehmen Klangeigenschaften der schlechteren Boxen waren unter diesen Bedingungen kaum spürbar. Diese Empfindungen wurden prinzipiell durch den Schalldruckfrequenzgang am Abhörort bestätigt. Die Testboxen hatten im reflexionsfreien Raum einen relativ ausgeglichenen Verlauf.

An diesem Testbeispiel lassen sich sehr gut die Eigenheiten der beiden Skalierungsverfah-

Tabelle 2 Subjektive Testergebnisse im Überblick

Test	f	C	1. Faktor Attribut	r_{IK}	r_{IT}	2. Faktor Attribut	r_{IK}	r_{IT}	3. Faktor Attribut	r_{IK}	r_{IT}
T1	2	0,86	Volumen	0,51	0,98	Klarheit	0,34	0,97	–		
T2 Musiker	2	0,97	Schärfe	0,51	0,97	Volumen	0,73	0,99	–		
HiFi-Hörer	2	0,98	Klarheit	0,52	0,97	Volumen	0,44	0,96	–		
sonstige	2	0,88	Schärfe	0,20	0,90	Volumen	0,43	0,97	–		
			Klarheit	0,33	0,94						
T3 Mitarbeiter	2	0,98	1. MDS-Dimension	0,70	0,99	2. MDS-Dimension	0,48	0,97	–		
			Klarheit	0,53	0,92	Baßbetonung	0,88	0,99			
Studenten	2	0,98	1. MDS-Dimension			2. MDS-Dimension			–		
			Klarheit	0,63	0,93	Baßbetonung	0,91	0,99			
T4 Mitarbeiter	3	0,97	1. MDS-Dimension			natürlich	0,29	0,80	Baßbetonung	0,48	0,90
			Höhenbetonung	0,48	0,90	angenehm	0,09	0,51			
Studenten	3	0,90	1. MDS-Dimension			angenehm	0,18	0,63	Baßbetonung	0,14	0,57
			Höhenbetonung	0,28	0,78						
T5 Untersuchung des Baßbereiches mit synth. Klängen	2	0,94	1. MDS-Dimension	0,55	0,94	2. MDS-Dimension	0,56	0,94	–		
			Tiefbaßbetonung	0,51	0,92	allg. Baßbetonung	0,61	0,95			
allgemein	2	0,94	1. MDS-Dimension	0,57	0,94	2. MDS-Dimension	0,30	0,83	–		
			angenehm	0,49	0,92	Höhenbetonung	0,84	0,98			

Tabelle 2 (Fortsetzung)

Test	f	C	1. Faktor Attribut	r_{IK}	r_{IT}	2. Faktor Attribut	r_{IK}	r_{IT}	3. Faktor Attribut	r_{IK}	r_{IT}
T6	2		Raumgefühl	**0,93**	**0,99**	angenehm	0,59	**0,97**	–		
FT1	2	0,96	tiefreichende Bässe			hell			–		
FT2	2	0,97	voluminös			hell			–		
FT3 TA No. 102a	2	0,96	brightness softness	0,58 0,03	**0,85**	fidelity fullness	**0,90** 0,41	**0,97** 0,74	–		
FT4 TA No. 102b	2	0,96	brightness clearness	**0,91** 0,74	**0,98** **0,92**	fidelity	0,66	**0,88**	–		
FT5 TA No. 93a	2	0,87	fullness fidelity	0,07 0,02	0,52 0,18	brightness	0,15	0,73	–		
FT6 TA No. 93b	2	0,95	brightness softness	0,17 0,28	0,67 0,80	clearness	0,20	0,71			

f Dimensionalität des Merkmalraumes
C Completeness der Faktorenanalyse, für die unabhängigen Klangmerkmale Angabe der Interklassen- und Intertestkorrelation

ren erkennen. Die MDS stützt sich bei der gleichzeitigen, komplexen Beurteilung auf solche Klangmerkmale, die wesentliche Unterschiede zwischen den Boxen zeigen. Mit der attributiven Bewertung können auch Merkmale beurteilt werden, die die Testboxen in gleichem Maße haben. Welches Skalierungsverfahren erweist sich nun für praktische Lautsprechertests als optimal? Für die Gewinnung der Gesamtaussage (Natürlichkeit, Wohlklang) wird die attributive Bewertung weiterhin Verwendung finden. Die detaillierten Klangeigenschaften können jedoch schneller über eine MDS ermittelt werden.

Die verwendeten Testprogramme haben einen geringeren Einfluß auf das Testergebnis, als i.allg. angenommen wird. Bei klassischer Instrumentalmusik in großer oder kleiner Besetzung, Sprache, Chor- und Orgelmusik ist das Testergebnis nahezu identisch. Die Streuungen, die durch den Programmcharakter bedingt werden, liegen in der gleichen Größenordnung wie die Reproduzierbarkeit der Aussagen überhaupt. Bei bestimmten Programmen fällt es dem Hörer lediglich leichter, den Klangunterschied zwischen den Boxen zu erkennen. Prinzipiell unterschiedliche oder gegensätzliche Ergebnisse wurden nicht beobachtet.

Musikprogramme mit moderner Instrumentierung erwiesen sich als ein besonders kritisches Programmaterial. Die Wiedergabe der tiefen Bässe wirde hier zu einem entscheidenden Kriterium und konnte unabhängig von der allgemeinen Baßbetonung bewertet werden.(vgl. Test T5 in Tab. 2). Bei klassischer Musik fiel es den Hörern schwer, einen Defekt in der tiefen Baßwiedergabe zu erkennen. Manche Hörer neigten dazu, statt der tiefen Bässe die allgemeine Baßbetonung zu bewerten. Mit dem Testattribut Baßklarheit konnte der zum Teil auch bei klassischer Instrumentierung wahrnehmbare Defekt besser erfaßt werden.

Für die Entwicklung einer optimalen Abhörstrategie ist die Auswahl von geeigneten, zweckmäßigen Testprogrammen wichtiger als ihre quantitative Anzahl. Bei der Bewertung der übergeordneten Gesamtaussagen (Wohlklang, Natürlichkeit und Bevorzugung) sollten die verschiedenen Genres vertreten sein. Für die Beurteilung der detaillierten Klangeigenschaften reichen wenige, sehr kritische, der Fragestellung angepaßte Programme aus.

4 Dimensionalität des Wahrnehmungsraumes

Die faktorenanalytische Auswertung der Ergebnisse subjektiver Lautsprechertests führt in der Regel nur zu einer geringen Anzahl wirklich unabhängiger Merkmale. Diesen zwei oder drei Faktoren lassen sich jedoch bestimmte Attribute nicht fest zuordnen. Der Vergleich der Ergebnisse verschiedener Tests zeigt vielmehr, daß manche Attribute sich in bestimmten Tests als abhängig, in anderen als unabhängig erweisen. Diese Beobachtung deutet darauf hin, daß die Anzahl der prinzipiell wahrnehmbaren, unabhängigen Klangeigenschaften, d. h. die Dimensionalität des Wahrnehmungsraumes, größer ist als die in den einzelnen Abhörtests bestimmte Faktorenanzahl. Die Erklärung dieser beobachteten Korrelation zwischen prinzipiell unabhängigen Attributen ist mit Hilfe der konkreten Eigenschaften der verwendeten Testlautsprecher möglich. Eine konstruktive Ursache kann eine gleichzeitige Veränderung von mehreren physikalisch meßbaren und subjektiv unabhängig wahrnehmbaren Eigenschaften bedingen. Das führt bei dem relativ kleinen Stichprobenumfang (Boxenanzahl) zu der hohen Korrelation zwischen den Skalenwerten unabhängiger Klangmerkmale. Die Auswertung der Merkmalräume des vorliegenden Datenmaterials zeigt, daß folgende Attribute relativ unabhängig bewertet werden können:

- Verfärbung
- Höhenbetonung
- allgemeine Baßbetonung

- Tiefbaßbetonung
- Raumgefühl
- (Baßklarheit - zeigt einen Zusammenhang mit Baß- und Tiefbaßbetonung)
- (Helligkeit - korreliert positiv mit Höhenbetonung und negativ mit Baßbetonung).

Die Testpersonen haben bei diesen verbalen Umschreibungen ein weitestgehend übereinstimmendes Begriffsverständnis.

5 Objektive Klangbewertung von Lautsprechern

Immer wieder wird der Versuch unternommen, zwischen den subjektiven Bewertungen und den physikalisch meßbaren Ursachen eine Verbindung herzustellen. Dabei geht es nicht nur darum, für subjektive Empfindungen plausible physikalische Erklärungen zu suchen. Das eigentliche Ziel ist die Entwicklung einer objektiven Methode, die auf der Grundlage physikalischer Meßwerte Aussagen über die Klangeigenschaften einer Box bestimmt und somit eine Vorausberechnung subjektiver Testergebnisse möglich macht.

Im Rahmen dieser Untersuchungen entstand eine Methode zur objektiven Klangbeschreibung von Lautsprecherboxen. Sie wird im folgenden vorgestellt und an einem praktischen Beispiel demonstriert. Hierfür eignet sich besonders ein Fremdtest, der von anderen Autoren, unabhängig von uns, unter anderen Abhörbedingungen durchgeführt wurde. Der Test FT2 hat die nötigen Voraussetzungen (zuverlässige subjektive Aussagen, akustische Meßwerte) und bildet einen interessanten Prüfstein für diese Methode.

5.1 Allgemeine Modellierung des Abhörprozesses

Subjektive Abhörversuche testen den Lautsprecher unter ganz konkreten Abhörbedingungen. Wie die Eigenschaften eines Lautsprechers vom Hörer empfunden werden, hängt nicht zuletzt auch von diesen Einflußgrößen ab. Subjektive Testergebnisse können von der objektiven Klangbewertung nur erklärt werden, wenn der Lautsprecher im gesamten Abhörprozeß untersucht wird. Die hierbei wesentlichen Vorgänge können durch ein allgemeines Modell erfaßt werden.

Alle physikalisch meßbaren Einflüsse, die die akustischen Verhältnisse am Abhörort bestimmen, bilden das erste Teilmodell. Es beschreibt den Lautsprecher unter konkreten Abhörbedingungen und schließt die gesamte akustische Übertragungskette ein. Sie beginnt bei den physikalischen Eigenschaften des Testprogramms (Musik, Sprache), berücksichtigt elektrische Verzerrungen durch Klangsteller, Equalizer usw., führt über die akustischen Eigenschaften der Testboxen und des Abhörraumes und endet bei den Schalldruckverhältnissen am Ohr des Hörers (<u>Bild 6</u>).

Hier beginnt das zweite, das subjektive Teilmodell: die psychoakustische Verarbeitung durch den Hörer.

Die erste Verarbeitungsstufe beschreibt die Vorgänge bei der Schalleitung durch das Außen- und Mittelohr und erklärt die neuronale Reizaufnahme durch die Sinneszellen im Innenohr. Hier rufen die Schwingungen der Schallwelle Erregungen in den Nervenzellen hervor, die über Neuronenbahnen in höhere akustische Verarbeitungszentren gelangen. Dieser Erregungszustand der Neuronen des Hörnervs läßt sich durch ein <u>Erregungspegel-Tonheits-Muster</u> (ZWICKER [12]) beschreiben. Es hat wesentliche Eigenschaften eines Spektrums und kann als ein Äquivalent des physikalischen Spektrums auf der Seite der Wahrnehmung betrachtet werden.

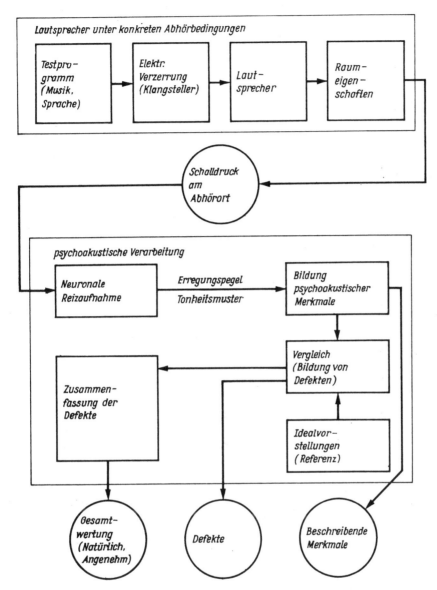

Bild 6 Modell des Abhörprozesses

Das Erregungspegel-Tonheits-Muster (ETM) enthält alle Informationen des Hörschalls, die für die akustische Wahrnehmung bedeutsam sind. Auf dieser Grundlage werden nicht nur die Empfindungsgrößen der Lautstärke, Tonhöhe und Rauhigkeit, sondern auch weitere psychoakustische Merkmale gebildet. Die ursprüngliche Informationsmenge des ETM wird durch die Bildung von solchen Empfindungsgrößen reduziert. Auf dieser Stufe werden dem Hörer die Eigenschaften des Signals bewußt; nur über solche Empfindungsgrößen kann er seine akustischen Wahrnehmungen beschreiben.

Ergänzt wird dieser Prozeß durch einen permanenten Lernvorgang. Der Hörer vermag sich nicht nur diese Empfindungsgrößen bewußt zu machen und sie genauer und differenzierter zu unterscheiden, er lernt auch, der Stärke einer Empfindungsgröße eine Bedeutung zuzuordnen.

Hierauf beruht die Erkennung von bekannten Klangbildern, Phonemen usw. Auch die Idealvorstellungen über eine natürliche bzw. angenehme Wiedergabe eines Klangbildes über einen Lautsprecher wurde in einem Lernprozeß erworben. Vergleicht er die empfundenen Klangmerkmale mit seiner individuellen Referenz, so kann er Defekte erkennen und beschreiben.

Darüber hinaus strebt der Hörer danach, eine Gesamtwertung für die Testbox zu bilden, die Bevorzugung vor anderen Produkten auszudrücken. Hierfür faßt er die wahrgenommenen Übertragungsdefekte in einem komplizierten Prozeß zu einem Gesamturteil zusammen.

Dieses allgemeine Modell des Abhörprozesses gibt einen ersten Überblick über die Vorgänge und Einflüsse bei der Lautsprecherbewertung und zeigt, welche Bereiche den physikalischen Meßmethoden direkt zugänglich sind und welche Bestandteile nur durch psychoakustische Modelle beschrieben werden können.

5.2   Meßtechnische Beschreibung des Lautsprechers unter Abhörbedingungen

In den Untersuchungen von STAFFELDT [13] , BÜNNING [14] und ILLÈNYI [15] konnte ein Zusammenhang zwischen dem subjektiven Höreindruck und den linearen Verzerrungen im Amplitudenfrequenzgang nachgewiesen werden. Der am Abhörort gemessene Schalldruckfrequenzgang ist für die hier vorgestellte objektive Klangbewertung zunächst ein geeigneter Ausgangspunkt. Jedoch reicht es nicht aus, sich auf die Übertragungseigenschaften der Studioeinrichtung, der Box und des Raumes zu beschränken, auch der spektrale Charakter der Testprogramme sollte in die meßtechnische Beschreibung der Abhörbedingungen aufgenommen werden. Die sich während des Programmausschnitts zeitlich verändernden Eigenschaften können zu einem Langzeitspektrum zusammengefaßt werden. Das Testprogrammaterial wird terzbreit analysiert, der Effektivwert des Terzpegels über eine Integrationszeit von 100 ms gebildet und der Spitzenwert innerhalb des Programmausschnitts festgehalten. Dieses Langzeitspektrum beschreibt die maximale Intensität der einzelnen Spektralanteile während des Programmausschnitts. Es wird dabei davon ausgegangen, daß auch momentane Ereignisse den empfundenen Höreindruck entscheidend beeinflussen können. Besonders gilt das für die hohen und tiefen Spektralanteile der Schlaginstrumente. Obwohl deren Töne und Geräusche keinen stationären Charakter haben und relativ selten auftreten, erwecken sie die Aufmerksamkeit des Hörers durch ihre markanten Rhythmen. Der über den Programmausschnitt gemittelte Effektivwert liegt in der Regel unterhalb der hohen Hörschwelle bei diesen Frequenzen und würde die Hörbarkeit dieser Spektralanteile nicht beschreiben können. Die hörbaren, momentanen Eigenschaften solcher Programmaterialien lassen sich durch den oben beschriebenen Spitzenwert besser erfassen.

Im Bild 7 ist als Beispiel das Langzeitspektrum eines Ausschnitts moderner Tanzmusik an-

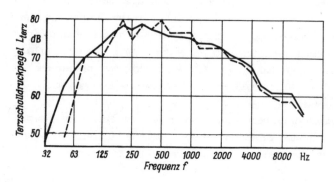

Bild 7 Langzeitspektrum eines Musikausschnitts moderner Tanzmusik bei linear verzerrungsfreier Wiedergabe über einen Referenzlautsprecher (durchgezogene Kurve) und bei Wiedergabe über einen realen Lautsprecher im Abhörraum (gestrichelte Kurve)

gegeben. Die durchgezogene Kurve beschreibt das elektrische Originalspektrum an den Eingangsklemmen des Lautsprechers (Referenz), die gestrichelte Kurve zeigt die Wiedergabe dieses Langzeitsprektrums über einen realen Lautsprecher (Box 27) im Abhörraum. Zum besseren Vergleich beider Spektren wurde das Referenzspektrum auf die gleiche subjektive Lautheit nivelliert. Ein Lautsprecher, der am Abhörort das elektrische Signal verzerrungsfrei wiedergibt, wird im weiteren als Referenzlautsprecher bezeichnet.

Es ist zu untersuchen, ob die im Bild 7 dargestellten Verzerrungen als Klangveränderungen hörbar sind. Diese Frage soll mit Hilfe des im nächsten Abschnitt vorgestellten Modells beantwortet werden.

5.3   Modell der psychoakustischen Verarbeitung

Das Ziel dieses Modells ist es, den empfundenen Höreindruck eines Lautsprechers aus den physikalisch meßbaren akustischen Verhältnissen am Abhörort zu erklären. Für diese spezielle Fragestellung werden Erkenntnisse der Psychoakustik im allgemeinen und der Klangfarbenforschung im besonderen weitestgehend genutzt.

5.3.1   Lautheitsspektrum

Das ETM ist die neuronale Reaktion auf die Reizung der Sinneszellen im Innenohr. Es enthält die für die Wahrnehmung wesentlichen Informationen des Hörschalls, die in höhere psychoakustische Verarbeitungszentren übertragen werden. Der Prozeß der neuronalen Reizaufnahme ist der direkten Meßtechnik kaum zugänglich; theoretische Modelle versuchen die wichtigsten Effekte zu beschreiben.

Die Untersuchungen zur subjektiv empfundenen Lautheit haben hierfür einen entscheidenden Beitrag geleistet. Das Lautheits-Tonheits-Diagramm von ZWICKER und FELDTKELLER [12] erfaßt alle diejenigen Eigenschaften des ETM, die für die Lautheitsempfindung bestimmend sind. BENEDINI [16] und BISMARK [17] haben gezeigt, daß diese Beschreibungsform auch eine geeignete Grundlage für die Untersuchung von Klangempfindungen ist. Auch bei den hier vorgestellten Untersuchungen zur Gewinnung spezieller Klangmerkmale wurde vom Lautheitsspektrum ausgegangen.

Das Lautheitsspektrum hat eine gewisse Ähnlichkeit mit dem Schalldruckfrequenzgang des gleichen Signals. Auf der Abszisse im Bild 8 ist die Tonheit z aufgetragen. Sie ist die unmittelbare Empfindungsgröße der Frequenz f und zeigt, wie ein Hörer die Frequenz eines Tones wahrnimmt. Auf der Ordinate ist die spezifische Lautheit N' aufgetragen. Sie beschreibt, wie

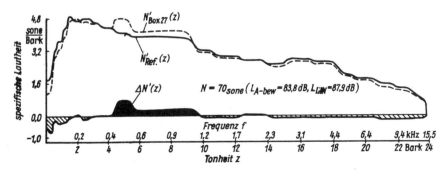

Bild 8 Lautheitsspektren, berechnet aus den Langzeitspektren eines realen Lautsprechers (gestrichelt) und des Referenzlautsprechers (durchgezogen)

laut ein bestimmter Spektralanteil empfunden wird. Selbstverständlich besteht ein fester Zusammenhang zwischen spezifischer Lautheit und physikalischem Schalldruck bei gleicher Tonheit bzw. Frequenz. Dennoch ist das Lautheitsspektrum mehr als ein formales Abbild des Amplitudenfrequenzganges. Es enthält nur die subjektiv wahrnehmbaren, die bedeutsamen Eigenschaften des physikalischen Spektrums und berücksichtigt psychoakustische Phänomene. Die wichtigsten psychoakustischen Erkenntnisse, die dem Modell der Lautheitsberechnung nach ZWICKER/FELDTKELLER [12] zugrunde liegen, sollen hier im Überblick kurz zusammengefaßt werden.

Schallaufnahme und Schalleitung

Die Bestandteile des Außen- und Mittelohrs dienen hauptsächlich der Aufnahme, Leitung und Umwandlung des Luftschalls in mechanische Schwingungen und letztlich der Auslösung von Flüssigkeitsschwingungen im Innenohr. Die Eigenschaften dieser Übertragungskette können mit einem frequenzabhängigen Dämpfungsmaß beschrieben werden. Das Mittelohr überträgt z.B. Frequenzen über 10 kHz nur sehr schlecht, hier steigt das Dämpfungsmaß mit zunehmender Frequenz stark an. Aber auch das Außenohr und die Kopfform beeinflussen die Übertragungseigenschaften. Im Bereich von 1,5 bis 6 kHz entsteht durch die Drucktransformation der frontalen, ebenen Welle sogar eine negative Dämpfung. Dieser Effekt ist allerdings von der Schallfeldform abhängig und ein Ausdruck für die Richtcharakteristik des Gehörs. Für zwei extreme Schallfeldformen kann man den Frequenzgang des Dämpfungsmaßes angeben: Die Verhältnisse im Freien und in stark bedämpften Räumen können durch einen ebenen, frontalen Schalleinfall angenähert werden. Dem steht das Diffusfeld gegenüber, bei dem der Schall aus allen Richtungen gleichmäßig am Abhörort einfällt. Die Verhältnisse in realen Räumen bewegen sich zwischen diesen beiden Extremfällen und werden in der Praxis häufig durch eine der beiden Schallfeldformen modelliert.

Frequenz-Orts-Transformation

Die mechanischen Schwingungen des Mittelohrs lösen in der Lymphflüssigkeit des Innenohrs transversale Wanderwellen aus, die sich über die Basilarmembran bewegen. Die Frequenz eines Tones bestimmt, an welcher Stelle der Basilarmembran sich ein Schwingungsmaximum ausbildet. Jeder Frequenz kann ein Ort zugeordnet werden; die höchsten hörbaren Töne liegen am Anfang, die tiefsten am Ende der Basilarmembran. Im Innenohr findet gewissermaßen eine grobe Spektralanalyse statt. Die Schwingungsverteilung bzw. die in den Sinneszellen erzeugte Erregungsverteilung unterscheidet sich jedoch vom physikalischen Amplitudenfrequenzgang. Zunächst ist die Frequenz weder linear noch logarithmisch über der Basilarmembran verteilt. Das wird von subjektiven Untersuchungen zur Tonhöhenempfindung bei Einzeltönen bestätigt. Die empfundene Tonhöhe (Tonheit) korrespondiert unmittelbar mit dem Ort maximaler Erregung (Kernerregung) und kann linear auf der Basilarmembran abgebildet werden. Die Tonheit ist nicht nur die Empfindungsgröße der Frequenz, sie steht auch in direkter Beziehung zum Frequenzauflösungsvermögen des Gehörs. Lautheitsspektren können nur über der Tonheit z anschaulich dargestellt und richtig interpretiert werden.

Auf der Abszisse im Bild 8 ist neben der linearen Tonheitsskala (0 bis 24 Bark) auch die Frequenz in Hertz angegeben. Im unteren Bereich verhalten sich Tonheit und Frequenz linear zueinander, ab 400 Hz steigt die Tonheit mit dem Logarithmus der Frequenz. Für größere Tonheiten führt das zu der üblichen logarithmischen Darstellung der Frequenz. Bei kleinen Tonheiten wird die Frequenzskala zunehmend gestaucht, d.h. auf einen relativ engen Tonheitsbereich abgebildet.

Anregung

Zwei Sinustöne, die ausreichend dicht beieinander liegen, können eine gemeinsame Kernerregung hervorrufen. Übersteigt dagegen der Frequenzabstand einen kritischen Wert, dann bilden sich zwei einzelne, getrennte Kernerregungen aus. Für diesen kritischen Frequenzabstand wurde der Begriff Frequenzgruppe eingeführt. Sie beschreibt das spektrale Integrationsvermögen des Gehörs. Spektralanteile, die nicht weiter als eine Frequenzgruppe voneinander entfernt sind, führen zu einer gemeinsamen Anregung dieses Frequenzgebietes, ihre Intensitäten addieren sich zu einem gemeinsamen Anregungspegel.

Die Breite der Frequenzgruppe ist vom Schalldruck des Geräusches unabhängig, jedoch nicht von ihrer Mittenfrequenz. Im unteren Frequenzbereich umfaßt sie 100 Hz, das entspricht einer relativen Bandbreite von mehr als einer Oktave. Bei höheren Frequenzen vermindert sich die relative Bandbreite und nimmt den Wert einer Terz an.

Die Frequenzgruppe ist für die Berechnung des Lautheitsspektrums wesentlich. Mit einem über die Tonheit gleitenden frequenzgruppenbreiten Filter kann der Anregungspegel jedes Tonheitsbereiches bestimmt werden. Die meisten praktischen Verfahren beschränken sich jedoch darauf, den Anregungspegel nur für die Tonheiten zu bestimmen, die frequenzgruppenbreit entfernt liegen. Das führt zu einer Unterteilung der Tonheitsskala in 24 feste Frequenzgruppen, die nebeneinander liegen und sich gegenseitig nicht überlappen. Für frequenzgruppenbreite Tonheitsbereiche wird jeweils ein gemeinsamer Anregungspegel bestimmt. Diese Vereinfachung bedingt einen rechteckförmigen Verlauf des Anregungspegels über der Tonheit und eine spektrale Auflösung von 1 Bark. Nur zwei Kernerregungen erfassen die spektralen Eigenschaften von 20 bis 200 Hz. Für die Berechnung der Gesamtlautheit ist diese spektrale Auflösung ausreichend, für die Erklärung subjektiver Empfindungen bei tiefen Baßtönen ist dieses vereinfachte Lautheitsspektrum jedoch weniger geeignet.

In Untersuchungen zur Tonhöhenempfindung bei komplexen Klängen [18] [19] wurde der Mindestfrequenzabstand der Teiltöne bestimmt, der für die Wahrnehmung getrennter Spektraltonhöhen erforderlich ist. Dieser Mindestabstand ist bei tiefen Frequenzen deutlich kleiner als eine Frequenzgruppe. Deshalb ist es zweckmäßig, das Lautheitsberechnungsverfahren von PAULUS und ZWICKER [20] für die vorliegende Problematik zu modifizieren und für jede Terzfrequenz mit einem frequenzgruppenbreiten Filter einen Anregungspegel zu berechnen.

Erregungsverteilung

Bei einem Einzelton sind am Ort der unmittelbaren Kernerregung (Maximum) Anregungs- und Erregungspegel gleich. Flankenerregungen beschreiben den Abfall der Erregung zu beiden Seiten der Kernerregung. Insbesondere die obere Flanke, die sich weit in den höheren Tonheitsbereich erstreckt, trifft auf weitere unabhängige Kernerregungen, die von anderen Spektralanteilen herrühren. Wie überlagern sich nun diese Kernerregungen und Flankenerregungen zu einer resultierenden Erregungsverteilung?

Aus psychoakustischen Experimenten ist bekannt, daß die Lautstärke einer Teilerregung durch andere gedrosselt und durch größere Teilerregungen sogar verdeckt werden kann. Das Verfahren der Lautheitsberechnung versucht, diese Effekte zu berücksichtigen. Für jede Terzfrequenz wird die Kernerregung berechnet und eine obere Flankenerregung modelliert. Da die untere Flanke sehr steil ist, wird sie bei der Berechnung vernachlässigt. So wirken bei jeder Tonheit verschiedene Teilerregungen, und zwar die eigentliche Kernerregung und weitere Flankenerregungen, die von tieferen Spektralanteilen herrühren. Der jeweilige Maximalwert aus diesen Teilerregungen bestimmt die resultierende Gesamterregung.

Solche Verdeckungseffekte sind z.B. die Ursache für die leichtere Wahrnehmbarkeit von Spitzen im Übertragungsfrequenzgang eines Lautsprechers [21] . Während Einbrüche durch Verdeckungseffekte weitgehend ausgeglichen werden, rufen Spitzen (Anhebungen) zusätzliche Flankenerregungen hervor.

Spezifische Lautheit

Wie wirkt sich die Erregungsverteilung auf die Lautheitsempfindung aus?

Jede Stelle der Basilarmembran liefert entsprechend ihrer Erregung einen bestimmten Beitrag zur Gesamtlautheit. Dieser Lautheitsbeitrag eines einzelnen Tonheitsbereiches führt auf den Begriff der spezifischen Lautheit N'(z). Sie hat die Eigenschaften einer Dichte mit der Einheit sone/Bark. Das Integral über den gesamten Tonheitsbereich (von 0 bis z_E = 24 Bark) entspricht der Gesamtlautheit N:

$$N = \int_0^{z_E} N'(z) \, dz \quad \text{in sone.}$$

Die Zahlenwerte der Empfindungsgröße N und ihrer Dichte N'(z) können unmittelbar subjektiv interpretiert werden. Das Verhältnis zweier Zahlenwerte spiegelt z.B. das Größenverhältnis zweier Lautheitsempfindungen richtig wider.

Den Zusammenhang zwischen Erregungspegel und spezifischer Lautheit beschreibt eine Potenzfunktion, in die die Ruhehörschwelle als ein wesentlicher Parameter eingeht. Liegt der Erregungspegel unterhalb der Ruhehörschwelle, so ist die spezifische Lautheit selbstverständlich Null. Übersteigt der Pegel diese Schwelle, dann wächst die Lautheit zunächst schnell an. Eine Pegelerhöhung unmittelbar über der Hörschwelle führt zu einem größeren Lautheitszuwachs als eine Pegeländerung bei höheren Absolutpegeln. Dort sinkt der Lautheitszuwachs auf einen konstanten Wert: Jede Pegelerhöhung von 10 dB verdoppelt die subjektiv empfundene Lautheit.

Bei hohen und tiefen Frequenzen ist nicht nur die Ruhehörschwelle hoch, sondern hier ist auch der Lautheitszuwachs besonders groß. Erregungspegel, die einmal die Hörschwelle übersteigen, erreichen recht bald die gleiche subjektive Lautheit wie mittlere Frequenzen. Die Kurven gleicher Lautheit (s. ZWICKER [12]) sind hier auf einem schmaleren Pegelbereich zusammengedrängt.

Diese Mechanismen bestimmen maßgeblich die subjektiven Ergebnisse bei der Baßbeurteilung von Lautsprecherboxen. Selbst große Pegelunterschiede zwischen Testlautsprechern werden nicht wahrgenommen, solange sie unter der Hörschwelle liegen. Jedoch kann bei geeignetem Programmaterial und hoher Abhörlautstärke schon ein kleiner Unterschied subjektiv bedeutsam werden.

5.3.2   Verfärbungsspektrum

Den hier vorgestellten Untersuchungen liegt das Lautheitsberechnungsverfahren nach ZWICKER und PAULUS [20] zugrunde, das jedoch so modifiziert wurde, daß es den Erfordernissen bei der Klangbewertung entspricht. Aus den Terzschalldruckpegeln kann hiermit der Verlauf der spezifischen Lautheit über der Tonheit berechnet werden.

Im Bild 8 sind als ein Beispiel die Lautheitsspektren eines Musikausschnitts bei Wiedergabe über einen realen Lautsprecher (Box 27) und über einen verzerrungsfreien Referenzlautsprecher dargestellt. Sie wurden aus den entsprechenden Langzeitspektren des Bildes 7 berechnet. Beide Langzeitspektren waren in ihrem Pegel so nivelliert, daß sie die gleiche Gesamtlautheit hervorriefen, d.h. gleiche Flächen unter den Kurven spezifischer Lautheit aufwiesen.

Der Verlauf der spezifischen Lautheit beschreibt, wie der spektrale Charakter des Testprogramms und das Übertragungsverhalten der Testbox wahrgenommen wurde. Im elektrischen Originalspektrum kann man erkennen, ob sich das Programmaterial zur Überprüfung des Lautsprechers im hohen und tiefen Übertragungsbereich eignet. Bei den meisten Testprogrammen der klassischen Musik fällt die spezifische Lautheit unter 1 Bark (entspricht 100 Hz) sehr stark ab. Elektronisch erzeugte Klänge weisen aber in diesem Bereich und besonders bei hohen Frequenzen noch erhebliche spezifische Lautheiten auf.

Interessiert man sich vorrangig für die Klangeigenschaften der Lautsprecher und weniger für die des Testprogramms, so ist der Unterschied zwischen realem Lautsprecher und Referenzlautsprecher (elektr. Original) entscheidend. Deshalb wird das <u>Verfärbungsspektrum</u> als Differenz der beiden Lautheitsspektren gebildet:

$$\Delta N'(z) = N'_{Box}(z) - N'_{Ref.}(z).$$

Für die Testbox 27 ist das Verfärbungsspektrum im Bild 8 dargestellt. Auffällig ist hier die negative spezifische Lautheit im unteren und oberen Tonheitsbereich. Sie zeigt, daß der Lautsprecher bei diesen Tonheiten eine geringere Lautheit reproduziert, als im Originalsignal enthalten ist. Solche fehlenden bzw. überschüssigen Lautheiten beeinflussen maßgeblich das wiedergegebene Klangbild und werden vom Hörer i.allg. als Verfärbungen empfunden.

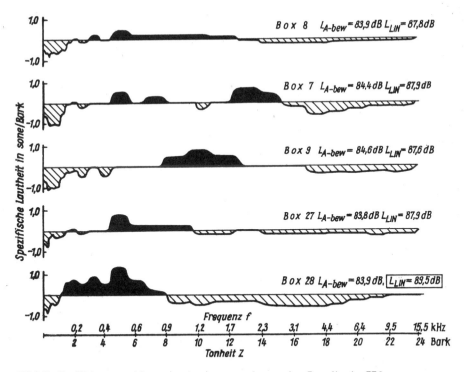

Bild 9 Verfärbungsspektren der Lautsprecnerboxen des Fremdtests FT2

<u>Bild 9</u> zeigt die Verfärbungsspektren der Testboxen des Abhörversuchs FT2 bei der Wiedergabe von moderner Tanzmusik mit einer Gesamtlautheit N von 70 sone. Unterhalb von 1 Bark haben alle dargestellten Testboxen ein ausgeprägtes Lautheitsdefizit. Diese Gemeinsamkeit

73

ist nicht zufällig. Sie kann bei vielen Lautsprecherboxen beobachtet werden und führt auf wahrnehmbare Mängel bei der tiefen Baßwiedergabe. Die Testboxen 27 und 8 weisen im gesamten Tonheitsbereich die geringsten Abweichungen vom Referenzlautsprecher auf; die Box 28 zeigt starke Verfärbungen.

Um die Testboxen in dieser Weise miteinander vergleichen zu können, wurden ihre Langzeitspektren zuvor auf gleiche Lautheit nivelliert. Das entspricht dem Versuchsprinzip von subjektiven Lautsprechertests, den Einfluß unterschiedlicher Abhörlautstärke zwischen den Testboxen weitestgehend auszugleichen. Im Zusammenhang mit dieser rechentechnischen Nivellierung der Langzeitspektren auf gleiche Lautheit kann neben der Gesamtlautheit N auch ein linearer und ein A-bewerteter Gesamtschalldruckpegel berechnet werden (s. Bild 9). Diese Meßwerte zeigen jedoch Unterschiede zwischen den gleichlauten Spektren der Testboxen. Bei der A-Bewertung liegen sie in der Größenordnung von 1 dB, bei linearer Bewertung erreichen sie 2...4 dB. Diese Ergebnisse bestätigen die allgemeine Erfahrung, daß der A-bewertete Gesamtschalldruckpegel die subjektive Lautheit in guter Näherung abschätzt und sich für die praktische Nivellierung in Abhörtests eignet.

5.3.3   Grundmaße der Klangbewertung

Das Verfärbungsspektrum enthält die Eigenschaften des stationären Schalldruckfrequenzgangs, die für die subjektive Wahrnehmung bedeutsam sind. Dennoch beschreiben diese Verfärbungsspektren nicht unmittelbar die Ergebnisse subjektiver Tests. Dort wurden wenige unabhängige Merkmale ermittelt, hier erhält man für jede Tonheit eine Verfärbung in der spezifischen Lautheit. Diese Informationsmenge muß auf wenige Merkmale komprimiert werden, die den Empfindungsgrößen des Hörers entsprechen.

In der Literatur gibt es Hinweise von PLOMP [22] und BÜNNING [14], wie dieses Problem systematisch gelöst werden kann. Sie unterteilten den gesamten Frequenzgang in 24 Frequenzgruppen und bestimmten für jede Frequenzgruppe einen Lautheitsmittelwert. Trotz dieser Vereinfachung sind 24 unabhängige Merkmale erforderlich, um den wesentlichen Inhalt des Verfärbungsspektrums wiederzugeben. Der zwei- bis dreidimensionale subjektive Wahrnehmungsraum (vgl. Abschn. 4) steht einem hochdimensionalen objektiven Merkmalraum gegenüber. Der Zusammenhang kann auf mathematisch formalem Wege nicht bestimmt werden. Alle statistischen Verfahren, mit denen Zusammenhänge zwischen zwei Merkmalräumen ermittelt werden können (z.B. multiple Korrelation und Regression), gehen von stark einschränkenden Voraussetzungen aus und stellen hohe Anforderungen an die Stichprobenanzahl. Die Testboxen bilden die Stichprobe, ihre Meßwerte sind die Grundlage für jede Korrelation zwischen objektiven und subjektiven Merkmalen. Lautsprecherabhörtests bieten hierfür schlechte Voraussetzungen. Sie testen i.allg. kaum mehr als 5...10 Boxen gleichzeitig. Diese kleine Stichprobe bedingt nicht nur eine strenge Signifikanzprüfung eines einfachen Korrelationskoeffizienten, es macht auch die Anwendung von multiplen Korrelationsverfahren unmöglich.

Das Problem könnte nur auf empirischem Wege gelöst werden. Ausgehend von dem psychoakustischen Vorwissen und den Erfahrungen bei der Lautsprecherbewertung wurden Hypothesen und Modelle aufgestellt und am vorliegenden Datenmaterial geprüft. Als Ergebnis dieser Untersuchung sind die folgenden objektiven Grundmaße zur Klangbewertung von Lautsprechern entstanden.

5.3.3.1 Verfärbungsgrad

Die im Verfärbungsspektrum $\Delta N'(z)$ beschriebenen Abweichungen des Lautsprecherklanges vom Originalklang lassen sich zu einem allgemeinen <u>Verfärbungsgrad</u> V zusammenfassen. Hierfür wird der Betrag der Abweichungen über den gesamten Hörbereich integriert. Nach einer zweckmäßigen Normierung auf die Gesamtlautheit N erhält man

$$V = \frac{1}{N}\int_0^{z_E} |\Delta N'(z)| \; dz \, .$$

Dieser Verfärbungsgrad liegt per Definition zwischen dem Wert 0 (unverfärbt) und 1 (maximal verfärbt). Der Verfärbungsgrad von Lautsprecherboxen in Räumen ist i.allg. K = 0,05...0,2.

Der Verfärbungsgrad einer Box entspricht subjektiven Empfindungen, dies kann durch Abhörversuche bestätigt werden. Solche Abhörversuche zeigten, daß es dem Hörer leichter fällt, die Verfärbung einer Box zu bewerten, wenn ein stationäres Programmaterial (z.B. rosa Rauschen) verwendet wird und der Originalklang zum unmittelbaren Vergleich zur Verfügung steht. In speziellen Versuchen wurde am Abhörort das Schallsignal über ein Mikrofon aufgenommen, in den Nebenraum übertragen und dort über Kopfhörer der Versuchsperson wiedergegeben. Ein Umschalter ermöglichte der Testperson den Vergleich mit dem akustischen Originalsignal in der gleichen Lautstärke. Die Ergebnisse der attributiven Bewertung und mehrdimensionalen Skalierung korrelierten hochsignifikant mit dem Verfärbungsgrad V. Darüber hinaus zeigten diese Versuche auch, daß eine Lautsprecherwiedergabe im reflexionsfreien Raum dem akustischen Original (Referenz) sehr nahe kommt, wogegen ein Abhörraum die Verfärbung beträchtlich erhöhen kann.

Der Verfärbungsgrad hat nicht nur für solche speziellen Mikrofon-Kopfhörer-Übertragungen eine Bedeutung, auch Aussagen zur Klarheit und Verfärbung in normalen Lautsprechertests können damit erklärt werden.

5.3.3.2 Höhenbetonung

Im Verfärbungsgrad V sind alle hörbaren Veränderungen des Amplitudenfrequenzganges zu einer summarischen allgemeinen Größe zusammengefaßt. Der Hörer kann jedoch diese Verfärbungen in einem gewissen Grade detailliert beschreiben und so z.B. die Höhenbetonung eines Lautsprechers beurteilen. Diese subjektiven Urteile können aus dem Verfärbungsspektrum erklärt werden. Eine Zunahme der Lautheit bei hohen Tonheiten wird vom Hörer als Höhenbetonung erkannt. Auch BÜNNING und WILKENS [14] beobachteten zwischen Schärfeeindruck und Terzschalldruckpegeln bei hohen Frequenzen eine signifikant positive Korrelation und bei tiefen Frequenzen einen gegenläufigen Zusammenhang.

Von BISMARK [17] wurde diese Empfindungsgröße systematisch untersucht und ein Schärfemaß angegeben, das den Zusammenhang zur spektralen Grobstruktur beschreibt.

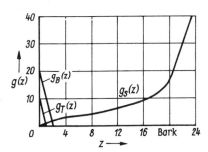

Bild 10 Wichtungsfunktionen der Höhenbetonung (Schärfe) $g_S(z)$, der allgemeinen Baßbetonung $g_B(z)$ und der Tiefbaßbetonung $g_T(z)$

Die Schärfe $\acute{o}$ eines Schalls berechnet sich über das Integral des gewichteten Lautheit-spektrums:

$$\acute{o} = \frac{C}{N} \int_0^{Z_E} g_S(z) \, N'(z) \, dz.$$

Die Wichtungsfunktion $g_S(z)$ (<u>Bild 10</u>) steigt für hohe Tonheiten sehr stark an und zeigt, daß eine Lautheitskonzentration in diesem Bereich die Schärfe stark beeinflußt. Das Schärfemaß wurde für die Lautsprecherbewertung modifiziert. Die Anwendung auf das Verfärbungsspektrum $\Delta N'(z)$ und eine zweckmäßige Normierung führte zum Grundmaß <u>Höhenbetonung</u> S:

$$S = \frac{Z_E}{N \int_0^{Z_E} g_S(z) \, dz} \int_0^{Z_E} g_S(z) \, \Delta N'(z) \, dz.$$

Ein negativer oder positiver Wert von S zeigt, daß der Testlautsprecher eine kleinere oder eine größere Höhenbetonung aufweist als der Referenzlautsprecher. Die subjektiven Bewertun-gen der Höhenbetonungen der Boxen korrelierten signifikant mit den berechneten objektiven Werten.

5.3.3.3   Allgemeine Baßbetonung und Tiefbaßbetonung

In den subjektiven Lautsprechertests tritt neben der Höhenbetonung (Schärfe) häufig die Baßbetonung (Volumen) als eine weitere Empfindungsgröße auf. In manchen Fällen konnten Hörer sogar zwischen allgemeiner Baßbetonung und Tiefbaßbetonung unterscheiden (vgl. Abschn. 4). BÜNNING und WILKENS [14] extrahierten aus den subjektiven Testergebnissen einen Faktor Volumen und wiesen (wie bei der Schärfe) einen Zusammenhang mit dem Amplituden-frequenzgang nach. Die tiefsten Spektralanteile bestimmten das Volumen der Testboxen. Ihr Einfluß nahm mit zunehmender Frequenz ab. Schon bei 300...400 Hz war eine signifikante Ab-hängigkeit nicht mehr nachweisbar.

Auf der Grundlage dieser Ergebnisse von BÜNNING wurde eine Hypothese für ein <u>Baßmaß</u> auf-gestellt, am vorliegenden subjektiven und objektiven Datenmaterial überprüft und optimiert. Ausgegangen wird vom Verfärbungsspektrum, das mit einer Wichtungsfunktion $g_B(z)$ multipli-ziert und über den Tonheitsbereich integriert wird:

$$B = \frac{Z_E}{N \int_0^{Z_E} g_B(z) \, dz} \int_0^{Z_E} g_B(z) \, \Delta N'(z) \, dz. \tag{1}$$

Dieses Baßmaß hat die gleiche Struktur wie die Höhenbetonung, nur die Wichtungsfunktionen $g_B(z)$ unterscheiden sich wesentlich von $g_S(z)$ (vgl. Bild 10):

$$g_B(z) = (z_0 - z)^m \quad \text{für} \quad z < z_0,$$

$$g_B(z) = 0 \qquad\quad \text{für} \quad z \geqq z_0.$$

Unterhalb von z_0 ist $g_B(z)$ eine monoton fallende Funktion, deren Form (Gerade, Parabel) durch den Exponenten m bestimmt wird. Für die Parameter z_0 und m wurden mit Hilfe dèr sub-jektiven Ergebnisse der Abhörtests und den physikalischen Meßwerten der Boxen optimale Schätzwerte ermittelt. Dazu wurden die Parameter mit einer geeigneten Schrittweite rechen-technisch variiert, objektive Werte der Baßbetonung nach (1) aus den Verfärbungsspektren

der Testboxen berechnet und mit den subjektiven Skalenwerten der allgemeinen und Tiefbaßbetonung korreliert. In dieser Weise wurde der Verlauf des Korrelationskoeffizienten
über die Parameter m und z_0 für jede Baßbeurteilung in den vorliegenden Abhörversuchen ermittelt und die einzelnen Korrelationsergebnisse zu einer verallgemeinerten Aussage zusammengefaßt. Die Mittelung der Korrelationskoeffizienten mit Hilfe der z-Transformation [23]
war hierfür eine geeignete Methode.

Der im Bild 11 dargestellte mittlere Korrelationskoeffizient wurde aus allen Einzelbe-
wertungen der allgemeinen Baßbetonung und Tiefbaßbetonung ermittelt. Für eine bestimmte Konfiguration von m und z_0 erhalten wir entsprechende Maxima, die zwar eine sichere
positive Korrelation darstellen, sich jedoch in ihrer Größe untereinander nicht signifikant
unterscheiden (vgl. die im Bild 11 dargestellten Vertrauensbereiche der Korrelationskoeffizienten).

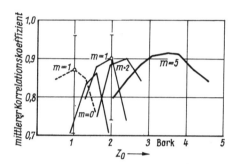

Bild 11 Korrelation zwischen den objektiven
Grundmaßen Baßbetonung (durchgezogen), Tiefbaßbetonung (gestrichelt) und den subjektiven
Testergebnissen in Abhängigkeit von den Modell-
parametern m und z_0 (Optimierung der Wichtungsfunktion)

Der einfachste Fall, die lineare Wichtungsfunktion (m = 1), erweist sich als eine ange-
messene Modellierung (s. Bild 10). Eine genauere und kompliziertere Beschreibung ist mit dem
vorliegenden Datenmaterial nicht sinnvoll. Der zugehörige Schätzwert des Parameters z_0 beträgt für die allgemeine Baßbetonung 2 Bark und spezifiziert die Beziehungen 1 und 2
zum allgemeinen Baßmaß B. Die Tiefbaßbetonung kann durch das Tiefbaßmaß T beschrieben
werden, wenn z_0 den Wert 1 Bark annimmt.

5.3.3.4 Raumgefühl

In Lautsprechertests berichten die Hörer mitunter, daß sie bei den einzelnen Testboxen eine
unterschiedliche Lokalisierungsschärfe und einen veränderten Raumeindruck wahrnehmen. Diese
Empfindung wurde mit dem Attribut Raumgefühl beschrieben. Sie kann aus dem stationären
Verfärbungsspektrum nicht erklärt werden, sondern wird von den zeitlich nacheinander einfallenden Energieanteilen des Direkt- und Diffusschallanteils verursacht [24] . Eine direkte
objektive Untersuchung dieser Vorgänge ist mit der Impulsmeßtechnik möglich. Eine mehr theoretische Beschreibung gestattet das im Abschnitt 5.4 ausführlich beschriebene Verfahren zur
Berechnung des Schalldruckfrequenzganges am Abhörort. In diesem Verfahren werden aus einfachen Parametern des Raumes und der Box der stationäre Schalldruckfrequenzgang des Direkt-
und des Diffusschallfeldes bestimmt. Das logarithmierte Energieverhältnis dieser beiden
Teilfelder am Abhörort eignet sich zur objektiven Beschreibung des empfundenen Raumgefühls. Zweckmäßigerweise geht man in den Pegelmaßstab über und bestimmt für die Spektralanteile von 200 Hz bis 10 kHz den direkten und den diffusen Gesamtschalldruckpegel. Die
Differenz führt zu dem Grundmaß Raumgefühl R:

$$R = L_{diffus} - L_{direkt} .$$

Systematische Untersuchungen zum Raumgefühl (Test T6 s. [9]) zeigten einen hochsignifi-
kanten Zusammenhang (r_K = 0,96) zwischen berechneten Werten und subjektiven Aussagen.

5.3.3.5   Erweiterte Grundmaße

Die Ergebnisse von Abhörversuchen zeigen, daß es dem Hörer relativ schwer fällt, die Baß-
und Höhenbetonung getrennt und unabhängig voneinander zu bewerten. Er neigt dazu, beide
Eigenschaften zu einer gemeinsamen Empfindung zusammenzufassen und die Helligkeit einer
Box zu beurteilen. Das subjektive Klangmerkmal Helligkeit zeigte bei Korrelationsuntersuchungen einen positiven Zusammenhang zum Grundmaß Höhenbetonung und eine negative Korrelation zur Baßbetonung. Auf Grundlage dieser Beobachtungen wurde das erweiterte Grundmaß
<u>Helligkeit</u> H gebildet:

$$H = 0,7 \ S - 0,3 \ B.$$

Für die Wichtungsfaktoren der Grundmaße S und B wurde mit Hilfe der gerade wahrnehmbaren
Unterschiedsschwellen (s. Abschn. 5.3.5) Schätzwerte bestimmt. Dieses relativ einfache Maß
konnte die Helligkeits-Empfindungen der vorliegenden subjektiven Testergebnisse erklären.
Dennoch sollte das Helligkeitsmaß an einem größeren Datenumfang überprüft und in weiteren
Untersuchungen vervollkommnet werden.

Auch im Baßbereich ist zu beobachten, daß der Hörer sich besonders für die Balance zwischen tiefer und allgemeiner Baßbetonung interessiert und große Abweichungen zwischen
beiden als eine Unklarheit in der Baßwiedergabe empfindet. Im erweiterten Grundmaß
<u>Baßklarheit</u> K wird versucht, diese Empfindung durch die Differenzbildung der beiden Baßmaße
zu erfassen:

$$K = |0,9 \ T - 0,1 \ B|.$$

Durch die Korrelation zu subjektiven Testaussagen konnten die Wichtungsfaktoren der Grundmaße T und B optimiert und ein signifikanter Zusammenhang (r_K = 0,87) nachgewiesen werden.

5.3.4   Objektiver Merkmalraum der Grundmaße

Für die Auswertung ist es zweckmäßig, die verschiedenen objektiven Klangmerkmale zu einem
gemeinsamen Merkmalraum zusammenzufassen. <u>Bild 12</u> zeigt den objektiven Merkmalraum des Fremdtests FT2 als Ergebnis einer Faktorenanalyse der berechneten Grundmaße. Diese Darstellung
erleichtert die Interpretation der berechneten Zahlenwerte. Die Testboxen erscheinen nicht
als Punkte auf den verschiedenen Skalen der Grundmaße, sondern als Objektkonfiguration in
einem Raum. Seine Dimensionen zeigen die wesentlichen unabhängigen Eigenschaften dieser
Gruppe von Testboxen. Die Vektoren repräsentieren die Grundmaße und weisen in die Richtung
der stärksten Zunahme dieser Eigenschaft. Die Box 28 zeigt die stärksten Verfärbungen und
die geringste Höhenbetonung. Demgegenüber steht die Referenzbox 99 (Stern). Sie ist als Be-
zugsbox von vornherein verzerrungsfrei im Amplitudenfrequenzgang. Das von der Box 27 reproduzierte Klangbild kommt dem Original am nächsten. Dennoch weisen alle diese Boxen in diesem
Abhörraum einen mehr oder weniger starken Abfall in der Höhen- und Baßbetonung auf. Bis auf
die Box 28 klingen sie alle heller als die Referenzbox.

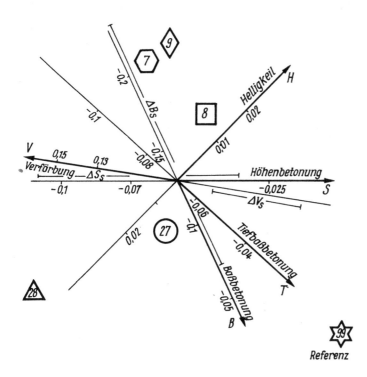

Bild 12 Testboxen des
Versuchs FT2 (Symbole) im
objektiven Merkmalraum
der Grundmaße (Dar-
stellung der Vektoren,
Skalen und Unterschieds-
schwellenwerte)

5.3.5   Unterschiedsschwellenwerte

Die Testboxen 7 und 9 stehen im objektiven Merkmalraum nach Bild 12 sehr dicht nebeneinander. Kann ein Hörer diesen Unterschied überhaupt wahrnehmen? Zur Beantwortung dieser Frage
wurden für die objektiven Grundmaße Unterschiedsschwellenwerte bestimmt.

Die Berechnung wird am Beispiel der Verfärbung erläutert. Ausgangspunkt sind das subjektive Datenmaterial der Abhörtests und die berechneten Verfärbungen V der Testboxen. Für
jedes Lautsprecherpaar kann der objektive Verfärbungsunterschied ΔV angegeben werden. Das
Vorzeichen dieser Differenz entspricht einer objektiven Ordinalaussage und zeigt, welche der
beiden Boxen eine größere bzw. kleinere Verfärbung besitzt. Diese objektive Aussage wird mit
den subjektiven Ordinalurteilen verglichen, die bei der Bewertung dieses Boxpaares im Ab-
hörtest gewonnen wurden. Die Übereinstimmungen wurden in einer Erkennungsrate (E) zusammengefaßt. Für alle möglichen Paarkombinationen der Testlautsprecher wurden in dieser Weise
Erkennungsraten bestimmt. Diese Werte sind selbstversändlich abhängig von der Größe der Un-
terschiede, d.h. vom Betrag der Differenz E ($|\Delta V|$). Die Boxen, die sich im Grad der Ver-
färbung stark unterscheiden, werden sicherlich von allen Testpersonen richtig erkannt
($E \approx 1$). Bei sehr ähnlichen Testboxen geben die Testpersonen ein Gleichurteil ab oder versuchen, durch Raten eine Zuordnung zu treffen ($E \approx 0,5$).

Im Bild 13 sind die Verläufe der Erkennungsraten über den objektiven Merkmalsunterschie-
den für alle Grundmaße dargestellt. Für E = 0,75 haben die Hälfte der Testpersonen einen Unterschied bewußt wahrgenommen und in Übereinstimmung mit den Grundmaßen geurteilt. Der dabei auftretende Merkmalsunterschied soll als Unterschiedsschwellenwert definiert werden. Für
die Verfärbung beträgt er V_S = 0,045. Zum Vergleich wurden diese Unterschiedsschwellenwerte
im objektiven Merkmalraum des Beispiels FT2 (Bild 12) als Intervalle neben den Vektoren dargestellt. Sie zeigen, daß der Unterschied zwischen den Testboxen 7 und 9 i.allg. nicht erkennbar ist.

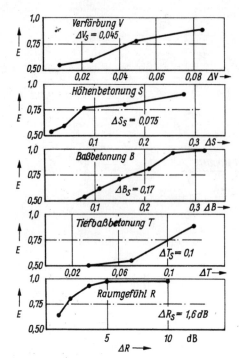

Bild 13 Übereinstimmung der subjektiven Ordinalurteile mit den objektiven Aussagen der Grundmaße (Erkennungsrate E) in Abhängigkeit von der Größe des Empfindungsunterschiedes

5.3.6 Bildung von Defektmaßen

Die objektiven Grundmaße beschreiben wertfreie Klangeigenschaften der Lautsprecherboxen. Sie zeigen z.B., daß eine Box einen helleren, baßbetonteren, räumlicheren ... usw. Klang hat als eine andere. Welche der beiden Boxen ein Hörer aber als angenehmer oder natürlicher empfindet und ein Käufer letztlich bevorzugt, darüber sagen diese Maße zunächst nichts aus. Wie eine Lautsprecherbox klingen soll, welches die optimalen Klangeigenschaften eines Lautsprechers sind, diese Fragen zielen in Richtung der Idealvorstellungen des Hörers. In diesem Zusammenhang wird sich zeigen, ob der Referenzlautsprecher diesen Idealvorstellungen entspricht und ob eine verzerrungsfreie Wiedergabe i.allg. bevorzugt wird.

Aber auch die Umgebung des Idealpunktes im Merkmalraum ist für die Beurteilung von Lautsprechern von großem Interesse. Welchen Qualitätsverlust erleidet eine Box, wenn sie vom Idealpunkt abweicht?

Für die Untersuchung dieser Fragen ist es zweckmäßig, Defektmaße einzuführen. Diese Defektmaße werden aus den objektiven Grundmaßen berechnet und beschreiben den Qualitätsverlust (Defekt) einer Box, der durch die Abweichungen vom Idealwert hervorgerufen wird. Den Zusammenhang zwischen Defekt und Grundmaß beschreibt die Defektfunktion. Sie läßt sich in gezielten Abhörversuchen bestimmen. Für solche systematischen Untersuchungen verwendet man als Testobjekte zweckmäßigerweise synthetische statt realer Boxen (vgl. Abschn. 3.1). Die zu untersuchende Empfindungsgröße wird mit zusätzlichen Hilfsmitteln auf physikalischem Wege variiert, und alle anderen subjektiv bedeutsamen Merkmale werden zwischen den Testobjekten weitestgehend konstant gehalten. Während des Tests beurteilt die Testperson nicht nur die Stärke der Empfindungsgröße, sondern auch die Natürlichkeit und den Wohlklang der Schallreproduktion. Aus diesen Aussagen zur Bevorzugung der Testobjekte kann die Defektfunktion unmittelbar abgeleitet werden.

Diese Methodik wurde bei der Untersuchung des Raumgefühls angewendet [9]. Bild 14 zeigt die gemessenen Defektfunktionen des Raumgefühls bei verschiedenen Testprogrammen für den durchschnittlichen Hörer. Bei Wiedergabe von Sprache hat die (gestrichelt gezeichnete) Defektfunktion ein deutlich ausgeprägtes Minimum bei einem Raumgefühl von 2,5 dB. Von den Hörern wird eine relativ direkte, lokalisierungsscharfe Wiedergabe eines Sprechers bevorzugt. Bei Instrumentalmusik zieht der Hörer eine räumlichere Darbietung vor. Er möchte die Eigenschaften des Abhörraumes spüren. Das Defektminimum (Idealpunkt) liegt bei einem höheren Raumgefühl (R = 5,5 dB).

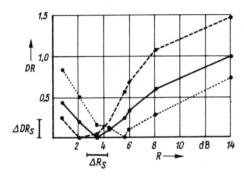

Bild 14. Gemessene Defektfunktionen für das Raumgefühl R bei Verwendung von Sprache (gestrichelt), Musik (punktiert) und gemischtem Hörprogramm (durchgezogene Kurve)

Zum Vergleich wurden die Unterschiedsschwellenwerte des Raumgefühls R und des Defektes DR dargestellt.

Die durchgezeichnete Kurve im Bild 14 zeigt den gemessenen Verlauf der Defektfunktion für ein gemischtes Hörprogramm. Auf der Grundlage dieser Meßwerte wurde das Defektmaß des Raumgefühls bestimmt:

$$DR = 1 - \exp\left[- 0,055 \left(\frac{R}{dB} - 3,6 \right)^2 \right].$$

Die mit diesem Maß berechneten Defekte korrelieren mit den subjektiven Aussagen signifikant (r_K = 0,97). Der Unterschiedsschwellenwert dieses Defektmaßes beträgt ΔDR_S = 0,2. Die Unterschiedsschwellenwerte dieses Defektes und des Grundmaßes Raumgefühl ΔR_S = 1,6 dB wurden im Bild 14 dargestellt. Sie zeigen, daß es den Hörern leichter fällt, das Raumgefühl differenziert zu beschreiben, als diese Eigenschaft qualitativ zu werten. Besonders flach ist der Verlauf der Defektfunktion für Instrumentalmusik und gemischte Hörprogramme. Die Idealvorstellungen für diese Empfindungsgröße sind relativ schwach ausgeprägt. Das zeigt sich nicht nur in der Unsicherheit der einzelnen Testperson, sondern auch in den großen Unterschieden zwischen den individuellen Idealpunkten. Nur Extreme im Raumgefühl werden von den Hörern eindeutig abgelehnt.

Die Bestimmung des Defektmaßes in dieser Art und Weise ist jedoch ziemlich aufwendig. Einfacher ist es, die Idealwerte der Grundmaße aus den Ergebnissen der Lautsprechertests und zusätzlichen Befragungen zu bestimmen. Dazu wird die Testperson aufgefordert, nicht nur die Eigenschaften der Testboxen zu bewerten, sondern für jedes Klangattribut eine Box (Favorit) aus der Gruppe herauszusuchen, die ihrer Idealvorstellung am ähnlichsten ist.

Für diese Favoritenbox wird mit Hilfe der objektiven Klangbewertung ein Skalenwert des untersuchten Grundmaßes bestimmt. Das Ergebnis eines einzigen Abhörversuchs eignet sich nur als eine grobe Schätzung für den gesuchten Idealwert. Zweckmäßigerweise nutzt man die Ergebnisse von einer größeren Anzahl von Abhörversuchen mit unterschiedlichen Testlautsprechern und faßt die Skalenwerte der Favoritenboxen der einzelnen Tests zu einem Mittelwert zusammen.

Eine weitere Möglichkeit zur Erfassung von Idealvorstellungen bietet der Einsatz von

Klangstellern, Frequenzgangformern (Equalizer) usw. In speziellen Versuchen wurde die Testperson aufgefordert, ein optimales Klangbild mit Hilfe von Klangstellern zu realisieren. Die Messung des eingestellten Schalldruckfrequenzganges und die anschließende Berechnung der Grundmaße bestätigten die in den Lautsprechertests bestimmten Idealwerte.

Für die meisten Grundmaße Verfärbung V, Höhenbetonung S, Tiefbaßbetonung T und Baßklarheit K liegt der Idealwert unserer Testpersonen annähernd bei Null. Bei diesen Eigenschaften sollen sich das reproduzierte und das originale Klangsignal nicht unterscheiden. Der Idealwert der allgemeinen Baßbetonung B_{AI} und der Helligkeit H_I weicht jedoch deutlich vom Referenzlautsprecher ab. Die an den Tests beteiligten Hörer bevorzugten im Mittel eine Baßbetonung B_I = 0,1. Dieser Wert liegt zwar noch unterhalb des Unterschiedsschwellenwertes, erwies sich aber in den Tests als reproduzierbar. Hörgewohnheiten bei der Benutzung von Klangstellern und der Versuch, tiefe Baßdefekte auszugleichen, werden hierfür die Ursache sein. Der Idealwert der Helligkeit liegt in Abhörräumen bei H_I = -0,06; er korrespondiert mit der erhöhten allgemeinen Baßbetonung.

Bei Abhörversuchen im reflexionsfreien Raum verschieben sich diese Idealwerte; dort wird eine größere Höhenbetonung, eine geringere Baßbetonung, aber vor allem eine größere Helligkeit H_I = 0,08 bevorzugt. Diese Reaktion auf die ungewohnten, trockenen Abhörbedingungen kann zum Teil durch den für diffusen und direkten Schalleinfall unterschiedlichen Frequenzgang des Dämpfungsmaßes im Ohr erklärt werden (vgl. Abschn. 5.3.1).

Mit Hilfe der ermittelten Idealwerte können aus den Werten der Grundmaße erste Aussagen über die Defekte der Lautsprecher abgeleitet werden. Die Distanz zwischen Testbox und Idealpunkt im Merkmalraum ist ein Ausdruck des Qualitätsverlustes dieser Box. Die Betragsdifferenz zwischen Grundmaß und Idealwert dient als Näherung für all die Defektfunktionen, deren Verlauf bisher in systematischen Untersuchungen (vgl. Messung von DR(R)) noch nicht be-

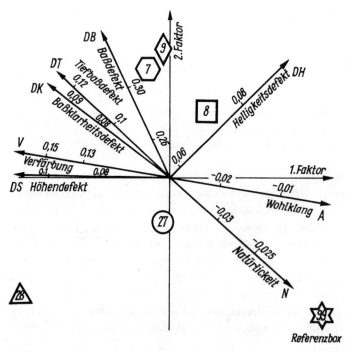

Bild 15   Testboxen des Fremdtests FT2 im Merkmalraum der Defektmaße

stimmt wurde. Mit diesem Ansatz und den ermittelten Idealwerten werden folgende Defektmaße modelliert:

$$DV = V, \qquad UB = |B - 0,1|, \qquad DH = |H + 0,06|,$$
$$DS = |S|, \qquad DT = |T|, \qquad DK = K.$$

Diese sehr grobe Beschreibung sollte in weiteren Untersuchungen überprüft und präzisiert werden. Für das Beispiel des Fremdtests FT2 wurden die Defekte berechnet und im Merkmalraum des <u>Bildes 15</u> dargestellt.

5.3.7   Gewinnung von objektiven Gesamtwertungen

Der Hörer kann die wahrgenommenen Klangdefekte zu einer allgemeinen Qualitätsaussage Natürlichkeit, Wohlklang, Bevorzugung zusammenfassen. Dieser komplizierte Prozeß soll durch einen linearen Ansatz modelliert werden:

$$N(\text{Natürlichkeit}) = W_1 \, DV + W_2 \, DS + W_3 \, DH + W_4 \, DK + W_5 \, DR \, \ldots$$

Die Bestimmung der Wichtungsfaktoren W ist mit Hilfe der multiplen Regression (7 unabhängige Variable) wegen der geringen Boxenanzahl pro Test nicht möglich (vgl. 5.3.3.). Nachdem der Ansatz durch die Beschränkung auf drei wesentliche Klangdefekte (DV, DH, DR) vereinfacht wurde, konnten die zwei Wichtungsfaktoren über das in 5.3.3.3 beschriebene Korrelationsverfahren bestimmt werden:

$$N = -(DV + W_H \, DH + W_R \, DR).$$

Das in dieser Weise spezifizierte Maß <u>Natürlichkeit</u> N

$$N = -0,3 \, DV - 0,2 \, DH - 0,5 \, DR$$

korreliert mit $r_K = 0,82$ mit den Aussagen zur empfundenen Natürlichkeit der Testboxen. Der Vertrauensbereich (S = 0,95) dieser Korrelationskoeffizienten $0,66 \leqq r_K \leqq 0,90$ zeigt einen sicheren positiven Zusammenhang. Der Unterschiedsschwellenwert beträgt $\Delta N_S = 0,038$.

   In den subjektiven Testergebnissen wurde ein tendenzieller Unterschied zwischen den Aussagen zur Natürlichkeit und zum Wohlklang beobachtet. Dieser Unterschied wird auch in dem für den Wohlklang (angenehm) optimierten Maß <u>Wohlklang</u> A deutlich:

$$A = -0,3 \, DV - 0,7 \, DR.$$

Die einzelnen Hörer zeigten bei der Wertung des Helligkeitsdefektes hinsichtlich Wohlklang unterschiedliche Idealvorstellungen. Für den durchschnittlichen Hörer konte der Einfluß eines Helligkeitsdefektes auf den Wohlklang nicht nachgewiesen werden. Das Maß Wohlklang A korrelierte zu den subjektiven Testergebnissen mit $r_K = 0,77$ $(0,58 \leqq r_K \leqq 0,87$ bei S = 0,95) und hat einen Unterschiedsschwellenwert $\Delta A_S = 0,045$.

   Die beiden Maße Natürlichkeit und Wohlklang sind prinzipiell sehr ähnlich. Auch vom statistischen Standpunkt ist der Unterschied gering und im vorliegenden Datenmaterial nicht signifikant.

   Für das Testbeispiel FT2 wurden diese Maße berechnet und im Bild 15 dargestellt.

5.3.8   Objektiver und subjektiver Merkmalraum im Vergleich

Die Ergebnisse der subjektiven Lautsprechertests wurden zweckmäßigerweise in einem Merkmalraum dargestellt. Auch die Aussagen der Grund-, Defekt- und Gesamtmaße können in einem objektiven Merkmalraum zusammengefaßt werden. Der Vergleich dieser beiden Räume zeigt, ob mit

den objektiven Maßen die Testergebnisse erklärt und subjektive Qualitätsaussagen vorausberechnet werden können. Für die Untersuchung der Ähnlichkeit der beiden Räume eignen sich die
Verfahren der Ähnlichkeitsrotation oder eine gemeinsame Faktorenanalyse.

Im Bild 16 ist ein Merkmalraum dargestellt, in dem sowohl subjektive als auch objektive
Empfindungsgrößen des Fremdtests FT2 enthalten sind. Dieser Raum ist zweidimensional und
reproduziert 98% der Gesamtvarianz der objektiven und subjektiven Merkmale. Die Ergebnisse
des subjektiven Abhörtests ließen sich auf zwei unabhängige Testattribute hell und voluminös zurückführen. Sie sind neben dem Generalurteil angenehm im gemeinsamen Merkmalraum
vorhanden und vertreten die subjektiven Aussagen.

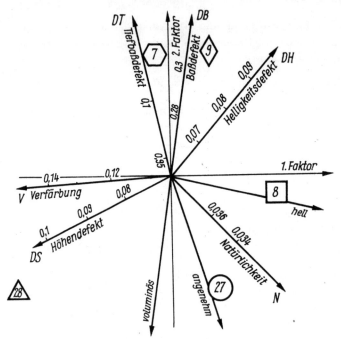

Bild 16 Gemeinsamer
Merkmalraum der sub-
jektiven Testergebnisse
und der objektiven Klang-
bewertung auf der Grund-
lage der gemessenen Über-
tragungsfrequenzgänge
(Test FT2)

Auch objektive Defektmaße und die Gesamtwertung N wurden in die gemeinsame Faktorenanalyse einbezogen. Der Baßdefekt DB steht dem Testattribut voluminös, die Defekte der Verfärbung und Höhenbetonung der subjektiven Helligkeit gegenüber. Sie korrelieren hoch miteinander. Auch das subjektive Generalattribut angenehm wird durch die objektive Gesamtwertung Natürlichkeit N erklärt.

5.4   Berechnung des Schalldrucktrequenzganges am Abhörort

Die bisherigen Untersuchungen zur objektiven Klangbeschreibung stützten sich auf den gemessenen Schalldruckfrequenzgang der elektroakustischen Übertragungskette. In diesem Abschnitt
wird versucht, die elektrischen und akustischen Einflüsse theoretisch zu erfassen und eine
Berechnungsmethode bereitzustellen, die aus einfachen Parametern der verwendeten Studioeinrichtung, der Box und des Raumes den resultierenden Schalldruckfrequenzgang am Abhörort
abschätzt.

5.4.1 Die Lautsprecherbox im Abhörraum

Der Abhörraum hat die Eigenschaft eines halbhalligen Raumes. In unmittelbarer Nähe des Strahlers lassen sich die Schalldruckverhältnisse mit dem Direktschallfeld, in größerer Entfernung $r \gg r_H$ (r_H Hallradius) mit dem Diffusschallfeld beschreiben. Die Abhörposition des Hörers liegt in der Regel im Übergangsgebiet zwischen diesen beiden idealen Schallfeldtypen. Nach einem Vorschlag von SCHÜTZE [25] kann der Schalldruckfrequenzgang am Abhörort durch eine energetische Überlagerung dieser beiden Schallfeldanteile abgeschätzt werden (Bild 17).

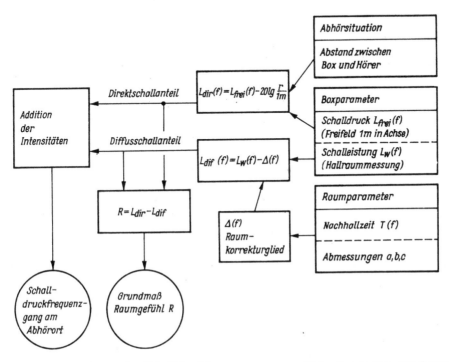

Bild 17 Berechnung des Schalldruckfrequenzganges am Abhörort aus Box- und Raumparametern

Das direkte und das diffuse Schallfeld lassen sich aus einfachen Parametern des Raumes und der Box berechnen. Der Schalldruckfrequenzgang im Freifeld (reflexionsfreier Raum, Abstand 1 m in Achse) führt bei Berücksichtigung der Abhörentfernung r unmittelbar zum Frequenzgang des Direktschallanteils am Abhörort (Bild 17). Der im Diffusfeld bestehende allgemeine Zusammenhang zwischen abgestrahlter Schalleistung P des Lautsprechers und mittlerem Schalldruck $\widetilde{p}_{dif}$

$$P = \frac{1}{4} \frac{\widetilde{p}_{dif}^2}{\varrho C} A \tag{2}$$

ist die Grundlage für die Berechnung des Diffusanteils. Die äquivalente Schallabsorptionsfläche A(f) des Abhörraumes kann aus der gemessenen Nachhallzeit bestimmt werden. Die Beziehung (2) wurde in den Pegelmaßstab übergeführt und durch die Einbeziehung weiterer Korrekturgrößen (erhöhte Energiedichte in der Nähe der Raumbegrenzungsflächen und der Schallquelle) erweitert. Im Korrekturglied Δ(f) wurden diese Raumeinflüsse zusammengefaßt (Bild 17).

Aus den direkten und diffusen Schallanteilen kann nicht nur der resultierende Schalldruckfrequenzgang für die Übertragungskette im Abhörraum berechnet, sondern auch eine Aussage über das empfundene Raumgefühl R abgeleitet werden (vgl. 5.3.3.4).

Soll der berechnete Abhörfrequenzgang als Grundlage für eine weitere objektive Klangbewertung dienen, dann ist es zweckmäßig, die unterschiedliche Ohrempfindlichkeit für diffusen und direkten Schalleinfall durch Einfügung einer Korrektur $a_{dif}(f)$ vor der Addition der Intensitäten zu berücksichtigen (vgl. 5.3.1a)).

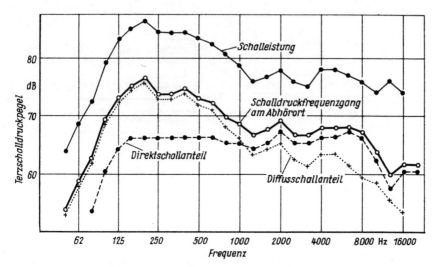

Bild 18 Berechnung des Schalldruckfrequenzganges einer Box im Abhörraum (dick gezeichnete Kurve) aus den Frequenzgängen des Direktfeldes (gestrichelt), des Diffusfeldes (punktiert) und der Schalleistung (obere dünn gezeichnete Kurve)

Im Bild 18 wird die Berechnung an einem Beispiel illustriert. Von einer Box, deren Höreindruck in subjektiven Tests nicht befriedigte, wurde der Schalldruckfrequenzgang im Freifeld (Achsrichtung) und der Schalleistungsfrequenzgang bei einer Anregung von $\tilde{U}_E$ = 1 V/oct bestimmt. Der Frequenzgang des Direktschallanteils am Abhörort (r = 3,1 m) ist im Bild 18 als gestrichelte Kurve dargestellt. Er zeigt einen relativ ausgeglichenen Verlauf und kann die subjektiv empfundenen Qualitätsmängel nicht erklären. Der Schalleistungsfrequenzgang (obere dünn gezeichnete Kurve) wurde im Hallraum gemessen und unterhalb von 200 Hz nach dem Verlauf des Freifeldschalldruckpegels approximiert. Diese Abschätzung ist möglich, da der Bündelungsgrad einer Lautsprecherbox im untersten Frequenzbereich näherungsweise konstant ist. Bild 18 zeigt, daß die Box bei hohen Frequenzen eine beträchtlich kleinere Schalleistung abstrahlt als bei mittleren und tiefen Frequenzen. Diese Strahlereigenschaft und der Einfluß des Abhörraumes bedingen im diffusen Schallfeld einen starken Höhenabfall (punktierte Kurve). Von 200 Hz bis 10 kHz vermindert sich der Schalldruck des Diffusanteiles um 17 dB. So bestimmt unter 1 kHz das Diffusfeld, oberhalb von 2 kHz das Direktfeld die akustischen Verhältnisse am Abhörort. Die energetische Überlagerung beider Teilfelder führt zum Schalldruckverlauf am Abhörort (untere dick gezeichnete Kurve). Auch hier treten ein deutlicher Höhenabfall und ein starkes Maximum im oberen Baßbereich auf. Diese Box wurde aufgrund ihres dunklen Klangeindrucks, ihrer starken Verfärbungen und Defekte in der Baßklarheit vom Hörer weniger bevorzugt.

Dieses Beispiel zeigt deutlich, daß es für die objektive Qualitätsbewertung eines Lautsprechers nicht ausreicht, den Freifeldfrequenzgang in Hauptabstrahlrichtung (Achse) zu messen und als einziges Kriterium zu verwenden. Die Wiedergabequalität in Räumen wird vom gesamten Abstrahlverhalten der Box beeinflußt (vgl. [26]). Diese Eigenschaft erfassen die Boxparameter Bündelungsgrad und Schalleistung. Insbesondere die Ausgeglichenheit des Schalleistungsfrequenzganges ist ein weiteres wesentliches Qualitätskriterium.

Auch für das Testbeispiel FT2 wurden die Abhörfrequenzgänge der 5 Testboxen berechnet und auf dieser Grundlage die objektive Klangbewertung durchgeführt. Im <u>Bild 19</u> ist das Ergebnis, der gemeinsame subjektiv-objektive Merkmalraum dargestellt. Auch hier korrelieren subjektive und objektive Aussagen hoch miteinander. Die Boxkonfiguration hat eine große Ähnlichkeit mit dem Merkmalraum (Bild 16), der aus dem gemessenen Abhörfrequenzgang ermittelt wurde.

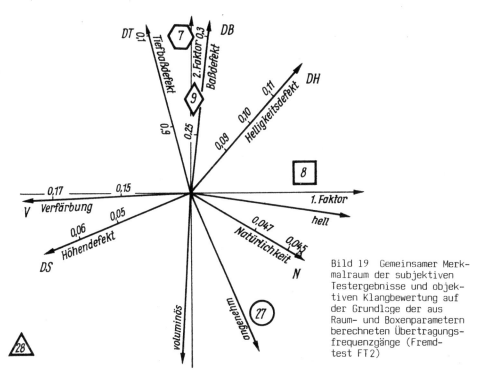

Bild 19 Gemeinsamer Merkmalraum der subjektiven Testergebnisse und objektiven Klangbewertung auf der Grundlage der aus Raum- und Boxenparametern berechneten Übertragungsfrequenzgänge (Fremdtest FT2)

Die Abweichungen zwischen berechnetem und gemessenem Abhörfrequenzgang übersteigen 2...3 dB im mittleren und oberen Frequenzbereich (über 200 Hz) nicht. Bei tieferen Frequenzen erreichen sie aufgrund von Raumresonanzen und der geringen Modenanzahl je Terz 5...10 dB. Diese Abweichungen treten allerdings systematisch bei allen Boxen auf. Ein relativer Vergleich der Boxen untereinander ist aber dennoch möglich.

5.4.2   Simulation eines Klangstellers

Jeder moderne Verstärker der Heimelektronik bietet Möglichkeiten der Veränderung des Klangbildes: vom einfachen Baß- oder Höhensteller bis zum aufwendigen Equalizer. Der Hörer kann hiermit das Klangbild entsprechend seinen Idealvorstellungen verändern und gewisse Mängel der Lautsprecherwiedergabe ausgleichen. Über das Für und Wider solcher Klangsteller wird viel diskutiert, und sicherlich wird durch sie der Klang oft mehr verfärbt als verbessert. Dennoch ist die Benutzung solcher Klangsteller in der Praxis eine Selbstverständlichkeit. Sie sollten auch bei der Qualitätsbewertung von Lautsprechern berücksichtigt werden, zumal die Klangsteller der meisten elektroakustischen Geräte sich prinzipiell kaum unterscheiden.

Der in der Applikation des Schaltkreises A 274 vorgeschlagene Baß- und Höhensteller [27] wurde in die objektive Klangbewertung von Boxen mit einbezogen und rechentechnisch simuliert. Diese steuerbaren aktiven Filter 1. Ordnung erlauben eine maximale Baß- und Höhenanhebung (und -senkung) von 6 dB/oct bei einer Eckfrequenz f_B = 400 Hz und f_H = 2,3 kHz. Die Klangsteller können aufgrund dieser Eigenschaften die Baß- und Höhenbetonung direkt beeinflussen und Defekte in diesen Klangmerkmalen ausgleichen. Das ermöglicht eine Nivellierung der Grundmaße B_A und S aller Testboxen auf einen gemeinsamen Wert (ähnlich der Nivellierung der Lautstärke). Als Zielwert bieten sich die Idealwerte der Hörer oder die Eigenschaften des Referenzlautsprechers an.

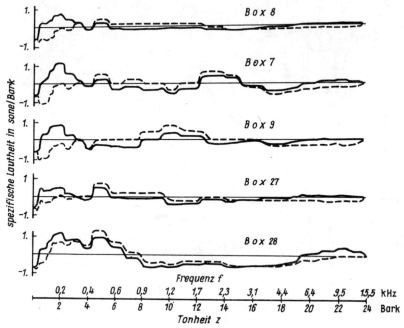

Bild 20 Verfärbungsspektrum der Lautsprecherboxen des Fremdtests FT2 nach Nivellierung auf gleiche Baßbetonung B = 0 und Höhenbetonung S = 0 mit einem Klangsteller
ursprüngliche Spektren gestrichelt dargestellt

Das Ergebnis einer solchen Klangnivellierung (B_A = 0, S = 0) ist für das Testbeispiel FT2 im Bild 20 dargestellt. Zum Vergleich wurden die nivellierten und die Verfärbungsspektren ohne Klangstellereinsatz (gestrichelt) gezeichnet. Die Verfärbungen mancher Boxen (z.B. 8, 27) haben sich erheblich vermindert. Andere Boxen (28) ließen sich aufgrund ihres unausgeglichenen Frequenzganges kaum verbessern. Auch werden die Defekte in der Baßklarheit durch solch einen einfachen Klangsteller nicht verändert. Werden die Defekte in der allgemeinen Baßbetonung ausgeglichen, so behalten die meisten Boxen noch einen Mangel in den tiefen Bässen (B_A = 0, B_T < 0). Versucht man den Mangel an tiefen Bässen auszugleichen, so entsteht eine grundsätzlich höhere Baßbetonung, die sich als hörbare Verfärbung (Dröhnen) im Gebiet von 100 bis 300 Hz (B_T = 0, B_A > 0) bemerkbar macht.

Der Einfluß des Klangstellers auf die verschiedenen Klangmerkmale wird im objektiven Merkmalraum (Bild 21) sichtbar. Der Baßmangel der Box 8 konnte durch einen einfachen Klangsteller sehr gut ausgeglichen werden. Box 8 hat zusammen mit Box 27 die besten Klangeigenschaften. Die Box 28 zeigt jedoch auch bei optimalem Einsatz eines Klangstellers beträchtliche Defekte in der Verfärbung und bei der Baßklarheit.

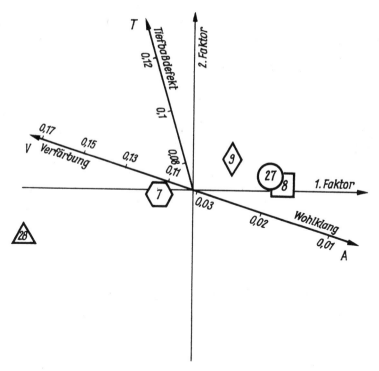

Bild 21   Testboxen bei optimalem Klangstellereinsatz im objektiven Merkmalraum

6   Erklärung der vorliegenden subjektiven Testergebnisse durch Anwendung der objektiven Klangbewertung

In einem Überblick (Tabelle 3) wird gezeigt, inwieweit die subjektiven Ergebnisse der hier durchgeführten Abhörversuche und weiterer Fremdtests durch die objektiven Klangmerkmale aufgeklärt werden können.

Die Aussagen zur Dimensionalität der Merkmalräume in der Tabelle 2 (Abschn. 4.2) ist hierfür der geeignete Ausgangspunkt. Stellvertretend für jede subjektive Dimension wurde ein subjektives Klangattribut in die Tabelle 3 übernommen. Dieser Empfindungsgröße wurde das objektive Maß gegenübergestellt, das es am besten erklärt. Der Korrelationskoeffizient r_{OS} zeigt, wie die subjektiven und objektiven Merkmale übereinstimmen. Korrelationen, deren Signifikanz gegenüber der Nullhypothese nicht nachweisbar sind (S = 0,95), wurden in Tabelle 3 schwach gedruckt. Die Zuverlässigkeit des subjektiven Datenmaterials wird durch den Koeffizienten r_{II} der Intertestkorrelation deutlich (vgl. 3.5.2.4). Die objektiv-subjektive Korrelation r_{OS} soll die Intertestkorrelation möglichst erreichen. Eine höhere Korrelation ist rein zufällig und kann mit den Ergebnissen der subjektiven Abhörversuche nicht begründet werden.

Die Dimensionen des subjektiven Merkmalraumes lassen sich i.allg. durch die Grundmaße sehr gut erklären. Eine besonders hohe Übereinstimmung wurde erzielt, wenn die Bezeichnung der Grundmaße als Attribute in den Abhörtests verwendet wurde. Diese Bezeichnungen richten die Aufmerksamkeit des Hörers auf wesentliche unabhängige Klangeigenschaften des Lautspre-

Tabelle 3 Korrelation r_{OS} der unabhängigen subjektiven Klangmerkmale und Gesamtwertungen mit den objektiven Klangmaßen (im Vergleich die Intertestkorrelation r_{II} der subjektiven Testaussagen)

Test	1. Dimension subjektives Merkmal	r_{II}	objektives Maß	r_{OS}	2. Dimension subjektives Merkmal	r_{II}	objektives Maß	r_{OS}	angenehm↔A r_{II}	r_{OS}	natürlich↔N r_{II}	r_{OS}
T1	Volumen	0,99	S	0,70	Klarheit	0,97	V	0,90				0,38
T2 Musiker	Klarheit	0,97	N	0,72	Volumen	0,99	B	0,78	0,95	0,62	0,97	0,79
HiFi-Hörer	Klarheit	0,97	N	0,80	Volumen	0,99	B	0,91	0,95	0,85	0,97	0,71
sonstige	Schärfe	0,90	DH	0,75	Volumen	0,97	B	0,83	0,89	0,94	0,91	0,83
T3 Mitarbeiter	Klarheit	0,92	V	0,87	Baßbetonung	0,99	B	0,93	0,96	0,65	0,97	0,69
Studenten	Klarheit	0,93	V	0,81	Baßbetonung	0,99	B	0,94	0,92	0,66	0,94	0,89
T4 Mitarbeiter	Höhenbetonung	0,90	S	0,86	Baßbetonung	0,90	T	0,94	0,51	0,32	0,80	0,52
Studenten	Höhenbetonung	0,78	S	0,87	Baßbetonung	0,57	T	0,73	0,63	0,78	0,70	0,54
T5 Bässe	Tiefbaß-betonung	0,93	T	0,85	allgemeine Baßbetonung	0,95	B	0,72				
allgemein	Verfärbung	0,92	V	0,95	Höhenbetonung	0,98	S	0,95	0,92	0,74	0,90	0,87
T6	Raumgefühl	0,99	R	0,96	angenehm	0,97	DR	0,93				
FT1	tiefreichende Bässe		T	0,96	hell		B	0,85				0,98
FT2	Volumen		B	0,97	hell		V	0,87				0,87
FT3	brightness	0,85	V	0,73	fidelity	0,88	N	0,86				
FT4	brightness	0,88	H	0,95	fidelity	0,98	N	0,82				
FT5	fidelity	0,18	N	0,62	brightness	0,73	S	0,98				
FT6	brightness	0,67	S	0,96	clearness	0,71	V	0,90			0,38	0,58

chers. Bei den Begriffen Schärfe, Volumen und Klarheit neigt der Hörer dazu, das Gesamturteil in diese Merkmale mit einfließen zu lassen (vgl. T2). Für das Attribut Klarheit ist z.B. nicht nur eine minimale Verfärbung V, sondern auch eine optimale Helligkeit H erforderlich.

Auch die Merkmaldimensionen der uns vorliegenden Fremdtests konnten durch berechnete Grund- und Gesamtwertungen erklärt werden. Beim Fremdtest FT1 war die Grundlage der objektiven Klangbewertung der aus Box und Raumparametern berechnete Abhörfrequenzgang. Bei den Fremdtests FT3 bis FT6 lag weder der gemessene Abhörfrequenzgang noch die wesentlichen Parameter des Raumes und der Testboxen vor. Es mußte auf den Freifeldfrequenzgang zurückgegriffen werden.

In der Tabelle 3 werden neben den Dimensionen des subjektiven Merkmalraumes auch die Korrelationen der Gesamtwertungen angenehm und natürlich mit den objektiven Maßen A und N angegeben. Die Koeffizienten r_{OS} sind bei diesen Gesamtmaßen niedriger als bei den Grundmaßen. Die Ursache hierfür liegt einerseits in der geringen Reproduzierbarkeit subjektiver Gesamturteile (vgl. r_{II} in T4), andererseits in den Vereinfachungen bei der Defektbildung begründet. Die Betragsdifferenz zwischen Grundmaß und Idealwert und der lineare Ansatz bei der Zusammenfassung der Defekte können den Prozeß der Bildung von Gesamturteilen durch den Hörer nicht vollständig wiedergeben.

Das vorliegende Datenmaterial rechtfertigte nur die Entwicklung der vereinfachten Defekt- und Gesamtmaße. Sie sollten in weiteren Untersuchungen bestätigt und vervollkommnet werden. Dennoch zeigen sie auf dem gegenwärtigen Stand i.allg. schon eine signifikante Korrelation zu den subjektiven Aussagen.

7 Einfluß von Phasenverzerrungen und nichtlinearen Verzerrungen realer Lautsprecher auf die empfundene Klangqualität

Der Amplitudenfrequenzgang hat einen entscheidenden Einfluß auf die subjektive Klangqualität von Lautsprecherboxen. Das zeigten die hier vorgestellten Untersuchungen. Alle wahrgenommenen Klangmerkmale der Testboxen ließen sich aus dem Schalldruckfrequenzgang des Diffus- und Direktschallanteils erklären. Nichts deutete darauf hin, daß weitere physikalische Größen die subjektiven Testergebnisse beeinflußt haben.

Deshalb können aus den Beobachtungen in Lautsprechertests nur bedingt Aussagen über die allgemeine Hörbarkeit und Bedeutung von Phasenverzerrungen und nichtlinearen Verzerrungen abgeleitet werden. Bisher wurden als Testobjekte vor allem reale Lautsprecherboxen verwendet. Eine systematische Untersuchung dieser Verzerrungen war damit nicht möglich. Erstens zeigen physikalische Messungen, daß sich die Testlautsprecher in diesen Verzerrungen nur sehr geringfügig unterscheiden. Zweitens ist aus subjektiven Tests bekannt, daß die Unterschiede im Amplitudenfrequenzgang einen starken Einfluß auf die subjektive Klangempfindung haben und die Wirkung der anderen Verzerrungen verdecken können.

Phasenverzerrungen und nichtlineare Verzerrungen müssen unabhängig von Verzerrungen des Amplitudenfrequenzganges untersucht werden. Statt realer Lautsprecherboxen verwendet man hierfür synthetische Testobjekte. Nur der zu untersuchende Parameter wird variiert, alle übrigen Parameter bleiben konstant. Die Untersuchung der Hörbarkeit und die Bestimmung von Wahrnehmungsschwellenwerten steht hierbei im Vordergrund. Diese Schwellenwerte ermöglichen eine Wertung der gemessenen Verzerrungen an realen Lautsprechern hinsichtlich der grundsätzlichen Wahrnehmbarkeit.

Diese Methode wurde zur Untersuchung der Phasenverzerrungen von Lautsprecherboxen angewendet. Phasenverzerrungen können den Verlauf der Zeitfunktion beträchtlich verändern. Im
Zusammenhang mit der Wiedergabe transienter Signale tritt immer wieder die Frage auf, inwieweit diese Veränderungen hörbar sind und wie sie die empfundene Impulstreue beeinträchtigen.

7.1 Phasenverzerrungen von Lautsprecherboxen

Für die Untersuchung der Phasenverzerrungen ist es zweckmäßig, den Lautsprecher als ein kau-
sales lineares zeitinvariantes System aufzufassen und seine Eigenschaften durch die komplexe
Übertragungsfunktion

$$\underline{H}(\omega) = |\underline{H}(\omega)| \exp[j\varphi(\omega)]$$

zu beschreiben. Nach der Systemtheorie kann dieses Übertragungssystem in ein Minimalphasensystem und in ein Allpaßsystem aufgespalten werden:

$$\underline{H}(\omega) = \underline{H}_M(\omega)\, \underline{H}_A(\omega).$$

Beim Minimalphasensystem ist der Phasengang $\varphi_M(\omega)$ über die Hilberttransformation mit dem
Amplitudengang $|\underline{H}_M(\omega)|$ verknüpft:

$$\varphi_M(\omega) = \frac{1}{\pi} \int_{-\infty}^{+\infty} \frac{-\ln |\underline{H}_M(\omega')|}{\omega' - \omega}\, d\omega'.$$

Diese Beziehung zeigt, daß Störungen im Amplitudenfrequenzgang von entsprechenden Veränderungen im Phasengang begleitet werden. Im Allpaßsystem existiert ein solcher Zusammenhang
nicht. Dieses System zeichnet sich durch einen konstanten Amplitudengang aus:

$$|\underline{H}_A(\omega)| = \text{konst}.$$

Der gemessene Amplitudenfrequenzgang eines realen Lautsprechers entspricht also unmittelbar
dem Amplitudengang seines Minimalphasensystems. Der Phasengang wird jedoch sowohl vom Minimalphasensystem als auch von Auswirkungen des Allpaßsystems bestimmt:

$$\varphi(\omega) = \varphi_M(\omega) + \varphi_A(\omega) - \omega T + \varphi_0.$$

Nach PREIS [28] spaltet man von den Phasenänderungen des Allpaßsystems die Phasenanteile ab,
die von der Frequenz unabhängig sind oder linear zu ihr stehen. Die Konstante T kann als
eine reine Zeitverzögerung interpretiert werden (z.B. als Laufzeit zwischen Lautsprecher
und Zuhörer) und verändert die zeitliche Signalform nicht. Die Phasenverschiebung φ_0 (phase-
intercept distortion) kann z.B. durch eine Polaritätsumkehr ($\varphi_0 = \pi$) zwischen Eingang und
Ausgang bedingt sein oder kann bei der Überlagerung mit der Hilberttransformierten des Signals ($\varphi_0 = \pi/2$) auftreten (z.B. Magnetbandspeicherung [28]). Solche konstanten Phasenverschiebungen φ_0 spielen beim Lautsprecher nur im Zusammenhang mit der Polung verschiedener
Teillautsprecher (z.B. bei stereofoner Wiedergabe) eine Rolle.

Häufig ist es zweckmäßig, von dem relativ schwer interpretierbaren Phasengang durch Differentiation zu dem Gruppenlaufzeitgang überzugehen:

$$\tau(\omega) = -\frac{d\varphi(\omega)}{d\omega} = \tau + \tau_M(\omega) + \tau_A(\omega).$$

Durch das Minimalphasensystem und das Allpaßsystem entstehen zusätzliche frequenzabhängige

Laufzeitunterschiede. Sie führen zu einer Dispersion der einzelnen Spektralanteile und werden als Gruppenlaufzeitverzerrungen interpretiert. Bei realen Lautsprechern dominieren die Verzerrungen des Minimalphasensystems $\tau_M(\omega)$. Bei starken Einbrüchen und Anhebungen im Amplitudenfrequenzgang können Gruppenlaufzeitsprünge von 1...5 ms im mittleren Frequenzbereich auftreten. Das zeigen die Ergebnisse von PREIS [28] und BECKMANN [29]. Die Störungen im Amplitudenfrequenzgang scheinen jedoch für die Hörbarkeit bestimmender zu sein als die Verzerrungen in der Gruppenlaufzeit. Durch einen ausgeglichenen Amplitudenfrequenzgang kann diese Art von Gruppenlaufzeitverzerrungen vermieden bzw. durch Klangsteller, Equalizer beseitigt werden.

Die Allpaßverzerrungen $\tau_A(\omega)$ sind jedoch vom Amplitudenfrequenzgang unabhängig. Sie erreichen Werte von 0,5 ms [30] und können ihre Ursache im Wandern des Abstrahlungsbereiches auf der Membran bzw. bei Mehrwegeboxen in der örtlichen Versetzung der Teillautsprecher und ungeeigneten Frequenzweichen haben.

7.2   Hörbarkeit von Phasenverzerrungen

Es ist bekannt, daß das Ohr Veränderungen im Phasengang grundsätzlich wahrnehmen kann. Das bestätigen psychoakustische Experimente, die von verschiedenen Voraussetzungen ausgehen und sich in der Art und Weise der Testdurchführung unterscheiden. Die konkreten Testergebnisse (Wahrnehmungsschwellenwerte) werden erheblich von den Testbedingungen beeinflußt und sind deshalb nur bedingt miteinander vergleichbar. Der Charakter der verwendeten Testsignale (Musik, Sprache oder synthetische Signale, wie Mehrtonkomplexe, Impulsfolgen usw.) bestimmt maßgeblich die Wahrnehmbarkeit dieser Verzerrungen. Auch der Trainingszustand der Testpersonen [30] und die Art der Darbietung (Kopfhörer, Lautsprecher in verschiedenen Räumen) [31] beeinflussen das Testergebnis. Ganz entscheidend ist die Art der Phasenverzerrung, d.h. ihr funktionaler Verlauf über der Frequenz. Nicht alle Veränderungen des Phasenverlaufs sind für die Wahrnehmung bedeutsam [32] [33]. FLEISCHER [31] stellte bei einer Untersuchung an Dreitonkomplexen fest, daß die gerade wahrnehmbare Phasenänderung vor allem vom Frequenzabstand der Einzeltöne abhängt. Ist dieser Abstand kleiner als eine Frequenzgruppe, so liegt die gerade wahrnehmbare Phasenveränderung für mittlere Frequenzen bei 20°...30°, für tiefe und hohe Frequenzen bei 20°...60°. Dabei ist die Empfindung vom Pegel unabhängig und wird als Rauhigkeitsveränderung beschrieben. Wird der Abstand größer als eine Frequenzgruppe, so steigt der gerade wahrnehmbare Phasenwinkel rasch an. Hier werden zunehmend Veränderungen in der Klangfarbe bzw. Tonhöhe wahrgenommen. FLEISCHER schlußfolgerte, daß gleichmäßige, auch relativ große Phasenveränderungen über einen großen Frequenzbereich (größer als eine Frequenzgruppe) nicht wahrgenommen werden. Dies bestätigte MOIR [34] [35] durch Versuche mit Rechteckimpulsen, dessen Harmonische alle um 180° phasenverzerrt wurden. Trotz völliger Veränderung des Zeitverlaufes war kein hörbarer Unterschied feststellbar. DE BOER [36] sowie CRAIG und JEFFERESS [37] stellten hörbare Effekte an künstlichen Signalen bei steilem Phasenwechsel fest und schlußfolgerten, daß schnelle, starke Phasenveränderungen über einen kleinen Frequenzbereich für die Wahrnehmung entscheidend sind. Ein Maß, das die hörbaren Phasenverzerrungen beschreibt, sollte dieser Erkenntnis entsprechen. Mehrere Autoren [30] [38] [39] entschieden sich für die <u>Gruppenlaufzeit</u>, die zeitliche Ableitung des Phasenganges. Sprünge und Differenzen im Gruppenlaufzeitgang können als zeitliche Dispersion des Signals gedeutet werden.

BLAUERT [30] und andere Autoren [40] [43] führten spezielle Hörversuche durch, in denen sie die Hörbarkeit von Gruppenlaufzeitverzerrungen mit Hilfe von Allpässen systematisch untersuchten. Die Testperson sollte das verzerrte von dem unverzerrten Testsignal im A/B-Vergleich unterscheiden. Bei sehr extremen Testbedingungen (sehr kritische Testsignale, z.B. Impulse, unmittelbarer A/B-Vergleich, Kopfhörerwiedergabe) lagen die Wahrnehmungsschwellenwerte je nach Trainingszustand bei 0,4...2 ms. Diese Ergebnisse konnten durch eigene Untersuchungen bestätigt werden.

Die größte Empfindlichkeit hat das Ohr bei Frequenzen um 2 kHz. Bei tiefen und hohen Frequenzen steigt der Wahrnehmungsschwellenwert an. Auch der Charakter des Testsignals ist sehr entscheidend. Bei Sprache und besonders bei Musik werden erst bedeutend größere Gruppenlaufzeitsprünge wahrgenommen. Die mit Allpässen realisierbaren Gruppenlaufzeitstörungen reichen für diese Untersuchung nicht aus. Deshalb war es notwendig, den Frequenzbereich durch einen Hoch- und Tiefpaß mit gemeinsamer Eckfrequenz in zwei Bänder aufzuspalten und ihre Gruppenlaufzeit mit Hilfe eines digitalen Verzögerungsgerätes zu verändern. Die mit dieser Anordnung in verschiedenem Programmaterial erzeugten Gruppenlaufzeitsprünge konnten hinsichtlich ihrer Größe und Frequenzlage in einem weiten Bereich variiert werden. Das verzerrte und unverzerrte Signal wurde im A/B-Vergleich den Testpersonen vorgestellt und der für eine Unterscheidung erforderliche Gruppenlaufzeitsprung ermittelt.

Bei Instrumentalmusik (Cembalo) lagen die Wahrnehmungsschwellenwerte oberhalb von 2 kHz, ungefähr bei 50 ms. Gruppenlaufzeitsprünge unterhalb von 500 Hz wurden erst ab 90 ms wahrgenommen. Sprache erwies sich als ein bedeutend kritischeres Testsignal. Hiermit kommten die Testpersonen auch Sprünge von 8 ms im mittleren Frequenzbereich erkennen. Diese Ergebnisse entsprechen den Werten, die andere Autoren ermittelt haben [34] [41].

Die relativ hohen Wahrnehmungsschwellenwerte erklären, warum die Gruppenlaufzeitverzerrungen der untersuchten Lautsprecherboxen in den Abhörtests nicht hörbar wurden.

8   Der Lautsprecher unter verschiedenen Abhörbedingungen

Subjektive Abhörversuche an Lautsprechern werden in der Regel nur in einem einzigen Raum durchgeführt. Die Wiederholung des Tests in einem anderen Abhörraum bedeutet für die Testpersonen i. allg. eine unzumutbare Belastung. Der Einfluß der Abhörbedingungen auf die empfundene Übertragungsqualität kann mit subjektiven Tests nur begrenzt untersucht werden. Eine geeignetere Methode ist die objektive Klangbewertung. Sie erlaubt die Simulation von Lautsprechertests unter verschiedenen Abhörbedingungen und führt zu Qualitätsaussagen, die nicht nur für spezielle Testbedingungen Gültigkeit haben, sondern in stärkerem Maße verallgemeinerungsfähig sind.

Die Simulation soll an einem Beispiel demonstriert werden. Die subjektiven Ergebnisse des Fremdtests FT2 (Abhörraum Nr. 1) konnten durch die objektive Klangbewertung bestätigt werden (vgl. Abschn. 5). Mit dem gleichen Verfahren soll jetzt der Höreindruck der fünf Testboxen in einem anderen Abhörraum (Nr. 5) und in drei Wohnräumen berechnet werden. Als Wohnräume wurden Beispiele verwendet, die in einer Untersuchung zur gleichen Problematik schon veröffentlicht wurden [42]. Die für die Simulation notwendigen geometrischen und akustischen Raumparameter lagen vor. Die folgende Übersicht vermittelt einen ungefähren Eindruck der untersuchten Räume.

1. Abhörraum (verwendet beim Fremdtest FT2)

   Abmessungen: 8,2 m × 4,2 m × 2,8 m

   mittlere Nachhallzeit $\overline{T}$ = 0,27 s (im Frequenzbereich von 250 bis 4000 Hz), ausgeglichener Nachhallzeitverlauf.

2. Wohnraum

   Abmessungen: 4,3 m × 3,7 m × 2 m

   $\overline{T}$ = 0,23 s, ausgeglichener Nachhallzeitverlauf oberhalb von 200 Hz, unterhalb steigt die Nachhallzeit bis auf 0,6 s bei 70 Hz.

3. Wohnraum

   Abmessungen: 5,1 m × 3,7 m × 2,6 m

   Nachhallzeit relativ hoch ($\overline{T}$ = 0,59 s), aber über der Frequenz nahezu konstant

4. Wohnraum

   Abmessungen: 9,2 m × 4,6 m × 3,3 m

   $\overline{T}$ = 0,31 s, bis 1000 Hz ausgeglichener Nachhallzeitverlauf, darüber Anstieg bis auf 0,5 s

5. Abhörraum (verwendet bei den Tests T0, T3, T5, T6)

   Abmessungen: 6,5 m × 5,7 m × 2,9 m

   $\overline{T}$ = 0,4 s, leichter Anstieg der Nachhallzeit zu tiefen Frequenzen

Die Wohnräume entsprechen nicht den Forderungen der IEC an einen Abhörraum, sie zeigen, wie stark sich die Abhörbedingungen in normalen Wohnräumen verändern können.

Für alle Boxen des Fremdtests FT2 wurden zunächst in allen Räumen die Schalldruckfrequenzgänge am Abhörort (Entfernung 3,1 m) berechnet. Im zweiten Schritt wurde unter Annahme von durchschnittlichem Programmaterial die Grundmaße der Klangbilder ermittelt und zu einem gemeinsamen Merkmalraum zusammengefaßt (Bild 22). Die Referenzbox Nr. 99 wurde als Stern dargestellt. Sie kennzeichnet eine linear verzerrungsfreie Wiedergabe und ein optimales Raumgefühl (R = 3,6 dB). Die kleinen Symbole zeigen die Klangeigenschaften der Boxen in den fünf

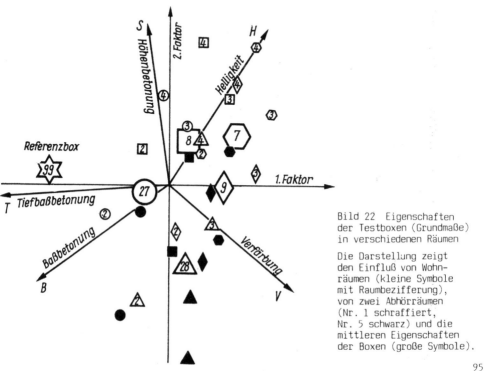

Bild 22 Eigenschaften
der Testboxen (Grundmaße)
in verschiedenen Räumen

Die Darstellung zeigt
den Einfluß von Wohn-
räumen (kleine Symbole
mit Raumbezifferung),
von zwei Abhörräumen
(Nr. 1 schraffiert,
Nr. 5 schwarz) und die
mittleren Eigenschaften
der Boxen (große Symbole).

Räumen. Der starke Raumeinfluß ist offensichtlich, die einzelnen Raumrealisierungen streuen stark um den gemeinsamen Mittelwert (große Symbole). Die beiden Abhörräume wurden durch schraffierte (Raum 1) bzw. ausgefüllte Symbole (Raum 5) besonders gekennzeichnet. Selbst hier liegen die durch den Raumeinfluß bedingten Veränderungen in der gleichen Größenordnung wie die Unterschiede der Boxen in einem Raum. Besonders stark verändern sich die Helligkeit und die Höhen- und Baßbetonung des Klangbildes. Jedoch sind die relativen Eigenschaften der Boxen in den verschiedenen Räumen durchaus vergleichbar. Die in einem Raum hellste bzw. dunkelste Box nimmt in anderen Räumen prinzipiell den gleichen Rang ein. Jedoch verändern sich die Eigenschaften aller Testboxen im Vergleich zur Referenzbox beträchtlich. Im Raum 1 (FT2) ist das Klangbild der meisten Testboxen heller als das Originalklangbild. In diesem Raum besitzen die Boxen 27 und 28 annähernd die gleiche Helligkeit wie der Referenzlautsprecher. Im Raum 5 ist das Klangbild dieser Boxen sehr dunkel, und eine Wiedergabe über die Box 9 entspricht eher dem Originalklangbild.

Im Grundmaß Verfärbung haben alle Testboxen höhere Werte als die Referenzbox. Im Abhörraum 5 sind die Verfärbungen tendenziell größer als in anderen Räumen. Die Boxen 8 und 27 zeichnen sich i.allg. durch die geringsten Verfärbungen aus. Das Klangbild der Box 28 ist in allen Räumen sehr stark verfärbt, nur im Raum 3 verbessert sich diese Box deutlich und erreicht eine vergleichbare Verfärbung wie die Box 9.

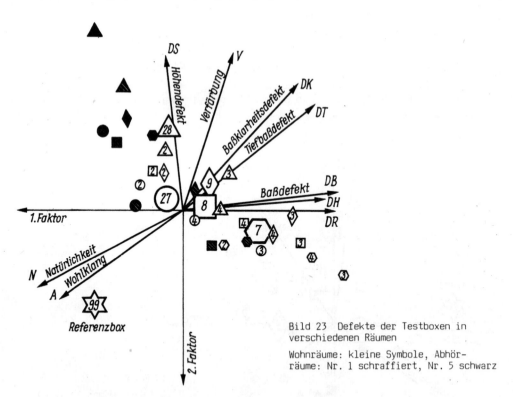

Bild 23 Defekte der Testboxen in verschiedenen Räumen

Wohnräume: kleine Symbole, Abhörräume: Nr. 1 schraffiert, Nr. 5 schwarz

Die Wertung der Grundmaße der Boxen am Idealklangbild führt zu dem in <u>Bild 23</u> dargestellten Defektraum. Er zeigt die durch die Grundeigenschaften bedingten Qualitätsverluste (Defekte) und die Gesamtwertungen. Die Referenzbox 99 entspricht mit ihrer verzerrungsfreien Wiedergabe weitestgehend den Idealvorstellungen der Hörer, d.h., sie zeigt die geringsten Defekte, die höchste Natürlichkeit und den größten Wohlklang. Die Testbox 27 steht der Referenzbox am nächsten. Die Box 7 hat in allen Räumen einen Helligkeits- und Baßdefekt (zu hell), die Box 28 hat i.allg. große Defekte in der Höhenbetonung und starke Verfärbungen.

Auch die Defekte der Boxen werden durch die Eigenschaften des Raumes beeinflußt. Im Unterschied zu den Grundmaßen verschieben sich jedoch nicht nur die Boxenkonfigurationen, sie verändern auch ihre Form. Die Boxen 27 und 8 haben in den Räumen 2 und 5 ähnliche Qualitätseigenschaften, im Raum 1 unterscheiden sie sich beträchtlich. In diesem Raum wird die Box 8 aufgrund ihres zu hellen Klangbildes weniger bevorzugt. Dieses Ergebnis der Simulation entspricht den subjektiven Aussagen der Abhörtests, die in diesen beiden Räumen mit gleichen Testboxen durchgeführt wurden. Im Abhörraum Nr. 5 wurden i.allg. die Boxen bevorzugt, die im Raum 1 sehr hell und weniger angenehm empfunden wurden. Die im Raum 1 bevorzugten Boxen hatten im Raum 5 eine große allgemeine Baßbetonung und ein wenig bevorzugtes, dunkles Klangbild. Die Simulation zeigt, daß diese widersprüchlichen subjektiven Testergebnisse nicht zufällig sind und weder auf unterschiedliche Teststrategien noch auf verschiedenen Idealvorstellungen der Testpersonen zurückgeführt werden können, sondern durch die Eigenschaften der Abhörräume bedingt werden. Die Hauptursache sind relativ kleine Unterschiede im Nachhallzeitfrequenzgang. Ein Angleich dieser Parameter und strengere Forderungen der IEC würden jedoch an dem eigentlichen Problem vorbeigehen. Die unter speziellen, standardisierten Abhörbedingungen gewonnenen subjektiven Ergebnisse haben für die realen Verhältnisse in Wohnräumen kaum einen Aussagewert. Die Eigenschaften der Wohnräume unterscheiden sich beträchtlich und beeinflussen das Klangbild am Abhörort wesentlich.

Jedoch verfügt jedes moderne Wiedergabegerät über Möglichkeiten der Klangveränderung. Hiermit kann der Hörer die durch den Raumeinfluß hervorgerufenen Mängel der Baß- und Höhenbetonung vollständig ausgleichen. Deshalb spielen diese Klangmerkmale wie der triviale Parameter Lautstärke für die Qualitätsbewertung von Lautsprechern eine untergeordnete Rolle und sollten durch den Einsatz von Klangstellern nivelliert werden. Im Rahmen der objektiven Klangbewertung ist das durch eine Simulation möglich.

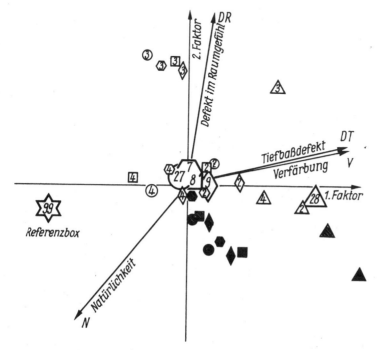

Bild 24 Restliche Defekte der Testboxen in verschiedenen Räumen nach Korrektur der Baß- und Höhenbetonung mit einem einfachen Klangsteller

<u>Bild 24</u> zeigt die restlichen Defekte der untersuchten Lautsprecher, nachdem in allen Räumen die Defekte in der Baß- und Höhenbetonung korrigiert wurden. Die Mittelwerte über die fünf verschiedenen Räume zeigen kaum einen Unterschied zwischen den Boxen 7, 8, 27, (9). Nur die Box 28 hat deutlich stärkere Verfärbungen und einen tiefen Baßmangel, die selbst durch einen Klangsteller nicht ausgeglichen werden können.

Der Einfluß der untersuchten Boxen auf das subjektive Merkmal Raumgefühl ist sehr gering. Die annähernd gleichen Bündelungseigenschaften dieser Testboxen erklären, warum diese Eigenschaft in dem Lautsprechertest FT2 nicht als Boxmerkmal aufgetreten ist. In den fünf Räumen unterscheidet sich das Merkmal Raumgefühl jedoch beträchtlich. Im Raum 3 entsteht der größte Defekt im Raumgefühl. Das am Abhörort eintreffende Schallfeld ist sehr diffus und hat einen besonders räumlichen Klangeindruck bzw. eine geringe Lokalisierungsschärfe zur Folge. Eine Wiedergabe von Musik würde man hier angenehmer empfinden als die Wiedergabe von Sprache. Eine Lautsprecherbox mit einer besonders hohen Richtwirkung (hoher Bündelungsgrad) könnte diesen Defekt z.T. ausgleichen. Eine solche Box würde in diesem Raum, besonders bei Sprachdarbietungen bevorzugt werden. Das Gegenteil wäre im Abhörraum 1 zu beobachten. Dieser Raum ist von sich aus relativ trocken. Bei sehr stark bündelnden Testboxen wäre das empfundene Raumgefühl zu gering.

Die objektive Klangbewertung im Zusammenhang mit der Simulation verschiedener Abhörbedingungen ermöglicht eine Qualitätseinschätzung, die subjektive Abhörversuche nicht leisten können. Das vorgestellte Beispiel beschränkte sich auf den einfluß verschiedener Abhörräume und eines Klangstellers. Darüber hinaus ist auch eine Untersuchung weiterer Einflußgrößen (Musikprogramme, Abhörentfernung, Abhörlautstärke) möglich.

9   Zusammenfassung

Für die Qualitätsbewertung der Lautsprecherboxen haben sich zwei Methoden, die objektive, physikalische Messung und die subjektive Beurteilung herausgebildet. Allzuoft beobachtet man zwischen beiden Methoden widersprüchliche Aussagen. Durch eine kritische Überprüfung wurde versucht, die Ursachen hierfür zu finden.

Subjektive Lautsprechertests können mit einer geeigneten Testmethodik reproduzierbare Aussagen liefern. Diese Ergebnisse sind jedoch nur unter den konkreten Testbedingungen gültig und können nur begrenzt auf andere Abhörbedingungen übertragen und verallgemeinert werden. Der Einfluß der Musikprogramme und der unterschiedlichen Idealvorstellungen läßt sich in subjektiven Tests durch die Einbeziehung einer repräsentativen Stichprobe erfassen. Der benutzte Abhörraum und ein Klangsteller können das Klangbild viel entscheidender verändern. Ihr Einfluß kann in praktisch realisierbaren Abhörversuchen nicht erfaßt werden. Eine Variation aller wesentlichen Abhörbedingungen würde den Testaufwand beträchtlich erweitern und eine unzumutbare Belastung der Testpersonen bedingen. Umfassende, allgemeingültige Lautsprechertests sind praktisch undurchführbar. Trotz dieser Einschränkung haben sie dennoch einen entscheidenden Vorteil. Die Ergebnisse sind subjektiv unmittelbar interpretierbar und geben Auskunft über die Boxenqualität, wie sie der Hörer empfindet.

Aus physikalischen Meßwerten können solche Schlußfolgerungen nur mit einigen Schwierigkeiten abgeleitet werden. Zum einen sind die Parameter auf die Lautsprecherbox bezogen und wurden unter ganz speziellen Meßbedingungen (Freifeld) gemessen, die sich wesentlich von den praktischen Abhörbedingungen unterscheiden. Zum anderen müssen bei der Interpretation solcher Meßwerte hinsichtlich subjektiver Empfindungen alle wirkenden psychoakustischen Vorgänge und Phänomene berücksichtigt werden. Diese schwierige Aufgabe kann ein routinierter Lautsprecherentwickler teilweise lösen. Mit Hilfe seiner Intuition und Erfahrung kann er aus den Meßwerten praktische Schlußfolgerungen und Konsequenzen ziehen.

Es wurde versucht, diesen Prozeß der Interpretation zu objektivieren und dem Entwickler ein Hilfsmittel bereitzustellen, mit dem man aus physikalischen Meßwerten mittlere subjektive Empfindungen im voraus einschätzen kann. Die Ergebnisse dieses Verfahrens wurden mit vorliegenden subjektiven Testaussagen verglichen, und es wurde festgestellt, daß reproduzierbare subjektive Testergebnisse weitestgehend objektiv erklärbar sind. Eine entscheidende Grundlage ist hierbei der Schalldruckfrequenzgang am Abhörort. Diese Größe kann in den Räumen direkt gemessen, aber auch aus geeigneten Kenngrößen des Raumes und der Box abgeschätzt werden. Zur Kennzeichnung der Boxeneigenschaften reicht es nicht aus, den terzbreiten Schalldruckfrequenzgang im Freifeld in der Hauptabstrahlrichtung zu messen. Der Schalleistungsfrequenzgang (bzw. der Bündelungsgrad) ist ein weiterer wesentlicher Boxenparameter.

Phasenverzerrungen und nichtlineare Verzerrungen spielen im Vergleich zu den Veränderungen im Amplitudenfrequenzgang eine untergeordnete Rolle. In den durchgeführten Lautsprechertests wurden keine Empfindungen beobachtet, die sich aus den Schalldruckfrequenzgängen des Diffus- und Direktschallanteils nicht erklären ließen und die auf Phasen- bzw. auf nichtlineare Verzerrungen deuten.

Das Verfahren zur objektiven Klangbewertung von Lautsprechern kann die Ergebnisse von subjektiven Lautsprechertests nicht nur bestätigen, sondern solche Tests unter den verschiedensten Bedingungen simulieren. Dadurch können allgemeingültige Qualitätsaussagen getroffen werden, die bisher nicht möglich waren.

Subjektive Lautsprechertests sollten den Platz einnehmen, der ihrem begrenzten Aussagewert entspricht. Ihre Aussagen dienen weniger einer grundsätzlichen Qualitätseinschätzung, sondern vielmehr der Kontrolle der objektiven Klangbewertung unter konkreten Bedingungen und der Weiterentwicklung dieser Methode.

Schon auf dem derzeitigen Stand erlaubt dieses Verfahren nicht nur eine Qualitätsbewertung fertiger Erzeugnisse, sondern kann schon während der Konzeption eines neuen Produkts konkrete Zusammenhänge zwischen konstruktiver Gestaltung und subjektiver Empfindung aufzeigen. Das ist eine Voraussetzung für die Entwicklung hochqualitativer HiFi-Erzeugnisse, bei denen der technische Aufwand und der Preis eine untergeordnete Rolle spielen. Doch noch wichtiger ist diese Tatsache für Produkte, die ein besonders günstiges Klangqualitäts-Aufwands-Verhältnis aufweisen sollen und bei denen objektive Zwänge, wie Baugröße, Masse, Empfindlichkeit und Preis, die konstruktiven Freiheitsgrade einer Boxenentwicklung einschränken.

Literatur

[1] KLIPPEL, W.: Skalierung und statistische Auswertung subjektiver Lautsprechertests. Tech. Univ. Dresden, Ber. 22/86

[2] SIXTL, F.: Meßmethoden der Psychologie. Weinheim: Beltz, 1967

[3] MOIR, J.: Interaction of loudspeakers with rooms. Wireless World 83 (1977) 6

[4] ALLISON, R. F.; BERKOVITZ, R.: The sound field in home listening rooms. J. Audio Engng. Soc. 20 (1972) S. 459-469

[5] Listening tests on loudspeakers. IEC, Draft Publ. 268-13: Sound system equipment, pt. 13; Working Group Doc.

[6] ILLÉNYI, A.; KORPASSY, P.: Correlation between loudness and quality of stereophonic loudspeakers. Acustica 49 (1981) S. 334-336

[7] TOOLE, F. E.: Subjective measurements of loudspeaker sound quality and listener per-
formance. J. Audio Engng. Soc. 33 (1985) S. 2-32

[8] GABRIELSSON, A.: Statistical treatment of data from linstening tests on sound-reproducing systems. Karolinska Inst. Stockholm, Rep. TA.No. 92 (1979)

[9] GÜNTHER, C.: Der Einfluß des Bündelungsgrades auf die subjektive Klangempfindung beim
Lautsprecher. Dipl.-Arb. Tech. Univ. Dresden, 1968

[10] GABRIELSSON, A.; FRYKHOLM, S.; LINDSTRÖM, B.: Assessment of perceived sound quality
in high fidelity sound-reproducing systems. Karolinska Inst. Stockholm, Rep. TA
No. 93 (1979)

[11] GABRIELSSON, A.; LINDSTRÖM, B.: Scaling of perceptual dimensions in sound reproduc-
tion. Karolinska Inst. Stockholm, Rep. TA No. 102 (1981)

[12] ZWICKER, E.; FELDTKELLER, R.: Das Ohr als Nachrichtenempfänger. 2. Aufl. Stuttgart:
Hirzel, 1967

[13] STAFFELDT, H.: Correlation between subjective and objective data for quality loudspeaker. J. Audio Engng. Soc. 22 (1974) 6

[14] BÜNNING, H.: Mehrdimensionale Verknüpfung der Höreindrücke von Lautsprechern mit deren
physikalischen Daten. Heinrich-Hertz-Inst., Berlin (West), 1979

[15] ILLÉNYI, A.: Korrelation zwischen objektiven und subjektiven Lautsprecher-Testmetho-
den. Vortr. 16. Fachkoll. Informationstech. Tech. Univ. Dresden, 1983

[16] BENEDINI, K.: Psychoakustische Messung der Klangfarben-Ähnlichkeit harmonischer Klänge
und Beschreibung der Zusammenhänge zwischen Amplitudenspektrum und Klangfarbe durch
ein Modell. Diss. Univ. München, 1978

[17] BISMARK, G.: Extraktion und Messung von Merkmalen der Klangfarbenwahrnehmung stationärer Schalle. Diss. Univ. München, 1972

[18] PLOMP, R.: The ear as a frequency analyzer. J. Acoust. Soc. Amer. 36 (1964) S. 1628-1636

[19] TERHARDT, E.: Über die durch amplitudenmodulierte Sinustöne hervorgerufene Hörempfin-
dung. Acustica 20 (1968) S. 210-214

[20] PAULUS, E.; ZWICKER, E.: Programme zur automatischen Bestimmung der Lautheit aus Terz-
pegeln oder Frequenzgruppenpegeln. Acustica 27 (1972) S. 253-266

[21] BÜCKLEIN, R.: Hörbarkeit von Unregelmäßigkeiten in Frequenzgängen bei akustischer
Übertragung. Diss. Univ. München, 1963

[22] PLOMP, R., u.a.: Dimensional analysis of vowel spectra. J. Acoust. Soc. Amer. 41
(1967) S. 707-712

[23] SACHS, L.: Statistische Auswertungsmethoden. Berlin: Springer, 1969

[24] KUHL, W.; PLANTZ, R.: Die Bedeutung des von Lautsprechern abgestrahlten diffusen
Schalls für das Hörereignis. Acustica 40 (1978) S. 182-191

[25] SCHÜTZE, B.: mündl. Mitt.

[26] WOLLHERZ, H.: Lautsprecher und ihre Beurteilung. Inst. f. Rundfunktech. , München,
etwa 1985

[27] EDELMANN, P.: Integrierte Lautstärke- und Klangeinsteller A 273 und A 274. Radio,
Ferns., Elektron. 28 (1979) S. 751-757

[28] PREIS, D.: Phase distortion and phase equalization in audio signal processing. J.
Audio Engng. Soc. 30 (1982) 11, S. 774-794

[29] BECKMANN, T.: mündl. Mitt.

[30] BLAUERT, J.; LAWS, P.: Group delay distortions in electroacustical systems. J. Acoust.
Soc. Amer. 63 (1978) 5, S. 1478-1483

[31] FLEISCHER, H.: Gerade wahrnehmbare Phasenänderungen. Acustica 32 (1975) 1

[32] BAUER, B. B.: Audibility of phase distortion. Wireless World 80 (1974) S. 27-28

[33] HARWOOD, H. D.: Audibility of phase effects in loudspeakers. Wireless World 82 (1976) S. 30-33

[34] MOIR, J.: Phase and sound quality. Wireless World 82 (1976), März

[35] MOIR, J.: Phase shift in loudspeakers. Wireless World 82 (1976), April

[36] DE BOER, E.: Observations in inharmonic signals. J. Acoust. Soc. Amer. 29 (1975) 2

[37] GRAIG, J. H.: Effect of phase an a two component tone. J. Acoust. Soc. Amer. 34 (1962) 11

[38] SCHLICHTHÄRLE, D.: Modelle des Hörens - mit Anwendungen auf die Hörbarkeit von Laufzeitverzerrungen. Diss. Univ. Bochum, 1980

[39] HEYSER, R. C.: Loudspeaker phase characteristics and time delay distortion. 2 Tle. J. Audio Engng. Soc. 17 (1969) 3

[40] DEER, J. A.; BLOOM, P. J.; PREIS, D.: Perception of phase distortion in AU-pass filters. J. Audio Engng. Soc. 33 (1985) S. 782-785

[41] BELGER, P.: The effect of time delay distortion. FTZ Book 8, 1955

[42] MØLLER, H.: Relevant loudspeaker tests in studios. Copenhagen, Brüel & Kjaer, 1974 - 02-26/29

[43] SUZUKI, H., u.a.: On the perception of phase distortion, J. Audio Engng. Soc. 28 (1980) S. 570-574

Anschrift des Autors:

Dipl.-Ing. Wolfgang Klippel

VEB RFT Nachrichtenelektronik Leipzig „Albert Norden"
Melscher Straße 7
Leipzig
7027

Wolfgang Fasold; Helgo Winkler

Realisierung raumakustischer Forderungen in neuen Saalbauten

Zur Gewährleistung guter akustischer Verhältnisse in neu errichteten oder rekonstruierten großen Zuhörerräumen ist die raumakustische Modellmeßtechnik die sicherste Projektierungsmethode. Nach kurzer Beschreibung des technischen Standes dieser Methode wird anhand von vier großen Zuhörersälen, dem Großen Saal im Neuen Gewandhaus Leipzig, dem Konzertsaal im Schauspielhaus Berlin, dem Zuschauersaal in der Staatsoper in Dresden und dem Kongreßsaal im Kongreßzentrum Budapest, der erfolgreiche Einsatz der Modellmeßtechnik zur Optimierung der raumakustischen Parameter erläutert.

In order to ensure good acoustic conditions in newly erected or reconstructed large auditoriums the room-acoustic model measuring technique is the most reliable method of project preparation. After a brief description of the technical state of this method the successful use of the model measuring technique for the optimisation of the room-acoustic parameters is explained with the help of four large auditoriums, the Large Hall in the New Gewandhaus in Leipzig, the concert hall in the Playhouse Berlin, the auditorium in the State Opera in Dresden and the congress hall in the Budapest Convention Centre.

La méthode de mesures acoustiques sur des modèles de salles est le moyen le plus sûr d'établir des projets qui garantissent de bonnes conditions d'audition en des nouvelles constructions ou des salles reconstruites. Après avoir donné une description succinte de l'état actuel de cette méthode, on décrit les succès de la technique de mesure par modélisation, dans le but de l'optimisation des paramètres acoustiques, en prenant comme exemples quatre grandes salles d'audition: la grande salle du Neues Gewandhaus Leipzig, la salle de concert du Schauspielhaus Berlin, la salle de spectacle de la Staatsoper de Dresden et la salle de congrès du Centre des Congrès à Budapest.

1   Einleitung

Mit der Eröffnung des Neuen Gewandhauses in Leipzig, des Schauspielhauses in Berlin und der Staatsoper in Dresden wurden in den letzten Jahren in der DDR drei bedeutende Kulturbauten ihrer Bestimmung übergeben, bei denen die Fragen der Raumakustik eine entscheidende Rolle spielten. In Ergänzung zu den bereits erschienenen Einzelveröffentlichungen zu den raumakustischen Problemen und Lösungen in diesen Bauwerken [1] [2] [3] soll mit dem vorliegenden Beitrag eine vergleichende Übersicht zu den raumakustischen Forderungen und deren Realisierung gegeben werden. Diese ist deshalb von besonderem Interesse, weil sie zeigt, wie einerseits mit unterschiedlichen architektonischen Mitteln, z.B. der Reflexionslenkung, gleichartige raumakustische Wirkungen erzielt werden können, wie aber andererseits verschiedenartige Raumformen selbstverständlich auch verschiedenartige Maßnahmen erfordern, um optimale raumakustische Verhältnisse zu erhalten.

Allen drei Sälen ist gemeinsam, daß über die prinzipiell notwendigen Maßnahmen zur Erzielung einer „guten Akustik" während der Projektierungsphase unter Einsatz der raumakustischen Modellmeßtechnik entschieden wurde.

Diese Modellmeßtechnik, deren Einführung in der DDR auf Anregungen von REICHARDT zurückgeht und die erstmalig in der DDR bei der Vorbereitung des Wiederaufbaus der Staatsoper in Berlin eingesetzt wurde [4], hat heute einen sehr hohen technischen Stand erreicht. Sie ist in der DDR verfügbar an der Bauakademie der DDR, wo von den drei genannten Vorhaben das Neue Gewandhaus und das Schauspielhaus bearbeitet wurden, an der Technischen Universität Dresden, in deren Händen die Vorbereitung des Wiederaufbaus der Staatsoper Dresden lag, und am Institut für Kulturbauten. Wegen der großen Bedeutung der raumakustischen Modellmessungen wird dem vorliegenden Beitrag eine kurze Darstellung der zugrundeliegenden Prinzipien, der eingesetzten Technik und der Bearbeitungsmöglichkeiten vorangestellt. Hinsichtlich Details sei auf die Originalarbeiten verwiesen (z.B. [5] bis [8]).

Die hohe Sicherheit der Vorhersage akustischer Eigenschaften, die mittels Modellmeßmethoden heute gegeben ist, hat es ermöglicht, auch Säle mit raumakustisch ungünstigen Formen durch Sekundärmaßnahmen so zu optimieren, daß sie den akustischen Erfordernissen genügen. Ein solches Beispiel ist der Große Saal im neuen Budapester Kongreßzentrum, der ursprünglich nur für Kongresse gedacht war und bei dem nach Beginn der Bauarbeiten der Wunsch aufkam, ihn auch für Konzerte nutzbar zu machen. Die Fächerform des Saales mit großem Öffnungswinkel und sein geringes Volumen schlossen diese Funktion aber eigentlich aus. Unter Einsatz der raumakustischen Modellmeßtechnik wurden aber für diesen Saal an der Bauakademie der DDR Lösungen gefunden, die dennoch eine „gute Akustik" auch für Konzertveranstaltungen gewährleisten [9]. Da diese Lösungen auf Erfahrungen aufbauen, die bei der Bearbeitung der erstgenannten Säle, insbesondere des Neuen Gewandhauses, gewonnen worden waren, wurde der Budapester Saal in die vergleichende Darstellung einbezogen.

2   Raumakustische Modellmeßtechnik

Die raumakustische Modellmeßtechnik nutzt die Tatsache, daß die Schallausbreitungsvorgänge in einem Originalraum und in einem verkleinerten Modellraum einander entsprechen, wenn die Geometrie des Raumes und die Wellenlänge des zur Untersuchung benutzten Schalls in gleichem Maßstab verkleinert und die Reflexionseigenschaften der Raumoberflächen ins Modell transponiert werden.

Die wichtigsten raumakustischen Modelluntersuchungen werden mittels eines Impulsmeßverfahrens (Impulsschalltest) durchgeführt. Von den international üblichen Verkleinerungsmaßstäben zwischen 1:10 und 1:50 wird in der DDR der Maßstab 1:20 benutzt. Das Meßprinzip besteht darin, von einem Modellschallsender am Ort der Schallquelle kurze Schallimpulse abzustrahlen und mit einem Modellschallempfänger nacheinander in verschiedenen Publikumsbereichen die Raumimpulsantworten zu messen. Das sind die Zeitverläufe der dem Direktschall folgenden Reflexionen (Reflektogramme), aus denen vorteilhaft unter Einsatz der Rechentechnik die gewünschten raumakustischen Kriterien, die die akustische Qualität des Saales charakterisieren (z.B. Nachhallzeit, Klarheitsmaß, Schwerpunktzeit), bestimmt werden können.

Die Modelle werden aus Holz oder Gips gefertigt. Im Hinblick auf die im Modell zu erzielende Meßgenauigkeit ist es erforderlich, Strukturen des Originalraumes bis herab zu etwa 5...10 cm verkleinert nachzubilden. Reflektierende Flächen des Saales erhalten ihre entsprechenden Modelleigenschaften durch eine spezielle Lackierung im Modell. Saalflächen, die bei mittleren und hohen Frequenzen schallabsorbierend sind, wie der Publikumsbereich, lassen sich im Modell durch dünne Baumwollmatten nachbilden. Es existiert ein Katalog von Stoffen, deren akustische Eigenschaften im Modell jeweils denen üblicher Baumaterialien und Konstruktionen entsprechen, die im Saalbau eingesetzt werden.

Als Modellschallsender zur Erzielung kurzer und reproduzierbarer Impulse hoher Intensität haben sich Knallfunkensender bewährt. Der Spannungsüberschlag erfolgt dabei als Spitzenentladung zwischen zwei Wolframelektroden. Die Luftfunkenstrecke wird über eine Hilfselektrode vorionisiert. Bei Impulsbreiten von etwa 80 μs im Modell können Wegdifferenzen aufgelöst werden die 60 cm im Originalraum entsprechen. Der Schalldruckpegel beträgt in 10 cm Entfernung vom Schallsender etwa 130...150 dB. Die Reproduzierunsicherheit liegt bei ±0,2 dB.

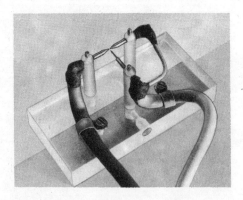

Bild 1 Modellschallsender (Orchesternachbildung)

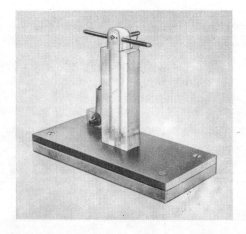

Bild 2 Modellschallsender (Sängernachbildung)

Ein üblicher Knallfunkensender (Bild 1) hat eine kugelförmige Richtcharakteristik, ist also z.B. zur näherungsweisen Nachbildung eines Orchesters geeignet. Werden die Elektroden in ein halboffenes Plexiglasgehäuse montiert (Bild 2), so wird die Richtcharakteristik eines Sängers oder Sprechers verwirklicht. Auch Lautsprecherzeilen für Modelluntersuchungen beim Entwurf von Beschallungsanlagen lassen sich nachbilden.

Eine Weiterentwicklung ist die Nachbildung der Richtcharakteristik von Orchestergruppen [8]. Durch abschattende oder reflektierende Anordnungen in der Nähe der Funkenstrecke lassen sich mittlere Richtwirkungen von Streichern, Holzbläsern und Blechbläsern realisieren. Unter Verwendung dieser Orchestergruppenstrahler (Bild 3) können die Modelluntersuchungen auch auf die Balance ausgedehnt werden. Damit ist das Verhältnis der von den Orchestergruppen erzeugten Teilschalldruckpegel untereinander und zu dem des Sängers gemeint. Das Verhältnis der gemessenen Teilschalldruckpegel wird mit dem bei optimaler Balance zu erwartenden verglichen. Aus Abweichungen lassen sich Maßnahmen ableiten, die insbesondere die Gestaltung des Podiumsbereiches oder die Orchesteraufstellung betreffen.

Bild 3 Modellschallsender (Orchestergruppennachbildung auf einem Podium)

Bild 4 Modellkunstkopf

Als Schallempfänger wird ein Modellkunstkopf verwendet (Bild 4), der die Richtcharakteristik des menschlichen Gehörs nachbildet. Der Durchmesser dieser Kopfnachbildung beträgt 12 mm. Es sind zwei Mikrofone eingebaut, die als elektrostatische Schalldruckempfänger arbeiten. Das untersuchte Frequenzgebiet reicht von 8 bis 160 kHz, das entspricht 400 bis 8000 Hz im Originalmaßstab.

Die vom Kunstkopfmikrofon aufgenommene Raumimpulsantwort wird mittels spezieller Entzerrernetzwerke frequenzbewertet, und zwar - gemäß der jeweiligen Anwendung - den mittleren Spektren eines Sprechers, eines Orchesters oder einzelner Orchestergruppen entsprechend. Außerdem muß die im Modell aufgrund der höheren Frequenzen im Vergleich zum Original wesentlich größere Schallabsorption in der Luft elektronisch kompensiert werden [10]. Die frequenzbewertete Raumimpulsantwort wird dann entweder direkt als Reflektogramm des Schalldrucks auf dem Oszilloskopschirm oder mit einem Schreiber dargestellt oder umgeformt als Reflektogramm der Schallenergie oder der ohrträgheitsbewerteten Schallenergie angezeigt.

Die Auswertung der gewonnenen Reflektogramme erfolgt üblicherweise zunächst visuell aufgrund langjähriger Erfahrungen über das Aussehen der Raumimpulsantworten von Zuhörerplätzen unterschiedlicher akustischer Eigenschaften. Fehler können im Modell z.B. durch Abdecken von Flächen oder durch Neigungsänderungen sehr schnell geortet werden, und die Auswirkung von Veränderungen läßt sich am Reflektogramm sehr gut verfolgen. Erforderlichenfalls kann gemeinsam mit dem Architekten die Auswirkung bestimmter Maßnahmen, z.B. bei speziellen Wand- und Deckenkonstruktionen, studiert werden. Darin liegt ein wesentlicher Vorzug der raumakustischen Modellmeßtechnik gegenüber rechentechnischen Verfahren. Wie bereits erwähnt, können aus den Raumimpulsantworten auch raumakustische Kriterien bestimmt werden, bei Bedarf unter Einsatz der Rechentechnik. Diese Werte stimmen mit den in fertigen Zuhörerräumen gemessenen gut überein. Dadurch wurde die Leistungsfähigkeit der Modellmeßmethode wiederholt bestätigt.

Die beschriebene Technik für Impulsmessungen in Raummodellen wurde in den letzten Jahren an der Bauakademie der DDR durch eine weitere Modellmeßeinrichtung ergänzt, die es ermöglicht, die Richtcharakteristik strukturierter Wand- und Deckenflächen an im Maßstab 1:20 verkleinerten Probeflächen zu bestimmen [11] . Von einem Ultraschallsender wird eine ebene Schallwelle erzeugt (stationäres Rauschen, oktavgefiltert zwischen 10 und 160 kHz), die unter einem bestimmten Einfallswinkel auf die 20 cm X 20 cm große Modellfläche mit der zu prüfenden Struktur trifft (Bild 5). Der Einfallswinkel richtet sich nach dem vorgesehenen Anbringungsort der strukturierten Fläche im Zuhörerraum. Das von der Prüffläche reflektierte Schallfeld wird auf einer Kugeloberfläche mit einem stark bündelnden Richtmikrofon automatisch abgetastet und die dem Schalldruck proportionale Spannung winkelabhängig aufgezeichnet. Die Schalldruckpegeldifferenz zwischen gerichtetem und diffusem Schallanteil wird als Maß für den Grad der Richtwirkung angesehen. Weitere Beurteilungsparameter sind z.B. der Winkelbereich gleichmäßiger Energieverteilung durch die Struktur und die Dämpfung der geometrischen Reflexion im Vergleich zu einer unstrukturierten Fläche gleicher Größe.

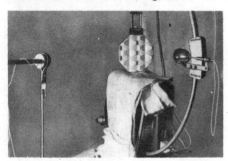

Bild 5 Meßanordnung zum Strukturschalltest

Mit diesen Modelleinrichtungen können raumakustisch wirksame Strukturen in kürzester Zeit für den vorgesehenen Verwendungszweck optimiert werden. In der Regel werden die so optimierten Strukturen dann für weitergehende Impulsmessungen in das Innenraummodell eingebaut. Bei dieser Modellmeßmethode besteht der Vorrang gegenüber rechnerischen Verfahren darin, daß auch beliebig geformte vom Architekten gewünschte Strukturen untersucht werden können, für die es keine mathematischen Methoden zur Beschreibung des Reflexionsverhaltens gibt.

3 Raumakustische Maßnahmen im Großen Saal des Neuen Gewandhauses Leipzig [1]

Zweihundert Jahre nach dem ersten Konzert im Saal des Leipziger Gewandhauses, das dem Orchester seinen Namen gab, wurde 1981 das Neue Gewandhaus im Zentrum Leipzigs eröffnet (Architekt: SKODA). Das Neue Gewandhaus enthält einen großen Saal für sinfonische Konzerte mit etwa 1900 Zuhörerplätzen (Bild 6). Dieser Saal ist mit einer Konzertorgel ausgestattet (89 Register, 6638 Pfeifen), die die optische Dominante des Saales bildet. Im Hause befindet sich ferner ein kleiner Saal mit etwa 500 Plätzen, vorzugsweise für Solo- und Kammermusikveranstaltungen, der auch für Bankette und Kongresse geeignet ist. Im Großen Saal ist

Bild 6 Neues Gewandhaus Leipzig, Blick zur Orgel

Bild 7 Neues Gewandhaus Leipzig, Blick in den Konzertsaal

das Publikum amphitheaterartig angeordnet. Das Orchesterpodium ist rückwärtig und seitlich von Wänden begrenzt, die sich zur Saalmitte hin öffnen. Die Publikumsfläche ist aufgeteilt in das Parkett, in eine umlaufende Empore und in einen Rang. Wie Bild 7 zeigt, ist die Hauptpublikumsfläche vor dem Orchesterpodium durch zwei ausgeprägte Höhensprünge gegliedert (Weinbergprinzip).

Die größte Breite des Saales, dessen Grundriß im Bild 8 dargestellt ist, beträgt 42 m. Bei einer Länge von 54 m und einer größten Saalhöhe von 17 m kurz vor dem Podium ergibt sich ein Volumen von 21000 m³. Die Volumenkennzahl liegt damit für Konzertnutzung optimal bei 11 m³ je Platz.

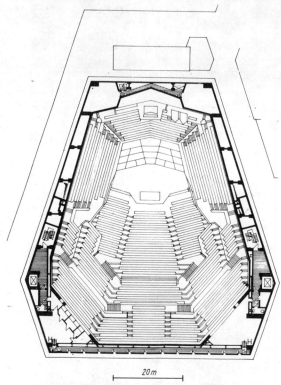

├────────┤
20 m

Bild 8 Neues Gewandhaus
Leipzig, Grundriß

Die raumakustische Grundproblematik für den Großen Saal des Gewandhauses ergibt sich aus der allseitigen Begrenzung des Orchesterpodiums durch schallabsorbierende Publikumsflächen. Die dadurch für wichtige Reflexionen fehlenden orchesternahen Wandflächen wurden durch eine relativ hohe Podiumsbegrenzung (etwa 3 m, s. Bild 6) und durch zusätzliche Reflexionsflächen im Publikumsbereich in Form von Zwischenwänden zwischen den Publikumsblöcken kompensiert (s. Bild 7).

Während der Projektierungsphase wurden Messungen in drei aufeinanderfolgenden Saalmodell-varianten durchgeführt. Eines der wichtigsten Ergebnisse dieser Untersuchungen ist die Ge-staltung der Decke als sog. „Wolkendecke" aus Zylindersegmenten, die quer zur Saallängsachse angeordnet sind (s. Bilder 6 und 7). Die Elemente über dem Podium sind dabei größer und flacher (Radius 8 m) als die im podiumsfernen Bereich (Radius 5,6 m). Dadurch werden über dem Podium stärker gerichtete Anfangsreflexionen erzeugt, die das gegenseitige Hören der Musiker, die Klangdurchmischung und die Klarheit im mittleren Parkettbereich unterstützen. Die seitlichen Deckenelemente erhielten zusätzlich zum Zylinder in Richtung Seitenwand eine konvexe Kugelkalottenform, woraus eine bessere Versorgung der seitlichen Platzgruppen mit Anfangsreflexionen resultiert.

Für die Seitenwände wurde eine spezielle Form entwickelt, die im <u>Bild 9</u> erkennbar ist. Durch eine sägezahnartige Grundstruktur wird die Hauptreflexionsrichtung zur Saalmitte gedreht. Aufgesetzte Strukturelemente bilden Flächen, die den Schall vorzugsweise zur Saaldecke lenken. Damit wird erreicht, daß die Schallenergie zwischen den Seitenwänden über die Saaldecke hin- und herpendelt. Das hat eine wesentliche Verlängerung der Nachhallzeit zur Folge. Ein Teil der auf die Seitenwände aufgesetzten Strukturelemente ist aber auch so angeordnet, daß der Schall bevorzugt zum Publikum im Parkettbereich reflektiert wird. Auf diese Weise werden energiereiche seitliche Anfangsreflexionen gewonnen, die sowohl zur Erhöhung der Klarheit als auch zur Verbesserung des Raumeindrucks beitragen.

Bild 9   Neues Gewandhaus Leipzig, Seitenwandstruktur

Zur Vermeidung störender langverzögerter Reflexionen von der Saalrückwand wurde diese mit einer horizontalen sägezahnförmigen Struktur aufgegliedert.

Ein akustisch sehr wirksames gestalterisches Mittel sind die großen Brüstungen. Die vorderen Brüstungsflächen um die einzelnen Publikumsblöcke sind so geneigt (8...24°), daß Reflexionen zu bestimmten Publikumsbereichen gelenkt werden (vgl. Bild 7). Die auf diese Weise gleichzeitig vergrößerten oberen Brüstungsflächen dienen der Förderung von Reflexionen für das Nachhallfeld. Hierzu tragen auch die als Parkettfußboden ausgeführten Gang- und Treppenbereiche bei.

Aus den Untersuchungen zur Balance hat sich u.a. ergeben, daß den rückwärtigen und seitlichen Podiumsbegrenzungsflächen große Bedeutung zukommt. Zur Förderung der Durchmischung wurden diese Flächen möglichst hoch gewählt. Der obere Brüstungsteil wurde im hinteren Podiumsbereich mit einem Neigungswinkel von 8° nach unten orientiert. Im vorderen Podiumsbereich springt die Neigung der Brüstungsflächen auf einen Winkel von 8° nach oben um, da diese wichtigen Flächen für Anfangsreflexionen zum mittleren Parkett benötigt werden. Im Bild 9 ist dieser Übergang erkennbar.

Neben den grundsätzlichen, aus den Modelluntersuchungen herrührenden Festlegungen mußten eine ganze Reihe weiterer raumakustischer Maßnahmen realisiert werden. So waren z.B. bestimmte flächenbezogene Massen der Raumbegrenzungsflächen einzuhalten, um eine ausreichende Reflexion tieffrequenter Schallenergie zu gewährleisten. Zum Vermeiden zusätzlicher Absorption mußten die funktionell bedingten Öffnungen in der Saaldecke minimiert werden. Das Gestühl war so auszubilden, daß die Schallabsorption eines besetzten und eines unbesetzten Stuhles möglichst gleich ist, damit die akustischen Eigenschaften des Saales so wenig wie möglich vom Besetzungsgrad abhängen. Das ist vor allem für Orchesterproben im unbesetzten Saal von Bedeutung.

Etwa ein halbes Jahr vor der Eröffnung des Neuen Gewandhauses war der Große Saal so weit fertiggestellt, daß subjektive und objektive Erprobungsmessungen und erste Konzertproben durchgeführt werden konnten. Dieser zeitliche Vorlauf sollte es ermöglichen, bis zum Eröffnungstermin erforderlichenfalls die nach den Ergebnissen des akustischen Tests für notwendig gehaltenen baulichen Veränderungen noch zu realisieren. Es spricht für die Qualität des akustischen Entwurfs, daß keinerlei Umbaumaßnahmen notwendig waren.

Im besetzten Zustand wurde bei mittleren Frequenzen eine optimale Nachhallzeit von 2,0 s gemessen. Wie Bild 10 zeigt, ist die Nachhallzeit zwischen 80 und 2500 Hz nahezu konstant. Erst bei noch tieferen Frequenzen steigt sie geringfügig an. Bei höheren Frequenzen tritt die übliche Verringerung ein.

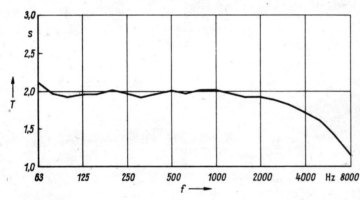

Bild 10 Nachhallzeit in Abhängigkeit von der Frequenz

Neues Gewandhaus Leipzig, besetzt

Zur subjektiven Beurteilung der akustischen Qualität wurden etwa 50 Testhörer (Akustiker, Architekten, Berufs- und Laienmusiker, Musikinteressierte) auf fünf ausgewählte repräsentative Zuhörerbereiche im Saal verteilt. Während sich drei Testplätze in der üblichen Anordnung vor dem Orchester befanden, lagen zwei Testplätze auf den seitlichen Orchesteremporen. Die Testhörer zeigten dort einige Unsicherheiten in der Beurteilung der akustischen Parameter, da diese Plätze eine ungewohnte neue Beziehung zum Orchesterklang bedeuteten. Den Testhörern wurden Testprotokolle ausgehändigt, und sie wurden aufgefordert, für 10 Bewertungskriterien Urteile abzugeben. Optische und andere Sinneseindrücke sollten bei der Bewertung möglichst ausgeschlossen werden.

Die besonders wichtigen Kriterien Lautstärke L, Nachhalldauer T, Klarheit C und Raumeindruck R wurden anhand einer fünfklassigen Schätzskala beurteilt. Die mittlere Klasse kennzeichnet die Aussage „keine Beanstandung", die Nachbarklasse „Beanstandung wahrnehmbar", die nächste „Beanstandung störend". Das Vorzeichen symbolisiert eine zu große oder zu kleine Wirkung (z.B. etwas zu laut oder etwas zu leise usw.). Einen vereinfachten anschaulichen Überblick über die Ergebnisse dieser subjektiven Untersuchungen ermöglicht Bild 11. Als senkrechte Balken sind hier die prozentualen Anteile der Urteile „ohne Beanstandung" aufgetragen. Die prozentualen Anteile der Beanstandungen „zu klein" bzw. „zu groß" für jedes Kriterium erscheinen als waagerechte Balken. Gleicht man diese Abweichungen aus, so ergibt der gestrichelt gezeichnete Balken die endgültige Tendenz für jedes Kriterium. Während danach Lautstärke L, Nachhalldauer T und Klarheit C als optimal bzw. nahezu optimal angesehen werden können, ist der Raumeindruck R etwas zu klein.

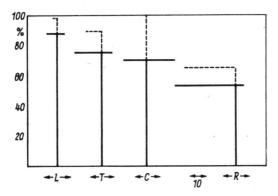

Bild 11 Prozentuale Verteilung der subjektiven Beurteilung
Neues Gewandhaus Leipzig

Aus den im fertigen Saal durchgeführten Impulsmessungen ergeben sich Klarheitsmaße C_{80} [12] zwischen -1,2 dB und +0,7 dB und Raumeindrucksmaße R [13] zwischen +3,1 dB und +5,1 dB. Sowohl Raumeindruck und Klarheit als auch die Nachhallzeit liegen in Übereinstimmung mit den subjektiven Urteilen im optimalen Bereich.

Bei großem Sinfonieorchester wurde im Fortissimo im mittleren Parkett ein Schalldruckpegel von 98 dB gemessen. Die Pegelabnahme zu den entfernten Plätzen ist sehr gering. Auch die Darbietungen von kleinen Besetzungen und von Solisten werden im ganzen Saal mit ausreichender Lautstärke gehört.

4 Raumakustische Maßnahmen im Großen Saal des Schauspielhauses Berlin [2]

Das nach Entwürfen von SCHINKEL, in der Mitte eines der schönsten Plätze Berlins, des alten Gendarmenmarktes (heute: Platz der Akademie), 1821 fertiggestellte Schauspielhaus war durch Kriegseinwirkungen weitgehend zerstört worden. Beim Wiederaufbau entstand das Äußere des Gebäudes in ursprünglicher Gestalt. Im Innern erhielt das Bauwerk aber veränderte Räumlichkeiten, die dem Erfordernis entsprachen, in Berlin vorrangig die Möglichkeiten für Konzertveranstaltungen zu erweitern. Außerdem wären die heute für einen modernen Theaterbetrieb erforderlichen technischen und räumlichen Voraussetzungen nicht in dem alten Bauwerk unterzubringen gewesen.

Mit dem 1984 vollendeten Wiederaufbau (Architekt: PRASSER) wurde als zentraler Raum des Gebäudes ein großer Konzertsaal mit 1430 bis 1670 Plätzen eingerichtet, der auch eine große Konzertorgel enthält (74 Register, 5801 Orgelpfeifen). Bild 12 zeigt einen Blick auf das Podium mit der vor der Stirnwand angeordneten Orgel. Im selben Haus sind u.a. ein Kammermusiksaal für 400 Personen, ein Musikklub und Probensäle untergebracht. Auch das gesamte Gebäudeinnere wurde unter Verwendung klassizistischer Schinkelscher Architekturelemente gestaltet.

Der Große Konzertsaal, den Bild 13 im Grundriß zeigt, ist ein Rechtecksaal in klassischer „Schuhkartonform". Das Parkett ist eben mit 20 bzw. 24 Reihen. Der Saal ist mit zwei Rängen ausgestattet. Der erste Rang ist im rückwärtigen Saalteil (Bild 14) auf 7 Reihen ausgebaut,

Bild 12 Schauspielhaus Berlin, Blick zur Orgel

enthält seitlich teilweise Logen und schließt sich zwischen Orgel und rückwärtiger Podiumsbegrenzung als Chorbalkon. Der zweite Rang verläuft nur seitlich mit je 2 Reihen (s.
Bild 14).

Bei einer maximalen Länge von 44 m, einer Breite von 22 m und einer Höhe von 17 m weist
der Große Konzertsaal ähnliche Abmessungen auf wie der für seine gute Akustik bekannte Wiener

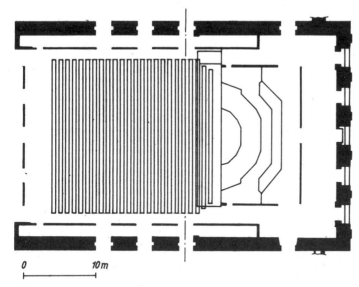

Bild 13 Schauspielhaus
Berlin, Grundriß des
großen Konzertsaals

0   10 m

Bild 14 Schauspielhaus Berlin, Blick in den Großen Konzertsaal

Musikvereinssaal. Es ergibt sich ein Volumen von 15000 m^3, und damit beträgt die Volumenkennzahl 9...10,5 m^3 je Platz. Dank der Verwendung klassizistischer Stilelemente für die
Saalarchitektur ergibt sich eine Vielzahl stark gegliederter Strukturen, so daß eine gute
Schallenergieverteilung und eine große Diffusität gewährleistet sind. Dabei sind die Ränge,
Logen und Umgänge aufgrund ihrer relativ großen Abmessungen vor allem bei tiefen Frequenzen,
die Oberflächenstrukturen, Kassettierungen, Plastiken und Säulen vor allem bei hohen Frequenzen wirksam.

Bei den Modellversuchen zeigte sich, daß insbesondere im Podiumsbereich Maßnahmen zur
Förderung klarheitserhöhender Reflexionen und zur besseren Durchmischung des Orchesterklan-
ges notwendig waren. Deshalb wurden die Podiumsseitenwände so weit wie möglich vorgezogen
(bis Vorderkante Hauptpodium). Die Podiumsbegrenzung wurde so hoch wie aus gestalterischen
Gründen möglich gewählt und im oberen Teil unter dem Brüstungsbereich zwischen den Pilastern
um etwa 5° zum Podium hin geneigt (Bild 15). Auch das Gesims der Podiumbegrenzung sowie
Teilflächen am unteren Bereich des Orgelgehäuses wurden durch entsprechende Neigungen und
Formgebungen in dem genannten Sinne optimiert.

Bild 15   Schauspielhaus Berlin, Podiumsbegrenzung und -staffelung

Aufgrund des ebenen Parketts machte sich eine große Höhenstaffelung des Orchesters erforderlich, damit die hinteren Instrumentengruppen nicht durch die vorderen abgeschattet
werden. Das Podium läßt eine Höhendifferenz von 1,5 m zu, die durch mehrere Hubpodien in
beliebigen Stufen unterteilt werden kann (s. Bild 15). In der Konzertpraxis wird die volle
Höhenstaffelung leider noch nicht immer genutzt.

Als von großem Einfluß auf die Nachhallzeit erwies sich die Publikumsanordnung. Unbe-
stuhlte Flächen vor dem Orchesterpodium und in Saallängsrichtung (Mittel- und Seitengänge)
wirken nachhallzeitverlängernd. Etwa ein Vierteljahr vor der Eröffnung des Schauspielhauses

wurden subjektive und objektive akustische Messungen und erste Konzertproben durchgeführt. Im besetzten Zustand wurde bei mittleren Frequenzen eine Nachhallzeit von 2,0 s gemessen. Wie Bild 16 verdeutlicht, steigt die Nachhallzeit unter 500 Hz stark (bis fast 2,6 s), wodurch eine besonders „warme" Klangfärbung erreicht wird.

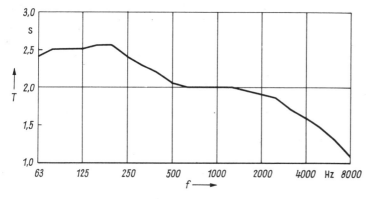

Bild 16 Nachhallzeit in Abhängigkeit von der Frequenz

Schauspielhaus Berlin, Großer Saal, besetzt

Als Ergebnis der in gleicher Weise wie im Neuen Gewandhaus Leipzig durchgeführten subjektiven Untersuchungen ist im Bild 17 für die Kriterien Lautstärke L, Nachhalldauer T, Klarheit C und Räumlichkeit R die Urteilsverteilung für die etwa 60 Testhörer aufgetragen. Danach erkennt man, daß Lautstärke L, Nachhalldauer T und Räumlichkeit R als nahezu optimal beurteilt werden, während die Klarheit C als etwas zu klein angesehen wird. Die gemessenen Klarheitsmaße C_{80} liegen zwischen -3,4 dB und +0,5 dB, die Raumeindrucksmaße R zwischen +3,2 dB und +6 dB und liegen damit in guter Übereinstimmung mit den subjektiven Beurteilungen. Interessant für die Verständlichkeit des gesungenen Wortes ist auch das Deutlichkeitsmaß C_{50} [14]. Es ist definiert als der 10fache Logarithmus vom Verhältnis der innerhalb der ersten 50 ms nach dem Direktschall eintreffenden Schallenergie am Hörerort zur insgesamt eintreffenden. Es beträgt im Parkett +0,8 dB bis +5,5 dB, auf den seitlichen Rängen allerdings nur noch +0,7 dB bis -1,9 dB.

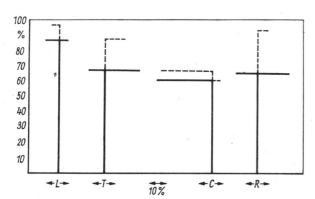

Bild 17 Prozentuale Verteilung der subjektiven Beurteilung

Schauspielhaus Berlin

Angefügt werden soll noch die Feststellung, daß optimale Balance - besonders auf den Plätzen im Parkett - sowie gute Durchmischung des Orchesterklanges nur dann gewährleistet sind, wenn das Orchester auf dem Hauptpodium, im Bereich der seitlichen Podiumsbegrenzung Aufstellung nimmt und eine große Höhenstaffelung eingestellt ist (etwa 1,5 m zwischen Hauptpodium und letztem Podium; s. Bild 15).

5 Raumakustische Maßnahmen im Zuschauersaal der Staatsoper Dresden [3]

Das von SEMPER entworfene und 1878 fertiggestellte 2. Hoftheater (das erste von ihm erbaute Hoftheater brannte 1869 ab) wurde im Februar 1945 durch Bombenangriff weitgehend zerstört. Es galt als eines der besten Opernhäuser in Europa, nicht nur wegen der hervorragenden Akustik. Die Wiedereröffnung der Semperoper am 13. Februar 1985 (Architekt: HÄNSCH) erfolgte genau 40 Jahre nach der Zerstörung.

Während der äußere Baukörper - bis auf ein Herausziehen der Begrenzungswände im Bereich der Seitenbühnen - sowie der Foyerbereich streng historisch rekonstruiert wurden, ist der hufeisenförmige Zuschauerraum bei Wahrung der Architekturmotive sowie der dekorativen Details in seiner Breite und Tiefe um etwa 4,5 m, die Portalöffnung um 3 m vergrößert worden (Bild 18).

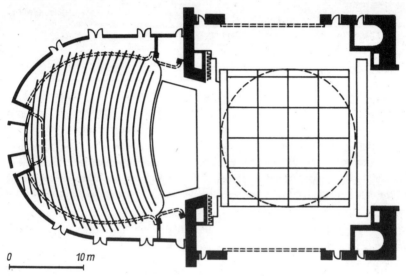

0   10 m

Bild 18 Staatsoper Dresden, Grundriß

Die Parkettebene wurde - für bessere Sichtbeziehungen - stärker geneigt, die Logensitzordnung in den drei ersten Rängen in eine Reihenbestuhlung bei gleicher geringer Rangtiefe geändert. Der 4. Rang hat nur noch maximal 3 Reihen, der 5. Rang sowie die Proszeniumslogen wurden zu Scheinwerferstationen umgestaltet. Die Wandlogen im Parkettbereich gibt es nicht mehr. Durch Wegfall stark sichtgeminderter Plätze, der Plätze im 5. Rang und infolge des etwas größeren Reihenabstandes beträgt die Sitzplatzkapazität jetzt 1290 Plätze (vor der Zerstörung 1600 Plätze). Mit dem neuen vergrößerten Volumen von etwa 12500 m^3 errechnet sich eine Volumenkennzahl von 9,6 m^3/Platz, die für Opernhäuser relativ groß ist. Durch umfangreiche raumakustische Messungen am Modell des historischen Baus und des endgültig projektierten konnten Vergleiche angestellt und funktionell erforderliche Änderungen hinsichtlich ihrer akustischen Auswirkungen überprüft werden. Bei diesen Modellversuchen wurden die Ursachen der gerühmten akustischen Qualität der historischen Semperoper ermittelt. Als besonders bedeutungsvoll erwiesen sich die Gestaltung und Neigung aller Proszeniumsflächen. So ist die enorme Höhe der ebenen Proszeniumsfläche über dem Orchestergraben von 21 m möglich, da infolge der starken Gliederung der Proszeniumsseitenwände genügend Zwischenreflexionen zum Orchester entstehen (Bild 19). Gleichzeitig leiten die sehr breit ausgeführten und nahezu parallel zur Saallängsachse stehenden Proszeniumsseitenwände den Bühnenschall günstig in den gesamten Zuhörerbereich, insbesondere auch zum Parkett. Besonders wichtig für die gute Akustik im Zuschauerraum sind die etwa 1,5 m hohen Rangbrüstungen mit ihren nach oben gerichteten Teilflächen und den darunter eingefügten muschelartigen Vertiefun-

Bild 19 Staatsoper Dresden, Blick zum Proszenium

gen, die im Bild 20 deutlich erkennbar sind. Letztere reflektieren den Schall von der Bühne oder vom Orchestergraben entweder direkt oder über die jeweilige Rangunterdecke und anschließende Seiten- bzw. Rückwand zum Parkett.

Bild 20 Staatsoper Dresden, Brüstungs- und Wandgestaltung

Die leichte Aufgliederung dieser beiden letztgenannten Flächen durch die Reste der ursprünglich vorhandenen Logeneinteilung bewirkt durch zusätzliche Schallzerstreuung eine höhere Diffusität. Akustisch interessant ist das sog. Hallvolumen oberhalb des 4. Ranges. Dort erweitert sich der Raum in seiner Tiefe bzw. Breite um etwa 5 m, so daß sich das Nachhallfeld gut aufbauen kann. Durch die nach oben gerichteten Teilflächen der Rangbrüstungen

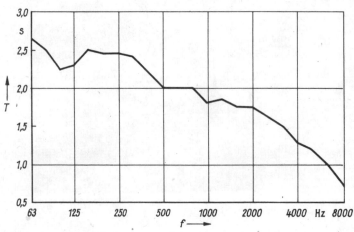

Bild 21 Nachhallzeit in Abhängigkeit von der Frequenz

Staatsoper Dresden 65% besetzt

wird der Schall in das Hallvolumen gelenkt. Bedeutungsvoll ist auch der nicht überdeckte Orchestergraben. Dadurch kann der dort erzeugte Schall ungehindert in den Raum, und der Klang wird nicht verfälscht. Gleichzeitig bedeutet das jedoch hohe Anforderungen an die Sänger, damit die Balance nicht zugunsten des Orchesters verschoben wird.

Noch vor der offiziellen Eröffnung wurden auch hier umfangreiche akustische Untersuchungen durchgeführt. Die Nachhallzeit im zu 2/3 besetzten Zuschauerraum ist im Bild 21 in Abhängigkeit von der Frequenz dargestellt. Bei voller Besetzung beträgt sie dann - je nach Bühnenaufbau - im mittleren Frequenzgebiet etwa 1,6...1,8 s.

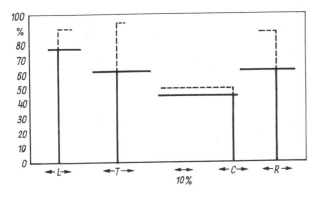

Bild 22 Prozentuale Verteilung der subjektiven Beurteilung

Staatsoper Dresden

Die Ergebnisse der subjektiven Untersuchungen - für den Fall Oper - sind im Bild 22 als Übersicht dargestellt. Aus den Ergebnissen erkennt man, daß Lautstärke L, Nachhalldauer T und Raumeindruck R nahezu optimal beurteilt werden, während die Klarheit C als etwas zu klein eingeschätzt wird. Das bestätigen auch die gemessenen Klarheitsmaße C_{80} - wieder im besetzten Zustand -, die zwischen -2,4 dB und -0,2 dB, im Mittel bei -1,3 dB liegen. Sie liegen an der unteren Grenze des optimalen Bereiches. Die Raumeindrucksmaße R wurden zwischen +2,2 dB und +4,8 dB, im Mittel bei +3,5 dB gemessen; sie korrelieren damit ebenfalls gut mit den subjektiven Urteilen.

6 Raumakustische Maßnahmen im Großen Saal (Patria Saal) des Budapester Kongreßzentrums [9]

Das Budapester Kongreßzentrum (Architekt: FINTA) neben dem Hotel „Novotel" wurde 1985 eröffnet. Es enthält einen großen Kongreßsaal, der als Mehrzwecksaal geplant wurde, also auch für Konzertveranstaltungen gedacht ist und bei Konzertbestuhlung 1760 Plätze enthält. Im Kongreßzentrum sind außerdem ein kleiner Saal mit maximal 310 Plätzen, u.a. für Kammermusikveranstaltungen, und mehrere Beratungsräume enthalten.

Der Große Saal öffnet sich vom Podium aus mit einem Winkel von 72° und erreicht bei einer Gesamtlänge von 37 m eine maximale Breite von 53 m (Bild 23). Die größte Höhe beträgt 14 m. An der Rückseite des Saales befindet sich - wie im Bild 24 erkennbar - unter einer durchgehenden Technikzone eine Galerie, die 9 Stuhlreihen enthält (680 Galerieplätze). Aus einem Volumen von 13 500 m^3 ergibt sich eine Volumenkennzahl von 7,6 m^3 je Platz, die für sinfonische Musik bereits unter dem optimalen Bereich liegt.

Bei den raumakustischen Modellversuchen kam es darauf an, für den in seinen Hauptabmessungen bereits fixierten Saal, der ursprünglich nur für Kongresse geplant war, solche Aus-

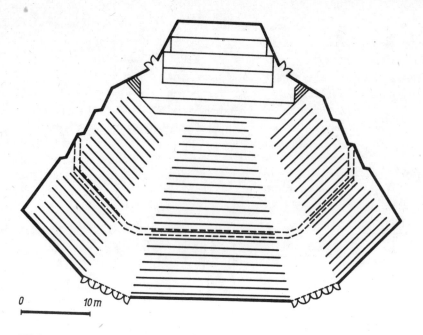

Bild 23   Budapester Kongreßzentrum, Grundriß

Bild 24   Budapester Kongreßzentrum, Blick in den Saal

baulösungen zu finden, daß auch sinfonische Konzerte in guter Qualität möglich sind. Diese
Aufgabenstellung erwies sich als äußerst kompliziert, da die breite Fächerform des Saales
im mittleren Bereich überhaupt keine Seitenwandreflexionen erwarten läßt. Diese sind aber
für den Raumeindruck besonders wichtig. Ausgehend von den im Neuen Gewandhaus Leipzig ge-

wonnenen Erfahrungen, wurden die Seitenwände mit Strukturflächen versehen, die die Schallenergie über die hintere Saaldecke, die entsprechend geneigte Begrenzung der Technikzone
und über die Galerieunterdecke von einer Saalseite zur anderen pendeln läßt. Damit wird eine
wesentliche Erhöhung der Nachhallzeit erreicht. Als Strukturfläche dienten im vorderen oberen Seitenwandbereich etwa 40 mm dicke Spanplatten (2400 mm × 900 mm), die in einer Leiter-
konstruktion aus Stahlrohren montiert wurden (<u>Bild 25</u>). Im hinteren unteren Seitenwandbereich wird diese Funktion von dreieckförmigen Betonelementen übernommen.

Bild 25   Budapester Kongreßzentrum, Seitenwandgestaltung

Die Saalrückwand wurde sowohl im Parkettbereich als auch hinter der Galerie leicht ge-
faltet, um die Gefahr von Echobildungen zu vermeiden.

Weitergehende Untersuchungen dienten der akustischen Optimierung des Podiumsbereiches.
Infolge der fächerförmigen Gestaltung der Podiumsseitenwände (s. Bild 25), die gleichzeitig
zwischen 11° und 23° zum Podium hin geneigt sind, wurde eine gute Durchmischung des Orchesterklanges und ein gutes gegenseitiges Hören der Musiker erreicht. Gleichzeitig werden gezielte Reflexionen zu dem aufgrund der Raumgeometrie benachteiligten mittleren Saalbereich
gerichtet. Die Podiumsrückwand bewirkt durch eine aufgesetzte, künstlerisch gestaltete
Struktur (Lebensbaum), die <u>Bild 26</u> zeigt, leicht diffuse Reflexionen. Im gesamten Podiumsbereich wurden die Wände aus etwa 30 mm dicken Spanplatten aufgebaut.

Die Neigungen der aus Gipskartonplatten (24 mm dick) hergestellten Deckenbänder wurden
vorrangig ebenfalls zur Reflexionslenkung in den mittleren Parkett- und Galeriebereich eingestellt. Daneben bewirken die Abschattungskörper für die Scheinwerfer und die Deckensprünge
eine gewisse Diffusität. In Verbindung mit den relativ breiten als Parkett ausgeführten
Gangbereichen bilden sich Reflexionen aus, die die Nachhallzeit fördern.

Bild 26   Budapester Kongreßzentrum, Blick zum Podium

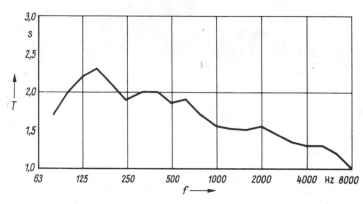

Bild 27   Nachhallzeit
in Abhängigkeit von der
Frequenz

Budapester Kongreß-
zentrum, Großer Saal,
50% besetzt

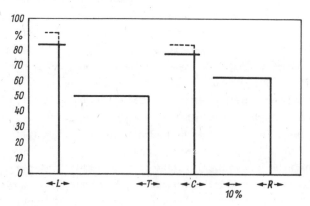

Bild 28   Prozentuale Verteilung
der subjektiven Beurteilung

Budapester Kongreßzentrum

Auch in diesem Objekt wurden vor der offiziellen Eröffnung umfangreiche objektive und subjektive raumakustische Messungen durchgeführt. Für den Fall der Konzertbestuhlung beträgt die Nachhallzeit T mit 50% Besetzung bei mittleren Frequenzen etwa 1,7 s; bei voller Besetzung ist mit etwa 1,6 s zu rechnen. Der Frequenzgang der Nachhallzeit ist im Bild 27 gezeigt.

Bild 28 zeigt die Ergebnisse der subjektiven Tests. Während Lautstärke L und Klarheit C nahezu optimal sind, werden Nachhalldauer T und Räumlichkeit R als etwas zu klein beurteilt; dennoch betrachten 50...60% der Testhörer diese Kriterien auch noch als optimal. Die gemessene Nachhallzeit sowie die Klarheitsmaße C_{80}, die zwischen -1,3 dB und +2,5 dB, im Mittel bei +0,8 dB liegen, bestätigen die Einschätzung der Testhörer. Somit ist gezeigt, daß es möglich war, die grundsätzlich akustisch ungünstige Saalform durch raumakustische Modellmessungen bezüglich einer Sekundärstruktur so zu optimieren, daß auch Orchesterkonzerte bei guten akustischen Hörbedingungen möglich sind.

Literatur

[1]   FASOLD, W., u.a.: Akustische Maßnahmen im Neuen Gewandhaus Leipzig. Bauforsch., Baupraxis (1982) H. 117

[2]   FASOLD, W.,u.a.: Akustische Maßnahmen im Schauspielhaus Berlin. Bauforsch., Baupraxis (1986) H. 181

[3]   REICHARDT, W.: Die akustische Projektierung der Semperoper in Dresden. Acustica 58 (1985) S. 254-267

[4]   REICHARDT, W.: Die Akustik des Zuschauerraumes der Staatsoper Berlin Unter den Linden. Technik 11 (1956) 7, S. 511-518

[5]   REICHARDT, W.: Die Messung raumakustischer Eigenschaften im Modell. Polytech. Tag. Tech. Hochsch. Dresden, 1956 Ber.-Bd. 1, S. 231-239

[6]   SCHMIDT, W.: Raumakustische Projektierung mit Hilfe von Modellen. Wiss. Z. Tech. Univ. Dresden 22 (1973) 5, S. 803-809

[7]   TENNHARDT, H.-P.: Modellmeßtechnik nach dem Impuls-Schall-Testverfahren für Raumakustik und Lärmschutz im Städtebau. Bauakademie d. DDR, 1974, Sonderh.

[8]   TENNHARDT, H.-P.: Modellmeßverfahren für Balanceuntersuchungen bei Musikdarbietungen am Beispiel der Projektierung des Großen Saales im Neuen Gewandhaus Leipzig. Acustica 56 (1984) S. 126-135

[9]   FASOLD, W., u.a.: Akustische Maßnahmen im Kongreßzentrum Budapest. Bauforsch., Baupraxis (1988) in Vorbereitung

[10] WINKLER, H.: Die Kompensation der zu großen Luftabsorption bei raumakustischen Modellmessungen mit Echogrammen. Hochfrequenztech. u. Elektroakust. 73 (1964) 4, S. 121-131

[11] TENNHARDT, H.-P.: Meßverfahren zur Dimensionierung von Wand- und Deckenstrukturen in raumakustischen Modellen. 8. Koll. Akustik, Budapest, 1982, Vortr. -Gr. C-4

[12] ABDEL ALIM, O.: Abhängigkeit der Zeit- und Registerdurchsichtigkeit von raumakustischen Parametern bei Musikdarbietungen. Diss. Tech. Univ. Dresden, 1973

[13] LEHMANN, U.: Untersuchungen zur Bestimmung des Raumeindrucks bei Musikdarbietungen und Grundlagen der Optimierung. Diss. Tech. Univ. Dresden, 1974

[14] AHNERT, W.: Einsatz elektroakustischer Hilfsmittel zur Räumlichkeitssteigerung, Schallverstärkung und Vermeidung der akustischen Rückkopplung. Diss. Tech. Univ. Dresden, 1975

Anschrift der Autoren:

Prof. Dr.-Ing. Wolfgang Fasold
Dr.-Ing. Helgo Winkler

Bauakademie der DDR, Institut für Heizung, Lüftung
und Grundlagen der Bautechnik
Plauener Str. 163-165
Berlin
1092

Jürgen Scholze

Schallabstrahlung von Öffnungen in Industriehallen

Die Schallabstrahlung aus einem diffusen Feld durch eine Öffnung, deren Abmessungen groß gegenüber der Wellenlänge sind, wird theoretisch behandelt.

Es werden Beziehungen für den Schalldruckpegel in Fernfeld und in der Öffnungsfläche angegeben, die mit Meßergebnissen gut übereinstimmen. Zur Kennzeichnung der akustischen Wirksamkeit der Öffnungen und von Luftführungselementen zur natürlichen Lüftung von Industriehallen sind das Schalldämmaß und ein modifiziertes Richtabweichungsmaß geeignet. Diese beiden Größen wurden an Modellen verschiedener Firstlüftungsaufsätze im Maßstab 1:10 gemessen. Für einen Windleitflächenlüfter wurde der Einfluß verschiedener Baugruppen auf die akustischen Eigenschaften näher untersucht.

The sound radiation from a diffuse field through an opening whose dimensions are large as compared with the wavelength is theoretically dealt with.

Relations for the sound pressure level in the far field and in the opening area are indicated which well correspond with the results of measurement. The sound reduction index and a modified directivity index are suited for the characterisation of the acoustic efficiency of the openings and of air guide elements for the natural ventilation of industrial halls. These two quantities have been measured at models of various ridge ventilation tops in the scale 1:10. The influence of various assemblies on the acoustic properties has been examined in great details for a special form of ventilation hood.

On présente une étude théorique de l'émission acoustique, provenant d'un champ diffus, à travers une ouverture dont les dimensions sont grandes par rapport à la longueur d'onde.

On donne des relations entre le niveau de pression acoustique dans le champ lointain et dans l'aire de l'ouverture qui sont en bon accord avec des résultats de mesure. Le coefficient d'isolement acoustique et un coefficient modifié de déviation directionnelle sont des grandeuts appropriées pour caractériser l'effectivité acoustique des ouvertures et des éléments de ventilation pour l'aération naturelle de hangars industriels. Ces deux grandeurs ont été mesurées sur des modèles à l'échelle 1:10 de différents capots de ventilation faîtiers. L'influence de divers éléments de construction sur les caractéristiques acoustiques d'un capot de ventilation à surfaces de guidage est étudiée en détail.

1   Einleitung

Im Zusammenhang mit der Anwendung natürlicher oder freier Lüftung in Werkhallen, bei denen durch die Produktion große Wärmemengen freiwerden, ist die Frage der Schallabstrahlung von den für die Lüftung benötigten großen Öffnungen von Bedeutung, da die resultierende Schalldämmung der Hallenhülle durch diese Öffnungen wesentlich beeinflußt wird.

In [1] wurde die Schallabstrahlung von Lüftungsöffnungen und von speziell dafür entwikkelten Luftführungselementen theoretisch und experimentell untersucht. Soweit die Ergebnisse von allgemeinerem Interesse sind, werden sie hier zusammengefaßt dargestellt. In vielen Fällen sind Öffnungen in den Außenwänden und Dächern von Industriegebäuden auch aus technologischen oder anderen Gründen erforderlich. Dann sind die gefundenen Zusammenhänge ebenfalls anwendbar.

2   Theoretische Grundlagen

2.1   Schalldruckpegel im Fernfeld einer Öffnung

Zur Durchführung der Rechnung werden folgende Annahmen getroffen: Innerhalb der Halle existiert ein diffuses Schallfeld. Die Abmessungen der Öffnung sind groß gegenüber der Wellenlänge. Beugungseffekte werden vernachlässigt. Die Entfernung des Aufpunktes ist groß gegenüber den Abmessungen der Öffnung. Die Abstrahlung erfolgt in den Raumwinkel 2π.

Ausgangsgröße der Rechnung ist die Schallenergiedichte w, die in einem diffusen Schallfeld in genügend großem Abstand von Reflexionsflächen überall gleich groß ist. Sie setzt sich innerhalb eines Frequenzbereiches Δf an jedem Ort aus den Schallenergiedichten der von allen Richtungen gleichmäßig einfallenden Wellen zusammen [2].

Die Wahrscheinlichkeit des Einfalls von Wellen aus einer bestimmten Richtung und damit der Anteil der aus dieser Richtung kommenden Energiedichte zur Gesamtenergiedichte ergibt sich aus dem Verhältnis des betreffenden Raumwinkels zum vollen Raumwinkel 4π.

Für einen bestimmten Schalleinfallswinkel auf die Begrenzung eines diffusen Feldes erhält man den betreffenden Raumwinkel durch Drehung des Strahls mit der Öffnung $d\varphi$ (Bild 1)

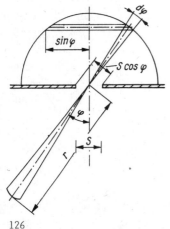

Bild 1   Geometrische Verhältnisse beim Schalldurchgang durch eine Öffnung

um die Flächennormale. Die bei dieser Drehung auf der Einheitskugel begrenzte Kugelzone hat den Betrag $2\pi \sin\varphi \, d\varphi$.

Der Anteil der Schallenergiedichte aus diesem Raumwinkel, bezogen auf die Gesamtenergiedichte, ergibt sich dann zu

$$\frac{dw}{w} = \frac{2\pi \sin\varphi \, d\varphi}{4\pi} = \frac{1}{2}\sin\varphi \, d\varphi. \tag{1}$$

Führt man die Intensität, d.h. die in einer Sekunde von einer Seite durch die Flächeneinheit tretende Energie mit

$$J = w\,c \tag{2}$$

ein, dann gilt für den auf den Winkelbereich $d\varphi$ entfallenden Anteil

$$dJ = c\,dw. \tag{3}$$

Auf die Fläche S fällt damit aus diesem Winkelbereich die Leistung

$$dP = \overrightarrow{dJ}\,\overrightarrow{S} = dJ\,S\cos\varphi = c\,S\cos\varphi \, dw. \tag{4}$$

Diese Leistung soll voraussetzungsgemäß ohne Störung durch Randzonen durch die Öffnung ins Freie übertragen werden. Man erhält aus (4) in Verbindung mit (1)

$$dP = \frac{1}{2}c\,w\,S\sin\varphi \, \cos\varphi \, d\varphi. \tag{5}$$

In einem Abstand r vor dem Mittelpunkt der Öffnung, für den $r \gg \sqrt{S}$ gilt, verteilt sich diese Leistung auf eine Fläche der Größe $2\pi r^2 \sin\varphi \, d\varphi$, und man erhält dort die Intensität

$$J(r,\varphi) = \frac{dP}{2\pi r^2 \sin\varphi \, d\varphi} = \frac{c\,w\,S\cos\varphi}{4\pi r^2}. \tag{6}$$

Für $\varphi = 0°$ gilt

$$J(r,0°) = \frac{c\,w\,S}{4\pi r^2} \tag{7}$$

Führt man (7) in (6) ein, dann erhält man das aus der Optik bekannte Lambertsche Gesetz

$$J(r,\varphi) = J(r,0°)\cos\varphi. \tag{8}$$

Die von der Öffnungsfläche abgestrahlte Gesamtschalleistung ergibt sich aus (5) durch Integration über den Halbraum:

$$P = \int_0^{\pi/2} \frac{1}{2}c\,w\,S\sin\varphi \, \cos\varphi \, d\varphi = \frac{1}{4}c\,w\,S. \tag{9}$$

Diese Leistung würde bei ungerichteter Abstrahlung in den Halbraum im Abstand r vom Mittelpunkt der Öffnung zu der Intensität

$$J(r) = \frac{c\,w\,S}{8\pi r^2} \tag{10}$$

führen.

Als Maß für die Richtwirkung der Abstrahlung wird der Ausdruck

$$10 \lg \frac{J(r,\varphi)}{J(r)} = 10 \lg 2\cos\varphi = G_s(\varphi) \tag{11}$$

benutzt, der als modifiziertes Richtabweichungsmaß bezeichnet wird. Der Index s (von semicirculus) deutet auf den Raumwinkel 2π hin.

Für die Anwendung in der Projektierungspraxis ist (6) ungeeignet. Bezeichnet man den effektiven Schalldruck im ungestörten diffusen Feld mit $\widetilde{p}_i$, dann besteht mit der Schallenergiedichte der Zusammenhang

$$w = \frac{\widetilde{p}_i^2}{\varrho c^2} \; .$$

(12)

Damit erhält man:

$$J(r,\varphi) = \frac{\widetilde{p}_i^2 \; S}{\varrho c \; 8 \; \pi \; r^2} \; 2 \cos \varphi \; .$$

(13)

Beim Übergang zu Pegelgrößen ergibt sich daraus

$$L(r,\varphi) = L_i + 10 \left(\lg \frac{S}{m^2} \right) dB - 20 \left(\lg \frac{r}{m} \right) dB - 10 \; (\lg 8 \pi) \; dB + 10 \; (\lg 2 \cos \varphi) \; dB .$$

(14)

Dabei ist $L(r,\varphi)$ der Schalldruckpegel im Fernfeld im Abstand r und unter dem Winkel φ, L_i der Schalldruckpegel im diffusen Feld des Produktionsraumes.

Bei der praktischen Anwendung von (14) muß man davon ausgehen, daß in den Hallen i.allg. kein ideales diffuses Feld ausgebildet ist. Das betrifft vor allem die Gleichmäßigkeit des Schalldruckpegels; die Richtungsverteilung wird in den meisten Fällen dem diffusen Feld entsprechen. Für L_i kann in (14) dann der Schalldruckpegel in etwa 1,5 m Abstand von der Wand in der Nähe der zu betrachtenden Öffnung angesetzt werden.

2.2   Schalldruckpegel in der Fläche der Öffnung

Wenn man annimmt, daß sich das resultierende Schalldruckquadrat innerhalb eines diffusen Schallfeldes aus der Überlagerung aller Schalldruckquadrate der aus allen Richtungen und mit verschiedenen Frequenzen innerhalb eines betrachteten Frequenzbandes gleichstark angeregten einfallenden und reflektierten Wellen zusammensetzt [2] und daß der Schallabsorptionsgrad der Begrenzungsflächen $\ll$ 1 ist, dann ergibt sich, daß das resultierende Schalldruckquadrat in der Öffnungsfläche halb so groß wie das Schalldruckquadrat im diffusen Feld ist [1].

Für den Schalldruckpegel in der Öffnungsfläche gilt dann

$$L_{\ddot{o}} = L_i - 3 \; dB .$$

(15)

3   Experimentelle Untersuchungen

3.1   Beschreibung des Prüfstandes

Die Abmessungen von Luftführungselementen sind relativ groß. Firstlüftungsaufsätze, die hier vorwiegend untersucht wurden, haben üblicherweise eine Breite von 2...3 m und Längen, die oft mit der Hallenlänge identisch sind. Bei der Untersuchung der Abstrahleigenschaften ist zwar die Beschränkung auf einen Ausschnitt der Länge möglich, die Originalabmessungen eines solchen Ausschnitts wären aber für eine Prüfstandsuntersuchung immer noch zu groß. Von vornherein wurden deshalb Modellmessungen mit einem Maßstab von etwa 1:10 konzipiert.

Das diffuse Schallfeld ließ sich in einem kleinen Modellhallraum mit den Abmessungen 1,8 m X 1,6 m X 1,5 m erzeugen. Dieser Raum hat bei der tiefsten Meßfrequenz von 2500 Hz, entsprechend 250 Hz im Original, bereits eine genügend hohe Eigenfrequenzdichte. Nach verschiedenen Untersuchungen (z.B. [3]) liegen die wesentlichen Anteile der A-bewerteten Bandpegel von Industriegeräuschen im Bereich von 500 Hz bis 2000 Hz. Für Nachbarschaftsbelästigung sind die höherfrequenten Anteile wegen der ungünstigeren Ausbreitungsbedingungen weniger relevant, so daß man sich bei Untersuchungen der Schallabstrahlung nach draußen auf einen Frequenzbereich von 250 Hz bis 1000 Hz beschränken kann.

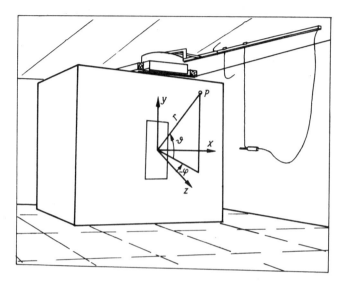

Bild 2 Meßaufbau

an der Vorderseite des Modellhallraumes die Prüföffnung mit dem Koordinatensystem; oben Drehtisch mit Ausleger zur Bewegung des äußeren Meßmikrofons

Der Modellhallraum war an einer Seite eines reflexionsarmen Raumes mit den lichten Abmessungen 6,6 m × 4,2 m × 1,9 m aufgestellt (Bild 2), der oberhalb 2000 Hz die an solche Räume gestellten Anforderungen erfüllte. An der dem reflexionsarmen Raum zugewandten Seitenfläche des Modellhallraumes wurden die Prüfobjekte montiert. Der Schalldruckpegel des diffusen Feldes wurde auf einer schräg liegenden Kreisbahn innerhalb des Hallraumes und der Schalldruckpegel im freien Feld auf mehreren Meßbahnen auf einer Halbkugel um das Zentrum der Prüföffnung gemessen. Beide 1/4"-Mikrofone wurden durch Drehtische bewegt. Synchron zur Bewegung erfolgte die Aufzeichnung der Schalldruckpegel mit einem Pegelschreiber. Aus den beiden gemittelten Schalldruckpegeln innen und außen wurden die auf die Prüföffnung von innen auffallende Schalleistung P_{auf} und die nach außen abgestrahlte Schalleistung P_{ab} ermittelt. Es ist dann in Anlehnung an die in der Bauakustik übliche Definition des Schalldämmaßes R

$$R = 10 \left(\lg \frac{P_{auf}}{P_{ab}} \right) dB. \qquad (16)$$

Das modifizierte Richtabweichungsmaß wurde aus den Pegeln an bestimmten Aufpunkten im freien Schallfeld und der abgestrahlten Schalleistung berechnet:

Die sich aus (11) bei Einführung der beiden Winkelkoordinaten φ und ϑ nach Bild 2 ergebende Definition in Pegelschreibweise ist

$$G_S(\varphi, \vartheta) = L(r, \varphi, \vartheta) - L_S(r). \qquad (17)$$

$L_S(r)$ ergibt sich aus dem Pegel der vom Prüfobjekt abgestrahlten Leistung $L_{P_{ab}}$ zu

$$L_S(r) = L_{P_{ab}} - 10 \left(\lg \frac{S}{m^2} \right) dB. \qquad (18)$$

9

Der von einem Luftführungselement am Aufpunkt (Abstand r, Winkel φ, ϑ) hervorgerufene Schalldruckpegel läßt sich dann analog zu (14) durch

$$L(r,\varphi,\vartheta) = L_i - R + 10 \left(\lg \frac{S}{m^2}\right) dB - 20 \left(\lg \frac{r}{m}\right) dB - 14\ dB + G_s(\varphi,\vartheta) \qquad (19)$$

ausdrücken.

Eine Fehlerbetrachtung führte zu folgenden Grenzen für den Fehler des Schalldämmaßes R:

2,5 kHz und 5 kHz: -0,8 dB < Fehler < 0 dB

10 kHz: -1,4 dB < Fehler < -0,6 dB

und für den Fehler des modifizierten Richtabweichungsmaßes $G_s(\varphi,\vartheta)$:

-1,0 dB < Fehler < 0,2 dB

für $\varphi \leqq 90°$.

3.2 Meßergebnisse für einfache Öffnungen

3.2.1 Schalldruckpegel in der Öffnungsfläche

Zur Überprüfung von (15) wurde eine Öffnung der Breite 600 mm und der Höhe 250 mm mit einem quadratischen Raster der Maschenweite 50 mm überzogen und der Schalldruckpegel in der Mitte jedes Rasterfeldes gemessen. Diese Pegel wurden mit dem Pegel des diffusen Feldes im Modellhallraum verglichen.

Als Mittelwerte für die Pegeldifferenz $L_i - L_ö$ ergaben sich jeweils über 60 Meßpunkte für die drei untersuchten Oktavbänder bei

f_m = 2,5 kHz: 2,6 dB mit einer Standardabweichung s = 0,4 dB

f_m = 5,0 kHz: 3,6 dB mit   s = 0,5 dB

f_m = 10,0 kHz: 3,4 dB mit   s = 0,4 dB

Nach (15) waren 3 dB zu erwarten. Die Übereinstimmung ist sehr gut.

3.2.2 Schalldämmaß von Öffnungen

Bei der Ableitung der Ergebnisse des Abschnitts 2.1 war vorausgesetzt worden, daß die vom diffusen Feld auf die Öffnung eines Hallraumes auffallende Schalleistung ohne Störung durch Randzonen in das freie Schallfeld jenseits der Raumbegrenzung übertragen wird.

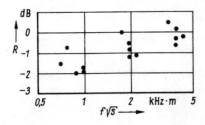

Bild 3 Schalldämmaß R rechteckiger Öffnungen in Abhängigkeit von f $\sqrt{S}$

Verhältnis der Seitenlängen zwischen 2,2 und 2,5

Tatsächlich ergab die Messung des Schalldämmaßes fünf verschiedener rechteckiger Öffnungen mit einem Verhältnis der beiden Seitenlängen zwischen 2,2 und 2,5 bei den drei untersuchten Oktavbändern die im Bild 3 eingetragenen Werte. Aufgrund von Beugungseffekten, auf die im folgenden noch eingegangen wird, wurden für das Schalldämmaß bei niedrigen Frequenzen negative Werte gemessen. Die Meßwerte erreichten erst bei Abszissenwerten von etwa 4 kHz·m den Wert R = 0 dB.

3.2.3 Schalldruckpegel auf der Mittelnormalen einer Öffnung

Die Gültigkeit von (19) ist von großem praktischen Interesse, da sie als Grundlage der Immissionsprognose im einschlägigen Standard- und Richtlinienwerk dient.

Für den Sonderfall der Ausbreitung auf der Mittelnormalen der Öffnung wurden an einer rechteckigen Öffnung und bei Terzrauschen mit den Mittenfrequenzen von 2 kHz bis 10 kHz die Schalldruckpegel als Funktion des Abstandes gemessen. Die Pegel sind auf den Pegel des diffusen Feldes im Innern des Hallraumes bezogen. Um den Übergangsbereich vom diffusen Feld durch die Öffnung in das freie Schallfeld mit zu erfassen, wurden die Messungen bis in das Innere des Hallraumes hinein ausgedehnt.

Für f_m = 5 kHz zeigt <u>Bild 4</u> als Beispiel den Übergangsbereich in großem Maßstab.

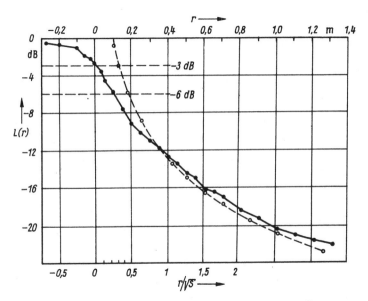

Bild 4 Schalldruckpegel auf der Mittelnormalen einer Öffnung (250 mm breit, 600 mm hoch) in Abhängigkeit vom Abstand r bzw. vom normierten Abstand r/√S̄ für Terzrauschen 5 kHz

——•——•—— Meßwerte
—–o——o–— gerechnet nach (19) mit L_i = 0 dB; $G_S(\varphi)$ = 0 dB; R = -1,2 dB

Bei der nach (19) gerechneten Kurve wurde L_i = 0 dB gesetzt. Für das Schalldämmaß wurde der in einer vorhergehenden Messung bestimmte Wert R = -1,2 dB benutzt. $G_S(\varphi)$ wurde mit 0 dB eingesetzt. Die Abweichung zwischen gerechneter und gemessener Kurve kann dann als das für jede einzelne Entfernung gültige modifizierte Richtabweichungsmaß $G_S(0°)$ angesehen werden.

Von besonderem Interesse ist der Bereich unmittelbar vor der Öffnung. In der Öffnungsfläche (z = 0) wurde mit -2,8 dB ein Wert gemessen, der sich gut in die im Abschnitt 3.2.1 behandelten einordnet.

Bei 0,25 √S̄ liegt der Pegel 6 dB unter dem des diffusen Feldes und bei 0,4 √S̄ (einem Abstand, der in vielen Veröffentlichungen als Grenze für die Gültigkeit von (19) angegeben wird) beträgt die Pegeldifferenz zum diffusen Feld 8 dB, der Fehler zu (19) (mit G_S = 0 dB) 4 dB.

Für Entfernungen $r \geq \sqrt{S}$ kann (19) für alle untersuchten Frequenzbänder in guter Näherung als repräsentativ für den tatsächlichen Schalldruckpegelverlauf betrachtet werden.

3.2.4   Modifiziertes Richtabweichungsmaß für Abstrahlwinkel zwischen 0° und 80°

Die Gültigkeit von (11) war zu prüfen. <u>Bild 5</u> zeigt Meßwerte für eine rechteckige Öffnung bei den drei untersuchten Frequenzbereichen. Für jeden Frequenzbereich sind zwei Meßkurven und die nach (11) gerechnete Kurve dargestellt. Die eine Meßkurve wurde bei Abstrahlung aus der Vorderwand des Modellhallraumes gewonnen. Bei der zweiten war die Vorderwand durch eine zusätzliche Platte so vergrößert worden, daß eine für die Meßbahn „unendlich" große Wand entstand. Im Winkelbereich $0 < \varphi < 80°$ sind die Abweichungen zwischen den beiden Meßkurven

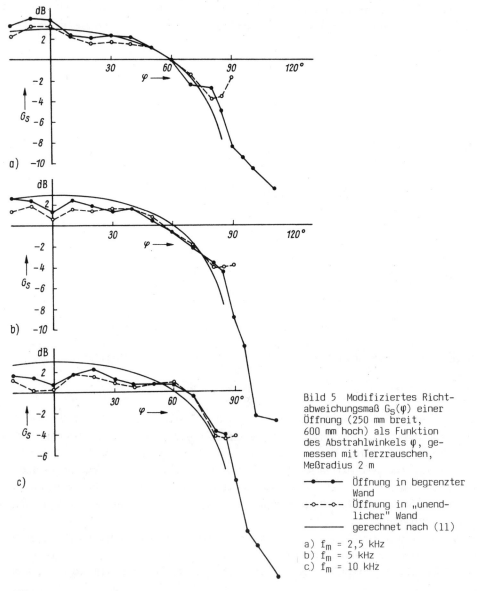

Bild 5 Modifiziertes Richtabweichungsmaß $G_S(\varphi)$ einer
Öffnung (250 mm breit,
600 mm hoch) als Funktion
des Abstrahlwinkels φ, gemessen mit Terzrauschen,
Meßradius 2 m

———•——— Öffnung in begrenzter
Wand
–∘––∘– Öffnung in „unend-
licher" Wand
——————— gerechnet nach (11)

a) $f_m = 2{,}5$ kHz
b) $f_m = 5$ kHz
c) $f_m = 10$ kHz

und auch zu den nach (11) gerechneten Werten gering. (11) kann für diesen Winkelbereich als eine für die Praxis brauchbare Näherung für das modifizierte Richtabweichungsmaß von großen Öffnungen angesehen werden. Die mit wachsender Frequenz für $\varphi = 0°$ zunehmende Abweichung von dem nach (11) zu erwartenden Wert von 3 dB zu geringeren Werten hin ist nicht zufällig, sondern durch Beugungs- und Interferenzerscheinungen bedingt. Für den Sonderfall einer kreisförmigen Öffnung, auf die eine ebene Welle senkrecht auftrifft, läßt sich zeigen, daß der Schalldruck auf der Mittelnormalen in großer Entfernung gegen Null geht. Dies gilt, wie in [1] gezeigt wurde, nicht nur für sinusförmige, sondern auch für Rauschbandanregung. Der Grund liegt darin, daß sich das resultierende Feld aus der Differenz der ungestörten einfallenden Welle und einer gleich großen vom Rand der Öffnung ausgehenden Störwelle ergibt.

Für die hier untersuchten rechteckigen Öffnungen ist wegen der fehlenden Axialsymmetrie und der damit unterschiedlichen Laufzeiten vom Rand der Öffnung zum Aufpunkt nicht mit dem Verschwinden des Schalldrucks zu rechnen. Bei höheren Frequenzen rückt aber der auf die Wellenlänge bezogene Abstand (der bei den Messungen des modifizierten Richtabweichungsmaßes stets 2 m betrug) in Gebiete, in denen ein monoton abfallender Schalldruck erreicht wird. Aufgrund dieser Interferenzerscheinungen muß man deshalb auch mit einer geringen Entfernungsabhängigkeit des Richtabweichungsmaßes rechnen. Im Bild 4 ist das andeutungsweise zu erkennen. Für die praktische Anwendung sind diese geringen Schwankungen jedoch ohne Bedeutung, und man kann in guter Näherung mit den Werten von (11) rechnen.

3.2.5 Modifiziertes Richtabweichungsmaß für streifende Abstrahlung

Der Abstrahlwinkel 90° liegt bei allen praktischen Öffnungen bereits im Schattenbereich, da die stets endliche Wanddicke dazu führt, daß die für den unendlich dünnen Schirm bei 90° liegende Schattengrenze zu kleineren Winkeln verschoben wird. Das bedeutet, daß am Aufpunkt Schall allein infolge Beugung auftreten kann. Wie im vorhergehenden Abschnitt schon erwähnt wurde, werden Beugungseffekte durch die unkompensierten Elementarwellen am Rande von Öffnungen hervorgerufen. Man kann deshalb damit rechnen, daß der Einfluß der Beugung um so stärker ist, je größer das Verhältnis vom Umfang einer Öffnung zu ihrer Fläche ist.

Für geometrisch ähnliche Öffnungen ergibt sich daraus, daß der Einfluß der Beugung mit zunehmender Fläche abnimmt. Für Öffnungen gleicher Fläche, aber unterschiedlicher Form ist der Einfluß der Beugung bei sehr schmalen Öffnungen größer als bei kreisförmigen oder quadratischen.

Nach den akustischen Modellgesetzen (s. z.B. [4]) verhalten sich zwei Öffnungen gleich, wenn ihre charakteristische Längenabmessung - das ist hier der Umfang - bezogen auf die Wellenlänge gleich ist. Zur Normierung von Ergebnissen wäre deshalb das Produkt aus Umfang und Frequenz richtig. In früheren Veröffentlichungen zur Richtcharakteristik von Öffnungen wurde, offenbar in Anlehnung an [5], statt des Umfangs die Quadratwurzel aus der Fläche benutzt. Das Verhältnis vom Umfang zur Quadratwurzel aus der Fläche ist für geometrisch ähnliche Figuren konstant (Kreis: $2\sqrt{\pi}$; Quadrat: 4; Rechtecke mit Seitenverhältnissen zwischen 2 und 10: 4,24...7). Man kann deshalb statt des Umfangs auch die Wurzel aus der Fläche mit der Wellenlänge vergleichen, muß dann aber angeben, für welche Formen von Öffnungen die Funktionswerte gelten.

Hier wurden rechteckige Öffnungen untersucht, bei denen das Verhältnis der Seitenlängen zwischen 1,1 und 2,9 lag. Der Quotient $U/\sqrt{S}$ schwankt damit zwischen 4 und 4,6. Man kann dann ohne großen Fehler damit rechnen, daß für alle untersuchten Öffnungen der Umfang durch die Quadratwurzel aus der Fläche ausgedrückt werden kann. Tabelle 1 enthält die Ergebnisse. Die

Tabelle 1 Gemitteltes modifiziertes Richtabweichungsmaß G_S (90°) bei streifender Abstrahlung längs einer ausgedehnten schallharten Fläche (Spalte 1) bzw. über eine Kante hinweg (Spalte 2) als Funktion von $f\sqrt{S}$

Abmessungen der untersuchten Öffnungen:

1720 mm × 600 mm;   640 mm × 600 mm;   250 mm × 600 mm;   220 mm × 660 mm;   290 mm × 640 mm
(Verhältnisse der Seitenlängen zwischen 1,1 und 2,9)

$f\sqrt{S}$	G_S (90°)	G_S (90°)
	ohne Kanteneffekt	mit Kanteneffekt
kHz·m	dB	dB
1	−1,4	−6,3
2	−2,8	−7,3
3	−3,5	−7,8
5	−4,6	−8,7
10	−6,4	−10,0
20	−8,9	−12,5

Werte der ersten Spalte gelten für den Fall, daß sich der Schall aus der Öffnung streifend über eine ausgedehnte schallharte Fläche ausbreitet und daß der Aufpunkt unmittelbar vor dieser Fläche liegt. Wie schon im vorhergehenden Abschnitt erläutert, wurde zur experimentellen Realisierung die Vorderwand des Modellhallraumes durch eine Platte gleicher Abmessung vergrößert. Das Meßmikrofon wurde unmittelbar vor dieser Platte in einem Abstand von wenigen Millimetern angebracht. Eine mögliche Körperschallanregung der Platte wurde durch eine mit dauerplastischem Kitt ausgefüllte Fuge zum Modellhallraum verhindert. Die Werte der zweiten Spalte gelten für den praktisch wichtigen Fall, daß die Fläche, in der sich die schallabstrahlende Öffnung befindet, begrenzt ist und zwischen Öffnung und Aufpunkt durch eine Kante abgebrochen wird. Durch Beugung an dieser Kante wird Schallenergie in den dahinter liegenden Raum gelenkt, und das modifizierte Richtabweichungsmaß verschiebt sich zu kleineren Werten.

Von verschiedenen Autoren werden empirische Werte zwischen 4 und 5 dB für die Größe des Kanteneffektes angegeben. Die hier durchgeführten Untersuchungen führten bei 30 Einzelergebnissen auf einen Mittelwert von 4,4 dB mit einer Standardabweichung von 1,1 dB.

3.3   Meßergebnisse für Luftführungselemente

Der erste Teil der Untersuchungen an Luftführungselementen wurde im Zusammenhang mit der Vorbereitung der Entwicklung und Fertigung von neuen Firstlüftungsaufsätzen durchgeführt, da das bisher in der DDR für Zwecke der natürlichen Lüftung verwendete sog. stehende Firstoberlicht den gewachsenen Anforderungen nicht mehr entsprach. Es wurden verschiedene Grundformen eines neuen Konstruktionsprinzips strömungstechnisch im Modell untersucht [6] [7]. An diesen Modellen wurden durch Kombination mit Schallabsorptions- u.a. Zusatzmaßnahmen die akustischen Kennwerte ermittelt, die zum Vergleich auch für einige Varianten des stehenden Firstoberlichts gemessen wurden. Da die notwendige Öffnungsfläche im Dach - und damit die abgestrahlte Schalleistung - von strömungstechnischen Parametern beeinflußt wird, wurde ein strömungstechnisch-akustisches Qualitätsmaß zur komplexen Beurteilung von Luftführungselementen eingeführt. Interessant war das dabei gewonnene Ergebnis, daß sich in dem für die

Praxis relevanten Bereich streifender Abstrahlung (70° < φ < 90°) die neuen Bauformen der Aufsätze in ihrem Qualitätsmaß kaum unterschieden, während das stehende Oberlicht um etwa 5 dB schlechtere Werte ergab.

Auf Einzelheiten wurde in [8] eingegangen.

Nachdem die Entscheidung für den Bau von zwei der untersuchten neuen Grundformen gefallen war, wurden weitere Untersuchungen an einem neuen Modell durchgeführt, das durch seinen Aufbau die Erfassung des Einflusses einzelner konstruktiver Einheiten gestattete.

Die neuen Firstlüftungsaufsätze sind sog. Windleitflächenlüfter mit folgendem prinzipiellen Aufbau: Unmittelbar auf dem Dach sitzt ein Schachtelement, das durch den darüber angeordneten Regenschutz weitgehend vor Niederschlägen geschützt wird. An den Längsseiten angebrachte Windleitflächen bilden die äußere Verkleidung, die den bei Wind sonst auftretenden Rückstau verhindern soll. Die aus der Halle abströmende Luft tritt durch das Schachtelement und den Schlitz zwischen den oberen Kanten des Regenschutzes und der Windleitflächen aus. Dieser Schlitz kann durch drehbar gelagerte Klappen weitgehend geschlossen und damit den veränderlichen Anforderungen an den Luftdurchsatz angepaßt werden. Bei allen akustischen Untersuchungen war der Zustand größter Öffnung dieser Klappen an den Modellen eingestellt, um den für den Nachbarschaftsschutz ungünstigsten Fall zu erfassen.

Beim Modell waren die drei konstruktiven Elemente Öffnung in der Dachhaut, Schachtelement und Regenschutz mit Windleitflächen so miteinander verbunden, daß sie sich einfach trennen ließen. So konnte der Einfluß auf Schalldämmaß und modifiziertes Richtabweichungsmaß getrennt erfaßt werden. Außerdem war es leicht möglich, Querschnittsveränderungen im Schachtelement durch längs und quer liegende Lamellen zu untersuchen. Auch der Einfluß schallabsorbierenden Materials an den Schachtinnenwänden und den Lamellen konnte ohne große Umbaumaßnahmen erfaßt werden.

Für die meisten Varianten wurde das modifizierte Richtabweichungsmaß in den beiden Hauptachsen (längs und quer) der Luftführungselemente gemessen.

Es ist nicht möglich, im Rahmen dieses Beitrages ausführlich auf die gewonnenen Ergebnisse einzugehen, deshalb sollen einige von allgemeinem Interesse erwähnt werden.

3.3.1 Einfluß des Regenschutzes mit den Windleitflächen auf die akustischen Eigenschaften von Firstlüftungsaufsätzen

Die durchgeführten Untersuchungen zeigten, daß das modifizierte Richtabweichungsmaß des Gesamtaufsatzes ganz wesentlich von der konstruktiven Gestaltung dieser Baugruppe bestimmt wird. Der Aufbau des Schachtelements (mit oder ohne Lamellen, die längs oder quer eingebaut sind) hat keinen spürbaren Einfluß. Das Schalldämmaß des Gesamtaufsatzes wird durch die Baugruppe Regenschutz mit Windleitflächen um einen festen und frequenzabhängigen Betrag erhöht. Das Schalldämmaß des Gesamtaufsatzes ergibt sich dann aus der Summe der Einzelschalldämmaße des Schachtelements und der Baugruppe Regenschutz mit Windleitflächen. Bei der hier näher untersuchten Form des Windleitflächenlüfters liegt die Verbesserung des Schalldämmaßes durch diese Baugruppe bei 500 und 1000 Hz zwischen 2 und 3 dB, bei 250 Hz etwa bei 4 dB.

3.3.2 Vergleich zwischen leerem Schachtelement und Schachtelement mit schallharten Kulissen, die längs oder quer eingebaut sind

Bei der praktischen Ausführung von Firstlüftungsaufsätzen muß damit gerechnet werden, daß aus konstruktiven oder funktionellen Gründen (z.B. zur Wärmerückgewinnung) eine Untertei-lung des freien Querschnitts sowohl in Längs- als auch in Querrichtung auftreten kann. Um den Einfluß solcher schallharter Platten zu erfassen, wurden beide Fälle untersucht. Die Dicke der Kulissen (im Modell durch 24 mm dicke lackierte Holzleisten nachgebildet) betrug

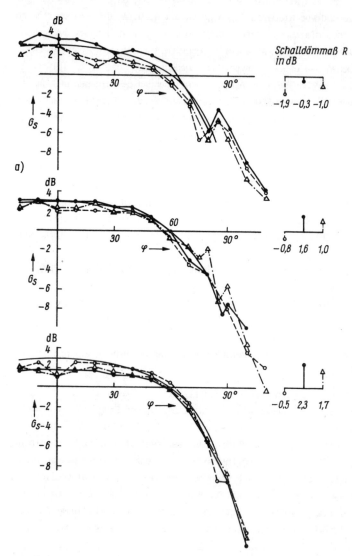

Bild 6 Modifiziertes Richtabweichungsmaß $G_S(\varphi)$ als Funktion des Abstrahlwinkels φ und Schalldämmaß R, gemessen mit Oktavrauschen

–o– –o– schallhartes Schachtelement (2,5 m × 6 m × 1,2 m)
–●—–●— schallhartes Schachtelement mit schallharten Querkulissen
·–△–·–△–· schallhartes Schachtelement mit schallharten Längskulissen
———— gerechnet nach (11)

a) f_m = 250 Hz; b) f_m = 500 Hz; c) f_m = 1000 Hz

240 mm, der Abstand zwischen ihnen 250 mm und die Tiefe 970 mm. Die Untersuchungen wurden in Oktavbändern mit den Originalmittenfrequenzen 250 Hz, 500 Hz und 1000 Hz durchgeführt (Modellfrequenzen entsprechend 10fach höher).

Bild 6 zeigt für die drei Fälle leeres Schachtelement, Schachtelement mit Längskulissen und Schachtelement mit Querkulissen das modifizierte Richtabweichungsmaß $G_S(\varphi)$. Man sieht, daß die Unterschiede zwischen den Kurven gering sind und daß die Kurven gut durch (11) angenähert werden.

Bei Abstrahlwinkeln um 70° treten in den beiden unteren Frequenzbereichen Interferenzeinbrüche auf. Deutlich ausgeprägt ist ein Minimum bei 75° und 80° bei 250 Hz; das auf eine Laufwegdifferenz von den beiden senkrechten Schachtwänden zum Aufpunkt von $3/2\,\lambda$ zurückzuführen ist. Mit wachsender Frequenz steigt die Anzahl der Maxima und Minima, ihr Einfluß auf den Kurvenverlauf wird aber immer schwächer, so daß die durch Beugung und Interferenz verursachten Abweichungen von den statistischen Mittelwerten i.allg. ohne Bedeutung sind. Wichtig ist die Erkenntnis, daß die Richtwirkung der Abstrahlung aus einer Öffnung durch ein davorgesetztes Schachtelement (auch bei Unterteilung durch schallharte Kulissen) nur unwesentlich verändert wird. Erst durch eine schallabsorbierende Auskleidung an den Innenseiten des Schachtes läßt sich eine (oftmals erwünschte) Abschattung für streifende Abstrahlung erreichen. Das Schalldämmaß wird dagegen auch von eingebauten schallharten Kulissen beeinflußt. Bei einem Lochflächenverhältnis von etwa 0,5, wie es hier realisiert war, würde man bei rein geometrischer Betrachtung eine Erhöhung des Schalldämmaßes gegenüber dem freien Schachtelement um 3 dB erwarten. Dieser Wert wird bei 1000 Hz auch annähernd erreicht. Bei dieser Frequenz haben die Kulissen eine Dicke, die etwa der Wellenlänge entspricht. Bei den tieferen Frequenzen beträgt die Dicke der Kulissen nur noch einen Bruchteil der Wellenlänge, so daß nur eine geringe Beeinflussung des Schallfeldes zu erwarten ist. Die Meßergebnisse bei 250 Hz bestätigen das. Aus theoretischen Betrachtungen, die durch die experimentellen Ergebnisse bestätigt wurden, ergibt sich, daß Kulissen mit einer rechteckigen Grundfläche, die senkrecht zur Wellenausbreitungsrichtung stehen, dann mit ihrer vollen Stirnfläche von der abstrahlenden Öffnungsfläche abzuziehen sind, wenn das Produkt aus Wellenzahl und halber Kulissenbreite größer als 1,5 ist.

3.3.3 Einfluß einer Blende neben einer Öffnung

Oft tritt in der Praxis der Lärmbekämpfung der Fall auf, daß nur ein Immissionsort in der Nähe einer schallabstrahlenden Öffnung zu berücksichtigen ist. Dann kann die abschattende Wirkung einer Blende unmittelbar neben der Öffnung genutzt werden. In die Versuchsreihe wurde deshalb die einseitige Blende einbezogen. An der Längsseite der Öffnung 2,5 m × 6 m (Originalmaße) wurde eine Blende der Höhe 1,2 m angebracht, die beiderseits etwa um 2 m über die Länge der Öffnung hinausragte. Der Winkel α zwischen der Fläche der Öffnung und der Ebene durch die Oberkante der Blende und die der Blende gegenüberliegende Öffnungskante betrug 30°.

Bild 7 zeigt die modifizierten Richtabweichungsmaße für das Schachtelement und die einseitige Blende gleicher Höhe für die drei untersuchten Oktavbänder.

Die gerechneten Kurven gelten für die Gleichung

$$G_S(\varphi) = 10 \lg \left[2 \cos (\alpha + \varphi) \right] \text{dB},\qquad\qquad(20)$$

die sich aus (11) ergibt, wenn man sich die abstrahlende Fläche um den Winkel α verdreht zwischen der oberen Kante der Blende und der gegenüberliegenden Kante der Öffnung denkt.

Für das Schachtelement wurde α = 0°, für die Blende α = 30° gesetzt. Die Übereinstimmung der gemessenen und gerechneten modifizierten Richtabweichungsmaße ist bei Beachtung der Gültigkeitsgrenze $(\alpha + \varphi) < 80°$ gut. Man erkennt für Winkel im geometrischen Schattenbereich die günstige Abschirmwirkung der Blende, die bei hohen Frequenzen (1000 Hz) mit der eines schallabsorbierend ausgekleideten Schachtelements identisch ist.

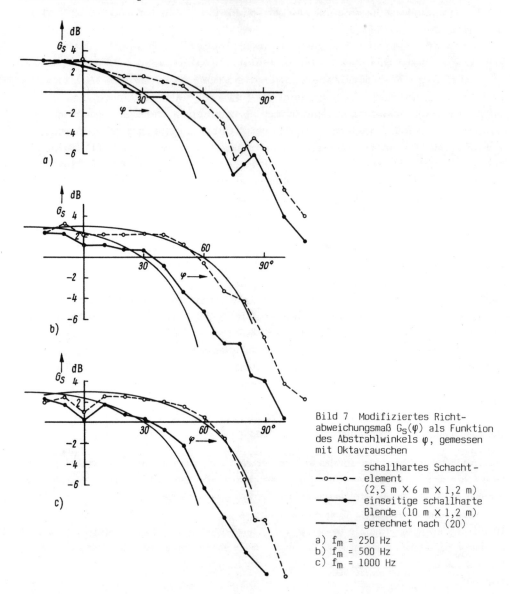

Bild 7 Modifiziertes Richtabweichungsmaß $G_S(\varphi)$ als Funktion des Abstrahlwinkels φ, gemessen mit Oktavrauschen

---o---o--- schallhartes Schacht-element (2,5 m × 6 m × 1,2 m)

—•—•— einseitige schallharte Blende (10 m × 1,2 m)

——— gerechnet nach (20)

a) f_m = 250 Hz
b) f_m = 500 Hz
c) f_m = 1000 Hz

4   Zusammenfassung

Für Werkhallen, in denen bei Produktionsvorgängen große Wärmemengen freiwerden, z.B. in Gießereien, Stahlwerken, Kraftwerken und in der Keramikindustrie, wird oft eine natürliche Be- und Entlüftung geplant, da sonst sehr aufwendige Lüftungsanlagen erforderlich wären.

Bei der natürlichen Lüftung werden die in der Halle entstehenden Luftdruckunterschiede zur Bewegung von Zu- und Abluftströmen genutzt. Dabei strömt die Zuluft durch spezielle Luftführungselemente im unteren Teil der Wände in die Halle, und die Abluft wird am günstigsten an den höchsten Stellen des Daches durch sog. Firstlüftungsaufsätze nach außen geführt.

Die erforderlichen freien Flächen sind relativ groß, so daß durch diese Öffnungen die Gesamtschalldämmung der Hallenhülle stark beeinflußt wird und damit die Einhaltung des gesetzlich vorgeschriebenen akustischen Nachbarschaftsschutzes schwierig werden kann.

Im Zusammenhang mit der Entwicklung neuer Firstlüftungsaufsätze, die strömungstechnisch optimiert wurden, wurde auch deren schalltechnische Wirksamkeit untersucht.

Für den Fall der Öffnung im schallharten Schirm, der von einer Seite diffus beschallt wird, wurde mit den Mitteln der statistischen und geometrischen Akustik der Schalldruck im Fernfeld und in der Öffnungsfläche berechnet. Als geeignete Kenngrößen wurden das Schalldämmaß und ein modifiziertes Richtabweichungsmaß (bezogen auf den Raumwinkel 2π) benutzt. Zur Ermittlung dieser Kenngrößen für verschiedene Formen von Firstlüftungsaufsätzen und zur Überprüfung der Rechenergebnisse für einfache Öffnungen wurde ein Modellmeßplatz aufgebaut, der aus einem Hallraum mit den Abmessungen 1,8 m $\times$ 1,6 m $\times$ 1,5 m und einem ihn umschließenden reflexionsarmen Raum mit den lichten Abmessungen 6,6 m $\times$ 4,2 m $\times$ 1,9 m bestand. Es wurde ein Modellmaßstab von 1:10 verwendet.

Die Messungen wurden bei den Bandmittenfrequenzen 2,5; 5,0 und 10 kHz in Oktav- und/oder Terzbändern durchgeführt. Damit sind die Untersuchungsergebnisse für den bei Industrielärm wichtigen Frequenzbereich von 250 bis 1000 Hz im Original gültig.

Die Meßergebnisse für den Schalldruckpegel in der Öffnungsfläche ergaben sehr gute Übereinstimmung mit der Rechnung. Man kann damit rechnen, daß der Pegel in der Öffnungsfläche um 3 dB unter dem des ungestörten diffusen Feldes liegt. Das Schalldämmaß der untersuchten rechteckigen Öffnungen mit einem Seitenverhältnis von etwa 2,4 erreicht bei f $\sqrt{S}$ = 4 kHz·m den Wert 0 dB. Bei tieferen Frequenzen wurden Werte bis zu -2 dB, bedingt durch Beugung, gemessen. Der Verlauf des Schalldruckpegels auf der Mittelnormalen der Öffnung zeigt, daß etwa von einer Entfernung, die der Quadratwurzel aus der Öffnungsfläche entspricht, mit der Fernfeldformel (19) gerechnet werden kann.

Die Meßergebnisse für das modifizierte Richtabweichungsmaß von Öffnungen für Abstrahlwinkel bis zu 80° zeigen gute Übereinstimmung mit der Rechnung. Die Abweichungen durch Beugungs- und Interferenzeffekte sind gering und im wesentlichen auf die Mittelnormale (φ = 0°) beschränkt. Bei streifender Abstrahlung gelten die Voraussetzungen der Rechnung nicht mehr; die für φ = 90° gemessenen Werte fügen sich gut in die von anderen Autoren ermittelten ein. Bei Abstrahlung längs einer Wand ist es von Bedeutung, ob diese Wand bis zum Aufpunkt reicht oder ob sie vorher durch eine Kante abgebrochen wird. Im ersten Fall liegen die Schalldruckpegel um etwa 4 dB höher.

Die Untersuchungen an Firstlüftungsaufsätzen wurden in zwei Etappen durchgeführt. Während in der ersten Etappe der Vergleich verschiedener Grundformen eines neuen Konstruktionsprinzips im Vordergrund stand, wurde in der zweiten Etappe an der inzwischen gefundenen Vorzugsvariante der Einfluß der einzelnen Baugruppen auf die akustischen Eigenschaften näher untersucht.

Dabei ergab sich, daß der Einfluß der Baugruppe Regenschutz und Windleitflächen weitgehend unabhängig von der konstruktiven Gestaltung des Schachtelements ist. Das Schalldämmaß des gesamten Windleitflächenlüfters wird durch diese Baugruppe um einen festen, frequenzunabhängigen Betrag erhöht, während das modifizierte Richtabweichungsmaß allein durch Regenschutz und Windleitflächen bestimmt wird.

Die Richtwirkung der Schallabstrahlung des Schachtelements unterscheidet sich unwesentlich von der einer Öffnung. Auch durch längs oder quer eingebaute schallharte Kulissen wird die Richtwirkung nicht geändert. Das Schalldämmaß wird durch schallharte Kulissen mit ebenen Stirnflächen dann spürbar beeinflußt, wenn das Produkt aus Wellenzahl und halber Kulissenbreite > 1,5 ist.

Eine Blende neben einer Öffnung bewirkt im abgeschatteten Bereich eine Minderung des modifizierten Richtabweichungsmaßes. Zur Berechnung wird eine einfache Beziehung (20) angegeben.

Literatur

[1] SCHOLZE, J.: Schallabstrahlung von Öffnungen zur natürlichen Lüftung von Hitzebetrieben. Diss., Tech. Univ. Dresden, 1986

[2] WÖHLE, W.: Beiträge zur Schallabstrahlung und Schallausbreitung. Diss. B, Tech. Univ. Dresden, 1977

[3] PLUNDRICH, J.: Das mittlere Spektrum von Industrielärm - Anwendungsmöglichkeiten. Arbeitsschutz, Arbeitshygiene 18 (1982) S. 129-132

[4] GRUHL, S.: Die Anwendung der akustischen Modellmeßtechnik bei der Untersuchung von Industrielärmproblemen. Freiberger Forsch.-H. A 535, Leipzig: Dt. Verl. f. Grundstoffind., 1974, S. 39-59

[5] WELLS, R. C.; CROCKER, B. E.: Sound radiation patterns of gas turbine exhaust stacks. J. Acoust. Soc. Amer. 25 (1953) S. 433-437

[6] DIETZE, L.: Strömungsgünstige Fortluftgeräte für die natürliche Lüftung von Industriehallen mit wärmeintensiver Technologie. Bauinf. Wiss. u. Tech. 26 (1983) 2, S. 10-11

[7] DIETZE, L.: Natürliche Lüftung von Industriehallen über schalldämmende Zuluft- und Abluftöffnungen. Stadt- u. Gebäudetech. (1980) 8, S. 238-240

[8] SCHOLZE, J.: Lärmschutzgerechte Gestaltung von Lüftungsöffnungen in Industriehallen. Bauforsch. , Baupraxis (1982) H. 117, S. 55-67

Anschrift des Autors:

Dr.-Ing. Jürgen Scholze

Bauakademie der DDR, Institut für Heizung, Lüftung und Grundlagen der Bautechnik Plauener Straße 163-165 Berlin 1092

Reinhard Apel

Akustische Verfahren in der Geophysik

Es werden die auf der Ausbreitung elastischer Wellen in geologischen Medien beruhenden geophysikalischen Erkundungsverfahren vorgestellt. Dabei wird besonderer Wert auf einen möglichst vollständigen Überblick und auf moderne Entwicklungsrichtungen gelegt. Algorithmen
bzw. Verfahrensgrundlagen werden erläutert, und weiterführende Literatur wird zitiert. Damit wird es ermöglicht, Ansatzpunkte zur Lösung anderer technischer Probleme zu finden.

The geophysical prospecting methods based on the propagation of elastic waves in geological
media are presented. Great importance is attached in this case to a survey being as complete
as possible and to modern trends of development. Algorithms and fundamentals of procedure
are explained and literature carrying on is quoted. Thereby it is possible to find starting
points for other engineering problems.

On présente les méthodes de prospection géophysiques qui sont basées sur la propagation
d'ondes élastiques dans les milieux géologiques. On s'efforce de donner, d'une part, une
vue d'ensemble complète et d'indiquer, d'autre part, les tendances actuelles de développement. On explique les fondements des algorithmes et des méthodes et l'on cite d'autres
auteurs en vue d'un approfondissement des connaissances. En partant de là, la possibilité
est donnée de trouver des indications pour la solution d'autres problèmes techniques.

1   Einleitung

Erdbeben als Naturphänomen interessierten die Menschheit seit je und veranlaßten sie, sich mit den dabei auftretenden seismischen Wellen, ihren Ursachen und Wirkungen zu befassen. Die geophysikalische Erforschung und Erkundung mit Hilfe elastischer Wellen hat sich, nachdem die Möglichkeiten einer Registrierung von Bodenbewegungen gegeben waren (Anfang des 20. Jh.), rasch entwickelt.

Ein gezielter Einsatz akustischer Wellen zur Erkundung mineralischer Rohstoffe ist seit 1919 bekannt. In der Folgezeit entwickelte sich die <u>angewandte Seismik</u> als eine Disziplin der geophysikalischen Erkundungsverfahren. Gegenwärtig kommt in der geophysikalischen Er-

Tabelle 1   Übersicht zu den akustischen Verfahren der Geophysik

Frequenzbereich in Hz	Quellen	Untersuchungs-bereich	Reichweite in m	Auflösungs-vermögen in m
$10^{-4}...10^{-3}$	Eigenschwin-gungen der Erde	gesamte Erde	10^7	10^5
$10^{-2}...10^{0}$	Fernbeben	gesamte Erde	10^6	10^4
$10^{-1}...10^{1}$	Nahbeben	Erdkruste, Erd-mantel, Deck-gebirge	$10^6...10^4$	$10^3...10^4$
$10^{0}...10^{2}$	Sprengstoff bzw. sprengstofflose Erreger	Deckgebirge (Seismik)	$10^3...10^4$	$10^0...10^1$
$10^{1}...10^{3}$	sprengstofflose Quellen (Inge-nieurseismik)	Bauraum	$10^0...10^2$	$10^{-1}...10^0$
	seismoakustische Impulse	Bergbaurevier, Bohrlochumgebung	$10^0...10^2$	$10^{-1}...10^0$
$10^{2}...10^{4}$	Sprengstoff bzw. sprengstofflose Erreger (Bergbauseismik)	Abbaubereich	$10^0...10^{-2}$	10^0
$10^{4}...10^{5}$	magnetostriktive Ultraschallgeber (Akustiklog)	Bohrloch, Gesteinsproben	$10^{-1}...10^0$	$10^{-2}...10^{-1}$
$10^{5}...10^{6}$	Ultraschallgeber (akustischer Bohrlochfernseher)	Bohrloch, Gesteinsproben	$10^{-1}...10^0$	10^{-3}

kundung diesen seismischen Verfahren, gleichberechtigt neben dem Komplex bohrlochgeophysi-
kalischer Methoden, die größte Bedeutung zu. Das Spektrum der genutzten Wellen reicht vom
Infraschall (10^{-2} Hz) bis zum Ultraschall (10^6 Hz). Sehr vielfältig sind ebenfalls die zu
lösenden Aufgaben, die von der Erforschung des Aufbaus unseres Planeten, der Ermittlung der
geologischen Struktur großflächiger Gebiete bis zur Bestimmung der Mikrostruktur bzw. petrophysikalischer Parameter an Gesteinsproben sowie zur Analyse der Beschaffenheit einer Bohrlochwand reichen.

Ziel dieses Beitrages ist es, einen Einblick in die zahlreichen Möglichkeiten der Anwendung akustischer Wellen in der geophysikalischen Praxis zu geben; im übrigen muß auf weiterführende Literatur verwiesen werden.

Das zur Erkundung im weitesten Sinne genutzte System kann in Anregung, Übertragung durch
das geologische Medium, Aufnahme und Verarbeitung eingeteilt werden. Jedes dieser Teilgebiete wurde im Laufe der Entwicklung durch Neuerungen wesentlich beeinflußt, wobei der Einzug der Computer- und Digitaltechnik eine tiefgreifende Revolutionierung der gesamten seismischen Erkundungsverfahren bewirkt hat. Im folgenden ist eine Gliederung nach den Einsatz-
gebieten zugrunde gelegt. Nach einer kurzen, prinzipiellen Erläuterung des Verfahrens wird
auf Anregung, Aufzeichnung, Verarbeitung und künftige Entwicklungstendenzen eingegangen.

Einen Überblick zur Vielfalt der seismischen Verfahren soll Tabelle 1 geben (erweitert
nach MILITZER/WEBER [8] und HURTIG/STILLER [6]).

2   Seismologie

In der Seismologie nutzt man akustische Wellen, die hauptsächlich durch tektonische Vorgänge
(Erdbeben) ausgelöst werden und Frequenzen von etwa 10^{-2} bis 10^1 Hz aufweisen. Diese Wellen,
die aber auch durch große Sprengungen (unterirdische Kernexplosionen) hervorgerufen werden
können, nutzt man zur physikalischen Strukturuntersuchung unseres Erdkörpers. Als wichtigste
Wellenarten entstehen Longitudinal-, Transversal- und Oberflächenwellen.

Die Registrierung der seismischen Wellen erfolgt in seismologischen Observatorien, die
über die ganze Erde verteilt sind. Die wichtigsten seismologischen Observatorien der DDR
befinden sich in Collm (Karl-Marx-Universität Leipzig), Berggießhübel und Moxa (Zentralinstitut für Physik der Erde Potsdam in der Akademie der Wissenschaften der DDR). Die verschiedenen Wellentypen werden mit Seismografen registriert, die nach dem Prinzip des Verti-
kal- oder des Horizontalpendels arbeiten (Bild 1).

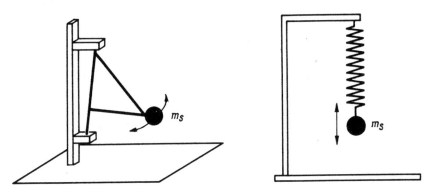

Bild 1   Prinzip von Horizontal- und Vertikalpendel
m_s seismische Masse

Es werden drei Komponenten (Nord-Süd-, Ost-West- und Vertikalkomponente) aufgenommen. Ein Netz von Stationen ermöglicht eine genaue Ortung des Erbebenherdes. Während die ersten Seismografen die Bewegung der seismischen Masse direkt auf Papier übertrugen, werden heute, bedingt durch die Art der Aufnehmer, der Schwingweg, die Schwinggeschwindigkeit oder die Schwingbeschleunigung in ein elektrisches Signal gewandelt und analog und/oder digital aufgezeichnet. Bei der Einrichtung seismologischer Observatorien muß beachtet werden, daß ein möglichst geringer Störpegel (seismische Unruhe) am Standort herrscht. Deshalb sind die Seismografen oft in Seismometerräumen untergebracht, die außerdem ein thermisches Gleichgewicht für das Meßgerät schaffen. Die Suche nach einem „seismisch ruhigem" Untergrund ist in dicht besiedelten und hoch industrialisierten Gebieten wie Mitteleuropa ein sehr schwierig bzw. gar nicht zu lösendes Problem.

Die Bearbeitung der seismischen Zeitfunktion ist in der Seismologie vor allem durch die Berechnung der <u>Amplitudenspektren</u> gekennzeichnet. Es ist auch üblich, das Seismogramm in den Frequenzbereich zu transformieren, um in dieser Form effektiver Korrekturen (Instrumenteneinfluß) vorzunehmen. Anschließend wird in den Zeitbereich zurücktransformiert. Aus dem Spektrum der Bodenverschiebung von Longitudinal- oder Transversalwellen lassen sich auch zur Zeitbereichsinterpretation zusätzliche Informationen gewinnen. So werden aus den Vergleichen von Spektren in Abhängigkeit vom verwendeten Herdmodell (z.B. MADARIAGA-Modell [7]) verschiedene Herdparameter, wie seismisches Moment, Herdradius, Dislokation, stress drop und Anstiegszeit bestimmt. Mit Hilfe dieser spektralen Parameter kann auch zwischen einem Erdbeben und einer Kernexplosion als Signalquelle unterschieden werden (große Bedeutung hinsichtlich der Überwachung von Kernwaffentests). Voraussetzung für derartige Bearbeitungen ist in der Gegenwart eine Computerkopplung, um die anfallende Datenmenge reduzieren und bearbeiten zu können. Nach dem Samplingtheorem

$$\Delta t \leqq 1/(2\ f_0)$$

folgt für eine obere Grenzfrequenz von 10 Hz eine minimale Abtastrate von 20 Hz. In der Praxis wird üblicherweise mit 50 Hz bei mit $f_0 = 10$ Hz bandbegrenzten Signalen abgetastet. Für 3 Komponenten fallen damit 150 Meßwerte/s an. Ein notwendiger Dynamikbereich von mindestens 100 dB erfordert eine Auflösung des Analog-Digital-Umsetzers von > 16 Bit. Damit ergibt sich ein Datenanfall von 2400 bit/s. Aufgrund der geringen Häufigkeit und des statistischen Charakters des Auftretens seismologisch interessanter Ereignisse laufen die digitalen Werte über einen FIFO-Zwischenspeicher (first in first out) auf einen Mikrorechner, der eine Ereignisdetektion vornimmt. Eine einfache Amplitudenauswertung genügt in der Regel nicht, da auch akustische und elektrische Störsignale (Bodenunruhe durch Verkehr oder Industrie, Schaltspitzen) in das System gelangen. Es werden deshalb die Ereignisform, das Spektrum und die Amplitude analysiert, ehe vom Mikrorechner eine Speicherung veranlaßt wird.

Heute liegen die Hauptaufgaben der Seismologie in der detaillierten Erkundung des Schalenaufbaus der Erde, in Forschungsbeiträgen zum Herdmechanismus von seismischen Ereignissen, in Untersuchungen zur Verbesserung der erdbebensicheren Bauweise (von besonderer Bedeutung für Großbauwerke, wie Staudämme, Kraftwerke oder Fernsehtürme) und vor allem in der Prognose bzw. Früherkennung von Erdbeben zur Schadensminimierung.

3   Seismoakustik

Die Seismoakustik ist weitgehend eine Seismologie in kleineren Dimensionen. Es werden akustische Ereignisse, die durch den Abbau von Spannungen im Gebirge entstehen, registriert und analysiert.

In untertägigen Bergbaurevieren hilft die Seismoakustik, spannungsgefährdete Bereiche frühzeitig zu erkennen und entsprechende Maßnahmen einzuleiten. Auch Abbaumethoden und -verfahren können durch die Seismoakustik hinsichtlich der entstehenden Gefährdung der Grubensicherheit analysiert werden.

Ein neues Aufgabengebiet der Seismoakustik entstand im Zusammenhang mit den Untersuchungen zur Gewinnung geothermischer Energie. Aufgrund der regionalgeologischen Situation vieler Länder hat in den letzten Jahren das Hot-dry-rock-Verfahren zunehmend an Bedeutung gewonnen. Hierzu werden zwei Bohrungen soweit abgeteuft, bis Temperaturen von mindestens 150 °C auftreten. Das Prinzip des Verfahrens besteht darin, kaltes Wasser in eine Bohrung einzupressen, über ein Kluft- oder Fracsystem zu erwärmen und aus der zweiten Bohrung als warmes oder heißes Wasser wieder zu gewinnen. Entscheidend für den Effekt sind neben der Gesteinstemperatur die mit den Fracs gegebenen Fließwege und Austauschflächen. Häufig werden diese künstlich erzeugt. Ziel seismoakustischer Arbeiten ist es, die Rißortung während des Fracvorganges zu ermöglichen und damit eine Qualitätskontrolle des Rißsystems bez. seiner Wärmeaustauscheffektivität zu realisieren.

Kennzeichnend für alle seismischen Ereignisse ist, daß sich mit wachsender Energie die Herddimensionen vergrößern, jedoch die Eckfrequenz im Spektrum kleiner wird. Bild 2 zeigt ein für seismische Ereignisse typisches Spektrum. Daraus ergibt sich, daß die in der Seismoakustik zu erfassenden Signale wesentlich höhere Frequenzen aufweisen. Ein Richtwert kann

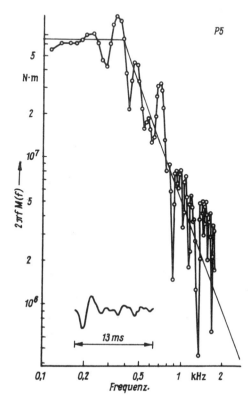

Bild 2 Typisches Spektrum eines seismischen Ereignisses (nach SPANN [13])

bei 1 kHz angesetzt werden. Es ist eine Dynamik von mindestens 80 dB anzustreben. Damit ergibt sich ein Datenanfall von 70000 bit/s und Geofon. Im allgemeinen werden in einem Bergbauüberwachungsnetz 20...50 Geofone eingesetzt. Auch hier ergibt sich sofort das Problem extrem hoher Datenraten. Die Lösung besteht

- in einer Ereigniserkennung und damit einer zeitselektiven Aufzeichnung und
- im Einsatz moderner numerischer Verfahren zur Datenreduzierung.

Der Einsatz moderner numerischer Verfahren zur Datenreduzierung mit minimalen bzw. ohne Informationsverlust ist ein Schwerpunkt für viele moderne seismische Verfahren geworden.

4 Erkundungsseismik

Die Erkundungsseismik entwickelte sich nach Einführung der Refraktionsseismik durch MINTROP im Jahre 1919 als Hauptverfahren der Erdölprospektion rasant und ist gegenwärtig das wohl am weitesten entwickelte geophysikalische Erkundungsverfahren. Viele Probleme können im folgenden nur angesprochen werden, während auf moderne Bearbeitungsalgorithmen etwas tiefer eingegangen wird.

4.1 Generelle Grundlagen

Die Grundideen der seismischen Erkundung stammen aus der geometrischen Optik. Wesentliche physikalische Gesetze sind:

- das Huygenssche Prinzip,
- das Brechungsgesetz und
- das Reflexionsgesetz.

Das Grundprinzip der <u>Refraktionsseismik</u> beruht auf einem Spezialfall des Brechungsgesetzes

$$\frac{\sin \alpha_1}{\sin \alpha_2} = \frac{v_1}{v_2} \; .$$

Mit $\quad \sin \alpha_2 = 1$ wird $\sin \alpha_1 = \frac{v_1}{v_2}$,

d.h., daß sich genau dann eine an der Grenze zweier geologischer Schichten entlanglaufende Welle ausbildet, wenn der Sinus des Winkels zwischen Wellenstrahl und Lot gerade dem Verhältnis beider Geschwindigkeiten entspricht. Ist $v_2 < v_1$, so kommt man allerdings an die Grenzen der Refraktionsseismik. Mit der Tatsache, daß die Erkundung von Schichtgrenzen durch geologische Bedingungen eingeschränkt wird, konnte man sich nicht zufrieden geben. Deshalb wurde das heute gegenüber der Refraktionsseismik international dominierende Verfahren der <u>Reflexionsseismik</u> entwickelt, das diese Mängel aufgrund eines anderen Meßprinzips nicht aufweist. Grundprinzip dieses Verfahrens ist, daß der Winkel der einfallenden und der reflektierten Welle zum Lot des Reflektors gleich groß sind. <u>Bild 3</u> soll zur Veranschaulichung dienen. Daraus ist das Grundprinzip zur Geofonaufstellung zu erkennen: Interferenzzonen meiden, d.h.

- bei der Refraktionsseismik: Geofone relativ weit vom Schußpunkt entfernt,
- bei der Reflexionsseismik: Geofone in Schußpunktnähe aufstellen.

Der Fall, daß sich im Untergrund horizontale ebene Schichtgrenzen befinden, kommt sehr selten

146

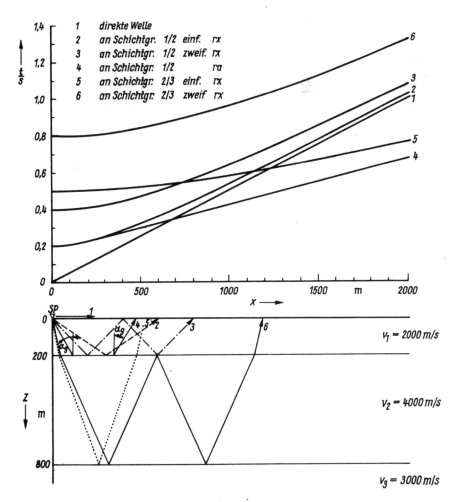

Bild 3 Laufzeitschema für verschiedene Wellentypen mit zugehörigem Modell
rx reflektierte Welle; ra refraktierte Welle

vor. Häufiger sind geneigte ebene Schichtgrenzen anzutreffen. Es sei darauf hingewiesen, daß
bei zum Schußpunkt symmetrischer Aufstellung der Geofone auch diese Schichtgrenzen relativ
einfach aus den Seismogrammen zu rekonstruieren sind. Viele Reflexionshorizonte zeichnen sich
jedoch durch tektonische Beanspruchung aus. Eine richtige Rekonstruktion der räumlichen Lage
des Reflektors ist dann ungleich komplizierter als in den vorher genannten Beispielen und am
besten mittels Migrationsverfahrens zu lösen. Im Abschnitt Signalbearbeitung wird darauf eingegangen.

In Abhängigkeit von den Forderungen bez. der Teufengenauigkeit ist auch die Topografie zu
berücksichtigen und mittels der sog. statischen Korrektur zu eliminieren.

4.2 Anregung seismischer Wellen in der Erkundungsseismik

Es wird heute nicht nur die räumliche Lage der Reflektorelemente berechnet, sondern es bestehen hohe Forderungen hinsichtlich des Schichtauflösungsvermögens und bez. der Genauigkeit
der Teufenzuordnung auch in großen Tiefen. Dazu mußte die Anregung seismischer Wellen ver-

bessert werden. Theoretisches Ziel ist die Anregung eines möglichst kurzen Rechteckimpulses großer Amplitude. Die auf dem Wege der Verbesserung des Anregungssystems durchgeführten Versuche sollen hier kurz genannt werden; eine ausführlichere Darstellung ist bei FORKMANN [4] zu finden. Während in den Anfängen der Seismik nur mit einer, in einer Flachbohrung eingebrachten Sprengladung als Signalquelle gearbeitet wurde, dominieren heute Bodenvibratoren, und für Spezialaufgaben werden z.B. Airgun oder zusätzlich beschleunigte Fallgewichte eingesetzt.

Für geringe Erkundungstiefen werden aus Kosten- und Zeitgründen beschleunigte Fallgewichte (z.B. Hammerschlag) eingesetzt. Bei mittleren Erkundungstiefen kommen vorrangig Bodenvibratoren unterschiedlicher Funktionsprinzipien zum Einsatz (elektrodynamisch angeregte Systeme, Exzenterschwinger), und auf See spielen heute Druckgasexplosionen bzw. Kavitationsimplosionen (Airgun; Vaporchoc) eine führende Rolle. Bei fast allen Anregungssystemen besteht das technische Problem im „Nachschwingen" („bubble") des Anregungsvolumens, da es aufgrund der Kopplung zum geologischen Medium nicht möglich ist, das System völlig zu bedämpfen.

Andere Funktionsprinzipien, die eine gewisse Bedeutung erlangt haben sind Pulsation, Gasexplosion und Verdampfung.

Bei der Anregung mit Sprengstoff gilt folgende Fausformel: Die Impulslänge ist der Ladungsmenge direkt und die obere Anregungsfrequenz der Ladungsmenge indirekt proportional.

Da möglichst kurze Impulse großer Bandbreite erzeugt werden sollen, demgegenüber aber große Energie der Quelle zur Erzielung großer Erkundungstiefen gefordert wird, regt man mittels vieler kleiner, verteilter Ladungen an. Außerdem ist man bestrebt, eine richtungsselektive Energieabstrahlung zu erreichen, was mit diesen Anregungssystemen möglich ist.

4.3   Registrierung und Bearbeitung seismischer Wellen

Nachdem die seismischen Wellen das geologische Medium durchlaufen haben und bez. Amplitude, Frequenzgehalt und Polarisation beeinflußt worden sind, müssen sie registriert werden. Voraussetzung dazu ist ein Wandler, der die Bewegungsgröße in eine elektrische Spannung umformt, dabei einen hohen Wirkungsgrad aufweist und im interessierenden Frequenzbereich das Signal nicht wesentlich spektral verzerrt. In der Regel werden dazu in der Seismik auf dem elektrodynamischen Prinzip basierende Sensoren, sog. Geofone, genutzt, für die

$$u \sim dx/dt,$$

gilt, die also Schwinggeschwindigkeitssensoren sind. Dabei ist zu beachten, daß der Resonanzpeak des Aufnehmers außerhalb des interessierenden Frequenzbereiches liegt (meist unterhalb). Das gewandelte Signal wird analog über den Kabelbaum bis zur Meßkabine geleitet. In der Kabine erfolgt eine erste Aufbereitung. Im wesentlichen werden die Signale verstärkt, gefiltert, gemultiplext und analog-digital umgesetzt. Mit der Aufzeichnung der Signale auf einem Digitalmagnetbandgerät ist der eigentliche Feldprozeß abgeschlossen. Die Möglichkeit eines Replays des Bandes über Digital-Analog-Umsetzer und Demultiplexer auf Film oder Spezialplotter ermöglicht dem Feldgeophysiker eine Kontrolle bez. Vollständigkeit und Qualität der Aufzeichnung und damit die Entscheidung über eine eventuelle Wiederholung des Schusses. Die Notwendigkeit der digitalen Aufzeichnung seismischer Daten erwuchs mit der Existenz von Digitalrechnern und mit der Flut neu entstehender Bearbeitungsalgorithmen, die sich meist durch extrem hohen Rechenaufwand auszeichnen. Voraussetzung für die Digitalisierung eines analogen Signals ist, daß dieses bandbegrenzt und durch eine obere Grenzfrequenz f_0 gekennzeichnet ist. Dann ist es möglich, unter Berücksichtigung des Abtasttheorems

$$\Delta t \leqq 1/(2\ f_0)$$

zu digitalisieren. In der Praxis wählt man $\Delta t = 1/(4\ldots5\ f_0)$, was Werten von 1 ms ($f_0 = 200\ldots250$ Hz) entspricht. Komplizierter ist es, den erforderlichen Dynamikbereich zu erfassen, der bei etwa 80 dB liegt. In der Regel hilft man sich dabei mit „gain ranging". Für die 2-D-Seismik sind gegenwärtig Kanalzahlen von 48 oder 96 üblich. In der 3-D-Seismik sind Empfangssysteme mit bis zu 10 000 Kanälen bekannt. Dabei treten Probleme in den Vordergrund, die bei kleinen Systemen nahezu keine Bedeutung haben, wie extrem hohe Datenübertragungsraten (Übergang zum Lichtwellenleiter oder zur drahtlosen Telemetrie), Spezialsteckverbinder oder Masse des Kabelbaumes.

Wesentlichen Einfluß auf die Qualität der Ergebnisse hat die Feldmethodik. Zwei wesentliche Prinzipien sollen hier kurz erläutert werden:

CDP-Prinzip (common depth point)

Um Störwellen, z.B. die direkte Welle, refraktierte oder mehrfach reflektierte Wellen, weitgehend zu unterdrücken, arbeitet man seit längerer Zeit generell mit CDP-Aufstellungen (Prinzip der Mehrfachüberdeckung). Der eigentliche Effekt der Störwellenunterdrückung wird erst durch die CDP-Stapelung im Computerzentrum erreicht, für die jedoch eine Mehrfachüberdeckung Voraussetzung ist. Die CDP-Aufstellung ist eine symmetrische Anordnung von Geofon und Schußpunkt bez. der Projektion des Reflektorlotes an die Erdoberfläche, wobei verschiedene Laufwege (Anzahl verschiedener Wellenwege entspricht Grad der Überdeckung) der seismischen Wellen registriert werden müssen.

Interferenzprinzip

Neben dem Nutzsignal kommen am Einzelgeofon immer auch Störsignale (Störwellen, mikroseismische Bodenunruhe) an. Unter der Voraussetzung, daß die zufälligen Störungen in ihrer Phasendifferenz untereinander bzw. gegenüber dem Nutzsignal mit gleicher Wahrscheinlichkeit einen beliebigen Wert zwischen 0 und 2π annehmen, führt die Summation von n bez. Nutzsignal gleichphasigen Signalen mit einer Störamplitude von je A_0 zu einer resultierenden Störamplitude von

$$A_{0\,res} = A_0\ \sqrt{n}\ \sqrt{\pi}/2\,.$$

Die Nutzsignale addieren sich aufgrund ihrer Gleichphasigkeit. Damit kommt es bei n-facher Bündelung zu einer Verbesserung des SNR (signal noise ratio) von $1,13\ \sqrt{n}$. Unter Bündelung versteht man, daß nicht Einzelgeofone, sondern Geofongruppen aufgestellt werden, wobei der Abstand der Geofone innerhalb einer Gruppe klein gegenüber der Wellenlänge des Nutzsignals sein muß. Mit diesen Anordnungen wird natürlich auch eine Unterdrückung regulärer Störwellen erreicht, und zwar am besten dann, wenn der Geofonabstand innerhalb der Gruppe gerade gleich der halben Wellenlänge der Störwelle ist. Bei bestimmten Anordnungen der Geofone innerhalb einer Gruppe kann außerdem eine Richtwirkung des Empfangssystems erzielt werden.

4.4   Digitale Bearbeitung reflexionsseismischer Meßdaten

Als Ergebnis der Feldarbeiten liegen Magnetbänder mit Meßwerten vor, die dem Rechenzentrum mit einem beschreibenden technischen Kommentar zur Bearbeitung übergeben werden. Erst dort erfolgt die Umwandlung der aufgezeichneten Zeitreihen in geologische Tiefenschnitte. Dazu werden aufgrund der immens großen Datenmengen sowie wegen der Kompliziertheit und Vielzahl notwendiger Operationen nach Möglichkeit Computer genutzt, die über eine Hauptspeicherkapazität > 1 MByte, eine mittlere Operationsgeschwindigkeit > $1 \cdot 10^6$ Op/s und eine komfortable Peripherie (mehrere schnelle Magnetbandeinheiten, große Festplattenspeicher, Plotter) verfügen. In den letzten 15 Jahren wurden auch spezielle Computer bzw. Computerteile für die Bearbeitung seismischer Meßdaten entwickelt, die besonders Matrizenoperationen mit hoher Geschwindigkeit ausführen können (Convolver, Matrixmodul). Zur endgültigen Umwandlung von Zeit- in Tiefeninformationen werden noch Meßdaten anderer Verfahren, wie der seismischen Vertikalprofilierung oder des Akustiklogs, die noch beschrieben werden, genutzt.

Einige Besonderheiten der digitalen Bearbeitung reflexionsseismischer Meßdaten sollen kurz angeführt werden:

- Es liegt eine Vielzahl zu verarbeitender Daten vor. Ein einfaches Beispiel möge das veranschaulichen. Ein Profil von 100 Kilometer Länge, auf dem aller 100 Meter geschossen wird, soll mit 96 Kanälen registriert und bis zu einer Tiefe von etwa 5000 m erkundet werden. Aufzeichnungsdauer je Schuß etwa 5 s. Damit werden bei 96 Kanälen 480 s Signaldauer je Schuß aufgezeichnet. Auf dem gesamten Profil muß 1000 mal geschossen werden, was einer Gesamtaufzeichnungsdauer von etwa 130 h entspricht. Erfolgt die Digitalisierung mit 1 ms Abtastintervall und 14 bit Wortbreite, dann folgt daraus, daß auf dem genannten Profil etwa $6{,}72 \cdot 10^9$ bit an Rohdaten anfallen.
- Die aufgezeichneten Signale bestehen aus Nutz- und Störkomponenten verschiedener Art. Die Störkomponenten sind vor der eigentlichen Bearbeitung optimal zu eliminieren.
- Die Bearbeitung ist durch lange und komplizierte Algorithmen gekennzeichnet, die häufig iterativen Charakter haben und folglich für jeden Datensatz mehrfach auszuführen sind.

Generell kann die Bearbeitung in drei Hauptschritte eingeteilt werden:

1. Vorstapelung (preliminary stack). Unter Nutzung der bestmöglichen verfügbaren Bearbeitungsparameter bez. Filterung, Geschwindigkeitsverteilung und petrophysikalischer Parameter wird eine erste CDP-Stapelung realisiert. Das Ergebnis dieser Operation gibt Aufschluß über die Eignung der gewählten Parameter und dient außerdem der Einschätzung der Art des auftretenden Rauschens, des Vorhandenseins multipler Reflexionen, der Stapelqualität, der Variation der Ausbreitungsgeschwindigkeit im Halbraum und anderer Kennwerte.
2. Parameteroptimierung. Durch Variation im Sinne einer Verbesserung der Bearbeitungsparameter wird Schritt 1 wiederholt und eine iterative Verbesserung der Werte angestrebt.
3. Endgültige Stapelung (final stack). Unter Nutzung der im 2. Bearbeitungsschritt ermittelten optimalen Parameter wird bei zusätzlicher Durchführung der Migration und der Zeit-Tiefen-Transformation ein Schnittbild (2-D-Seismik) oder ein räumliches Bild (3-D-Seismik) des Untergrundes berechnet und in einer anschaulichen Form (meist Farbgrafik) ausgegeben.

Zerlegt man den Bearbeitungsprozeß aus numerischer Sicht, dann ergibt sich folgendes Grobschema, dessen Algorithmen in einer Auswahl (durch * gekennzeichnet) anschließend etwas genauer beschrieben werden:

- Input und Datentransformation
* Ausführung grundlegender Bearbeitungsalgorithmen, wie Amplitudenrekonstruktion, statische Korrektur, dynamische Korrektur und Muting;
* gewichtete oder ungewichtete Summation verschiedener seismischer Spuren unter Bezugnahme auf einen gemeinsamen Reflektor im Untergrund (CDP-Stapelung);
* Zeitreihenbearbeitung in unterschiedlichster Form, z.B. digitale Filterung (convolution), inverse Filterung (deconvolution), Kreuzkorrelation, Fouriertransformation;
* Durchführung spezieller Bearbeitungsverfahren, wie Migration, Zeit-Tiefen-Transformation und Modellierung.

In diesem Zusammenhang sollen aufgrund ihrer Bedeutung einige wesentliche Vorteile der Digitaltechnik für die Seismik angeführt werden:

- gegenüber der Analogtechnik wesentlich größerer Dynamikumfang;
- Flexibilität der Filter;
- Verbesserung der Interpretation durch Korrelationstechnik;
- Eliminierung der Rauscheinflüsse und Verzerrungen des Signals nach der Aufzeichnung, d.h. während des Bearbeitungsprozesses;
- bessere Möglichkeiten des automatischen Kartenzeichnens;
- günstigere Eignung hinsichtlich Amplitudenkorrelationstechniken, inverser Filterung und Datenfernübertragung;
- schnelle und exakte Abarbeitung der Algorithmen.

4.4.1   Amplitudenrekonstruktion

Aufgrund der nicht idealen Elastizität geologischer Medien und der sphärischen Divergenz bei der Ausbreitung unterliegen die seismischen Wellen auf ihrem Weg von der Quelle bis zum Empfänger einer Amplitudenabnahme. Außerdem wird das Signal noch durch das Aufzeichnungssystem beeinflußt. Die Amplitudenrekonstruktion soll diese Einflüsse kompensieren. Sie besteht im wesentlichen aus der Multiplikation der seismischen Spur mit einer Funktion f_{Amp}, die sich wie folgt zusammensetzt:

$$f_{Amp} = \frac{C\ \overline{v}(t)\ t\ \exp(\overline{v}(t)\ \alpha t)}{G(t)} ;$$

C   Skalierungskonstante,
α Absorptionskoeffizient,
$\overline{v}(t)$ mittlere Ausbreitungsgeschwindigkeit als Funktion der Aufzeichnungszeit,
$G(t)$ Zeitfunktion der Aufzeichnungseinheit.

Es ist unschwer zu erkennen, wie komplex diese Funktionen sind und wie kompliziert es ist, eine gute Näherung unter Stützung auf andere Verfahren zu ermitteln. Die Qualität der Amplitudenrekonstruktion ist für den erfahrenen Geophysiker aus der Verteilung der Reflexionshorizonte im Zeitschnitt zu erkennen. Wurden bei der Amplitudenrekonstruktion späte Einsätze übertont, so sind im unteren Teil des Zeitschnitts zu viele und im oberen Teil zu wenige Reflektorelemente zu finden und umgekehrt. Der Seismiker hat in der Regel schon eine Vorstellung vom geologischen Bau seines Untersuchungsgebietes, die er entweder aus dem Studium der Ergebnisberichte anderer geophysikalischer Verfahren (z.B. der Gravimetrie) oder

aus der Kenntnis der regionalgeologischen Situation erwirbt, was natürlich bez. des Start-
modells seiner Funktionen und hinsichtlich der Einschätzung der Qualität der Amplitudenrekonstruktion von großer Bedeutung ist.

4.4.2 Statische Korrektur

Die seismische Erkundung wird meist auch durch das Vorhandensein einer Locker- oder auch
Langsamschicht an der Erdoberfläche (oberhalb des Grundwasserspiegels) und die Morphologie
beeinflußt. Dieser Einfluß macht die sog. statische Korrektur erforderlich, die so bezeichnet wird, weil sie im Gegensatz zur dynamischen Korrektur unabhängig von der Aufzeichnungszeit ist. Um die ungünstigen Anregungsbedingungen innerhalb der Langsamschicht zu umgehen,
teuft man Schußbohrungen möglichst bis unterhalb dieser Schicht ab. In der Feldpraxis befinden sich folglich die Geofone untereinander und auch in Beziehung zum Schußpunkt in unterschiedlichen Höhenniveaus. Ziel der statischen Korrektur als einer vorbereitenden Maßnahme für die CDP-Stapelung ist es, alle Schuß- und Empfangspunkte auf ein Niveau zu transformieren. Dieses Bezugsniveau wird in der Regel unterhalb der Langsamschicht gewählt. Der
Wert der statischen Korrektur hängt also von folgenden Faktoren ab:

- vertikaler Abstand der Quelle vom Bezugsniveau;
- Morphologie, d.h. vertikaler Abstand der Geofongruppe vom Bezugsniveau;
- Geschwindigkeitsverteilung in der Langsamschicht entlang des seismischen Profils und
- Variation der Mächtigkeit der Langsamschicht.

Der errechnete Wert für die statische Korrektur wird von der jeweiligen Spur subtrahiert.
Sie setzt sich aus Quellen- und Empfängerkorrektur zusammen.

4.4.3 Dynamische Korrektur

Die dynamische Korrektur ist der letzte wesentliche Bearbeitungsschritt vor Ausführung der
CDP-Stapelung. Im Ergebnis der dynamischen Korrektur werden bei idealer Abarbeitung des Algorithmus alle Einsätze in verschiedenen Spuren, die sich auf den gleichen Tiefenpunkt beziehen, zeitgleich. Das Prinzip des Verfahrens besteht darin, synthetisch die Entfernung
zwischen Quelle und Geofon auf Null zu bringen und den horizontalen Bezugspunkt in der Mitte
zwischen beiden festzulegen. Folglich arbeitet man nach der dynamischen Korrektur nur noch
mit Lotzeiten. Mathematisch gesehen besteht die dynamische Korrektur im „Aufbiegen der Lauf-
zeithyperbel". Bild 4 soll das Prinzip und die Wirkung von statischer und dynamischer Korrektur veranschaulichen.

Um die dynamische Korrektur optimal durchführen zu können, muß der genaue Strahlenweg
bekannt sein, d.h., er muß in Abhängigkeit von den aktuellen Geschwindigkeitsverhältnissen
gemäß dem Snelliusschen Gesetz berechnet werden. Ein Maß für die Qualität der CDP-Stapelung
ist der mittlere quadratische Fehler in der Laufzeit nach beiden Korrekturen, der im Idealfall bei horizontaler Schichtlage Null ist. Bei geneigter oder gar unregelmäßiger Schicht-
grenze wird der Prozeß der dynamischen Korrektur wesentlich komplizierter, was aber in diesem Rahmen nicht näher betrachtet werden soll.

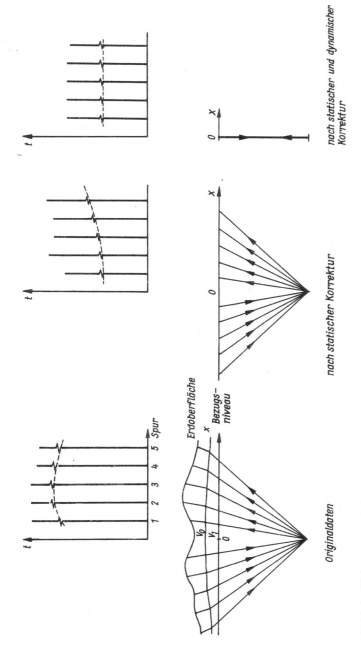

Bild 4 Wirkung von statischer und dynamischer Korrektur

4.4.4   Muting

Unter Muting versteht man die Unterdrückung unerwünschter, jedoch abschätzbarer Einsätze (z.B. die der direkten Welle oder die Einsätze refraktierter Wellen). Das Muting ist eine Faltung der zu bearbeitenden Spur mit einer entsprechend berechneten Null-Eins-Zeitreihe. Die zu eliminierenden Einsätze werden in der Mutingzeitreihe mit Nullen belegt, während die Einsätze reflektierender Wellen durch Einsen in der Mutingzeitreihe nicht beeinflußt werden. In der Praxis ist es üblich, mit anderen Funktionen als der Rechteckfensterfunktion zu arbeiten, d.h. den Übergang vom Wert Null zum Wert Eins in der Mutingzeitreihe definiert kontinuierlich und nicht abrupt zu gestalten.

4.4.5   CDP-Stapelung

Wenn man im Bearbeitungsprozeß den Bezug einzelner Ereignisse von verschiedenen Seismogramm-spuren auf einen gemeinsamen Tiefenpunkt erreicht und die Laufzeitenkurven in Lotzeitkurven transformiert hat, steht der CDP-Stapelung nichts mehr im Wege. Im Normalfall erfolgt dann eine ungewichtete Summation der zueinandergehörenden Einsätze und die Normalisierung des Ergebnisses, d.h., die Summe wird durch die Anzahl der Spuren, die in die Summation eingegangen sind, dividiert. An dieser Stelle wird deutlich, daß die Phasenlage der Einsätze auf den verschiedenen Spuren großen Einfluß auf die Qualität des Stapelergebnisses hat, was wiederum auf die Bedeutung einer exakten statischen und dynamischen Korrektur verweist. Unter optimalen Bedingungen wird durch die CDP-Stapelung eine bedeutende Verbesserung des Signal-Rausch-Verhältnisses erzielt.

4.4.6   Verbesserung der Auflösung

Von wesentlicher Bedeutung für die Qualität der Ergebnisse am Ende des gesamten Bearbeitungsprozesses ist eine hohe Signalauflösung im Zeitbereich. Bedingt durch verschiedene Umstände bei der Signalanregung und -übertragung (Nachschwingen des Gesteins in unmittelbarer Nähe der Signalquelle; Tiefpaßfilterwirkung geologischer Medien) tritt eine Verschlechterung der Zeitbereichsauflösung ein, die synthetisch wieder weitestgehend aufgehoben werden muß. Bild 5 kennzeichnet den beschriebenen Sachverhalt.

Das auf dem Computer praktizierte Verfahren zur Lösung dieses Problems wird vom Geophysiker als Dekonvolution oder inverse Filterung bezeichnet. Die grundlegende Idee dieser Methode ist aus Bild 5 und folgender Formel zu verstehen:

$$y(t) = g(t) * h(t);$$

y(t)   registrierte Zeitfunktion,
g(t)   Anregungsfunktion,
h(t)   Impulsantwort des geologischen Mediums,
*   Faltungsoperator.

Dabei sind y(t) und g(t) bekannt, während h(t) unbekannt ist. Die Berechnung eines Operators, der bei Faltung mit h(t) gerade eine Diracsche Deltafunktion erzeugt, ist erster Bestandteil der Dekonvolution. Dazu sind verschiedene Berechnungen, die günstigerweise unter Nutzung der Z-Transformation realisiert werden, durchzuführen. Der entstandene Operator wird als Dekonvolutionsoperator bezeichnet. Die eigentliche Dekonvolution wird durch die Faltung des Dekonvolutionsoperators mit y(t) erreicht.

Absender
Alfred Zeilhofer GmbH
Parkettböden, Baumontage
Forellenweg 5
85467 Niederneuching
Tel. u. Fax 0 81 23 / 46 52
Mobiltel. 01 72 / 8 61 58 35

☐ **Auftrag**
☐ **Lieferschein**
☐ **Rechnung**

Nr. _17. 01. 1997_

Empfänger

Datum

Internationale Stiftung
für Kultur und Zivilisation
Germersheimerstr. 24
81541 München

Ort

Bank

Kto.-Nr.

BLZ

Ihre Bestellung — **Lieferung per**

Zahlungsbedingungen — ☐ frei   ☐ unfrei

Lieferdatum

ABNAHMESCHEIN

Heute am 17. 01. 1997 wurde
der Lärche dielenboden zum 3. mal
von der Fa. Alfred Zeilhofer GmbH
geölt und damit fertiggestellt.
Mit den ausgeführten Arbeiten
bin ich zufrieden und nehme
hiermit den Boden ab.
Eine Pflegeanleitung habe ich erhalt. (u. 1 Ltr. Öl)

Auftraggeber   _Auftragnehmer_

A. Siedler   _A. Zeilhofer_

Endbetrag enthält ____ **% MwSt./Betrag**

Gepackt am/durch — **Kontrolliert am/durch** — **Erhalten am, Unterschrift**

7.50 × 3.75
0.80 × 0.18
2 ×

Die gelieferte Ware bleibt bis zur vollständigen Bezahlung Eigentum des Lieferanten

Eine ausführliche Beschreibung des Dekonvolutionsprozesses einschl. einiger Beispiele (Unterdrückung von Reverberationen) ist bei PICKLES [9] zu finden.

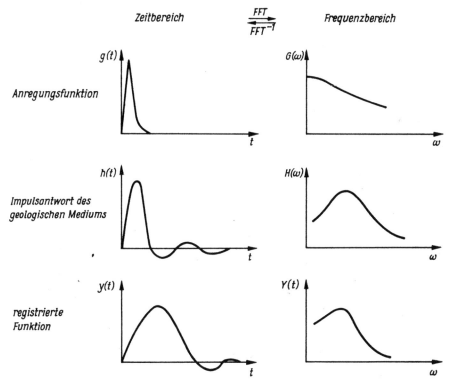

Bild 5 Wirkung des Bodenfiltereffektes auf eine seismische Quellenfunktion im Zeit- und im Frequenzbereich

umgezeichnet nach AL-SADI, 1980

4.4.7 Migration

Schon ein einfaches Beispiel zeigt, daß die Interpretation von Seismogrammen bez. der Lage eines Reflektors nur in den Sonderfällen richtig ist, wo der Reflektor senkrecht unter dem Bezugspunkt an der Erdoberfläche angeordnet wird. Ziel der Migration ist es, die wirkliche Lage des Reflektors im Raum zu bestimmen. Zur Demonstration der Notwendigkeit dieser Operation soll folgendes Beispiel dienen.

Aus Bild 6 ist zu erkennen, daß bei Zuordnung des Reflektors vertikal unter dem gemein-

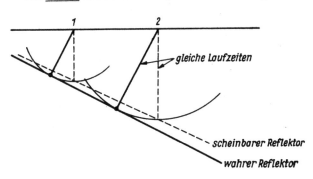

Bild 6 Demonstration der Notwendigkeit der Migration

1, 2 gemeinsame Schuß- und Empfangspunkte

samen Schuß- und Empfangspunkt der interpretierte Reflexionshorizont sowohl in der Tiefe als auch in der Neigung nicht den realen Gegebenheiten entspricht. Aus diesem Beispiel ist zugleich auf elementare Weise das Prinzip der Wellenfrontenmigration zu erkennen. Nachdem die Lage des Reflektors senkrecht unter dem Bezugspunkt berechnet wurde, erfolgt die Konstruktion der zum seismischen Strahl in diesem Moment gehörenden Wellenfront (im einfachsten Fall, d.h. bei homogener Geschwindigkeitsverteilung, wird ein Kreisbogen um den Bezugspunkt geschlagen, der den zuerst berechneten Reflektor schneidet). Der eigentliche Migrationsprozeß besteht dann in der Konstruktion der gemeinsamen Einhüllenden der einzelnen Wellenfronten. Auch hier kann in diesem Rahmen nur ein einfaches Beispiel zur generellen Demonstration des Verfahrens angeführt werden; es ist aber in der Praxis inzwischen durchaus üblich, Reflektoren mit unregelmäßiger Oberfläche und Schichten mit inhomogener Geschwindigkeitsverteilung erfolgreich zu bearbeiten, was den numerischen Aufwand und z.T. auch den nötigen Formelapparat ungemein kompliziert. In solchen Fällen wird vorrangig die Diffraktionshyperbelmigration oder die Wellengleichungs- bzw. Finite-Differenzen-Migration eingesetzt. Hinsichtlich der Beschreibung dieser Verfahren sei auf einschlägige Literatur, wie CLEARBOUT [2], SCHNEIDER [12] oder PORSTENDORFER/KÖHLER [10], verwiesen.

4.4.8   Zeit-Tiefen-Transformation

Die Umsetzung des als Ergebnis der Migration vorliegenden Zeitabschnitts in einen Tiefenschnitt ist bei dem erreichten Bearbeitungsstand eine einfache mathematische Operation. Aus dem Zeitschnitt sind die Laufzeiten innerhalb einer Schicht bekannt, und aus vorherigen Analysen ist auch die Ausbreitungsgeschwindigkeit der seismischen Wellen als Funktion des Raumes zu einer definierten Größe geworden. Die Transformation des N-ten Reflexionshorizonts in den Tiefenschnitt erfolgt nach der Formel

$$h_N = \sum_{n=1}^{N} v_n \, t_n \, ;$$

v_n Ausbreitungsgeschwindigkeit in der n-ten Schicht,
t_n Laufzeit in der n-ten Schicht.

Damit kann dem Geologen ein Tiefenschnitt bez. eines seismisch erkundeten Profils oder eine räumliche Darstellung des Untergrundes bei flächenhafter seismischer Erkundung an der Erdoberfläche als endgültiges Ergebnis vorgelegt werden. Die Seismik ist hinsichtlich der Strukturbestimmung das aussagefähigste geophysikalische Verfahren.

4.5   Seismische Vertikalprofilierung

Die seismische Vertikalprofilierung ist eine Verknüpfung von Seismik und Bohrlochgeophysik. Während die Anregung des Signals von der Erdoberfläche oder einer Flachbohrung, die den Einfluß der Langsamschicht eliminiert, aus erfolgt, registriert man die seismischen Signale mit Bohrlochgeofonen in einer Tiefbohrung. Die Ergebnisse der seismischen Vertikalprofilierung werden hauptsächlich als Interpretationshilfen für die Seismik benötigt. Ziel dieses Verfahrenskomplexes ist es, die Ausbreitungsgeschwindigkeit sowie die Absorptions- und Reflexionskoeffizienten in der näheren oder weiteren Umgebung der Tiefbohrung zu bestimmen und damit die Zuordnung seismischer Reflexionshorizonte bez. ihrer Tiefenlage mit hoher Genauigkeit zu ermöglichen. Die Größe des untersuchten Volumens hängt direkt vom Abstand zwischen Signalquelle und Bohrlochmund ab. Ein großes Volumen wird durch Entfernungen von bis zu 5 km durch die Methode der <u>Offsetvertikalprofilierung</u> erfaßt. Während mittels seismischer Vertikalprofilierung bei kleiner Distanz zwischen Quelle und Empfänger nur die unmittelbare Umgebung der Tiefbohrung erfaßt wird. Bei allen bohrlochseismischen Verfahren wird die Position des Geofons in der Bohrung mehrfach verändert. Als Meßergebnis erhält man die Summenlaufzeit über mehrere Schichten hinweg. Diese Laufzeit kann bei geschickter Anlage der Messung und durch die Interpretation der Laufzeiten verschiedener reflektierter Wellen in Intervallaufzeiten zerlegt werden, die einzelnen Schichten und natürlich definierten Tiefenintervallen zugeordnet werden können. Damit ist eine wesentliche Voraussetzung für die Zeit-Tiefen-Transformation in der Seismik gegeben, wobei noch darauf verwiesen werden muß, daß bei diesem Verfahrenskomplex die gleichen Signalquellen wie in der Seismik eingesetzt werden, was eine gute Übertragbarkeit der Ergebnisse garantiert.

Als weiterführende Literatur zu diesem Abschnitt seien DEUBEL [2] und SCHLUMBERGER [11] angeführt.

4.6   Akustiklog

Das Akustiklog ist ein bohrlochgeophysikalisches Meßverfahren, bei dem mittels einer Bohrlochsonde die Laufzeit longitudinaler Wellen über eine konstante Entfernung hinweg gemessen wird. Während der Messung befindet sich die Sonde in Bewegung. Als Signalquellen kommen hauptsächlich magnetostriktive Ultraschallgeber mit einer Eigenresonanz um 20 kHz zum Einsatz. Als Signaldetektoren werden vorwiegend piezokeramische Sensoren eingesetzt. Das Funktionsprinzip besteht vereinfacht darin, beim Auslösen des Ultraschallimpulses einen Zähler zu starten und ihn bei der Ankunft des Impulses am Detektor anzuhalten. Eine Verschlechterung der Meßergebnisse wird durch die Inkonstanz des Bohrlochdurchmessers (Kaliber), durch das Auftreten von Kavernen, durch Refraktionseffekte oder durch Schräglagen der Sonde hervorgerufen. Um diese Einflüsse zu eliminieren, wurde die Meßgeometrie der Sonde immer weiter entwickelt. Gegenwärtig befinden sich ausschließlich Ein-Geber-Zwei-Empfänger-Sonden (oder äquivalente Zwei-Geber-Ein-Empfänger-Sonden) und Zwei-Geber-Zwei-Empfänger-Sonden im Einsatz. Diese Sonden tragen auch den Beinamen „borehole-compensated", da die o.g. Fehlergrößen automatisch aus dem Ergebnis eliminiert werden. Um das Prinzip zu verdeutlichen, soll die Meßmethodik einer Ein-Geber-Zwei-Empfänger-Sonde kurz umrissen werden. Bei einer Akustiklogmessung laufen die longitudinalen Wellen immer vom Geber über die Spülung unter einem materialabhängigen Winkel in das Gestein und unter dem gleichen Winkel aus dem Gestein über die Spülung zum Aufnehmer. Auf diesem Weg ergeben sich als bekannte Größen

- der Abstand zwischen Geber und Aufnehmer und
- die Gesamtlaufzeit des Signals.

Als unbekannte Größen stehen dem gegenüber

- die Laufzeit des Signals in der Spülung,
- die zurückgelegte Wegstrecke in der Spülung,
- die Laufzeit im Gestein,
- der im Gestein zurückgelegte Weg,
- der aktuelle Bohrlochdurchmesser und
- der Eintauchwinkel der Welle beim Übergang von der Spülung ins Gestein und zurück.

Von den genannten Unbekannten interessieren den Geophysiker aber lediglich die Laufzeit und der zurückgelegte Weg im Gestein. Mißt man statt der Signallaufzeit vom Geber zum Aufnehmer aber die Zeitdifferenz zwischen der Ankunft des Signals an zwei, in unterschiedlicher Entfernung vom Geber positionierten Aufnehmern, dann ist diese Zeit gleich der Laufzeit, die das Signal über die Entfernung, die die beiden Aufnehmer voneinander haben, im Gestein benötigen würde. Somit wurden auf einfache Weise nahezu alle Einflußgrößen beseitigt. Die verbleibende störende Wirkung von Schräglagen der Sonde im Bohrloch kann entweder durch eine Zentriervorrichtung oder durch Verwendung von Zwei-Geber-Zwei-Empfänger-Sonden beseitigt werden.

Konventionelles Haupteinsatzgebiet des Verfahrens ist die Porositätsbestimmung in der Erdöl- und Erdgaserkundung. Grundlegend sei an einem Zweikomponentensystem (Gesteinsmatrix und Porenraum) die Zeitmittelgleichung erläutert. Man stellt sich die im Gestein gemessene und auf 1 m Laufweg normierte Laufzeit als folgendermaßen zusammengesetzt vor:

$$\Delta t = (1 - \Phi) \, \Delta t_M + \Phi \Delta t_p.$$

Eine einfache Umformung ergibt

$$\Phi = \frac{\Delta t - \Delta t_M}{\Delta t_p - \Delta t_M}$$

Φ Porosität,

Δt gemessene Laufzeit,

Δt_M Laufzeit für 1 m Signalweg im reinen Matrixmaterial,

Δt_p Laufzeit für 1 m Signalweg im Material, das den Porenraum füllt.

4.7   Zementlog

Das Zementlog ist ein bohrlochgeophysikalisches Spezialverfahren, das zur technischen Kontrolle und Überwachung verrohrter Bohrlochabschnitte in Förderbohrungen oder Untergrundgasspeichern eingesetzt wird. Von Interesse für den Fördertechniker ist die Qualität der Bindung zwischen Rohrtour und Außenraumzement, um einschätzen zu können, ob außerhalb des Rohres Gas oder Öl entweichen kann oder nicht. Die geophysikalische Lösung dieser Aufgabe besteht in der Bestimmung des an der Rohraußenwand auftretenden Reflexionskoeffizienten, der von der Art des Materials, das am Rohr anliegt, abhängt. Der Reflexionskoeffizient berechnet sich wie folgt:

$$R = \frac{\varrho_1 \, v_1 - \varrho_2 \, v_2}{\varrho_1 \, v_1 + \varrho_2 \, v_2};$$

v_1 Ausbreitungsgeschwindigkeit des Ultraschalls im Stahl,

v_2 Ausbreitungsgeschwindigkeit des Ultraschalls im Medium 2,

ϱ_1 Dichte von Stahl,

ϱ_2 Dichte des Mediums 2.

Zieht man für Medium 2 Zement, Wasser oder Tonspülung in Betracht, dann sind in etwa folgende Reflexionskoeffizienten zu erwarten:

- zu Zement $\approx 50\%$,
- zu Tonspülung $\approx 83\%$,
- zu Wasser $\approx 93\%$.

Aus der Bewertung der Amplitude der ersten reflektierten Halbwelle ist dann mit derartigen Vorbetrachtungen eine Einschätzung der Abbindequalität möglich.

4.8 Akustischer Bohrlochfernseher

Zur Untersuchung der Beschaffenheit von Bohrlochwänden wurde der akustische Bohrlochfernseher entwickelt. Funktionseinheiten sind die Übertageapparatur und eine zentrierte Bohrlochsonde, an deren unterem Ende sich ein mit 6 U/min rotierender Ultraschallwandler befindet. Dieser Wandler sendet mit einer Taktfrequenz von 24 kHz Ultraschallimpulse von 800 kHz Nennfrequenz aus, die er nach erfolgter Reflexion an der Bohrlochwand wieder empfängt und in ein elektrisches Signal umsetzt. Nach einer Verstärkung in der Bohrlochsonde erfolgt eine Signalübertragung über das Bohrlochkabel zur Übertageeinheit. Dort wird die Amplitude des Echos in Hell-Dunkel-Schrift mittels eines Oszilloskops auf einen Film aufgezeichnet, so daß eine Abwicklung der Bohrlochwand entsteht. Um eine Synchronisierung zwischen dem Drehwinkel des Ultraschallwandlers und der Aufzeichnungsposition auf dem Film zu erreichen, erfolgt in unverrohrten Bohrungen eine Triggerung des Oszilloskops unter Ausnutzung des Erdmagnetfeldes, während in verrohrten Bohrungen Kreiselkompasse eingesetzt werden, um eine Orientierungsbestimmung des Wandlersystems im Bohrloch zu ermöglichen. Die Laufzeit der Echosignale kann so ausgewertet werden, daß Horizontalschnitte des Bohrloches erstellt werden können und damit praktisch eine qualitativ sehr hochwertige, aber auch teure Kalibermessung möglich ist.

Das Verfahren eignet sich besonders zum Suchen von Defektstellen und Deformationen in technischen Rohren. Risse können ab etwa 1 mm Breite und Löcher ab etwa 5 mm Durchmesser geortet werden. Deformationen der Rohrtour beeinflussen den Weg der reflektierten Strahlen und führen zu hellen und dunklen Streifen auf dem Film.

In unverrohrten geologischen Bohrungen ist aufgrund des unterschiedlichen Reflexionsvermögens und verschiedener Oberflächenrauhigkeiten der Gesteine eine lithologische Gliederung des Profils möglich. Die Feinstruktur der Gesteine wird dabei sichtbar. Ebenfalls realisierbar ist die Bestimmung des Streichens und des Einfallens von Gesteinsschichten, die von der Bohrung durchteuft wurden. Im Bereich fester, klüftiger Gesteine bilden sich Kluftrisse als dünne schwarze Linien unterschiedlicher Intensität auf der Registrierung ab.

4.9 Kavernenvermessung

Für verschiedene technische Zwecke werden seit mehreren Jahren Kavernen innerhalb mächtiger Salzgesteinshorizonte gesolt. Aus Sicherheitsgründen ist die Form der Kaverne während des Solvorganges, vor der Inbetriebnahme und häufig auch in regelmäßigen zeitlichen Intervallen während der Nutzung zu vermessen. Ähnlich wie beim akustischen Bohrlochfernseher wird eine Sonde in die Kaverne eingebracht, an deren unterem Ende sich ein dreh- und zusätzlich noch bez. der Drehachse schwenkbarer Ultraschallwandler befindet. Auf diese Weise wird die Kaverne scheibchenweise vermessen, wobei die Verknüpfung von Meßwerten, die mit horizontaler Abstrahlrichtung gewonnen wurden, mit den Resultaten von Messungen, die mit geneigter Abstrahlrichtung durchgeführt wurden, mitunter recht kompliziert ist.

4.10 Entwicklungstendenzen auf dem Gebiet akustischer Bohrlochmeßverfahren

Der Einsatz von Mikroelektronik und Computertechnik öffneten auch für die Ultraschalltechnik in der Geophysik neue Wege. Nachdem es möglich war, mit Abtastraten unter 5 µs und einer Wortbreite von 8 bit oder mehr zu digitalisieren und die anfallenden Datenmengen zu speichern, wurde von den Geophysikern das konventionelle Akustiklog und das Zementlog durch das neue Verfahren der Wellenbildtechnik ergänzt. In Abhängigkeit von Aufgabenstellung und geologischer Situation wird aller 10 bis 50 cm bez. der Tiefe ein komplettes Wellenbild aufgezeichnet. Ähnlich wie bei der Erkundungsseismik erfolgt im Rechenzentrum eine umfangreiche Bearbeitung des Materials, in die die Kenntnisse aus der Aufbereitung seismischen Meßmaterials und moderne Verfahren der Zeitreihenanalyse eingespeist werden (z.B. die Maximum-Entropie-Spektralanalyse oder die Hilberttransformation). Ziel der Arbeiten ist es, vor allem Aussagen zu den mechanischen Eigenschaften oder zur Permeabilität des Gesteins zu erhalten. Hinsichtlich der Bewertung des mechanischen Verhaltens versucht man, die Einsätze verschiedener Wellenarten im Signal zu bestimmen, um aus den Ausbreitungsgeschwindigkeiten dieser unter Nutzung der Elastizitätstheorie z.B. die Poissonsche Konstante oder den Elastizitätsmodul zu berechnen. Zur Zeit werden Korrelationen zur Permeabilität des Untersuchungsmediums vor allem im Frequenzbereich gesucht (Hertzsche Theorie); es sind aber auch Versuche bez. der Korrelation von Zeitbereichsparametern zur Permeabilität bekannt. Auch bei den modernen Verfahren der Bohrlochakustik dominieren Digitaltechnik und aufwendige numerische Verfahren. Allerdings sind sie, durch die technische Entwicklung bedingt, einige Jahre später als bei der Erkundungsseismik zum Einsatz gekommen (APEL [1]).

5   Zusammenfassung

Die geophysikalischen Verfahren, die auf der Nutzung von Schallwellen im weitesten Sinne beruhen, überstreichen gegenwärtig vom Frequenzbereich, vom Einsatzgebiet, von der technischen Realisierung und von den lösbaren Aufgaben her ein sehr weites Spektrum. Der Beitrag gibt einen Einblick in die Vielfalt von Verfahren und Methoden, wobei mehr Wert auf die Darstellung prinzipieller Fakten und Zusammenhänge gelegt wurde als auf eine bis ins Detail gehende Erklärung oder eine unbedingte Vollständigkeit. Es ist deutlich zu erkennen, daß in der Gegenwart in den angeführten geophysikalischen Verfahren sowohl die Mikroelektronik als auch die Computertechnik eine entscheidende Rolle spielen. Die Interpretation der meist schon in rechnerkompatibler Form vorliegenden Meßergebnisse erfolgt mittels hochspezialisierter Algorithmen. Besonders an dieser Stelle sind bestimmt noch Ansatzpunkte für die Lösung anderer technischer Probleme zu finden.

Literatur

[1]   APEL, R.: Untersuchungen zur Erhöhung des Informationsgewinnes aus akustischen Bohrlochmessungen. Thesen z. Diss. A, Bergakad. Freiberg, 1985

[2]   CLEARBOUT, J. F.: Fundamentals of geophysical data processing. New York, 1976

[3]   DEUBEL, K.: Seismische Bohrlochmessungen.
       in: PORSTENDORFER, G., KÖHLER, E. (1981) S. 295-312

[4]   FORKMANN, B.: Verfahren und Probleme der seismischen Energieanregung mit Hilfe von sprengstofflosen Oberflächenquellen. Z. angew. Geologie 19 (1973) 3, S. 127-136

[5]   HAMID, N. A.-S.: Seismic exploration - technique and processing. Basel: Birkhäuser, 1980

[6]   HURTIG, E.; STILLER, H.: Erdbeben und Erdbebengefährdung. Berlin: Akademie-Verl., 1984

[7]   MADARIAGA, R.: Dynamics of an expanding circular fault. Bull. Seism. Soc. Amer. 66 (1976) S. 633-666

[8]   MILITZER, H.; WEBER, F.: Angewandte Geophysik. Wien: Springer,; Berlin: Akademie-Verl., 1984

[9]   PICKLES, E.: Lecture notes on the basic mathematics of digital processing of seismic data. Dallas, 1967

[10] PORSTENDORFER, G.; KÖHLER, E.: Grundlagen der Anwendung der Seismik in der Suche und Erkundung. Bergakad. Freiberg, 1981

[11] SCHLUMBERGER: Well seismic techniques. Firmenschr. Houston, 1985

[12] SCHNEIDER, W. A.: Developments in seismic data processing and analysis. Geophysics 36 (1971) S. 1043-1073

[13] SPANN, H.: Seismoakustische Untersuchungen im Zusammenhang mit der geothermischen Energiegewinnung. Vortr. Berg- u. Hüttenmänn. Tag, Bergakad. Freiberg, 1986

Anschrift des Autors:

Dr. rer. nat. Reinhard Apel

Bergakademie Freiberg,
Sektion Maschinen- und Energietechnik
Freiberg
9200

Gerd Uhlmann; Detlef Hamann

Akustische Diagnostik an Komponenten des schnellen Brutreaktors

Die Leckdetektion an natriumbeheizten Dampferzeugern und die Siededetektion im Reaktorcore sind zentrale Aufgaben für die Diagnostik des nuklearen Wärmeerzeugungssystems mit schnellem natriumgekühltem Brutreaktor. Beide Probleme sind durch akustische Diagnosemethoden lösbar.

Es werden eine Reihe von Forschungs- und Entwicklungsaufgaben aus dem Gebiet der Akustik behandelt, die im Zentralinstitut für Kernforschung mit der Zielstellung bearbeitet wurden, Beiträge mit grundlegendem Charakter zur Lösung des obengenannten Fragenkomplexes zu liefern.

Die Ergebnisse münden in Gerätelösungen zur Detektion und Ortung akustisch aktiver Schadstellen in Kernreaktoren und Wärmeübertragern. Ihre Anwendbarkeit auch außerhalb der Kerntechnik wird kurz skizziert.

The leak detection at sodium-heated steam generators and the boiling detection in the reactor core are central tasks for the diagnostics of the nuclear heat generation systems with sodium-cooled fast breeder reactor. Both the problems can be solved by acoustic diagnosis methods. A number of research and development tasks in the field of acoustics are dealt with which have been treated in the Zentralinstitut für Kernforschung with the objective to deliver contributions of fundamental nature for the solution of the before mentioned complexes of questions.

The results end up in device solutions for the detection and location of acoustically active points of damage in nuclear reactors and heat exchangers. Their applicability also outside of nuclear engineering is briefly outlined.

La détection de fuites aux générateurs de vapeur chaffés au sodium et la détection d'ébullition dans le coeur du réacteur sont des problèmes principaux du diagnostic du système nucléaire de génération de chaleur par le réacteur surrégénérateur à neutrons rapides refroidi au sodium. La solution des deux problèmes est possible par des méthodes acoustiques de diagnostic.

On traite plusieurs problèmes de la recherche et du développement dans le domaine de l'acoustique. Ils sont des sujets d'étude au Zentralinstitut für Kernforschung (Institut Central de Recherche Nucléaire) dans le but de fournir des contributions qui peuvent servir de base pour la solution des deux complexes de problèmes sus-nommés.

Les résultats sont matérialisés sous forme d'équipements pour la détection et la localisation de défauts à activité acoustique dans les réacteurs nucléaires et dans le système de transfert de la chaleur. Les applications possibles en dehors de la technique nucléaire sont brèvement indiquées.

1 Einleitung

Die vorliegende Arbeit ist eine Zusammenstellung von Ansätzen und Ergebnissen zur Problemen der Akustik, die aus Fragestellungen der technischen Diagnostik des schnellen natriumgekühlten Brutreaktors abgeleitet wurden.

Seit mehr als zehn Jahren wird im Zentralinstitut für Kernforschung (ZfK) der Akademie der Wissenschaften der DDR auf diesem Gebiet forschend gearbeitet. Diese Forschung hat den Charakter zukunftsorientierter Grundlagenuntersuchungen, deren Ergebnisse sowohl den unmittelbaren Zielstellungen der technischen Diagnostik als auch der Weiterentwicklung der Grundlagendisziplin Akustik dienen sollen.

Schwerpunkte der international durchgeführten Arbeiten zur technischen Diagnostik des schnellen Brutreaktors (SBR) sind die Detektion und Ortung von Dampferzeugerleckagen und von lokalem Natriumsieden im Reaktorkern [1] [2] [3]. Beide Schadensprozesse sind sowohl sicherheitsrelevant als auch von entscheidendem Einfluß auf die Anlagenverfügbarkeit. Das frühzeitige und nahezu fehlerfreie Erkennen von Lecks und Sieden ist eine wesentliche Voraussetzung für den sicheren Betrieb. Die gleichzeitige Lokalisierung des Schadens trägt zur Ausfall- und Reparaturkostensenkung und damit zur Erhöhung der ökonomischen Konkurrenzfähigkeit der SBR-Anlagen bei. Gerade der letztgenannte Gesichtspunkt ist nach dem vorläufigen Zurücktreten der Fragen der Kernbrennstoffversorgung von eminenter Bedeutung für die Durchsetzung des in vieler Hinsicht attraktiven Reaktorkonzepts.

Die Informationsgewinnung aus der zu diagnostizierenden Anlage kann durch Nutzung vieler verschiedener physikalischer und chemischer Effekte erfolgen. Sie richtet sich vor allem nach der Natur des zu erwartenden Schadensprozesses. Im Fall von Natriumsieden und Natrium-Wasser-Reaktionen (Leckage im natriumbeheizten Dampferzeuger) existieren die folgenden gemeinsamen, für die Diagnose bedeutsamen Erscheinungen:

- Im Fluid werden in einem eng begrenzten Raumgebiet <u>Schallwellen</u> mit Frequenzen bis zu einigen 100 kHz erzeugt.
- Aus der ursprünglich vorhandenen Einphasenströmung entsteht durch die entsprechende Gas- bzw. Dämpfquelle (Natrium-Wasser-Reaktion, Sieden) eine <u>Zweiphasenströmung</u>.
- Der Schadensprozeß spielt sich im Innern komplizierter Anlagenkomponenten (Wärmeübertrager, Reaktor), also in <u>umschlossenen Räumen</u> ab.

Daß die betrachteten Schadensprozesse Schall erzeugen, haben sie mit sehr vielen anderen, für die technische Diagnostik interessanten Phänomenen gemeinsam. Zu nennen wären Lagerschäden, Kavitation, Überschläge in defekten elektrischen Isolierungen, lose Teile in Kühlkreisläufen oder Rißwachstum in Konstruktionswerkstoffen. Für diese Beispiele ist es naheliegend, das akustische Signal als Informationsträger zur Diagnose zu nutzen. Obwohl in beinahe allen Fällen alternative Möglichkeiten zur Informationsgewinnung existieren und auch im Sinne einer diversitären Anlagenüberwachung genutzt werden, hat die Auswertung des Schallsignals bedeutende Vorteile. Hervorzuheben ist hier vor allem die große <u>Geschwindigkeit</u> der Informationsübertragung, die, gemessen an den geometrischen Abmessungen der zu überwachenden Anlagen und den Anforderungen an eine rechtzeitige Reaktion auf das Schadensereignis, eine praktisch verzögerungsfreie Diagnose ermöglicht. Ein weiterer Vorteil ist die <u>Empfind-</u>

lichkeit akustischer Verfahren. Obwohl in vielen Fällen die erzeugte Schallenergie sehr klein ist, wird aufgrund ihrer relativ geringen Dämpfung und der heute zur Verfügung stehenden Nachweismethoden für Schall das Auflösungsvermögen akustischer Diagnoseverfahren meist nicht durch die absolute Empfindlichkeit der Meßkette, sondern durch die Größe des praktisch immer vorhandenen akustischen Untergrundes bestimmt. In diesem Zusammenhang muß darauf hingewiesen werden, daß für die akustische Diagnostik ein sehr großer Frequenz- bzw. Wellenlängenbereich zur Verfügung steht. Durch Nutzung der unterschiedlichen akustischen Phänomene in den verschiedenen Wellenlängenbereichen ist eine optimale Anpassung an das spezielle Diagnoseproblem möglich.

Über die genannten Vorteile hinaus ist für die akustische Diagnostik von großer Bedeutung, daß Schallfeldgrößen mit relativ einfachen und robusten Sensoren gemessen werden können. Im allgemeinen werden elektromechanische Wandler verwendet, die unmittelbar elektrische Ausgangssignale liefern. Das ist eine wesentliche Voraussetzung für den Einsatz vielkanaliger Meßwerterfassung und einer zentralen Signalverarbeitung durch komplizierte Algorithmen mit Hilfe von rechnerunterstützten Auswertesystemen.

Akustische Verfahren zeichnen sich vor alternativen Diagnoseverfahren nicht zuletzt auch dadurch aus, daß sie neben ihrem Einsatz zum Entdecken von Schadensprozessen gleichzeitig zur Ortung der schallemittierenden Schadstellen eingesetzt werden können. Im Fall der Leck- und Siededetektion ist allerdings wegen der komplizierten Struktur von Reaktoren und Dampferzeugern, der in einem weiten Bereich schwankenden Betriebsbedingungen und vor allem wegen des Entstehens von Gas- bzw. Dampfblasen die naheliegende Ausnutzung von Laufzeit und Dämpfung der Schallwellen auf dem Weg vom Schadensort zu den Detektoren problematisch. Im empfangenen Schallsignal ist jedoch stets die Information über den Quellenort der akustischen Wellen enthalten, weil diese auf ihrem Weg zum Aufnehmer an allen Einbauten sowie an den Reaktortank- bzw. Dampferzeugerwänden vielfach gestreut werden und somit ihren Entstehungsort relativ zur Systemgeometrie „gespeichert" haben.

Der Charakter der für den SBR relevanten Schadensprozesse und die Vorzüge ihrer akustischen Diagnose haben international zahlreiche Forschungsarbeiten zur akustischen Leck- und Siededetektion ausgelöst. Im Vordergrund standen vor allem die Entwicklung des notwendigen Instrumentariums an Meßgeräten und Signalverarbeitungsmethoden und das Sammeln entsprechender Erfahrungen durch Experimente an Versuchsanlagen und realen Komponenten des SBR. Dabei .stieß man zwangsläufig auf Probleme der Akustik. Viele davon waren mit Hilfe des bestehenden großen Fundus dieser Wissenschaftsdisziplin zu lösen; einige führten über bisher Bekanntes hinaus.

Die eigenen Arbeiten waren zunächst der Entwicklung von Schallsensoren und der Bestimmung ihrer Übertragungseigenschaften gewidmet. Ausgerüstet mit der entsprechenden Meßtechnik konnten dann Experimente an eigenen Versuchsanlagen und Großversuchsständen der UdSSR und der ČSSR aufgenommen werden [4] [5]. Dabei wurde Einblick in den akustischen Untergrund der zu untersuchenden Anlagen erhalten und die Extraktion schadensspezifischer Merkmale aus dem Schallsignal ermöglicht. Die nächsten Schritte waren das Ableiten eines Überwachungskonzepts aus den experimentell gewonnenen Erkenntnissen [6] und dessen Realisierung und Erprobung in Form eines Prototyp-Gerätesystems. Zur Stützung des weitgehend empirisch abgeleiteten Detektionsalgorithmus wurden Modellexperimente und theoretische Arbeiten zur Schallentstehung an Lecks und zur Schallausbreitung in Zweiphasenströmungen durchgeführt. Letztgenannte Arbeiten sind ganz allgemein für die akustische Diagnostik von Interesse und werden daher weitergeführt.

Das Problem der Schallquellenortung in technischen Anlagen konnte auf ähnlich pragmatischem Wege nicht gelöst werden. Daher standen am Anfang theoretische Grundlagenuntersuchungen zum Schallfeld in geschlossenen Räumen. Die Ergebnisse gestatteten die Entwicklung einer neuen Methode zur Ortung akustisch aktiver Schadstellen im Innern technischer Anlagen. Auch hier mündete die Entwicklungsarbeit in ein Gerätesystem, das zur Zeit erprobt wird.

Im Abschnitt 2 werden zunächst die grundlegenden Arbeiten zur Schallentstehung, der Schallausbreitung und zum Schallfeld in geschlossenen Räumen behandelt. Abschnitt 3 enthält die Entwicklungsarbeiten zum Detektor und seiner dynamischen Kalibrierung. Es folgen Beschreibungen der entwickelten Hardware- und Softwareeinheiten zur Detektion bzw. Ortung akustisch aktiver Schadstellen. Der Charakter der zu diagnostizierenden Schadensprozesse und die Flexibilität der entwickelten Diagnosetechnik legen es nahe, die vorgestellten Forschungs- und Entwicklungsergebnisse auch auf Diagnoseprobleme außerhalb der Kerntechnik anzuwenden. Die folgenden Ausführungen sollten daher nicht zuletzt als Anregung zur Anwendung akustischer Diagnoseverfahren auf solchen Gebieten verstanden werden, die nicht unmittelbar Ausgangspunkt der hier dargestellten Forschungsarbeiten waren.

2 Grundlagenarbeiten

2.1 Schallentstehung an Lecks

Zur Klärung der Schallgenerierung durch Lecks in natriumbeheizten Dampferzeugern wurde ein in Wasser expandierender Gasfreistrahl untersucht [7]. Der Gasfreistrahl diente dabei als hydrodynamisch-akustisches Modell für die Reaktionszone, die sich im Fall eines Lecks durch das Eindringen von Wasser unter hohem Druck in das flüssige Natrium ausbildet.

Zunächst wurde für Lecks mit Öffnungsquerschnitten zwischen 0,007 und 0,07 mm^2 die abgestrahlte Schalleistung in Abhängigkeit vom Expansionsdruck bestimmt. Dabei wurde das Schallsignal in ein niederfrequentes (0,1 bis 20 kHz) und ein hochfrequentes Band (20 bis 150 kHz) unterteilt. Die Schalleistungen steigen in beiden Bändern mit dem Expansionsdruck an. Die absoluten Werte lagen bei 0,1 µW (HF) ... 10 µW (NF). Für den akustisch-mechanischen Wirkungsgrad wurde entsprechend $2 \cdot 10^{-9} ... 3 \cdot 10^{-6}$ ermittelt. Im NF-Band treten allerdings bei kleinen Expansionsdrücken Maxima der Schalleistung auf. Es konnte gezeigt werden, daß diese

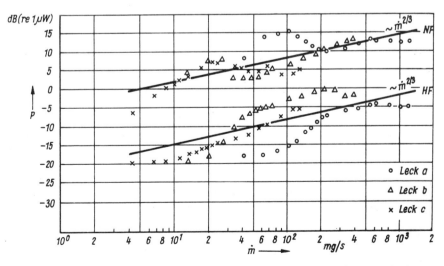

Bild 1 Schalleistung P als Funktion des Gasmassendurchsatzes ṁ bei Gaslecks in Wasser

Maxima durch die Generierung von zufälligen Schallimpulsen verursacht werden. Weiter wurde festgestellt, daß es weder eine eindeutige Zuordnung der Schalleistung zur Leckgröße gibt noch ein einfacher Zusammenhang zwischen Schalleistung und Expansionsdruck existiert. Aus den Experimenten folgte aber eine Gesetzmäßigkeit für die Schalleistung als Funktion des Gasmassendurchsatzes. Die Meßergebnisse sind im <u>Bild 1</u> dargestellt. Für beide Frequenzbänder gilt mit guter Näherung die Proportionalität $P \sim \dot{m}^{\frac{2}{3}}$.

Die Untersuchungen zum Spektrum des Leckgeräusches ergaben, daß die Bandbreite des generierten Schalls noch über den Bereich von 150 kHz hinausgeht. Allerdings liegen die Pegel bei den kleinsten Lecks ab etwa 100 kHz nur noch wenige dB ($\approx 3 \ldots 6$ dB) über dem Elektronikrauschen. Der größte Teil der Schallenergie ist im Gebiet bis etwa 20 kHz konzentriert. Es konnten im Spektrum keinerlei leckspezifische Resonanzen nachgewiesen werden. Speziell im niederfrequenzen Gebiet wurde die Struktur des Spektrums als eindeutig von den Eigenfrequenzen des Experimentierbehälters bestimmt aufgeklärt.

Durch eine spezielle experimentelle Technik konnte ermittelt werden, welche Gebiete des Gasfreistrahls Beiträge zu den einzelnen Frequenzbändern liefern. Die Ergebnisse sind wie folgt zusammenzufassen:

- Der hochfrequente Schallanteil wird von Strahlgebieten nahe der Lecköffnung emittiert.
- Niederfrequenter Schall wird vom Strahlgebiet in seiner gesamten Ausdehnung abgestrahlt. Hierzu liefern auch oszillierende Gasblasen, in die der Strahl zerfällt, einen Beitrag.
- Die bereits erwähnten Schallimpulse werden nicht vom Gasfreistrahl unmittelbar erzeugt, sondern von der mechanischen Struktur, in der sich das Leck befindet, emittiert.

Der letztgenannte Fakt wurde einer eingehenden phänomenologischen Untersuchung unterzogen, bei der auch Hochgeschwindigkeitsfilmaufnahmen des Leckgebietes angefertigt wurden. Die Auswertung ergab, daß sehr wahrscheinlich kleine Gas- und Flüssigkeitsmengen in stochastischer Folge aus dem Strahlgebiet auf die Fläche, in der sich das Leck befindet, geschleudert werden. Dabei führt offensichtlich der Aufprall zur Emission der niederfrequenten Schallwechseldruckimpulse.

Durch Überlagerung der verschiedenen Schallentstehungsmechanismen erhält man das typische akustische Signal, wie es nicht nur bei Lecks in natriumbeheizten Dampferzeugern, sondern auch bei anderen akustisch aktiven Schadstellen zu beobachten ist. Im <u>Bild 2</u> ist dieses Signal und seine Demodulierte dargestellt (aus [6]). Es handelt sich um ein breitbandiges Rauschsignal, dem Impulse zufälliger Folge und Amplitude überlagert sind. In [8] ist dieses

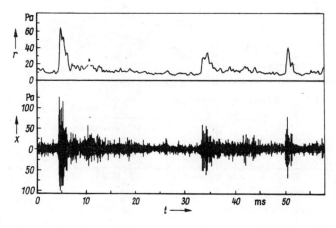

Bild 2   Typische Signalform
für schallemittierende Lecks

Signal näher untersucht worden. Vom Standpunkt der Akustik ist es besonders interessant, daß das Abklingen der Impulse durch die Energiedichtebeziehung für Nachhallvorgänge der statistischen Raumakustik beschrieben werden kann. Die Anfangsenergiedichte E_0 muß danach nach dem Gesetz $E = E_0 \exp(\beta t)$ abfallen, wobei für die reziproke Nachhallzeitkonstante β gilt

$$\beta = \frac{A \; c \; \ln(1 - \alpha)}{4 \; V} \; ;$$

A Summe der schallreflektierenden Wandflächen,

V Raumvolumen, in dem sich der Schall ausbreitet und mehrfach reflektiert wird,

c Schallgeschwindigkeit,

α mittlerer Schallabsorptionsgrad.

Da der Schall sich in einem Zweiphasengebiet (Natrium und Wasserstoffblasen) ausbreitet, sind spezielle Untersuchungen zur Abhängigkeit der Schallgeschwindigkeit vom Gasvolumenanteil erforderlich. Im nächsten Abschnitt wird darüber berichtet. Aus dem Wert der Nachhallzeitkonstante können Bedingungen für eine optimale Signalverarbeitung, z.B. für die Zeitkonstante einer Effektivwertbildung, abgeleitet werden. Aus diesem Ergebnis folgt aber auch, daß die Signalverarbeitungsparameter von den geometrischen und akustischen Eigenschaften des zu untersuchenden Objektes abhängen. Gezielte Experimente zu ihrer Bestimmung sind daher für eine erfolgreiche akustische Detektion von Schadstellen im Innern von Reaktoren und Wärmeübertragern unerläßlich.

2.2 Schallausbreitung in Zweiphasenströmen

Wie bereits erwähnt wurde, breiten sich die zur Diagnostik genutzten Schallwellen teilweise in einer Zweiphasenströmung im Dampferzeuger bzw. Reaktor aus, die durch Leckage bzw. Kühlmittelsieden entstanden ist. Um die Stärke der Wechselwirkung des Schalls mit den im Fluid vorhandenen Gas- bzw. Dampfblasen quantifizieren zu können, sind entsprechende Untersuchungen erforderlich.

Es wurde deshalb ein geschlossenes Rechenmodell [9] entwickelt, das die quantitative Beschreibung der wichtigsten Effekte, die durch die Anwesenheit der Gasphase hervorgerufen werden, nämlich der Änderung der Schallgeschwindigkeit und der Dämpfung, gestattet. Es basiert auf der Annahme, daß sich unter gewissen, in der Veröffentlichung im Detail diskutierten Voraussetzungen, das Zweiphasenmedium als Quasi-Einphasenmedium mit einer effektiven Dichte beschreiben läßt. Darüber hinaus werden Wechselwirkungsprozesse zwischen den Blasen , Wärmeleitung im Fluid sowie Phasenübergänge nicht berücksichtigt. Die Blasen werden als kugelförmig angenommen und erfüllen bei ihren Schwingungen unter Einwirkung des äußeren Schallfeldes eine lineare Differentialgleichung. Unter diesen Bedingungen werden für die Ausbreitung einer ebenen Welle Phasengeschwindigkeit und Schalldämpfung bestimmt.

Numerische Berechnungen wurden sowohl für ein hypothetisches Natrium-Argon-Gemisch mit einheitlicher Blasengröße als auch für Zweiphasengemische, die an der Natriumversuchsanlage des ZfK erzeugt wurden, realisiert. Zur Simulation von Dampferzeugerlecks wurde dabei Argon bzw. Wasser in das flüssige Natrium injiziert. Die für die Berechnungen als Input notwendige Blasengrößenverteilung wurde gemäß dem in Rossendorf entwickelten Verfahren [10] experimentell bestimmt. Die erhaltenen Verteilungen können in Übereinstimmung mit früheren Vermutungen [11] durch eine Exponentialkurve approximiert werden. Die für die Schallgeschwindigkeit und -dämpfung erhaltenen Ergebnisse lassen sich folgendermaßen interpretieren (Bilder 3 bis 5):

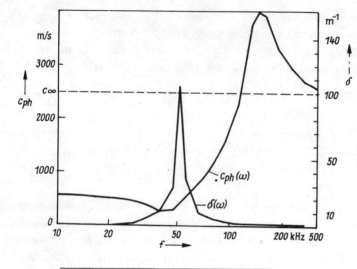

Bild 3 Phasen-
geschwindigkeit c_{ph}
und Dämpfungsparameter δ
für ein Na-Ar-Gemisch

Gasvolumenanteil 0,1%,
einheitlicher Gas-
blasenradius 0,1 mm,
Systemdruck $3 \cdot 10^5$ Pa,
Temperatur 450 K

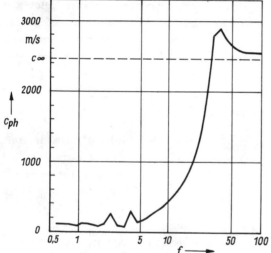

Bild 4 Phasengeschwindigkeit c_{ph}
für ein Na-H$_2$-Gemisch

Gasvolumenanteil 3,6%, mittlerer
Blasenradius 2,8 mm, System-
druck $3 \cdot 10^5$ Pa, Temperatur 450 K

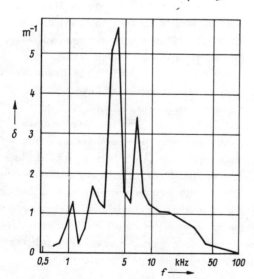

Bild 5 Dämpfungsparameter δ für ein
Na-H$_2$-Gemisch

Systemparameter wie Bild 4

Je nach dem Verhältnis der Wellenlänge der einfallenden Schallwelle zur Resonanzwellenlänge der Blasen bzw. deren Durchmesser treten ganz verschiedene Erscheinungen auf. Ist dieses Verhältnis groß, so ist die Blasenströmung für das betrachtete Schallfeld homogen. Der dominierende Effekt ist dann die Erhöhung der Kompressibilität der Mischung und damit eine Erniedrigung der Schallgeschwindigkeit. Gleichzeitig kommt es zur Schwingungsanregung der Gasblasen, die mit einer Energiedissipation der einfallenden Welle verbunden ist. Schallgeschwindigkeit und Dämpfung werden auch, allerdings nur geringfügig, durch die veränderte Dichte des Zweiphasengemisches beeinflußt. Für den Resonanzfall von Schallwellen und Blaseneigenschwingungen erreicht die Dämpfung ein Maximum, während die Schallgeschwindigkeit minimal wird. Mit kleiner werdendem Wellenlängenverhältnis übersteigt die Schallgeschwindigkeit zuerst den Wert c_∞ in der reinen Flüssigkeit, kehrt aber dann zu diesem zurück, weil die Gasblasen den hochfrequenten Schwingungen des Schallfeldes nicht mehr folgen können. Demzufolge wird auch die Dämpfung stetig kleiner. Alle hier genannten Effekte treten bei den ermittelten Blasengrößenverteilungen auf.

Obwohl das Modell eine Reihe von Näherungen enthält, gestattet es in Kombination mit der Arbeit [10] zur Blasengrößenbestimmung erstmals quantitative Abschätzungen über die Stärke der Wechselwirkung Schall - Blasen in Flüssigkeitsmetallströmungen. Zukünftige Aktivitäten sollten jedoch die Verbesserung der Theorie, deren Grenzen insbesondere bei größeren Gasvolumenanteilen deutlich werden, zum Inhalt haben, um somit auch für die Diagnostik relevante Aussagen in einem größeren Parameterbereich ableiten zu können.

Die Beschäftigung mit den erwähnten Wechselwirkungsprozessen ist nicht nur für die Diagnostik aus gegenwärtiger Sicht bedeutsam. Es zeichnet sich die Tendenz ab, in technischen Anlagen kleinste gasförmige Bestandteile, die gewisse Gefahrensituationen anzeigen, durch akustisch aktive Blasendetektion nachzuweisen. Das könnte beispielsweise realisiert werden, indem die Dämpfung einer in das zu überwachende Medium gesendeten Schallwelle gemessen wird oder die bei genügend großen Schalldruckamplituden auftretenden nichtlinearen Erscheinungen des Entstehens von Nebenresonanzen bzw. von Deformationen des Amplitudenverlaufs im Resonanzgebiet ausgenutzt werden [12] [13] [14] .

2.3   Schallfeldberechnungen

In der Einleitung ist bereits darauf verwiesen worden, daß im Schallsignal stets die Information über den Quellort enthalten ist. Daher kommt dem Studium von Schallfeldern in Systemen, die für die Diagnostik des schnellen Brutreaktors von Bedeutung sind, eine zentrale Rolle zu.

Da die interessierenden Schadensprozesse von der Emission breitbandiger Schallsignale begleitet sind, stehen für diagnostische Zwecke im Prinzip drei Wellenlängenbereiche zur Verfügung.

Der niederfrequente Bereich ist dadurch gekennzeichnet, daß die Wellenlänge λ groß im Vergleich zu charakteristischen Abmessungen L des überwachten Systems ist. Da jedoch fast alle Störgeräusche, die unvermeidlich bei jeder realen technischen Anlage auftreten, gerade in diesem Frequenzband dominierend sind und somit die Extraktion des Nutzsignals aus diesem Grund erhebliche Schwierigkeiten bereitet, entfällt der langwellige Bereich. Die andere Grenze ist durch sehr kleine Quotienten λ/L charakterisiert. Die Verwendung dieses Gebietes erscheint aus folgenden Gründen ungünstig: Zum einen klingt bei Frequenzen oberhalb von 0,5...1 MHz (im Natrium) die Schalleistung der emittierten Signale rasch ab, zum anderen verlangt die Signalverarbeitung derart hochfrequenter Vorgänge teure Spezialtechnik.

Somit ist aus rein praktischen Gesichtspunkten jener Bereich bevorzugt, in dem die Wellenlänge in derselben Größenordnung wie die charakteristischen Abmessungen des jeweiligen Systems liegt.

Auch aus physikalischer Sicht ist jener Bereich optimal. Da alle Untersuchungen letztlich dem Ziel der Ortung schallemittierender Schadstellen (kurz: Schallquellen) dienen,
scheiden die Bereiche $\lambda/L \gg 1$ und $\lambda/L \ll 1$ aus der Betrachtung aus, weil der Einfluß der
Quellenposition auf die entsprechenden Schallfeldgrößen vernachlässigbar ist bzw. so stark
hervortritt, daß eine praktische Verwertbarkeit dieses Effektes ausgeschlossen ist.

Die mathematische Grundlage zur Schallfeldberechnung bildet die Helmholtzgleichung mit
den entsprechenden Randbedingungen. Sie beschreibt prinzipiell die akustischen Erscheinungen in allen Frequenzbereichen, jedoch ist für $\lambda/L \rightarrow 0$ der Übergang zu den Grundbeziehungen der geometrischen Akustik günstiger. Im folgenden werden ausgewählte eigene aktuelle
Arbeiten zur Schallfeldberechnung in Systemen, die für die Reaktortechnik von Interesse
sind, referiert, die auf der Lösung der Helmholtzgleichung im Frequenzbereich $\lambda \approx L$ basieren.

Die betrachteten Systeme (Dampferzeuger, Reaktoren) stellen vom akustischen Standpunkt
- zumindest in radialer Richtung - geschlossene Räume dar. Ein in diesen Räumen durch eine
Schallquelle hervorgerufenes Schallfeld ist daher eine Superposition der für sie fundamen-
talen Informationsträger, nämlich der Eigenschwingungen. Alle akustischen Meßgrößen lassen
sich aus diesen, die Lösungen der homogenen Helmholtzgleichung mit den entsprechenden Randbedingungen sind, in trivialer Weise berechnen. Daher werden in diesem Kapitel die „Eigenschwingungen" als Synonym für „Schallfeld" verwendet.

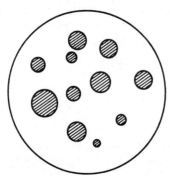

Bild 6   Idealisierte Schnittdarstellung eines Reaktorcores
bzw. eines Wärmeübertragers

Im <u>Bild 6</u> ist ein idealisierter Schnitt durch ein Reaktorcore oder einen Dampferzeuger
dargestellt. Nach Separation der axialen Koordinate ist die zu lösende Randwertaufgabe rein
zweidimensional. Angeregt durch quantenmechanische Analysen zur Elektronenstreuung in Mole-
külen [15] gelang es in [16] , ein rein algebraisches Gleichungssystem zur Berechnung der
Eigenschwingungen, d.h. der Eigenwerte und Eigenfunktionen der Helmholtzgleichung, abzu-
leiten. Die Dimension dieses Systems wird von der Stabanzahl, ihren Radien sowie von der
oberen Grenze des betrachteten Frequenzbereiches bestimmt. Als Vorteil ist anzusehen, daß
die Struktur der Anordnung und die Randbedingungen in die Säkulargleichung getrennt ein-
gehen. Das entwickelte Schema gestattet die exakte Schallfeldberechnung für beliebige Konfigurationen von Stäben mit beliebigen Radien und akustischen Impedanzen.

Liegt eine symmetrische Konfiguration von Stäben vor, so kann der numerische Aufwand
drastisch reduziert werden. Mit Hilfe moderner Verfahren der mathematischen Darstellungs-
theorie von Punktgruppen gelingt die Aufspaltung des ursprünglichen Gleichungssystems in

mehrere Subsysteme niedrigerer Dimensionen. In [17] ist dieses Verfahren für die im Bild 7 gezeigte hexagonale Stabanordnung illustriert. Eine ausführliche Beschreibung der für die Symmetrieüberlegungen notwendigen Schritte findet man in [18] . Bild 8 verdeutlicht, wie das ursprünglich zu lösende Gleichungssystem in die Subsysteme, die zu den jeweiligen Symmetrieklassen (irreduzible Darstellungen) gehören zerfällt. Tabelle 1 gibt die ersten der berechneten Eigenwerte für schallharte Berandungen wieder, während Bild 9 einen Eindruck über die Gestalt der Eigenfunktionen vermittelt.

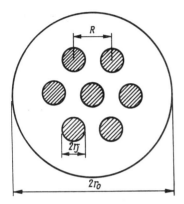

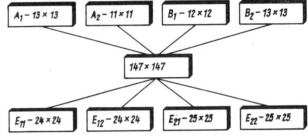

Bild 7 Hexagonale Stabanordnung

Bild 8 Reduktion der Dimension des algebraischen Berechnungsschemas im Falle hexagonaler Symmetrie mittels gruppentheoretischer Analyse

Tabelle 1 Eigenwerte $\varkappa \leqq 50$ m^{-1} für hexagonale Stabanordnung
$r_0 = 0,25$ m, $R = 0,10$ m, $r_j = 0,025$ m

A_1	A_2	B_1	B_2	E_1	E_2
0,00	29,95	16,25	16,53	6,69	11,63
14,62	45,60	28,42	32,86	20,91	21,01
26,93		42,38	42,84	25,58	26,14
29,97		42,84		29,76	34,78
43,41				34,30	38,58
47,09				40,76	39,80
				45,85	47,08
					49,51

Die erarbeitete Theorie zur Schallfeldberechnung ist eine sogenannte „first principle method" und enthält darüber hinaus keinerlei Näherungen. Es nimmt deshalb nicht wunder, daß

Bild 9 Perspektivische Darstellung von Eigenfunktionen des zylindrischen Systems zu ausgewählten Eigenwerten
$r_0 = 0,25$ m, $R = 0,10$ m, $r_j = 0,025$ m
a) $\varkappa = 43,41$ m^{-1} (A_1)   e) $\varkappa = 6,69$ m^{-1} (E_{11})
b) $\varkappa = 29,95$ m^{-1} (A_2)   f) $\varkappa = 6,69$ m^{-1} (E_{12})
c) $\varkappa = 16,25$ m^{-1} (B_1)   g) $\varkappa = 11,63$ m^{-1} (E_{21})
d) $\varkappa = 32,86$ m^{-1} (B_2)   h) $\varkappa = 11,63$ m^{-1} (E_{22})

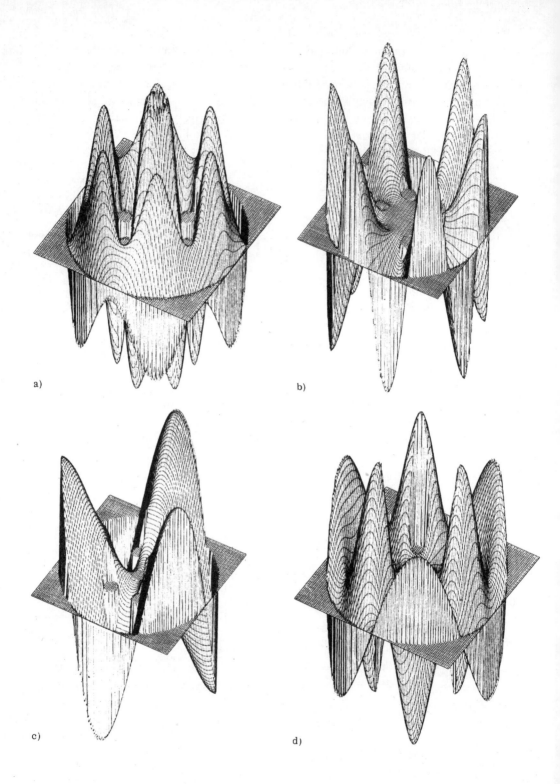

a)

b)

c)

d)

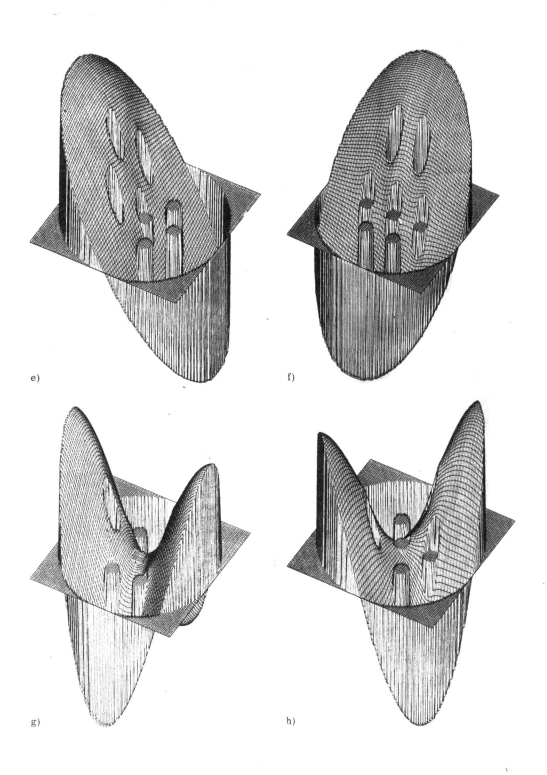

e)

f)

g)

h)

Bildunterschrift zu Bild 9 siehe Seite 171

die benötigte Rechenzeit zwar niedriger als bei totalnumerischen Verfahren, jedoch keineswegs vernachlässigbar ist. Der große Vorteil des Modells liegt jedoch darin, daß es gute Möglichkeiten zu Näherungen und Erweiterungen bietet. So könnten beispielsweise für sehr große Stabanzahlen gewisse Gruppen von Stäben zu Clustern zusammengefaßt werden. Weiterhin könnte mit Ausnahme der Polstellengebiete der Säkulardeterminante die Frequenzabhängigkeit der Matrixelemente parametrisiert und ggf. linearisiert werden. Die Theorie ließe sich auch insofern problemlos erweitern, als Stabschwingungen in Betracht gezogen werden könnten.

Neben dem beschriebenen zylindrischen System gewann für die Schallfelduntersuchungen, insbesondere jedoch für die Erarbeitung neuer Ortungsprozeduren, ein anderer Raum an Bedeutung. Die relativ schwierige experimentelle Handhabbarkeit des Stabgitters, zumindest in jener Phase der Untersuchungen, in der neue Ortungsprinzipien entwickelt werden sollten, machte die Bereitstellung eines anderen Systems erforderlich. Die Wahl fiel auf einen Raum in der Form eines geraden Prismas mit hexagonaler Grund- und Deckfläche. Der erwähnte Raum, der z.B. eine Brennstoffkassette modellieren kann, weist neben seiner morphologischen Einfachheit noch einen weiteren Vorteil auf. Er hat die für die gesamte Reaktortechnik typische Symmetrie. Somit sind bereits durchgeführte Symmetrieüberlegungen sofort auf ihn bzw. für ihn ausgearbeitete gruppentheoretische Techniken auf andere hexagonale Systeme übertragbar.

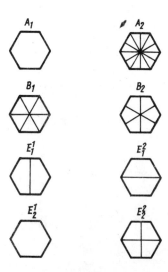

Bild 10 Symmetriebedingte Knotenlinien des schallhart begrenzten Sechseckraumes

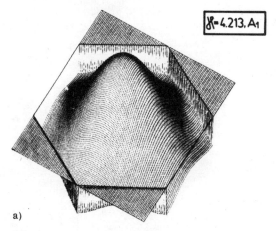

a)

174

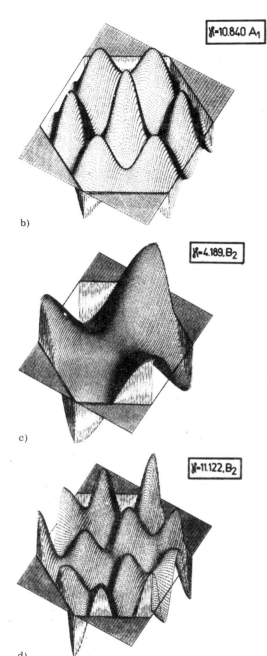

$\varkappa = 10.840\ A_1$

b)

$\varkappa = 4.189, B_2$

c)

$\varkappa = 11.122, B_2$

d)

Bild 11 Perspektivische Darstellung
von Eigenfunktionen des Sechsecks
(Seitenlänge = 1 m) zu ausgewählten
Eigenwerten

a) $\varkappa = 4,21\ m^{-1}$ (A_1)
b) $\varkappa = 10,84\ m^{-1}$ (A_1)
c) $\varkappa = 4,19\ m^{-1}$ (B_2)
d) $\varkappa = 11,12\ m^{-1}$ (B_2)

Da nur ein Teil der Eigenschwingungen der Literatur zu entnehmen war, ist die Lösung der zugehörigen Randwertaufgabe von allgemeinem theoretischen Interesse.

Da für die Untersuchungen ein luftgefüllter hexagonaler Flachraum ausgewählt wurde, mußten die Lösungen der zweidimensionalen Helmholtzgleichung für schallharte Berandungen gefunden werden. Die in [19] bis [22] erzielten Ergebnisse lassen sich folgendermaßen zusammenfassen:

Die hexagonale Symmetrie C_{6V} führt zur Existenz von sechs verschiedenen Lösungsklassen, die zu den irreduziblen Darstellungen (i.D.) A_1, A_2, B_1, B_2, E_1 und E_2 gehören. Es konnte gezeigt werden, daß jene Eigenschwingungen, die sich gemäß den Basisfunktionen der i.D.

- A_1 und B_2 transformieren, gleichzeitig Lösungen des gleichseitigen Dreiecks mit derselben Randbedingung (Ableitung = 0) sind;
- A_2 und B_1 transformieren, gleichzeitig Lösungen des gleichseitigen Dreiecks mit gemischten Randbedingungen (Ableitung = 0 auf einer Seite, Funktion = 0 auf den restlichen) sind;
- E_1 und E_2 transformieren, von komplizierterer Struktur sind und nicht durch Eigenfunktionen des gleichseitigen Dreiecks dargestellt werden können.

In [19] werden die exakten Ausdrücke der A_1- und B_2-Eigenlösungen des Sechsecks aus denen des Dreiecks hergeleitet. Dabei wird eine neuartige Ableitung für die bekannten analytischen Dreieckfunktionen vorgeschlagen. Die restlichen Eigenschwingungen - so läßt sich zeigen - können jedoch nur näherungsweise berechnet werden. Daher kommt in [20] und [21] die Randstörungstheorie zur Anwendung. Die in der Quantentheorie gebräuchliche Potentialstörungstheorie ist gemäß einem Vorschlag von MORSE [23] modifiziert worden. In diesem Sinne wird das Sechseck als gestörter Kreis aufgefaßt und die gesuchten Lösungen nach denen des Kreisgebietes entwickelt. Die Güte der gemachten Näherung wird für die A_1- und B_2-Lösungen an den exakten Ausdrücken getestet. So konnte gezeigt werden, daß im Frequenzbereich $\lambda \approx L$ der erarbeitete Algorithmus gute Resultate liefert. Erwartungsgemäß ist der Fehler in den Eigenfunktionen größer als der in den Eigenwerten. Im <u>Bild 10</u> sind die symmetriebedingten Knotenlinien und im <u>Bild 11</u> ausgewählte Eigenfunktionen grafisch dargestellt.

Zusammenfassend kann konstatiert werden, daß mit den vorgestellten Modellen eine theoretische Bestimmung der für die akustische Reaktordiagnostik relevanten Meßgrößen erfolgen kann. Die Arbeiten zur Berechnung der Eigenlösungen der Helmholtzgleichung tragen nicht nur rein pragmatischen Charakter in dem Sinne, daß die gefundenen Lösungen wichtige Inputgrößen für das entwickelte Ortungssystem MALOS (s. Abschn. 3.4) sind, sondern sie bilden auch einen Beitrag zur Weiterentwicklung der Grundlagendisziplin Akustik.

3 Methodische und gerätetechnische Entwicklungen

3.1 Sensorentwicklung

Die speziellen Bedingungen, unter denen Schallsensoren in den Komponenten des SBR arbeiten müssen, machte eine eigene Sensorentwicklung erforderlich [24] . Besonders gravierend ist die Anforderung hinsichtlich der Einsatztemperatur, die bis zu 600 °C reicht. Für Sensoren, die direkt im Kühlmittel Natrium zum Einsatz kommen müssen, sind außerdem hermetische, natriumbeständige Gehäuse und Kabel notwendig. Unter diesen Randbedingungen wurde das piezoelektrische Sensorprinzip als das geeignete ausgewählt und ein Sortiment von Sensoren mit Hilfe des Kooperationspartners LfE[1] Dresden hergestellt und erprobt.

Als Sensorelemente kommen Lithiumniobat-Einkristalle zum Einsatz. Dieses Material ist wegen seiner hohen Curietemperatur (≈ 1200 °C) und ausreichend guter Kopplungsfaktoren für piezoelektrische Hochtemperatursensoren prädestiniert. Die Kristalle sind in 36°-y-Richtung zu zylindrischen Scheiben von 4 mm Durchmesser und 1,5 mm Höhe geschnitten und kommen als Dickenschwinger zum Einsatz. Die Verwendung von $LiNbO_3$ bringt allerdings auch Nachteile mit

---

[1] Labor für Elektrophysik Prof. M. Nier, jetzt ZfK, Bereich RP

sich. Das betrifft das Verhalten des Isolationswiderstandes und damit die untere Grenzfrequenz bei höherer Temperatur, die Diffusion von Fremdatomen, was zu irregulärem Verhalten der Leitfähigkeit führt, und die Abgabe von Sauerstoff durch den Kristall mit teilweisem Verlust der piezoelektrischen Eigenschaften. In [25] sind die Eigenschaften von LiNbO$_3$ zusammengefaßt dargestellt.

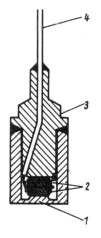

Bild 12 Prinzipieller Aufbau eines Hochtemperatur-Schallsensors
1 Membran; 2 Piezoelemente; 3 Gehäuse; 4 Kabel

Bild 12 zeigt den prinzipiellen Aufbau des Sensors. Die Gehäuse sind aus dem Stahl X8CrNiTi18.10 gefertigt; die Sensormembran und der Kristallhalter sind mit dem Gehäuse verschweißt. Für den Einbau der Sensoren in Rohrleitungs- oder Behälterwände existieren Ausführungsformen mit einem Steckverbinder für das Signalkabel, der durch einen berippten Kühlfinger thermisch vom Gehäuse getrennt ist. Die Eintauchsensoren für den Einsatz unmittelbar im Natrium oder in sehr heißer Umgebung sind mit Metallmantelkabeln ausgerüstet. Die wesentlichen Parameter einer Auswahl von Sensoren sind in Tabelle 2 angegeben.

Tabelle 2 Technische Daten ausgewählter Schallsensoren

Sensortyp	Einheit	LND22	LND30	LND60
statischer Druck	MPa	0...15	0...15	0...2
Empfindlichkeit	pC/MPa	2200	1400	4000
1. Resonanzfrequenz	kHz	160	130	90
Kapazität				
ohne Kabel	pF	25	–	–
mit 5 m Metallkabel	pF	–	1200	1200
max. Einsatztemperatur	°C	600	600	600
Außendurchmesser	mm	9,5	9,5	13,5
Kristalldurchmesser	mm	4	4	4

3.2 Sensorkalibrierung

Eine für die Beurteilung der Schallsensoren wichtige Kennfunktion ist deren Empfindlichkeit. Sie ist als Quotient von elektrischer Ausgangsgröße und mechanischer Eingangsgröße bei sinusförmiger Anregung definiert. Die Sensorempfindlichkeit ist im wesentlichen eine Funktion der Frequenz. Sie ändert sich aber auch mit Änderung der Einsatzparameter des Sensors, insbesondere mit der Temperatur. Es war daher ein Verfahren zur Messung der frequenzabhängigen Sensorempfindlichkeit zu entwickeln, das auch bei hohen Temperaturen einsetzbar ist [26] .

Die mechanische Anregung des Sensors erfolgt bei diesem Verfahren durch einen Partikel-strahl. Als obere Frequenzgrenze wurde, gemäß den Erfordernissen der akustischen Anlagen-diagnostik, etwa 250 kHz angestrebt. Da bei der gewählten Methode der Sensor durch die Über-lagerung einzelner, statistisch unabhängiger Partikelstöße mechanisch angeregt wird, ist die spektrale Zusammensetzung des so entstehenden mechanischen Rauschens durch den Zeitverlauf des einzelnen Stoßes bestimmt.

Der Stoßprozeß wurde deshalb mit Hilfe der Hertzschen Theorie untersucht. Die Stoßkraft $P(t)$ eines elastischen Stoßes einer Kugel mit einer großen ebenen Fläche hat einen sinus-förmigen Verlauf:

$$P(t) = P_{el} \sin (\pi t / \tau_{el}), \quad 0 \lesseqgtr t \lesseqgtr \tau_{el}.$$

Stoßdauer τ_{el} und Stoßamplitude P_{el} sind Funktionen des Kugelradius, der Auftreffgeschwin-digkeit und der elastischen Konstanten der verwendeten Materialien. Die Fouriertransfor-mierte der Stoßkraft ist durch

$$P(f) = P_{el} \frac{2 \tau_{el}}{\pi} \cdot \frac{\cos (\pi \tau_{el} f)}{1 - (2 \tau_{el} f)^2}$$

gegeben. $/P(f)/^2$ ist für $\pi \tau_{el} f = \pi/2$ um etwa 4 dB abgefallen, so daß für den Zusammenhang von Stoßdauer und oberer Grenzfrequenz f_0

$$\tau_{el} \lesseqgtr \frac{1}{2 f_0}$$

angegeben werden kann. Damit ist der Zusammenhang von Partikelradius, -geschwindigkeit und Materialeigenschaften mit der oberen Grenzfrequenz der Anregung hergeleitet. <u>Bild 13</u> zeigt das Ergebnis für die Stoßpartner Stahlkugel - Stahlplatte. Daraus folgt, daß das Anregungs-spektrum vor allem vom Radius der Partikel abhängt. 1 MHz obere Grenzfrequenz sind ohne weiteres erreichbar, was das Verfahren auch zur Kalibrierung von Schallemissionssensoren ge-geeignet erscheinen läßt.

Auf der Grundlage der theoretischen Ergebnisse wurde das Meßgerät „Dyneika" (<u>Bild 14</u>)

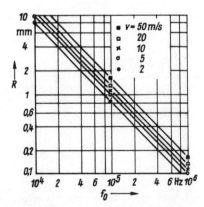

Bild 13 Abhängigkeit der oberen Grenzfrequenz der Partikelstrahl-anregung von Partikelradius und -geschwindigkeit

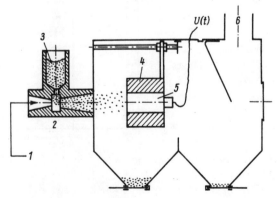

Bild 14 Schema der Kalibrieranordnung Dyneika

1 Druckluft; 2 Strahlapparat; 3 Partikel; 4 Heizung; 5 Wandler; 6 Abluft

aufgebaut, das zur Bestimmung der relativen Empfindlichkeit der Sensoren auch bei Temperaturen bis 600 °C einsetzbar ist. Der Partikelstrahl wird in einem speziellen Strahlapparat erzeugt. Als Fördergas wird Luft eingesetzt; die Partikel sind entweder Stahlkugeln von 0,8 mm Durchmesser oder ein Aluminiumgranulat der Körnung 0,05...0,5 mm. Ihre Geschwindigkeit beträgt etwa 10 m/s. Der Partikelstrom kann zu 2000/s abgeschätzt werden. Mit 1,3 kg Stahlkugeln (600 000 Stück) werden etwa 5 min Meßzeit erreicht. Der Sensor wird in einer elektrisch beheizten Halterung befestigt und so auf die erforderliche Temperatur gebracht.

Durch Spektralanalyse des elektrischen Ausgangssignals wird die Sensorempfindlichkeit gemäß

$$|M_p(f)|^2 = S_w(f)/S_p(f)$$

bestimmt. Die Autospektraldichte der Partikelanregung $S_p(f)$ ist im Übertragungsbereich des Sensors konstant, wenn gemäß der theoretischen Behandlung des Stoßvorganges die Stoßdauer durch geeignete Wahl von Partikelmaterial und -größe genügend kurz gewählt wird. Die relative Sensorempfindlichkeit ergibt sich dann in sehr einfacher Weise aus der Autospektraldichte $S_u(f)$ des elektrischen Ausgangssignals:

$$|M_p(f)|^2 \sim S_u(f) \qquad \text{für} \qquad S_p(f) = S_p = \text{konst.}$$

Es ist aber auch möglich, durch Triggerung des Ausgangssignals die Impulsantwort des Sensors zu bestimmen. Durch n-fache Überlagerung des getriggerten Signals wird das Signal-Rausch-Verhältnis proportional $\sqrt{n}$ verbessert.

Ein Nachteil der Partikelstrahlmethode ist, daß niedrige Frequenzen aus Dynamikgründen nur relativ gering angeregt werden. Außerdem ist nur eine relative Kalibrierung möglich. Deshalb wurde ein weiterer Versuchsstand zur rechnerunterstützten dynamischen Kalibrierung aufgebaut [27], der nach der Impuls-Tor-Methode arbeitet. Sender und Empfänger werden in einem Wasserbecken der Abmessungen 0,7 m × 0,7 m × 0,7 m betrieben. Die absolute Sensorempfindlichkeit wird durch den Vergleich mit einem Sensor bekannter Empfindlichkeit (Meßhydrophon) ermittelt. Der Versuchsstand mit dem Mikrorechner (MPS 4944) arbeitet weitgehend automatisch.

3.3   Akustikmonitor ALDES-6

Aus den Ergebnissen der Untersuchungen des Schallentstehungsmechanismus an Dampferzeugerlecks (Abschn. 2.1), die durch eine Reihe von Experimenten an Natriumversuchsanlagen des ZfK und an realen Dampferzeugern (s. [5]) ergänzt wurden, entstand das bereits erwähnte Konzept für die akustische Überwachung von natriumbeheizten Dampferzeugern (s. [6]). Es basiert vor allem auf der Erkenntnis, daß die Separation des „Effektes" Leck vom Anlagengrundgeräusch durch eine Verarbeitung des zufälligen akustischen Signals im Zeitbereich zweckmäßig ist. Die hauptsächlichen Gründe dafür sind, daß das Schadensgeräusch einen großen Frequenzbereich umfaßt, daß das Spektrum des Schallfeldes im nutzbaren Frequenzbereich praktisch allein von der Geometrie der zu untersuchenden Komponente bestimmt wird und daß schadensspezifische Resonanzen im Spektrum des Leckgeräusches ausbleiben.

Die für die akustische Diagnose nutzbaren Signalparameter sind der Schallpegel und Kennwerte, die die auffälligen Änderungen der Amplitudenverteilung des Schallwechseldrucks beim Auftreten eines Lecks beschreiben. Diese Erscheinung war bereits als das Auftreten impulsartiger Ereignisse im Abschnitt 2.1 beschrieben worden. Zu ihrer Charakterisierung erwies sich die Überwachung der momentanen Signalleistung (Kurzzeiteffektivwert) als erfolgreich.

Weiter stellte sich als zweckmäßig heraus, nicht nur einen einzelnen Signalparameter zu überwachen, sondern die Entscheidung über die Aussage „Anlagenzustand normal" oder „Anlagenzustand unnormal" von der gleichzeitigen Änderung mehrerer Signalkennwerte abhängig zu machen. Im wesentlichen ist dieses Konzept dadurch bestimmt, daß eine Pegelüberwachung allein zu einer hohen Irrtumswahrscheinlichkeit der Diagnose führen kann. Der Schallpegel hängt stark von Betriebsparametern ab und kann sich speziell bei instationären Betriebszuständen beträchtlich ändern. Außerdem konnten experimentell Fälle nachgewiesen werden, in denen sich bei Auftreten eines Lecks der Pegel verringerte. Das ist ohne weiteres interpretierbar, wenn man bedenkt, daß je nach Position von Leck und Detektor eine Schalldämpfung durch die entstehende Zweiphasenströmung auftreten kann. Dagegen sind Änderungen der Amplitudenverteilung des vorverarbeiteten Schallsignals bez. des zu detektierenden Schadens relativ selektiv.

Die gerätetechnische Realisierung des beschriebenen Überwachungskonzeptes erfolgte durch den Aufbau des Akustikmonitors ALDES-6. Er verarbeitet akustische Signale von 6 separaten Meßkanälen im Frequenzbereich von 500 Hz bis etwa 250 kHz durch Bildung von 3 Parametern aus jedem Signal:

- dem Pegel R mit einer Zeitkonstante von 1 s,
- der auf den Pegel normierten Streuung K der Amplitude des Kurzzeiteffektivwertes r(t) (Zeitkonstante wahlweise 0,1; 1 oder 10 ms),
- der Zählrate Z, gebildet aus der Anzahl der Überschreitungen der Amplitude des Kurzzeiteffektivwertes über eine aus dem Pegel abgeleitete Schwelle.

Im <u>Bild 15</u> ist der zeitliche Verlauf der Detektionskenngrößen beim Auftreten eines Dampferzeugerlecks gezeigt. Zum Zeitpunkt t = 20 s ist das Leck geöffnet, und es ist deutlich der rasche Anstieg von K und Z erkennbar.

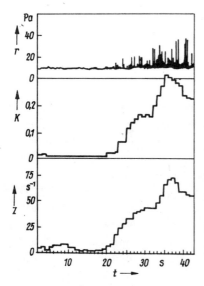

Bild 15 Zeitlicher Verlauf der momentanen Signalleistung und der daraus abgeleiteten Kenngrößen K und Z bei Auftreten eines Dampferzeugerlecks

Während durch ALDES-6 die Pegel gleichzeitig in allen 6 Kanälen gemessen werden, erfolgt die Bildung von K und Z i.allg. sekündlich für aufeinanderfolgende Kanäle, d.h. aller 6 s pro Kanal. Der Monitor bildet die Schwelle für die Zählratenbestimmung aus dem Pegel selbst und löst bei Überschreitung von vorzugebenden Alarmschwellen Alarm aus.

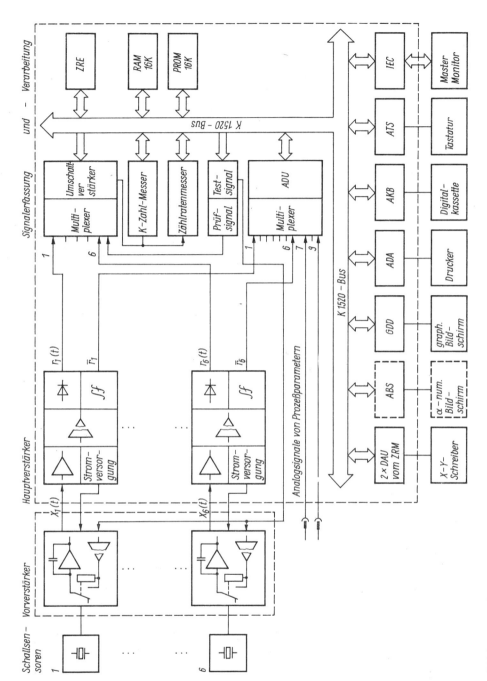

Bild 16 Hardwarestruktur des Akustikmonitors ALDES-6

ALDES-6 ist auf der Basis eines Mikrorechners K-1520 realisiert. Er ist über ein IEC-Interface mit einem übergeordneten Rechner (Master) koppelbar. Über dieses Interface ist der Monitor in der Lage, Betriebsdaten der zu überwachenden Anlage zu empfangen und bei der Alarmgenerierung zu berücksichtigen. Ebenso können Meßdaten dem Master übergeben oder Steuersignale empfangen werden. Zur Datenpufferung ist er mit einem rollenden Meßwertspeicher bis zu 16 kbyte Tiefe ausgerüstet. Als Peripherie sind Grafikdisplay und Magnetkassette anschließbar. Die Software ist modular und flexibel aufgebaut, so daß der Monitor sowohl autonom als auch als Subsystem eines komplexen Überwachungssystems einsetzbar ist. Bild 16 zeigt die Hardwarestruktur von ALDES-6.

Die sechskanalige Analogmeßkette, bestehend aus Schallsensoren, Ladungsvorverstärkern und Hauptverstärkern ist weitgehend den Einsatzbedingungen in Industrieanlagen angepaßt. Zur Störsignalunterdrückung sind Optokoppler eingesetzt, die maximale Übertragungslänge der Vorverstärkersignale zu den im Monitor integrierten Hauptverstärkern beträgt 200 m. Vorverstärker, Hauptverstärker und die speziellen Signalverarbeitungseinheiten werden zyklisch einem automatischen Funktionstest unterworfen.

Der Monitor ALDES-6 wurde bisher als Subsystem in einem diversitären Dampferzeugerüberwachungssystem für natriumbeheizte Dampferzeuger erprobt. Dank seiner flexiblen Hardware- und Softwaregestaltung ist er aber für viele Aufgaben der akustischen Anlagenüberwachung geeignet.

3.4   Ortungssystem MALOS

Aufbauend auf den Schallfeldberechnungen (Abschn. 2.3) und den insgesamt bei diesen Analysen gesammelten Erfahrungen wurden die theoretischen Grundlagen eines neuartigen Ortungsverfahrens ausgearbeitet. Darüber hinaus wird im folgenden die gerätetechnische Realisierung dieser Methode kurz beschrieben.

Aus der Literatur ist eine Vielzahl von Ortungsverfahren bekannt, die sich unter Freifeldbedingungen bewährt haben. Sie lassen sich gemäß ihren Wirkprinzipien etwa wie folgt klassifizieren:

1. Lokalisierung auf der Grundlage der entfernungsabhängigen Dämpfung des Schallsignals [28] ,

2. Lokalisierung mittels mehrerer richtungsempfindlicher Schallempfänger, die nach dem Empfangsmaximum geschwenkt werden [29] ,

3. Lokalisierung aus gemessenen Laufzeitdifferenzen eines Schallsignals zu mehreren räumlich geeignet angeordneten Detektoren [30] ,

4. Lokalisierung über gemessene Schallintensitätskarten [31] .

Eine unmittelbare Übertragung dieser Ortungsprozeduren auf abgeschlossene Räume, wie sie z.B. in der Reaktortechnik vorkommen, läßt sich wegen der komplizierten geometrischen Struktur der überwachten Systeme, ihrer extrem schwierigen Zugänglichkeit sowie der Tatsache, daß sich die von den Wänden und Einbauten vielfach gestreuten Schallwellen untereinander und mit dem Ursprungssignal in komplizierter Weise überlagern, nicht realisieren. Daher müssen modifizierte bzw. neue Lokalisierungsalgorithmen ausgearbeitet werden.

Gegenwärtig ist aus der Literatur nur ein Ortungsverfahren für Schallquellen in komplizierten, abgeschlossenen Räumen bekannt. Die von GREENE [2] vorgeschlagene Lokalisierungsprozedur arbeitet auf der Grundlage eines dem passiven Sonar ähnlichen Prinzips. Sie wurde für die Leckortung in natriumbeheizten Dampferzeugern entwickelt, könnte jedoch auch in modifizierter Form zur Ortsbestimmung von Siedeprozessen im Reaktorcore Anwendung finden. Greenes Methode stellt eine Kombination von Verfahren dar, die auf modifizierten Formen der Prinzipien 2 und 3 basieren.

Wichtigste Voraussetzung für eine sonarähnliche Ortung ist der vernachlässigbare Einfluß der Einbauten auf die Schallausbreitung. Das ist näherungsweise aber nicht vollständig im niederfrequenten Bereich (in Natrium etwa bis 10 kHz) gewährleistet. In diesem Bereich dominieren aber die Untergrundgeräusche. Somit ist neben den für Sonar charakteristisch großen Aufnehmerfeldern - für die Überwachung eines Dampferzeugers sind etwa 200 Detektoren nötig - eine umfangreiche Auswerteelektronik erforderlich, die die signifikanten Signale aus dem

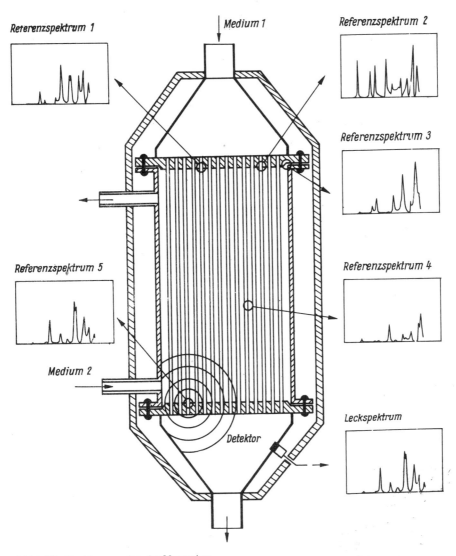

Bild 17 Bestimmung des Quellenortes

Untergrundgeräusch extrahiert. Der immense apparative Aufwand scheint einem serienmäßigen Einsatz des auf dieser Basis in den USA entwickelten Prototypsystems entgegenzustehen.

Im ZfK richteten sich die Aktivitäten auf diesem Gebiet auf die Entwicklung eines Ortungssystems, das bei wesentlich geringerem apparativen Aufwand sowohl für die Ortung von lokalem Sieden im Reaktorcore als auch von Lecks im Dampferzeuger schneller Reaktoren geeignet ist. In [32] sind die Grundlagen der patentrechtlich geschützten Ortungsmethode [33] in allen Einzelheiten beschrieben. Die Idee des Verfahrens besteht in folgendem (Bild 17):

(i)   Für eine Vielzahl möglicher Quellenpositionen wird die jeweilige Autospektraldichte (ASD) am Ort eines fest installierten akustischen Detektors bestimmt. Die vom mathematischen Standpunkt aus unendliche Zahl von Musterspektren für diesen Referenzkatalog kann unter Einbeziehung technischer Gesichtspunkte und Erfahrungswerte über existierende Schwachstellen (potentielle Leckorte eines Dampferzeugers sind beispielsweise die Rohrböden) auf etwa 20...100 reduziert werden.

(ii) Aus dem am Detektorort empfangenen Signal der zu ortenden Schallquelle wird die ASD bestimmt.

(iii) Mittels Methoden der Mustererkennung wird die aktuelle ASD mit den ASDs des Referenzkatalogs verglichen und derjenigen ASD des Katalogs zugeordnet, die ihr am ähnlichsten ist.

(iv) Aus dieser Zuordnung wird der unbekannte Quellenort ermittelt, da für alle Musterspektren die jeweiligen Referenzquellenorte bekannt sind.

Die dem schon mehrfach erwähnten Frequenzbereich, in dem die Wellenlänge von derselben Größenordnung wie charakteristische Abmessungen des Systems ist, angepaßte Ortungsmethode hat eine Reihe signifikanter Vorteile:

a) Es wird nur 1 Detektor benötigt.

b) Aufgrund des geringen Pegels des Untergrundgeräuschs im verwendeten Frequenzbereich ist nur ein geringer Aufwand für die Signalverarbeitung nötig.

c) Die Ortungsgenauigkeit von etwa $\lambda/4$ ist in diesem Frequenzbereich optimal.

d) Für die gerätetechnische Realisierung ist keine Spezialtechnik erforderlich; es können die üblicherweise in der Akustik verwendeten Geräte (z.B. handelsübliche FFT-Analysatoren) eingesetzt werden.

In [32] und [34] sind die Ergebnisse der Untersuchungen zur Verifizierung dieser Methode dargestellt. Das neue Ortungsverfahren wurde sowohl am hexagonalen als auch am zylindrischen Modellraum sowie an einem Boiler und einem Hochdruckwärmeübertrager ausführlich getestet.

Aus diesen Arbeiten werden auch die folgenden zwei prinzipiell möglichen Wege zur Kataloggenerierung ersichtlich (Bild 18):

1. Mit den im Abschnitt 2.3 zusammengefaßten Arbeiten stehen geeignete Verfahren zur Berechnung der Eigenschwingungen zur Verfügung. Gemäß der in [35] abgeleiteten Formel zur Bestimmung der Autospektraldichte aus den Eigenschwingungen des betrachteten Raumes und der spektralen Zusammensetzung des Quellensignals kann der gesamte Referenzkatalog berechnet werden.

2. Nach [34] kann die Erzeugung des Katalogs auch experimentell erfolgen. In dem dort beschriebenen Demonstrationsexperiment für das Ortungsverfahren diente ein als Sender betriebenes Hydrophon als Schallquelle. Zur Kataloggenerierung wurde es an die in Frage kommenden Quellenorte positioniert, und die entsprechenden Musterspektren wurden aufgezeichnet. Für komplizierte technische Anlagenkomponenten können die Musterspektren er-

halten werden, indem an Versuchsständen des Komponentenherstellers oder -betreibers bei den jeweils erforderlichen Betriebsbedingungen die Schadstellen nacheinander an potentiellen Gefahrenorten künstlich erzeugt werden (z.B. durch Anbringen von Bohrungen) oder indem eine die Schadstelle simulierende Schallquelle dort positioniert wird.

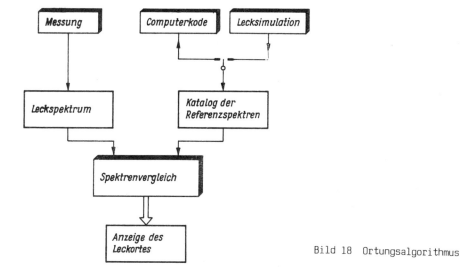

Bild 18 Ortungsalgorithmus

Generell ist anzumerken, daß die theoretische Erzeugung des Katalogs zwar sehr kostengünstig ist, ihre Anwendbarkeit auf Systeme mit komplizierten inneren Strukturen aber begrenzt ist. Die Erzeugung der Musterspektren an entsprechenden Versuchsständen erfordert in jedem konkreten Fall abzuwägende Investitionen.

Aufbauend auf der oben beschriebenen Methodik wurde der Prototyp eines mikrorechnergestützten akustischen Lokalisierungssystems (MALOS) entwickelt (Bild 19).

Kernstück des Systems ist ein FFT-Analysator der Firma Brüel & Kjaer (B&K), der aus dem von einem Aufnehmer (Mikrofon, Hydrofon, Körperschallaufnehmer) gelieferten Zeitsignal die

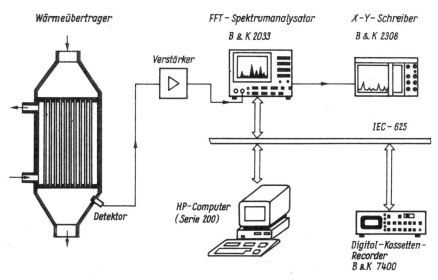

Bild 19 Akustisches Leckortungssystem MALOS

ASD berechnet. Der Katalog der Referenzspektren kann entweder auf Digitalkassetten oder auch auf entsprechende Disketten des Tischrechners gespeichert werden. Die vom FFT-Analysator gelieferte aktuelle ASD der zu ortenden Quelle gelangt über ein IEC-Interface in den Computer. Dort wird mittels des Softwarepaketes LOCATE der Vergleich dieser ASD mit jeder Referenz-ASD durchgeführt und jene ASD ermittelt, die ihr am ähnlichsten ist. Der auf diese Art und Weise bestimmte Quellenort wird auf dem Display des Rechners angezeigt.

Zusammenfassend kann konstatiert werden (s. auch [36]), daß die vorgeschlagene Methode eine Reihe von Tests sowohl an Modellanlagen als auch an realen nichtnuklearen Systemen bestanden hat. Sie ist nicht nur zur Ortung von lokalem Sieden im Reaktorcore und von Mikrolecks in Dampferzeugern natriumgekühlter schneller Brutreaktoren einsetzbar, sondern gestattet auch die Leckortung in konventionellen Reaktoren, Wärmeübertragern, Dampferzeugern und Boilern im Rahmen von Integritätstests beim Apparatehersteller, im Rahmen periodischer Überprüfungen beim Betreiber, nach Auftreten von Havarien, Störfällen u.ä. bei abgeschalteter Anlage und während des Betriebs. Generell sollte sie überall dort nützlich sein, wo Technologien mit hohem Gefährdungspotential zur Anwendung kommen, extrem kostenintensive technologische Prozesse ablaufen, teure Anlagenkomponenten Verwendung finden oder eine große Anzahl gleichartiger technischer Systeme überwacht werden soll.

Die Vorteile des Verfahrens liegen in seinem einfachen physikalischen Konzept, dem für die Ortungsprozedur geringen erforderlichen Zeitaufwand, den niedrigen Investitionskosten als Folge des Einsatzes handelsüblicher, beim Nutzer oft existierender Meß- und Auswertetechnik sowie in der Tatsache, daß während der Leckortung keine manuelle Arbeit erforderlich ist und der Apparat nicht demontiert zu werden braucht.

Als Nachteil des Verfahrens ist zu verzeichnen, daß nur akustisch aktive Lecks detektierbar sind. Wenn aufgrund der verwendeten Medien und der thermodynamischen Bedingungen (z.B. vorherrschender Druckdifferenzen) keine Schallerzeugung während der Leckage vonstatten geht, ist es nicht anwendbar. Darüber hinaus ist die Tatsache von Nachteil, daß für jeden Apparatetyp ein neuer Referenzkatalog erforderlich ist, dessen Generierung sehr zeitaufwendig sein kann.

Literatur

[1] BRINCKMANN, H.-F., u.a.: Process surveillance in nuclear plants by methods using dynamic signals. Int. Conf. on Current Nuclear Power Plant Safety Issues, Stockholm, 20.-24. Oktober, 1980, IAEA-CN-39/49

[2] GREENE, D. A., u.a.: Acoustic leak detection/location system for sodium-heated steam generators. Sec. Int. Conf. on Liquid Metal Engineering and Technology, Richland (Wa.), 20.-24. April 1980, Bd. 2, S. 21.9-21.30

[3] CASTELNAU, L., u.a.: In-service monitoring and servicing after leak detection for the liquid-metal fast breeder reactor steam generators of Phenix and Super Phenix. Nuclear Technol. 58 (1982) S. 171-183

[4] AFANASIEV, V. A., u.a.: Sodium boiling experiment in the reactor BOR-60. ZfK-344 (1977)

[5] MATAL, O., u.a.: Ergebnisse akustischer Messungen während des Havarieexperimentes am ČSSR-Moduldampferzeuger des BOR-60. gemeins. Ber. VUEZ Brno - ZfK Rossendorf (1980)

[6] PRIDÖHL, E.; MAUERSBERGER, H.: An acoustic emission monitor for a plant surveillance system - theoretical background and realization. 10. World Conf. on Non-destructive Testing, Moscow, 22.-28. August 1982, Bd. 4, S. 85-95

[7] LOTZMANN, R.: Experimentelle Untersuchung der Schallabstrahlung von Gasfreistrahlen in Wasser. ZfK-478 (1982)

[8] PRIDÖHL, E.: Akustische Detektion von Wasserlecks in natriumbeheizten Dampferzeugern unter Verwendung von Methoden der statistischen Entscheidungstheorie. ZfK-428 (1980)

[9] HAMANN, D.; THESS, A.: Sound propagation in liquid sodium-gas mixtures. Kernenergie (in Vorb.)

[10] HAMANN, D., u.a.: A method for the determination of the bubble-size distribution in liquid-metal two-phase flows. Kernenergie 28 (1985) S. 297-301

[11] UHLMANN, G.: Modelluntersuchungen zur Blasengrößenverteilung und Schallausbreitung an Mikrolecks natriumbeheizter Dampferzeuger. Kernenergie 22 (1979) S. 198-205

[12] VACHER, M., u.a.: Nonlinear behaviour of microbubbles: Application to their ultrasonic detection. Acustica 54 (1984) S. 274-283

[13] OSTROWSKI, L.; SUTIN, A.: Nonlinear acoustic diagnostics of discrete inhomogeneities in liquids and solids. 11. ICA, Paris, 19.-27. Juli 1983, Bd. 2, S. 137-140

[14] GAZANHES, C., u.a.: Propagation acoustique dans un milieu diphasique eau-bulles d'air. Application a la characterisation d'un milieu diphasique par voie acoustique. Acustica 55 (1984) S. 113-122

[15] JOHN, W.; ZIESCHE, P.: Generalized phase shifts for a cluster of muffin-tin potentials. Phys. Status Solidi B 47 (1971) S. 555-564

[16] HAMANN, D.; JOHN, W.: Calculation of acoustic normal modes in a cylindrical system using multiple scattering theory. ZfK-418 (1980)

[17] HAMANN, D., u.a.: Prediction of acoustic normal modes in a complicated cylindrical system. 12. ICA, Toronto, 24.-31. Juli 1986, Bd. 3, S. I 3.9-3-10

[18] HAMANN, D.: Calculation scheme for phase distribution in bubble flow through rod bundles. ZfK-468 (1982)

[19] HAMANN, D.: Analytical calculation of some acoustic normal modes in a hexagonal enclosure. ZfK-431 (1980)

[20] HAMANN, D.; GERBETH, G.: Calculation of the normal modes of a hexagonal enclosure using perturbation theory. 30. Open Seminar on Acoustics, Gdansk, 5.-9. Sept. 1983, Bd. 1, S. 189-196

[21] HAMANN, D.; GERBETH, G.: Approximate solution of the two-dimensional Helmholtz equation in the case of a hexagonal domain. 31. Open Seminar on Acoustics, Poznan, 11.-14. Sept. 1984, Bd. 2, S. 87-95

[22] HAMANN, D.: A survey of sound field calculations concerning reactor condition monitoring and diagnosis. 11. ICA, Paris, 19.-27. Juli 1983, Paper 17-7

[23] MORSE, P. M.; FESHBACH, H.: Methods of theoretical physics. New York: McGraw-Hill, 1953

[24] FRÖHLICH, K.-J.: Development of piezoelectric sodium-immersible pressure transducers. Kernenergie 27 (1983) S. 111-114

[25] UHLMANN, G.: Lithiumniobat als Wandlerelement piezoelektrischer Druckaufnehmer. Interner Ber. ZfK RPN-6/79 (1979)

[26] FUGE, R.; SCHULZ, W.: Die Messung der Druckempfindlichkeit elektromechanischer Wandler nach der Partikelstrahl-Methode. ZfK-378 (1978)

[27] SCHULZ, W.: Versuchsstand zur rechnergestützten dynamischen Kalibrierung von Ultraschallsensoren. Messen, Steuern, Regeln 28 (1985) 8, S. 346-348

[28] FISCHER, K., u. a.: Leak detection and location by means of acoustic methode. Trans. ANS 31 (1979) S. 123-125

[29] MOSYAKOV, J. A., u.a.: Verfahren zur eindeutigen Standortbestimmung eines beweglichen Objektes sowie Bodenstation und Empfänger-Anzeiger eines Funknavigationssystems zur Verwirklichung dieses Verfahrens. Wirtschaftspat. DD-PS 104370, 1974

[30] LICHT, T.: Acoustic emission. Kopenhagen: Brüel & Kjaer Tech. Rev. (1979) 2

[31] Proc. 2. Int. Congr. on Acoustic Intensity, Paris-Senlis, 23.-26. Sept. 1985

[32] HAMANN, D.; Kätzmer, D.: A method for the location of sound sources in nuclear power plant components. 16. Informal Meeting on Reactor Noise, Budapest, 18.-20. Mai 1983

[33] KÄTZMER, D.; HAMANN, D.: Verfahren zur Ortung einer Schallquelle in abgeschlossenen Räumen. Wirtschaftspat. DD-PS 206 215, 1982

[34] HAMANN, D.; KÄTZMER, D.: On the location of noise sources in plant components. Invited Lecture, Brüel & Kjaer, Kopenhagen, 9. Juli 1985

[35] HAMANN, D.: A location procedure for sound sources in reactor-technical enclosures. ZfK-477 (1982)

[36] HAMANN, D.; KRÄTZMER, D.: Ein neues Verfahren zur Ortung akustisch aktiver Lecks. Einladungsvortr. (als Ms. gedr.) zu Firmenseminaren in München, Jülich, Düsseldorf, Hagen, Frankfurt/M., Linz, Graz, Wien, 10.-20. Febr. 1986

Die Autoren sind dem Leiter des Bereiches Reaktorphysik des Zentralinstituts für Kernforschung, Herrn Prof. Dr. H.-F. Brinckmann, für sein stetiges förderndes Interesse sowie für eine Vielzahl von Diskussionen über fachliche Details zu Dank verpflichtet.

Anschrift der Autoren:

Dr.-Ing. Gerd Uhlmann
Dr. sc. nat. Detlef Hamann

Akademie der Wissenschaften der DDR,
Zentralinstitut für Kernforschung, Rossendorf
Postfach 19
Dresden
8051

Volkmar Naumburger

LPC — eine Signaltransformation für die Digitaltechnik

Das Verfahren der Linear Predictive Coding (LPC) ist eine auf der Z-Transformation basierende Signaltransformation der digitalen Informationsverarbeitung. Mit ihrer Anwendung ist
die Systemanalyse für Allpolsysteme auf der Grundlage einer Signalanalyse möglich. Zusätzlich ermöglicht die LPC-Analyse die Trennung eines gefalteten Signals in seine Anregungs-
und seine Systemkomponenten (Rückfaltung). Ein Vorzug der LPC-Analyse ist ihre besondere
Eignung für die Untersuchung von Leitungen und akustischen Röhren. Auf der Basis digitaler
Filter ist schließlich die Synthese von Signalen möglich, deren Parameter durch eine LPC-
Analyse ermittelt wurden. Weitere Anwendungen, unter besonderer Berücksichtigung der Sprachsignalverarbeitung, werden besprochen.

The method of the linear predictive coding (LPC) is a signal transformation of the digital
information processing based on the Z transform. By its application the system analysis for
all-pole systems on the basis of a signal analysis is possible. In addition, the LPC analysis enables the separation of a convoluted signal in its excitation components and its
system components (deconvolution). An advantage of the LPC analysis is its particular suitability for the examination of lines and acoustic tubes. On the basis of digital filters, in
the end, the synthesis of signals is possible whose parameters have been determined by an
LPC analysis. Further applications are discussed in particular consideration of the speech
signal processing.

La méthode du codage linéaire prédictif (LPC) est basée sur la transformation Z et constitue
une transformation de signal dans le traitement numérique de l'information. Son application
permet l'analyse de systèmes à déphasage minimal sur la base d'une analyse de signal. D'autre
part, L'analyse par codage linéaire prédictif permet de séparer un signal ayant subi une
convolution en ses composantes d'excitation et de système (reconvolution). La méthode du
codage linéaire prédictif se prête avantageusement à l'étude de conduites et de tubes acoustiques. Sur la base de filtres numériques, on peut effectuer une synthèse de signaux dont
les paramètres on été déterminés à l'aide d'une analyse par codage linéaire prédictif. On
décrit d'autres applications dont, en particulier, le traitement de signaux vocaux.

Die stürmische Entwicklung der Digitaltechnik, die durch die Bereitstellung schneller Daten-
verarbeitungseinrichtungen und großvolumiger Speicherschaltkreise eine Verlagerung der si-
gnalverarbeitenden Prozesse von der Analogtechnik auf die Digitaltechnik ermöglichte, hat
auch auf dem Gebiet der Akustik, insbesondere der Sprachsignalverarbeitung, tiefgreifende
Veränderungen nach sich gezogen. Dem Fachmann sind digitale Signaltransformationen wie die
diskrete Fouriertransformation (DFT) oder die schnelle Fouriertransformation (FFT) geläufig
und in ihren Eigenschaften bekannt.

Für die Videosignalübertragung von Raumsonden zur Bodenstation wurde in den 60er Jahren
ein Kodierungsverfahren entwickelt, um Signale informationsflußsparend und sicher gegen
Störeinflüsse übertragen zu können. Dieses Verfahren basiert auf digitalen Informations-
verarbeitungsprinzipien und wurde Kodierung durch lineare Vorhersage (engl. linear predictive coding, LPC) genannt. Mitte der 70er Jahre fand dieses Verfahren auch Anwendung bei der
Übertragung und Verarbeitung von Sprachsignalen, wobei die Zielstellung die gleiche war wie
bei der Videosignalübertragung. Der vorliegende Beitrag soll eine Einführung in die LPC als
Signaltransformation geben und spezielle Anwendungen in der Akustik darlegen.

1 Einführung in die digitale Signalverarbeitung

1.1 Grundlagen

1.1.1 Z-Transformation

Die LPC-Analyse basiert auf dem Gedankengebäude der Z-Transformation. Deshalb wird im folgenden, um das Verständnis des LPC-Analyseapparates zu erleichtern, ein Überblick über die
elementaren Eigenschaften der Z-Transformation gegeben.

Mit der Zeitfunktion f(t) liege ein kontinuierliches, aber bandbegrenztes Signal vor,
das der Laplacetransformation

$$F(p) = \int_{-\infty}^{\infty} f(t) \exp(-pt) \, dt \tag{1}$$

unterworfen werden soll. Um die Zeitfunktion f(t) auch mit einem Digitalrechner verarbeiten
zu können, muß sie in einem AD-Umsetzer zeitlich diskretisiert und amplitudenquantisiert
werden. Nach dem Abtasttheorem von SHANNON gilt

$$T = 1/(2 \, B), \tag{2}$$

wobei B die Signalbandbreite und T das Abtastintervall ist. T ist der Kehrwert der Abtastfrequenz f_{abt}. Der Zusammenhang zwischen Quantisierung und Störung ist durch das Signal-
Rausch-Verhältnis S/N gegeben. Diese Beziehung ist letztlich für die Wahl der Wortbreite W
in bit bei der Digitalisierung in Dualzahlen ausschlaggebend:

$$W = (lb \, S/N) + 1. \tag{3}$$

Für die Darlegung der Eigenschaften der Z-Transformation ist jedoch nur die zeitliche Diskretisierung des Signals von Interesse.

Nach [1] entspricht die Signalabtastung einer Multiplikation der Zeitfunktion f(t) mit einer unendlichen Folge von Einheitsimpulsen $\delta(t - nT)$:

$$f'(t) = \sum_{n=-\infty}^{\infty} f(t)\ \delta(t - nT),\tag{4}$$

wobei gilt

$$\delta(t - nT) = \begin{cases} 0 & \text{für} \quad t = nT \\ 1 & \text{für} \quad t = nT. \end{cases}$$

Hier bedeutet T die Zeitdifferenz zwischen zwei benachbarten Abtastungen, die gleich dem Kehrwert der Abtastfrequenz f_{abt} ist. Wegen der diskretisierenden Eigenschaft der Funktion $\delta(t - nT)$ stellt f'(t) die Funktionswerte der Zeitfunktion f(t) zu den Zeitpunkten nT dar. Wird jetzt f'(t) der Laplacetransformation unterworfen, so folgt aus (1) und (4)

$$F'(p) = \int_{-\infty}^{\infty} \sum_{n=-\infty}^{\infty} f(t)\ \delta(t - nT)\ \exp(-pt)\ dt$$

Wird bei der Integration statt der Einheitsimpulsfolge die Diracimpulsfolge (mit unendlich großen Amplituden bei t = nT) als diskretisierende Funktion verwendet, so gilt

$$F(p) = \sum_{n=-\infty}^{\infty} f(nT)\ \exp(-p\,nT).\tag{5}$$

Im folgenden wird davon ausgegangen, daß die hier betrachteten Funktionen kausal sind, d.h., daß die Zeitfunktionswerte für negative Zeiten verschwinden. Mit der Substitution

$$z = \exp(pT)\tag{6}$$

ist der Übergang zur Z-Transformation vollzogen. (5) lautet dann

$$F(z) = \sum_{n=0}^{\infty} f(nT)\ z^{-n}.\tag{7}$$

Die Potenzen von z stellen das Fundamentalsystem der Z-Transformation dar. Die Z-Transformation ist durch eine Potenzreihe mit der Veränderlichen z^{-1}, also durch eine Laurentreihe, definiert. Aufgrund der Definition der Z-Transformation (5) bis (7) kann man diese als diskretes Analogon der Laplacetransformation ansehen. Das hat den Vorteil, daß einige Sätze der Z-Transformation formal den entsprechenden Sätzen der Laplacetransformation ähnlich sind.

1.1.2 Eigenschaften und Transformationsregeln der Z-Transformation

Linearität

Multiplikation mit einem konstanten Faktor:

$$Z\{k \cdot f(nT)\} = k \cdot Z\{f(nT)\}\tag{8}$$

Überlagerung zweier Zeitfunktionen:

$$Z\{f(nT) + g(nT)\} = Z\{f(nT)\} + Z\{g(nT)\}\tag{9}$$

Verschiebungssatz

$$Z\{f \ (nT - kT)\} = Z\{f(nT)\} \cdot z^{-k} \tag{10}$$

Faltungssatz

$$Z\{f(nT) * g(nT)\} = Z\{f(nT)\} \cdot Z\{g(nT)\}, \tag{11}$$

wobei die Faltung zweier Zeitfunktionen durch die diskrete Darstellung des Faltungsintegrals gegeben ist:

$$f(nT) * g(nT) = \sum_{n=0}^{\infty} f(nT) \cdot g \left[(m - n) \ T\right]. \tag{12}$$

Differentiation und Integration

Während Differentiation und Integration bei Anwendung der Laplacetransformation auf einfache Multiplikation mit dem Operator p bzw. Division durch p zurückzuführen sind, ist dies bei der Anwendung der Z-Transformation nicht der Fall. Durch Umstellen der Definitionsgleichung (6) nach p folgt

$$p = (1/T) \ \ln \ (z). \tag{13}$$

Damit sind die einfachen Zusammenhänge der Laplacetransformation verlorengegangen, statt dessen erscheint die transzendente Funktion ln (z) in den Transformationsbeziehungen:

$$Z\{f^{(k)}(nT)\} = \left[(1/T) \ \ln \ (z)\right]^k Z\{f(nT)\} \tag{14}$$

und

$$Z\left\{\int_{0}^{nT} f(t) \ dt\right\} = \left[T/\ln \ (z)\right] Z\{f(nT)\} \ . \tag{15}$$

Um (14) und (15) der rechentechnischen Verarbeitung zugänglich zu machen, wird ln(z) in eine Potenzreihe entwickelt, die je nach geforderter Genauigkeit abgebrochen wird. Die bekannteste Entwicklung bricht die Potenzreihe bereits hinter dem ersten Glied ab, sie wird bilineare Transformation genannt:

$$\ln(z) = 2 \ \frac{(z - 1)}{(z + 1)} \tag{16}$$

Jetzt können transformierte Differentialgleichungen wieder in bekannter Weise als gebrochen rational betrachtet werden.

1.1.3 Gegenüberstellung von Laplace- und Z-Transformation in der komplexen Ebene

Dem Informationstheoretiker ist die Darstellung von Systemeigenschaften realer Systeme in der komplexen Ebene als Pol-Nullstellen-Plan geläufig. Deshalb soll anhand von Bild 1 der Bildbereich der Laplacetransformation dem der Z-Transformation gegenübergestellt werden.

Für die weiteren Betrachtungen ist es zweckmäßig, den Operator z, der wie jede andere komplexe Zahl auch durch Real- und Imaginärteil bestimmt ist, entsprechend (6) in Polarkoordinaten darzustellen:

$$z = |z| \ \exp(j\omega T), \tag{17}$$

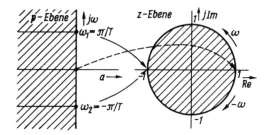

Bild 1 Abbildung der p-Ebene auf die z-Ebene durch die Funktion z = exp(pT)

wobei der Betrag z durch die <u>Dämpfung</u> a des Laplaceoperators p gegeben ist:

$$|z| = \exp(aT).\tag{18}$$

(17) und (18) sind Abbildungsvorschriften für eine konforme Abbildung der p-Ebene auf die z-Ebene.

Soll beispielsweise die imaginäre Achse der p-Ebene (d.h. a = 0) auf die z-Ebene abgebildet werden, dann bedeutet das entsprechend (18), daß der Betrag $|z|$ unabhängig von der Frequenz gleich 1 ist. Die linke p-Halbebene ist durch a < 0 gekennzeichnet, was $|z| < 1$ entspricht. Demzufolge wird die gesamte linke p-Halbebene in das Innere eines Einheitskreises in der z-Ebene abgebildet. Hingegen bleibt die reelle Achse der p-Ebene als reelle Achse der z-Ebene erhalten.

Hier ist jedoch zu beachten, daß dabei eine Periodisierung der abgebildeten Frequenzachse erfolgt, die physikalisch durch die Abtastung der kontinuierlichen Zeitfunktion bedingt ist [2]. Zum mathematischen Beweis dient wieder die Bestimmungsgleichung (6) der Z-Transformation. Die darin enthaltene komplexe Exponentialfunktion ist eine periodische Funktion mit der Periode 2π. Da zu jedem positiven Frequenzwert ein entsprechender negativer Wert gehört, werden alle Frequenzwerte $\pi/T < \omega < 2\pi/T$ in die untere und alle Frequenzwerte $-2\pi/T < \omega < -\pi/T$ in die obere z-Halbebene, die schon durch die Frequenzwerte $-\pi/T < \omega < \pi/T$ besetzt sind, plaziert. Bei allen weiteren Frequenzwerten erfolgt diese „Überbelegung" in der z-Ebene gleichfalls in der beschriebenen Weise mit der Periode $2\pi/T$. In der englischsprachigen Literatur wird dieser Effekt als <u>oversampling</u> oder <u>aliasing</u> bezeichnet.

Es ist zu schlußfolgern, daß Zeitfunktionen, die einer digitalen Signalverarbeitung unterworfen werden sollen, vor der Abtastung auf die halbe Abtastfrequenz bandbegrenzt werden müssen. Diese Aussage deckt sich mit dem Abtasttheorem von SHANNON (2).

Da konforme Abbildungen winkel- und streckentreu sind, können Pole oder Nullstellen der p-Ebene ohne Probleme unter Zuhilfenahme der Definitionsgleichung (6) in Pole oder Nullstellen der z-Ebene und umgekehrt umgerechnet werden.

1.1.4   Inverse Z-Transformation

Mit der inversen Z-Transformation kann die Zeitfunktion f(t) aus einer gegebenen Bildfunktion F(z) rückgewonnen werden:

$$f(t) = Z^{-1}\{F(Z)\} .\tag{19}$$

Wegen der dabei auftretenden Möglichkeit von Vielseitigkeiten (s. 1.1.2) wird festgelegt, daß nur der Frequenzbereich zwischen $\omega_{1,2} = \pm\pi/T$ relevant ist.

1.1.4.1 Rücktransformation der expliziten Z-Transformierten

In der expliziten Darstellung erscheint eine Z-Transformierte als Laurentreihe mit konstanten Koeffizienten:

$$F(z) = \sum_{n=0}^{\infty} a_n z^{-n}.$$ (20)

Ein Vergleich mit (7) zeigt, daß die konstanten Koeffizienten der Laurentreihe (20) den Koeffizienten der Definitionsgleichung (7) entsprechen. Ein Koeffizientenvergleich ergibt

$$f(nT) = a_n; \quad n = 0\ldots\infty,$$ (21)

d.h., die Koeffizienten der explizit erscheinenden Z-Transformierten sind bereits die Abtastwerte der rücktransformierten Zeitfunktion. Die Rücktransformation erfolgt durch Koeffizientenvergleich.

1.1.4.2 Rücktransformation der impliziten Z-Transformierten

In der Regel liegen Z-Transformierte als gebrochen rationale Funktionen vor. Die Grade der Zähler- und Nennerpolynome sind endlich und $P < Q$:

$$F(z) = \frac{\sum_{p=0}^{P} a_p z^{-p}}{\sum_{q=0}^{Q} b_q z^{-q}}.$$ (22)

Solche Funktionen können durch fortlaufende Division von Zähler- durch Nennerpolynom nach fallenden Potenzen von z in die explizite Form übergeführt werden. Auf diese Weise erfolgt eine Reihenentwicklung mit einer unbegrenzten Anzahl von Gliedern.

Durch entsprechendes Ausklammern eines Verstärkungsfaktors v_0 kann immer dafür gesorgt werden, daß $b_0 = 1$ ist. Dann kann die Rücktransformation rekursiv erfolgen:

$$f(nT) = a_n - \sum_{i=1}^{n} b_i\, f\left[(n - i)\, T\right]; \quad n = 0\ldots\infty.$$ (23)

Ist $P \geqq Q$, dann läßt sich bei der Reihenentwicklung ein Faktor z^{-k} ($k = P - Q$) abspalten; das bedeutet, daß die Zeitfunktion um k Abtastintervalle verschoben beginnt (10).

1.1.4.3 Rücktransformation gefalteter Z-Transformierter

In der Informationstechnik ist oft das Ausgangssignal eines Systems, dessen Stoßantwort bekannt ist, von Interesse, wenn dieses System mit einem bekannten Eingangssignal beaufschlagt wird. Nach dem Faltungssatz (11) lautet die Z-Transformierte des Ausgangssignals

$$U_a(z) = U_e(z) \cdot H(z).$$

H(z) sei die Z-Transformierte der Stoßantwort. Mit der Anwendung von (12) lautet die gesuchte Zeitfunktion

$$u_a(nT) = \sum_{k=0}^{n} u_e(kT)\, h\left[(n - k).\,T\right]; \quad n = 0\ldots\infty.$$ (24)

Weitere Rücktransformationen, zu denen auch die Residuenmethode zählt, sind in [1] beschrieben.

1.2 Digitalfilter

1.2.1 Funktionselemente der Digitalfilter

Digitalfilter werden aus getakteten Speichern, auch Verzögerungsgliedern genannt, Summierern und Multiplizierern aufgebaut. <u>Bild 2</u> zeigt die hier verwendeten Symbole. Diese Elemente sind, wenn sie in entsprechenden Kombinationen angewendet werden, geeignet, die Elementaroperationen der Z-Transformation, wie Verschiebungssatz, Faltungssatz u.a., auszuführen.

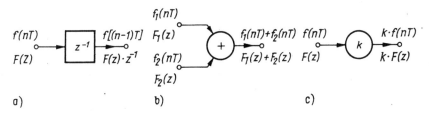

a)   b)   c)

Bild 2 Bauelemente digitaler Filter
a) Verzögerungsglied; b) Summierer; c) Multiplizierer mit einem konstanten Faktor

Von besonderem Interesse sind die informationstechnischen Eigenschaften der getakteten Speicher. Zunächst sei der Begriff „getaktet" erläutert. <u>Getaktete Speicher</u> arbeiten wie Schieberegister. An ihren Takteingang wird ein Taktsignal gelegt, dessen Frequenz gleich der Abtastfrequenz f_{abt} ist. Somit werden die am Eingang des Speichers anliegenden Daten taktsynchron in den Speicher eingeschrieben, an dessen Ausgang sie dann bis zum nächsten erscheinenden Takt verbleiben. Die Wirkung eines solchen Speichers ist also die, daß die am Eingang des Speichers anliegenden Daten um jeweils ein Abtastintervall verschoben am Ausgang des Speichers anliegen (Bild 2a):

$$u_a(nT) = u_e\left[(n-1)\,T\right]. \tag{25}$$

Wird (25) unter Anwendung des Verschiebungssatzes (10) Z-transformiert, so folgt

$$U_a(z) = U_e(z)\,z^{-1}, \tag{26}$$

d.h., ein mit der Abtastfrequenz f_{abt} getakteter Speicher hat die Übertragungsfunktion z^{-1}.

1.2.2 Digitalfilterrealisierungen

Grundsätzlich sind bei Digitalfiltern <u>rekursive</u> (rückgekoppelte) und <u>nichtrekursive</u> (nicht rückgekoppelte) <u>Filter</u> zu unterscheiden. Während rekursive Filter den Vorzug haben, die geforderte Übertragungsfunktion mit der geringstmöglichen Anzahl von „Bauelementen" zu realisieren, haben nichtrekursive Filter den Vorzug unbedingter Stabilität.

Werden Digitalfilter rechentechnisch implementiert, so wird man sich aus Aufwandsgründen immer für rekursive Filter entscheiden, wobei jedoch dem Stabilitätsproblem besonderes Augenmerk gewidmet werden muß. In der Regel wird das Übertragungsverhalten eines Digitalfilters, also das Verhältnis von Ausgangssignal zu Eingangssignal, durch eine gebrochen rationale Funktion beschrieben. (22) stellt eine solche Beschreibung dar. Das Zählerpolynom beschreibt die P Nullstellen und das Nennerpolynom die Q Polstellen des Digitalfilters. Wird eine solche Übertragungsfunktion entsprechend Abschnitt 1.1.4.2 in den Zeitbereich rücktransformiert, so erhält man die Stoßantwort des Digitalfilters als Abtastvorgang. Werden aber Zähler- und

Nennerpolynom getrennt rücktransformiert (explizite Form), dann erhält man eine Konstruktionsvorschrift für Digitalfilter [3]:

$$H(z) = \frac{Y(z)}{X(z)} = \frac{\sum_{p=0}^{P} a_p z^{-p}}{\sum_{q=0}^{Q} b_q z^{-q}} \quad ; \quad b_0 = 1. \tag{27}$$

Ausmultiplizieren und Entwickeln von $X(z)$ und $Y(z)$ ergibt

$$\sum_{q=0}^{Q} b_q \sum_{n=0}^{\infty} y(nT) z^{-n-q} = \sum_{p=0}^{P} a_p \sum_{n=0}^{\infty} x(nT) z^{-n-p}. \tag{28}$$

Jetzt erfolgt die Rücktransformation unter Beachtung des Verschiebungssatzes (10) in den Zeitbereich:

$$\sum_{q=0}^{Q} b_q \, y \left[(n - q) \, T \right] = \sum_{p=0}^{P} a_p \, x \left[(n - p) \, T \right] . \tag{29}$$

(29) ist eine Differenzengleichung, die auf zwei grundlegende Digitalfiltertypen angewendet werden kann.

1.2.2.1   Direktform 1

Die linke Seite von (29) enthält in der Summe für $q = 0$ und $b_0 = 1$ die gesuchte Lösung $y(nT)$:

$$y(nT) = \sum_{p=0}^{P} a_p \, x \left[(n - p) \, T \right] - \sum_{q=1}^{Q} b_q \, y \left[(n - q) \, T \right] . \tag{30}$$

Hier wird der Charakter rekursiver Filter deutlich, indem nämlich die Rückführung vergangener Ergebniswerte in die Berechnung des aktuellen Ergebnisses erfolgt. <u>Bild 3</u> zeigt die Implementation des Direktform-1-Filters.

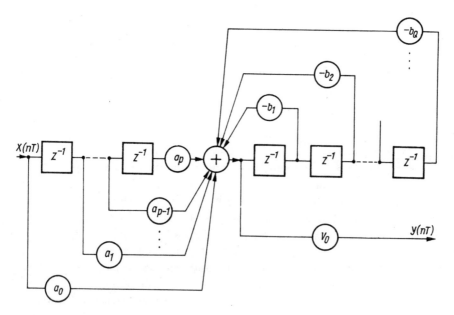

Bild 3 Direktform-1-Filter

1.2.2.2 Direktform 2

Die Direktform 2 wird erhalten, wenn Zähler und Nenner von (27) mit der Hilfsfunktion W(z) erweitert und die Rücktransformationen für Zähler- und Nennerpolynom getrennt durchgeführt werden:

$$Y(z) = \left\{ \sum_{p=0}^{P} a_p \, z^{-p} \right\} W(z), \tag{31a}$$

$$X(z) = \left\{ \sum_{q=0}^{Q} b_q \, z^{-q} \right\} W(z). \tag{31b}$$

W(z) wird wieder durch eine Laurentreihe mit den Koeffizienten w(nT) dargestellt. Ausmultiplizieren von (31a) und (31b) und Anwenden des Faltungssatzes ergibt

$$y(nT) = \sum_{p=0}^{P} a_p \, w\left[(n-p)\,T\right], \tag{32a}$$

$$x(nT) = w(nT) + \sum_{q=1}^{Q} b_q \, w\left[(n-q)\,T\right]. \tag{32b}$$

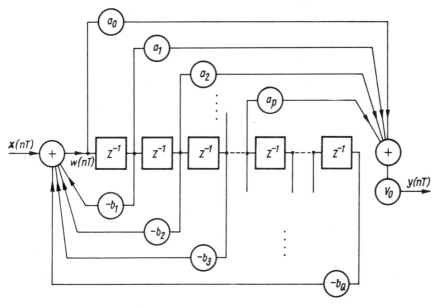

Bild 4 Direktform-2-Filter

Bild 4 zeigt die Implementation der Differenzengleichungen (32a) und (32b). Da das Direktform-2-Filter im Gegensatz zur Direktform 1 bedeutend weniger getaktete Speicher benötigt, was bei höheren Wortbreiten (s. (3)) erhebliche ökonomische Konsequenzen hat, wird hauptsächlich dieser Typ praktisch realisiert.

1.2.3 Gegenüberstellung der Eigenschaften von Digitalfiltern und LCR-Filtern

Die Substitution des Operators p der Laplacetransformation durch den Operator z der Z-Transformation stellt aus Sicht der Funktionentheorie eine konforme Abbildung dar. Damit wird ausgesagt, daß in der Nähe der Entwicklungsstellen, das sind meist Singularitäten, wie Pol- oder Nullstellen, die Transformation von der einen in die andere Darstellung Winkel- und Streckentreue bewahrt. Wenn also die Parameter eines LCR-Filters auf ein Digitalfilter übertragen werden sollen, um eine bestimmte Filteraufgabe mit Hilfe eines Digitalrechners auszuführen, und die Übertragungseigenschaften des Filters bekannt sind,

$$\frac{\underline{U}_a(p)}{\underline{U}_e(p)} = \frac{\sum\limits_{i=0}^{I} a_i \, p^i}{\sum\limits_{j=0}^{J} b_j \, p^j} \, . \tag{33}$$

dann kann unter Zuhilfenahme der Bilineartransformation (16) eine Näherung für (33) in der z-Ebene angegeben werden (s. (22)). Die Polynomgrade I und J müssen dabei nicht gleich den Graden P und Q sein!

Andererseits können aber auch die Bestimmungsstücke eines Digitalfilters bekannt sein, und es ist eine Entsprechung als LCR-Filter gesucht. Dann ist die einfachste Lösung in der Anwendung der Substitutionsgleichung (6) zu sehen.

Wie unterscheiden sich nun die beiden Filtertypen, wenn die Singularitäten (Pole oder Nullstellen) durch Anwendung der konformen Abbildung identisch sind? Die Antwort auf diese Frage soll anhand eines Beispiels gegeben werden. Gegeben sei ein einfaches Tiefpaßfilter 1. Ordnung mit einem Dämpfungskoeffizienten $a_0 = -0,9$, die Resonanzfrequenz sei variabel und kann jeden Wert zwischen 0 und $f_{abt}/2$ annehmen. Folglich hat das LCR-Filter bei

$$p_0, \ p_0^* = -0,9 + j\omega_0; \qquad -0,9 - j\omega_0 \tag{34a}$$

und das Digitalfilter bei

$$z_0, \ z_0^* = \exp(-0,9 + j\omega_0), \qquad \exp(-0,9 - j\omega_0) \tag{34b}$$

eine konjugiert-komplexe Polstelle. Die Beträge der Übertragungsfunktionen sind als Funktion der Frequenz in <u>Bild 5</u> für 3 Resonanzfrequenzen gegenübergestellt. Zunächst ist zu sehen, daß die Resonanzfrequenzen in beiden Fällen zu Überhöhungen im Übertragungsverhalten bei den gleichen Frequenzen führen, auch die Bandbreiten der Resonanzstellen stimmen gut überein. Deutliche Unterschiede im Verhalten der beiden Filtertypen treten aber bei den Beträgen der Übertragungsfunktionen in der Resonanz und im Weitabverhalten auf. Es ist besonders auffällig, daß das Weitabverhalten des Digitalfilters von der Lage der Resonanzstelle abhängig ist. Während das Verhalten des LCR-Filters bei jeder beliebigen Resonanzfrequenz das eines Tiefpaßfilters ist, zeigt das Digitalfilter im Sinne der Weitabselektivität um so deutlicher Tiefpaßverhalten, je niedriger die Polstelle im Frequenzbereich 0 bis $f_{abt}/2$ liegt, dagegen Bandpaßverhalten in den mittleren Lagen dieses Bereiches und Hochpaßverhalten in den oberen Frequenzlagen. Die Ursache hierfür ist in der Periodizität der Z-Transformation zu sehen. In der p-Ebene entfernen sich die beiden konjugiert-komplexen Pole mit steigender Frequenz, während sich in der z-Ebene die Pole zunächst auch entfernen, um sich aber nach dem Erreichen der Frequenz $f = f_{abt}/4$ wieder anzunähern, so daß die gegenseitige Beeinflussung wieder stärker wird (s. hierzu auch Bild 1).

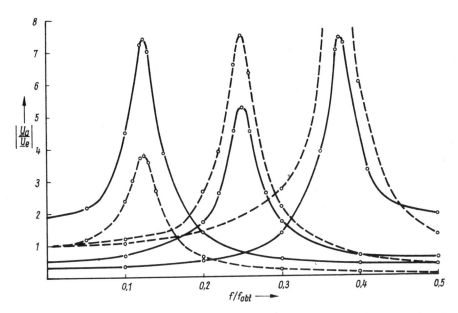

Bild 5 Gegenüberstellung des Übertragungsverhaltens von LCR-Filtern (– – –) und Digitalfiltern (———) bei unterschiedlichen Resonanzfrequenzen

1.3 Lösung von Differenzengleichungen mit den Mitteln der Z-Transformation

Ist die formale Rechnung mit dem Laplaceoperator p ein Mittel zur Lösung von Differentialgleichungen, so ist die Z-Transformation das Mittel zur formalen Berechnung von Differenzengleichungen.

Eine Differenzengleichung K-ter Ordnung sei in der Form

$$e_n = y_n + a_1 y_{n-1} + a_2 y_{n-2} + \cdots + a_K y_{n-K} \qquad (35)$$

gegeben. Darin bedeuten die y_n Abtastwerte einer kontinuierlichen Zeitfunktion y(t), die in
den Zeitintervallen $T = 1/f_{abt}$ gemessen wurden. Die a_k bedeuten konstante Gewichtsfaktoren
und e_n eine Störgröße im Sinne der Systemtheorie. Verschwindet die Störfunktion, so handelt
es sich um eine homogene, andernfalls um eine inhomogene Differenzengleichung. Praktische
Anwendung finden solche Differenzengleichungen dort, wo aus einer Folge von K - 1 bekannten
Meßwerten y_n mit Hilfe eines experimentell oder rechnerisch bestimmten Gewichtsfunktions-
vektors $\{a_k\}$ zukünftige Meßwerte y_n rekursiv vorhergesagt werden wollen:

$$y_n = e_n - a_1 y_{n-1} - a_2 y_{n-2} - \cdots - a_K y_{n-K}. \qquad (36)$$

Aufgaben solcher Art sind aus der Astronomie, der Seismologie und auch aus der Sprachsignalverarbeitung bekannt.

Mit den Mitteln der Z-Transformation ist (35) leicht überschaubar:

$$E(z) = Y(z) + a_1 Y(z) z^{-1} + a_2 Y(z) z^{-2} + \cdots$$

$$= Y(z) \sum_{k=0}^{K} a_k z^{-k}; \qquad a_0 = 1, \qquad (37)$$

also

$$E(z) = Y(z) \ A(z). \tag{38}$$

Eine Differenzengleichung, wie sie (35) darstellt, kann also im systemtheoretischen Sinne wie die Beschreibung einer Übertragungseinrichtung aufgefaßt werden, wobei E(z) und Y(z) als Z-Transformierte der Eingangs- und Ausgangssignale des Systems A(z) erscheinen. Bemerkenswert ist, daß die Übertragungsfunktion A(z) nur Nullstellen besitzt.

2 Grundlagen der LPC

2.1 Aufgabenstellung

Hinter der Bezeichnung LPC verbirgt sich, so die Übersetzung ins Deutsche, eine Signalkodierung durch lineare Vorhersage. Damit entstehen sofort zwei wichtige Fragen:

- Was wird vorhergesagt?
- Worin besteht die Kodierung?

Beide Fragen können beantwortet werden, wenn die Aussagen von Abschnitt 1.3 rekapituliert werden: Mit (36) ist eine Rekursionsvorschrift für die Vorhersage von Abtastwerten gegeben, wenn ein Satz früherer Abtastwerte, der nicht unbedingt von Null verschieden sein muß und zu dem auch eine Störfunktion gehören kann, sowie eine charakteristische Gewichtsfunktion bekannt sind. Welche Vorteile erwachsen nun aus einer solchen „Vorhersage"? Für eine wirtschaftliche Informationsverarbeitung und -übertragung ist es wünschenswert, den Informationsfluß so klein wie möglich zu halten. Der Informationsfluß, der allgemein dem Produkt aus Abtastfrequenz und digitaler Wortbreite proportional ist, besteht aus einem relevanten und einem redundanten Anteil. Will man bei gegebener Abtastfrequenz und gegebener Wortbreite den Informationsfluß verringern, dann ist das nur möglich, wenn der redundante Informationsanteil vermindert oder ganz beseitigt wird. Wie das geschehen kann, soll am Beispiel einer Sinusschwingung erläutert werden.

Eine Sinusschwingung ist durch ihre Amplitude, ihre Frequenz und ihre Phase charakterisiert. Die Aufgabe soll nun darin bestehen, die Schwingung auf digitalem Wege zu übertragen, wobei die Phasenlage der Schwingung irrelevant sei. Die einfachste Lösung besteht darin, die Schwingung in einem AD-Umsetzer zu digitalisieren. Entsprechend (2) und (3) beträgt der Informationsfluß

$$I = 2 \ f_{sinus} \ \text{lb} \ (S/N) \quad \text{in bit/s.} \tag{39}$$

Beträgt die Frequenz 4 kHz und die Auflösung 8 bit (das entspricht einem S/N-Verhältnis von etwa 50 dB), dann beträgt der Signalfluß 64 kbit/s. Im gewählten Beispiel besteht die Redundanz bei der Übertragung darin, daß die Sinusschwingung ein periodisches Signal ist. Jede nach der ersten Schwingung wiederkehrende Schwingung sieht genau wie die erste Schwingung aus, ist folglich redundant. Es würde also genügen, am Sendeort die Informationen über Frequenz, Amplitude und Dauer der Sinusschwingung an den Empfangsort zu übertragen. Am Empfangsort stünde ein Sinusgenerator, der durch die drei Informationen gesteuert, das gewünschte Signal rekonstruiert. Da hierbei nur drei Informationseinheiten zu übertragen sind, ist der benötigte Informationsfluß bedeutend geringer als ursprünglich, im gewählten Beispiel genügt die einmalige Übertragung von weniger als 40 bit. Diese Überlegung zeigt, daß es die Parameter der Sinusschwingung, allgemeiner: die Systemkenngrößen, sind und nur mittelbar das Signal, welche den relevanten Informationsanteil enthalten. Das Signal ist dabei der materielle Träger dieses Informationsanteils. Für eine Informationsübertragung genügt es, die Systemkenngrößen zu übertragen. Damit aber die Information wirksam werden kann, bedarf es des sie beschreibenden Signals. Durch diese prinzipielle Überlegung ist bereits die Antwort auf die zweite Frage gegeben worden:

Wenn es gelingt, aus einer Originalsignalfunktion die Systemkenngrößen zu extrahieren, die dieses Originalsignal erzeugt haben, so kann nach der obigen Aussage die Signalredundanz erheblich reduziert werden. Wenn die Art der Extraktion garantiert, daß eine eindeutige Rekonstruktion des Originalsignals möglich ist, dann kann das Signal am Empfangsort ohne Informationsverlust wiedererhalten werden.

Diese Erkenntnis auf (36) angewendet, bedeutet, daß aus dem Originalsignal eine charakteristische Gewichtsfunktion zu berechnen ist, die dann zur weiteren Verwendung zur Verfügung steht. Ihrer „vorhersagenden" Eigenschaften wegen werden die Koeffizienten der Gewichtsfunktion Prädiktorkoeffizienten (engl. predictor coefficients) genannt. Wenn also von Kodierung gesprochen wird, ist damit die Berechnung der für das Originalsignal charakteristischen Gewichtsfunktion (oder der Prädiktorkoeffizienten) gemeint.

2.2   Berechnung der charakteristischen Gewichtsfunktion

2.2.1   Signalerzeugungsmodell

Wie entsteht ein Signal unter dem Einfluß eines Systems? Im hier angenommenen Fall besteht ein System aus passiven linearen und zeitinvarianten Elementen, die in ihrer Anordnung das Übertragungsverhalten des Systems bestimmen. Zunächst ist dieses System im Ruhezustand und kann keine Informationen über seinen inneren Aufbau aussenden. Erst wenn dem System Energie zugeführt wird, erst wenn es eingangsseitig erregt wird, kann es seinem Übertragungsverhalten entsprechend informationstragende Ausgangssignale erzeugen. Natürlich ist der Charakter des Ausgangssignals auch durch den Aufbau des Eingangssignals, wie das durch den Faltungssatz (11) bestimmt ist, geprägt.

Unter Bezugnahme auf (38) erfolgt eine Signalerzeugung mit einem System, das eine Übertragungsfunktion 1/A(z) besitzt und das durch die Anregungsfunktion E(z) erregt wird. Das Ausgangssignal Y(z) wird entsprechend

$$Y(z) = [1/A(z)] \, E(z) \tag{40}$$

erzeugt. Im folgenden soll das System mit der Übertragungsfunktion 1/A(z) Synthesefilter S(z) genannt werden:

$$S(z) = 1/A(z) = \frac{1}{\displaystyle\sum_{k=0}^{K} a_k \, z^{-k}} \, , \tag{41}$$

so daß (40) übergeht in

$$Y(z) = S(z) \, E(z). \tag{42}$$

Es sei darauf hingewiesen, daß S(z) ein Allpolfilter ist! Allpolfilter haben nur Polstellen, aber keine Nullstellen.

2.2.2 Lösungsansatz

Die weitere Vorgehensweise soll durch ein Gedankenexperiment eingeführt werden. Gegeben sei eine Folge von Abtastwerten y(n), die aus einem System mit unbekannten Systemkenngrößen stammen. Das System habe nur Polstellen. Nun wird diese Folge in ein Filter eingespeist, das nur Nullstellen aufweist. Wenn es gelingt, alle Nullstellen dieses <u>Analysefilter</u> genannten Filters exakt auf die Polstellen des unbekannten Systems (<u>Synthesefilter</u>) abzustimmen, dann müßte als Ausgangssignal des Analysefilters das Erregungssignal des unbekannten Systems erscheinen (<u>Bild 6</u>). Die eingangs gestellte Aufgabe enthält also ein Optimierungsproblem hinsichtlich der Parameter dieses Analysefilters.

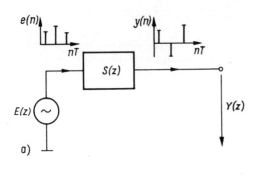

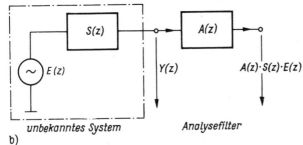

Bild 6 Signalerzeugungs-
modell (a); Anwendung des
inversen Filters A(z) auf
das Signalerzeugungs-
modell (b)

Um das Optimierungskriterium richtig zu wählen, sind noch einige Überlegungen zum Erregungssignal notwendig. Wodurch ist die Erregung eines Systems gekennzeichnet? Offensichtlich dadurch, daß dem System von außen Energie zugeführt wird. Systemtheoretisch sind dabei nur der Zeitpunkt und die Energiemenge der Erregung von Belang. Ist die Erregung nicht auf einen einzigen Zeitpunkt konzentrierbar, wie sie durch einen Diracstoß beschreibbar wäre, dann wird die Wirkung der Erregung im System durch Superposition einzelner, zeitlich gestaffelter Diracstöße unterschiedlicher Intensität erzielt (diese Aussage deckt sich wieder mit dem Faltungssatz!). Darum kann im Gedankenexperiment, da es sich um ein lineares System handelt, ohne daß eine Einschränkung der Gültigkeit vorgenommen wird, von einer Einzelimpulserregung ausgegangen werden.

Zunächst befinde sich das System wieder in Ruhe, und es wird ein einmaliger Impuls in das System eingespeist. Damit wird das System aus seiner Ruhelage gebracht und baut die eingeleitete Energie entsprechend seinem Übertragungsverhalten ab. Am Ausgang des Systems kann die für das System charakteristische Stoßantwort beobachtet werden, d.h., außerhalb der Erregungszeitpunkte ist das System sich selbst überlassen und verhält sich so, wie es seine Eigenwerte (das sind hier die Pole) vorschreiben. Wenn also die Vorhersage von Abtastwerten

mit Hilfe der rekursiven Berechnung nach (36) richtig erfolgt, darf zwischen den Vorhersage-
werten und den Originalwerten kein Unterschied auftreten; anders: wenn in den Vorhersage-
zeitraum die Erregung des Systems fällt. Die Vorhersage ist ja ein Ergebnis der homogenen
Differenzengleichung und enthält folglich das Erregungssignal (die Störfunktion) nicht. Aus
diesem Grund wird während der Systemanregung eine deutliche Differenz zwischen Vorhersagesignal und Originalsignal auftreten. Aus dem Gesagten geht hervor, daß es sich bei dem vorliegenden Optimierungsproblem um eine Minimierungsaufgabe hinsichtlich der Differenz von
Original- und Vorhersagesignal handelt. Als Methode bietet sich das bekannte Gaußsche Verfahren der kleinsten Fehlerquadrate an [4] [5] [6] :

$$\sum_{n=0}^{\infty} \left[y(n) - y'(n) \right]^2 \Longrightarrow \text{min.} \tag{43}$$

Der Schätzwert $y'(n)$ ist bereits als Lösung der homogenen Differenzengleichung (36) bekannt:

$$y'(n) = - \sum_{k=1}^{K} a_k \, y \, (n - k). \tag{44}$$

Wenn die Abweichung des geschätzten Signals $y'(n)$ vom Originalsignal $y(n)$ als das quadratische Mittel (Effektivwert) des Fehlersignals oder Residuums $f(n)$ bezeichnet wird, dann
folgt aus (43) und (44)

$$F = \sum_{n=0}^{\infty} \left\{ y(n) + \sum_{k=1}^{K} a_k \, y \, (n - k) \right\}^2 = \sum_{n=0}^{\infty} \left\{ f(n) \right\}^2, \tag{45}$$

wobei

$$F \Longrightarrow \text{min!}$$

Das Minimum von F wird gefunden, wenn alle partiellen Differentialquotienten

$$\frac{\partial F}{\partial a_k} = 0 \qquad \text{für} \qquad k = 1 \ldots K \tag{46}$$

gesetzt werden. Da die Differentiation für jedes k getrennt ausgeführt werden muß, führt die
Differentiation auf ein Gleichungssystem mit K Gleichungen. Zur Unterscheidung von Glei-
chungsindex und Summationsindex wird der neue Laufindex i eingeführt, dessen Grenzen mit
denen von k identisch sind:

$$\frac{\partial F}{\partial a_k} = 2 \sum_{n=0}^{\infty} \left\{ \left[y(n) + \sum_{i=1}^{K} a_i \, y \, (n - i) \right] \, y \, (n - k) \right\} . \tag{47}$$

Nullsetzen und Auflösen von (47) ergibt

$$\sum_{n=0}^{\infty} y(n) \, y \, (n - k) = - \sum_{n=0}^{\infty} \sum_{i=1}^{K} a_i \, y \, (n - i) \, y \, (n - k). \tag{48}$$

Da n und i voneinander unabhängige Laufparameter sind, dürfen die Summen auch in anderer
Reihenfolge ausgeführt werden. Das Ergebnis ist das sog. Normalgleichungssystem

$$\sum_{n=0}^{\infty} y(n) \, y \, (n - k) = - \sum_{i=1}^{K} a_i \sum_{n=0}^{\infty} y \, (n - i) \, y \, (n - k); \qquad k = 1 \ldots K. \tag{49}$$

Die Summanden, in denen nur Produkte der abgetasteten Zeitfunktion $y(n)$ auftreten, sind als
digitale Repräsentation der Autokorrelationsfunktion bekannt.

Mit der Definition der Autokorrelationsfunktion (i = 0) bzw. der Kovarianzen (i ≠ 0)

$$\sum_{n=0}^{\infty} y\,(n - i)\,y\,(n - k) = c_{ik} \tag{50}$$

lautet das Bestimmungsgleichungssystem für die gesuchte Gewichtsfunktion a_k

$$c_{0k} = - \sum_{i=1}^{K} a_i\,c_{ik}; \qquad k = 1 \ldots K. \tag{51}$$

Das vorliegende Gleichungssystem mit K Unbekannten und K Gleichungen führt auf eine K^2 Elemente große Matrix, die mit den bekannten Methoden der Matrizenrechnung behandelt werden kann:

$$
\begin{pmatrix}
c_{01} \\
c_{02} \\
c_{03} \\
\cdot \\
\cdot \\
c_{0k} \\
\cdot \\
c_{0K} \cdot
\end{pmatrix}
=
\begin{pmatrix}
c_{11} & c_{21} & \cdots & c_{K1} \\
c_{12} & c_{22} & \cdots & c_{K2} \\
c_{13} & c_{23} & \cdots & c_{K3} \\
\cdot & \cdot & \cdots & \cdot \\
\cdot & \cdot & \cdots & \cdot \\
\cdot & \cdot & c_{ik} & \cdot \\
\cdot & \cdot & \cdots & \cdot \\
c_{1K} & c_{2K} & \cdots & c_{KK}
\end{pmatrix}
\begin{pmatrix}
a_1 \\
a_2 \\
a_3 \\
\cdot \\
\cdot \\
a_k \\
\cdot \\
a_K
\end{pmatrix}
\tag{52}
$$

Wegen der Symmetrie der Autokorrelationskoeffizienten gilt

$$c_{ik} = c_{ki}. \tag{53}$$

Aus diesem Grund ist die Matrix (c_{ik}) ebenfalls symmetrisch (Toeplitzmatrix). Der Spaltenvektor (a_k), der der gesuchten Gewichtsfunktion (oder den Systemkenngrößen) entspricht, wird durch beidseitige linke Multiplikation mit der invertierten Matrix $(c_{ik})^{-1}$ gewonnen:

$$(a_k) = (c_{ik})^{-1}\,(c_{0k}). \tag{54}$$

An dieser Stelle sei darauf verwiesen, daß auch andere Minimierungsverfahren als das Gaußsche gute Resultate liefern [7].

2.2.3   Bestimmung der Autokorrelationskoeffizienten

2.2.3.1   Zeitfenster

Bei den bisherigen Betrachtungen wurde von einem Signal ausgegangen, das zeitlich unbegrenzt und mit konstanten Eigenschaften zur Analyse bereitstand. Praktisch existieren solche zeitinvarianten Signale aber nicht. Sie können nicht existieren, da Signale erst durch die Variation ihrer Signalparameter als Informationsträger von Interesse sind. Denn eine Information übermitteln heißt ja, wie SHANNON formuliert hat, Ungewißheit beim Empfänger zu beseitigen. Und das ist nur möglich, wenn Signale mit vereinbarten Änderungen der Signalparameter übertragen werden, das Signal also instationär ist. Auf die vorliegende Aufgabe angewendet, bedeutet das: Die Signalanalyse, also die Berechnung der charakteristischen Gewichtsfunktion, muß so dynamisch erfolgen, daß die Änderungen der Signalparameter ihren Niederschlag im Berechnungsergebnis finden. Was ist hier unter dem Berechnungsergebnis zu verstehen? Der Analysealgorithmus setzt, wie im Abschnitt 2.2.2 dargelegt wurde, stationäre und zeitlich unbegrenzte Signale voraus. Da dies aber praktisch nie der Fall ist, muß durch eine geeignete Segmentierung des zu analysierenden Signals eine Quasistationarität erzwungen werden. Dadurch wird jetzt nicht nur eine charakteristische Gewichtsfunktion, sondern ein Satz solcher Gewichtsfunktionen berechnet. Jede dieser Gewichtsfunktionen ist nur noch für ein Zeitsegment der ursprünglichen Signalfunktion repräsentativ. Die so zu erkennende Änderung der Signalparameter stellt die Information dar, die weitgehend von redundanten Anteilen befreit wurde.

Das Zeitintervall Δt, in dem das Signal als stationär angesehen wird, wird <u>Zeitfenster</u> und die Segmentierungsoperationen werden <u>Zeitfensterung</u> (engl. timewindowing) genannt. Die Zeitfensterung bedeutet die Multiplikation der zu untersuchenden Zeitfunktion f(t) mit einer geeigneten Fensterfunktion h(t). Im einfachsten Fall ist die Fensterfunktion eine <u>Rechteck-funktion</u>

$$
h(t) = \begin{cases} 0 & \text{für} & t < t_0 - \Delta t/2 \\ 1 & \text{für} & t_0 - \Delta t/2 \leqq t \leqq t_0 + \Delta t/2 \\ 0 & \text{für} & t_0 + \Delta t/2 < t \end{cases} \tag{55}
$$

Zu allen Zeiten außerhalb des Fensterbereiches Δt wird die Originalfunktion zu Null gemacht; es bleiben nur noch die Signalfunktionsanteile erhalten, die in das Zeitfenster fallen. Damit kann der Zweck, die Separierung einzelner Zeitfunktionsabschnitt, erreicht werden.

Welchen Einfluß nimmt die Zeitfensterbewertung auf das Analyseergebnis? Eine Einflußgröße, die die Analysegenauigkeit bestimmt, ist die Zeitfensterdauer. Sie bestimmt die mögliche Auflösungsgenauigkeit der Frequenzparameter der Zeitfunktion und ist in der sog. <u>Unschärferelation</u> begründet:

$$
\Delta t \, \Delta f = \text{konst.} = 1. \tag{56}
$$

Damit wird ausgedrückt, daß eine Zeitfunktion, die über die Dauer Δt beobachtet worden ist, nur mit einer endlichen Genauigkeit Δf hinsichtlich ihrer Frequenzcharakteristika analysiert werden kann. Es muß also festgestellt werden, daß eine identische Rekonstruktion des Signals aus den kodierten Informationen allein aus diesem Grunde schon unmöglich ist. Weitere Gründe, die weiter unten angesprochen werden, kommen hinzu.

Die Unschärferelation ist ein Naturgesetz, das unter allen Umständen gültig ist. Sie gibt die unterste Grenze für die Analysegenauigkeit vor. In der Praxis wird das Zeitfenster so groß gewählt, wie es die Dynamik des zu untersuchenden Signals zuläßt, damit die Genauigkeit der Frequenzparameteranalyse einerseits nicht durch die Unschärferelation und andererseits nicht durch die sich innerhalb des Zeitfensters ändernden Signalparameter verschlechtert wird. Am Beispiel eines Sprachsignalabschnittes, des /t/ im Auslaut des Wortes „Erfurt" (<u>Bild 7</u>) wird die Wirkung unterschiedlicher Zeitfensterdauern auf das Sprachsignalspektrum demonstriert. Es ist zu beobachten, daß mit zunehmender Zeitfensterdauer eine zunehmende Kontinuität der Signalparameterverläufe einhergeht - die Frequenzauflösung steigt. Aber es ist auch zu beobachten, daß die Spektren (es handelt sich um ein Signal, das durch eine stochastische Anregung erzeugt wird!) an Individualität verlieren - die Zeitauflösung sinkt.

Zwangsläufig verursacht die Zeitfensterung aber auch eine Verfälschung des Signals. Denn nun werden nicht mehr die Signalparameter der Funktion f(t), sondern die der Funktion f(t) · h(t) bestimmt. Der nachteilige Einfluß auf die Genauigkeit, der von der Bewertung des Originalsignals f(t) durch die Fensterfunktion h(t) herrührt, kann wie die Wirkung einer Amplitudenmodulation auf eine Trägerschwingung gedeutet werden. Wie bekannt ist, treten bei

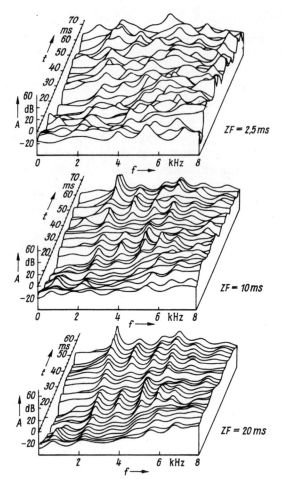

Bild 7 Einfluß des Zeitfensters
auf das Sprachsignalspektrum des
Lautes /t/ in „Erfurt"

Parameter: Zeitfensterdauer

einer multiplikativen Verknüpfung einer „Trägerschwingung", hier die Originalfunktion, mit
einer modulierenden Schwingung, hier die Fensterfunktion, Seitenbänder auf, die als Summe
bzw. Differenz der beiden Schwingungsfrequenzen auftreten. Das heißt also, daß bei der Zeitfensterung um jede Spektrallinie der Originalfunktion je ein unteres und ein oberes Seitenband, das in seiner Spektralstruktur nur vom Spektrum der Fensterfunktion abhängt, erzeugt
wird. Das Spektrum der Fensterfunktion „verschmiert" also in Gestalt von Seitenbändern um
die Spektrallinien der Originalfunktion deren Spektrum. In diesem Sinne ist die Rechteck-
funktion (55) mit ihrem hohen Oberwellengehalt für eine Zeitfensterung denkbar ungeeignet.
Vielmehr ist nach Fensterfunktionen zu suchen, deren Oberwellenanteile wenn schon nicht verschwinden, so doch am Ursprung der Frequenzachse konzentriert sind, denn dann werden die
Seitenbänder wenigstens schmal. In geeigneter Weise würde die - allerdings unendlich ausgedehnte - Spaltfunktion

$$sp(t) = \frac{\sin (\omega_0 t)}{\omega_0 t} \tag{57}$$

diese Forderung erfüllen, denn das Spektrum der Spaltfunktion ist rechteckförmig und reicht
nur bis $\pm\omega_0$. Damit wird die durch die Unschärferelation vorgegebene untere Grenze der Auflösung erreicht.

Die wirksame Zeitfensterdauer beträgt dann

$$\Delta t = 2\pi / \omega_0. \tag{58}$$

Eine Multiplikation mit der Spaltfunktion würde also einen Abschnitt der Dauer $\Delta t = 2\pi / \omega_0$ aus der zu untersuchenden Zeitfunktion separieren und mit der theoretisch geringstmöglichen Unschärfe von $\pm\omega_0$ bei der Berechnung der Frequenzparameter verfälschen. Jedoch kann man aus praktischen Gründen eine unendlich ausgedehnte Fensterfunktion, wie die Spaltfunktion, nicht verwenden, deshalb wurden Approximationen derselben entwickelt, die kürzer als die Spaltfunktion sind und trotzdem eine geringe spektrale Verfälschung verursachen. Als solche Approximationen sind das Hamming- und das Hanningfenster bekannt:

$$h_1(t) = HAM(t) = 0,54 + 0,46 \cos(\omega_0 t), \tag{59}$$

$$h_2(t) = HAN(t) = 0,5 + 0,5 \cos(\omega_0 t). \tag{60}$$

Wegen seiner geringeren Frequenzverfälschungen wird das Hammingfenster i.allg. dem Hanningfenster vorgezogen.

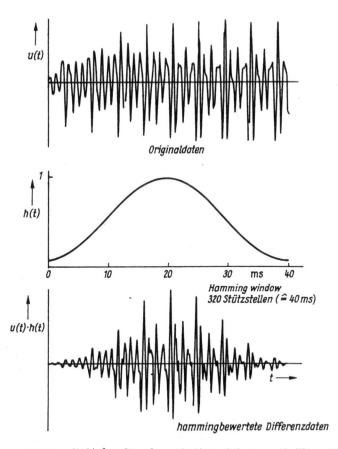

Originaldaten

Hamming window
320 Stützstellen ($\hat{=}$ 40 ms)

hammingbewertete Differenzdaten

Bild 8 Zeitfensterbewertung mit einem Hammingfenster bestehend aus 320 Stützwerten

oben: Sprachsignalabschnitt /la-e/ aus „Leipzig", abgetastet mit f_{abt} = 8 kHz und einer Auflösung von 12 bit
mitte: Fensterfunktion
unten: bewerteter Sprachsignalabschnitt

Bei der digitalen Signalverarbeitung ist es zweckmäßig, die Bewertungsfunktion einmal zu berechnen und für weitere Verwendungen abgespeichert verfügbar zu haben, um so den Rechenzeitbedarf so klein wie möglich zu halten. <u>Bild 8</u> zeigt die Zeitfensterbewertung eines Sprachsignalausschnittes mit einem Hammingfenster.

2.2.3.2 Kovarianzmethode [1]

Im Abschnitt 2.2.2 wurde der Lösungsansatz zur Berechnung der charakteristischen Gewichtsfunktion dargelegt. Mit (50) und (51) wurden schließlich die Grundlagen für die Berechnung
der charakteristischen Gewichtsfunktion angegeben. Der Name Kovarianzmethode rührt von der
Berechnung der Kovarianzen des zu untersuchenden Signals mittels (50) her.

Nachdem das Zeitfensterproblem besprochen worden ist, kann die Frage nach der tatsächlich notwendigen oberen Summationsgrenze in (50) behandelt werden.

Bei einer Zeitfensterdauer Δt, die unter den Bedingungen der digitalen Signalverarbeitung
auch nur ein ganzzahliges Vielfaches N des Abtastintervalls T sein kann, gilt

$$\Delta t = N\,T. \tag{61}$$

Also wird (50) zu

$$\sum_{n=0}^{N-1} y''(n-i)\,y''(n-k) = c_{ik}. \tag{62}$$

Der Doppelstrich " kennzeichnet hierbei, daß die Originalfunktion y(n) mit einem Zeitfenster
h(n) bewertet wurde. Da die Summation auf eine endliche Anzahl von Abtastwerten der Originalfunktion beschränkt wird, verschiebt sich das Zeitfenster mit wachsendem i bzw. k nach
links. Aus diesem Grunde sind am linken Rand des Zeitfensters K Abtastwerte zusätzlich be-
reitzuhalten (Bild 9), und die Zeitfensterbewertungsfunktion hat N + K Abtastwerte zu umfassen.

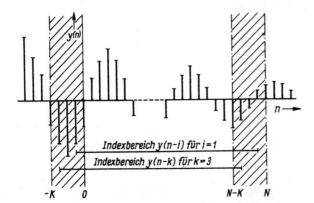

Bild 9 Indexlaufbereiche bei
der Kovarianzmethode

K Anzahl der zu berechnenden
Prädiktorkoeffizienten = Poly-
nomgrad
N Anzahl der Abtastwerte im
Zeitfenster

Bemerkenswert ist, daß für große k der Indexbereich y (n - k) deutlich von dem Bereich
y (n - i) bei kleinen i und umgekehrt abweicht. Diese Tatsache führt bei Signalen mit großer
Amplitudendynamik zu instabilen Werten der charakteristischen Gewichtsfunktion.

2.2.3.3 Autokorrelationsmethode [1]

Im Gegensatz zur Kovarianzmethode wird bei der Autokorrelationsmethode von einem unendlich
ausgedehntem Zeitfenster ausgegangen, jedoch werden alle Signalwerte bis auf N bevorzugte
Werte als verschwindend betrachtet. Die N bevorzugten Werte stellen das spätere tatsächliche
Zeitfenster dar.

---

[1] Die Begriffe Kovarianz- und Autokorrelationsmethode wurden aus der englischsprachigen
Literatur übernommen. Aus mathematisch-physikalischer Sicht sind diese Begriffe unscharf.

Durch Indexumbenennung wird (50) umgeformt:

$$n' = n - i \longrightarrow n - k = n' + i - k,$$ (63)

$$\sum_{n'=0}^{\infty} y(n')\, y\,(n' + |i - k|) = c_{ik}.$$ (64)

Da aber vereinbarungsgemäß alle Werte der Signalfunktion bis auf N Werte verschwinden, wird die obere Grenze ebenfalls endlich (der Index n' wird wieder mit n bezeichnet):

$$\sum_{n=0}^{N-|i-k|} y''(n)\, y''\,(n + |i - k|) = c_{i-k}$$ (65)

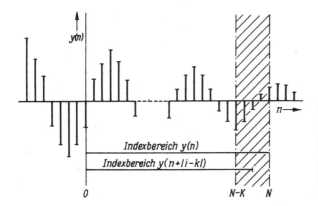

Bild 10 Indexlaufbereiche bei der Autokorrelationsmethode

K Anzahl der zu berechnenden Prädiktorkoeffizienten = Polynomgrad
N Anzahl der Abtastwerte im Zeitfenster

Auch hier bedeutet der Doppelstrich ", daß die Originalfunktion bereits mit einer Fensterfunktion bewertet worden ist. Bild 10 veranschaulicht die Autokorrelationsmethode. Ein „Gleiten" des Zeitfensters in Abhängigkeit von den Indizes i oder k ist nicht mehr zu beobachten. Überschreitungen der Indexbereiche treten nicht auf, dafür fällt aber bei wachsendem |i - k| die Anzahl der Summanden für die Berechnung der Autokorrelationswerte. Das hat zur Folge, daß die gefundenen Werte für die Gewichtsfunktion größere Dämpfungswerte aufweisen, als tatsächlich vorhanden sind, dafür ist aber die Stabilität grundsätzlich garantiert [6, S. 217 ff.]. Aus diesem Grunde wird der Autokorrelationsmethode der Vorzug gegeben, wenn die ermittelten Gewichtsfunktionen für eine Signalrekonstruktion Verwendung finden sollen.

Die verwendete Fensterfunktion braucht nur N Stützwerte zu umfassen.

2.2.4   Berechnung der Gewichtsfunktion

2.2.4.1   Direkte Verfahren

Mit (54) wurde bereits im Abschnitt 2.2.2 die grundlegende Berechnungsanweisung für die Koeffizienten der Gewichtsfunktion angegeben. Obwohl die Matrizenrechnung zum Standardrepertoire jedes modernen Rechners gehört, ist es aus Aufwandsgründen sinnvoll, über die Effektivität dieser Lösungsmethode nachzudenken.

In [5] ist eine Gegenüberstellung prinzipiell geeigneter Verfahren für die genannte Aufgabe zu finden. Danach werden für die direkte Lösung des Matrixproblems $K^3/3$ Rechenoperationen und K^2 Speicherzugriffe benötigt. Bei auf 3,4 kHz bandbegrenzten Sprachsignalen wird gewöhnlich mit einer Gleichung 10. Grades gearbeitet, d.h. K = 10. Zur Berechnung der Gewichtsfunktion würden also rund 450 Rechenoperationen einschl. Speichertransfer notwendig sein! Wenn die Matrix (c_{ik}) bzw. (c_{i-k}) eine Toeplitzmatrix ist, vereinfacht sich die Berechnung, und der Aufwand halbiert sich (Cholesky-Entwicklung).

2.2.4.2 Rekursive Verfahren

Von LEWINSON (zit. in [5]) wurde ein elegantes rekursives Lösungsverfahren für Toeplitzmatrizen angegeben. Sein besonderer Vorteil liegt in seiner Ökonomie: Zur Berechnung eines Gewichtsfunktionssatzes werden nur 2K Speicheroperationen und K^2 Rechenoperationen benötigt. Im oben gewählten Beispiel sind das nur 120 Operationen!

Das Verfahren basiert auf einer stufenweisen Minimierung des Approximationsfehlers F. Mit k = 0 wird (45) zu

$$F_0 = \sum_{n=0}^{N} \{y(n)\}^2 = c(0),$$ (66a)

womit der Approximationsfehler ohne Analysefilter A(z) berechnet wird. Der Fehler $F_0 = c(0)$ entspricht dabei dem Effektivwertquadrat des Signals! Dieser Schritt entspricht einer Initialisierung des Rekursionsalgorithmus. In den weiteren Schritten wird das Analysefilter A(z) stufenweise ausgebaut. Zunächst wird mit einem einstufigen Filter $A^{(1)}(z)$ begonnen, dessen Approximationsfehler berechnet wird. Im folgenden wird der Approximationsfehler berechnet, wenn das Filter um eine weitere Stufe erweitert wurde (hochgestellter Index in Klammern), wobei die Gewichte der vorangegangenen Stufen durch die früheren Approximationsschritte bereits bestimmt worden sind. der Einfluß der vorangegangenen Rechenergebnisse wird über die Zwischengröße k_i (nicht identisch mit dem Laufindex k!), die im weiteren als <u>Reflexionskoeffizient</u> der i-ten Stufe bezeichnet wird, verwirklicht:

$$k_i = -\left\{c_i + \sum_{j=1}^{i-1} a_j^{(i-1)} c_{i-j}\right\}/F_{i-1},$$ (66b)

$$a_j^{(i)} = k_i,$$ (66c)

$$a_j^{(i)} = a_j^{(i-1)} + k_i \, a_{i-j}^{(i-1)}; \quad 1 \leqq j \leqq i - 1,$$ (66d)

$$F_i = (1 - k_i^2) \, F_{i-1}.$$ (66e)

So können im stetigen Wechsel Prädiktor- und Reflexionskoeffizienten berechnet werden. Je Berechnungsgang i wird das Analysefilter um eine Stufe erweitert, bis das Filter K Stufen groß geworden ist, und die Rechnung wird abgeschlossen mit

$$a_j = a_j^{(K)}; \quad 1 \leqq j \leqq K.$$ (66f)

Diese Vorgehensweise ist gleichbedeutend mit einer stufenweisen Analyse der Vorgänge im Synthesefilter, nur verläuft die Analyse dann vom Ausgang des Synthesefilters zu dessen Eingang. Das Effektivwertquadrat des Fehlersignals c(0) zu Beginn der Analyse entspricht dem Effektivwertquadrat des zu analysierenden Signals, welches bei der rückläufigen schrittweisen Approximation des Synthesefilters ständig minimiert wird. Sind alle Approximationsschritte abgearbeitet, dann steht der Approximationsfehler des gesamten Synthesefilters zur Verfügung. Logischerweise müßte dieses Signal dem Effektivwertquadrat des Eingangssignals entsprechen.

Die Lewinsonrekursion bietet eine anschauliche physikalische Interpretation des Fehlersignals. Über alle Berechnungsstufen hinweg wurde der Fehler F beständig minimiert und enthält neben dem restlichen Minimierungsfehler, der auf mangelnde Rechengenauigkeit und nicht ausreichenden Grad der charakteristischen Gewichtsfunktion zurückzuführen ist, die Energie der Anregungsfunktion. Denn, die charakteristische Gewichtsfunktion ist die Lösung der homogenen Differenzengleichung, und das Anregungssignal wirkt als Störfunktion, die bei der Lösung des Minimalwertproblems stets extrahiert wird. Zum Beweis dient wieder (45). Nach der Berechnung aller Prädiktorkoeffizienten kann das Fehlersignal berechnet werden. Ein Vergleich des Kerns von (45) mit der definierenden Differenzengleichung (35) ergibt

$$F = \sum_{n=0}^{\infty} \{f(n)\}^2 = \sum_{n=0}^{\infty} \{e(n)\}^2 . \qquad (67)$$

Der Approximationsfehler F ist gleich dem Effektivwertquadrat des Anregungssignals und, was noch wichtiger ist, auch Fehler- und Anregungssignal sind einander gleich, wie ein Vergleich der Summanden von (67) zeigt! In dieser Aussage tritt eine der wichtigsten Aussagen über die Eigenschaften der LPC-Analyse hervor: Mit diesem Verfahren ist die Trennung eines zu analysierenden Signals in determinierte (Systemparameter) und nichtdeterminierte Bestandteile (Anregungssignal) möglich. Systemtheoretisch bedeutet das, daß die LPC-Analyse u.a. als Umkehroperation der Faltung (Rückfaltung) betrachtet werden kann. In dieser Beziehung vermag die LPC-Analyse mindestens das gleiche zu leisten wie die Cepstrummethode [8].

3 Anwendungen

Wie die Praxis bewiesen hat, stellt der LPC-Apparat eine leistungsfähige digitale Signalverarbeitungstechnik dar. Eine Darstellung aller Anwendungsmöglichkeiten dieser Signaltransformation, die sowohl auf determinierte als auch auf nichtdeterminierte Signale, ein- oder mehrdimensional angewendet werden kann, würde über den Rahmen dieses Beitrages hinausgehen.

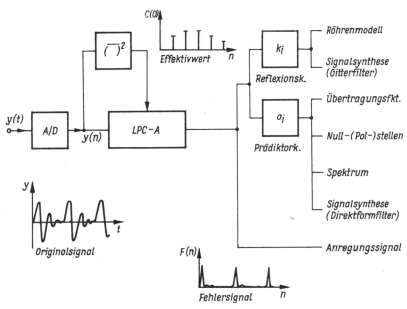

Bild 11 Anwendungsbereiche des eindimensionalen LPC-Apparates

Deswegen erfolgt hier eine Beschränkung auf eindimensionale Signale, wie z.B. akustische, speziell Sprachsignale, EKG- oder EEG-, seismische oder astronomische Signale. Bild 11 veranschaulicht die unterschiedlichen Resultate der Signalverarbeitung mit Hilfe des LPC-Apparates.

Die Signalverarbeitung beginnt mit der AD-Umsetzung des zu untersuchenden Signals. Zeitfensterweise wird der Effektivwert des Signals bestimmt, der u.a. zur Initialisierung der rekursiven LPC-Analyse, die ebenfalls zeitfensterweise erfolgt, benötigt wird (s. auch (66a)). Die LPC-Analyse liefert dann die Prädiktor- bzw. die Reflexionskoeffizienten und, mittelbar oder unmittelbar, je nach angewandter Lösungsmethode, das Fehlersignal. Da es das Anregungssignal enthält, kann aus dem Fehlersignal das „Anregungssignal" extrahiert werden.

Da die charakteristische Gewichtsfunktion, die ja aus den Prädiktorkoeffizienten besteht, das Übertragungsverhalten des Analysefilters A(z) und nach Kehrwertbildung auch das des Synthesefilters 1/A(z) repräsentiert, können auf dieser Basis die Frequenzgänge der jeweiligen Filtertypen, ihre Pol- bzw. Nullstellenverteilung oder das Signalspektrum berechnet werden. Mit Hilfe der Reflexionskoeffizienten ist die approximative Berechnung der Geometrie von Systemen mit verteilten Parametern möglich (Leitungen, akustische Röhren). Schließlich kann der Apparat auch zur effektiven Signalanalyse und -synthese verwendet werden, um so Nachrichten mit geringstem Signalfluß oder abhörsicher zu übertragen.

3.1 Anwendungen in der Signalanalyse

3.1.1 Systemtheoretische Deutung der charakteristischen Gewichtsfunktion

Das Ergebnis der LPC-Analyse ist, da sie zeitfensterweise ausgeführt wird, die für einen Zeitabschnitt der Signalfunktion y(nT) gültige und diesen Signalabschnitt repräsentierende charakteristische Gewichtsfunktion. Damit sind alle Koeffizienten des Analysefilters A(z) gegeben. Entsprechend der Regeln für die inverse Z-Transformation (Abschn. 1.1.3.1) sind die Koeffizienten der z-Ebene den Abtastwerten einer Zeitfunktion gleichwertig (s. (20) u. (21)). Diese Zeitfunktion stellt die Stoßantwort des Filters A(z) dar. Wie aus der Systemtheorie bekannt ist, kann jedes lineare Zweitorsystem (Vierpol) durch seine Stoßantwort eindeutig bestimmt werden. Aufgrund der separierenden Eigenschaften der LPC-Analyse ist es möglich, aus durch Faltung entstandenen Signalen direkt die Übertragungsfunktion des faltenden Systems zu berechnen. Im Gegensatz zu Analyseverfahren, wie z.B. der Fouriertransformation, die das Signalspektrum berechnen, liefert die LPC-Analyse „geglättete" Spektren, da die Periodizität des Anregungssignals keinen Einfluß auf das Analyseergebnis hat. Sofern der Ansatz eines Allpolsystems hinreichend ist, erweist sich die LPC-Analyse als geeigneteres Mittel zur Untersuchung von Systemcharakteristiken als jede andere Transformation. Im folgenden werden die Betrachtungen auf die Bestimmung der Parameter des Systems gerichtet, das das Signal y(nT) aus dem Anregungssignal e(nT) geformt hat. Dazu gibt es je nach gewünschtem Resultat unterschiedliche Wege.

3.1.2 Bestimmung des Frequenzganges des Synthesefilters

Ziel der Berechnung des Analysefilters A(z) für einen bestimmten Signalabschnitt ist, das Analysefilter so zu dimensionieren, daß es als Umkehrung des Synthesefilters angesehen werden kann (s. Bild 6). Auf diese Weise ist das Analysefilter A(z) das inverse Ebenbild (mit der Einschränkung, daß A(z) verfahrensbedingt nur Nullstellen besitzt) des

212

Synthesefilters S(z). Wenn also S(z) = 1/A(z) ist, können die Übertragungseigenschaften von
S(z) durch die von 1/A(z) ausgedrückt werden.

Zur Berechnung des Frequenzganges wird der Betrag der Übertragungsfunktion berechnet:

$$|S(z)| = \frac{1}{|A(z)|} = \frac{1}{\left|\sum_{k=0}^{K} a_k z^{-k}\right|} \quad ; \quad a_0 = 1, \tag{68}$$

mit der Substitution z = exp(pT) wird (68) zu

$$|S(p)| = \frac{1}{\left|\sum_{k=0}^{K} a_k \exp(-p\,kT)\right|} . \tag{69}$$

Der komplexe Operator p der Laplacetransformation setzt sich aus einem Dämpfungswert a und
dem Frequenzwert j zusammen. Soll der Frequenzgang bei technischen Frequenzen gemessen werden, was meist der Fall ist, dann gilt

$$p = j\omega, \tag{70}$$

und die Substitution

$$z = \exp(-j\omega kt) = \cos(k\omega T) - j\sin(k\omega T) \tag{71}$$

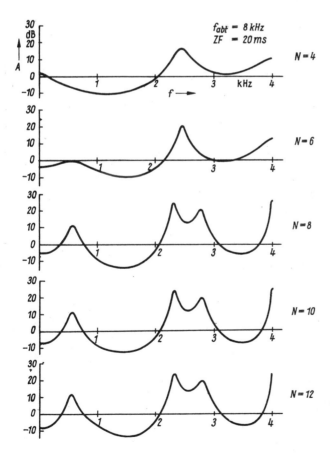

Bild 12 Berechnete Über-
tragungsfunktion des Lautes
/i:/ in „Schwerin" auf der
Basis LPC

Abtastfrequenz: 8 kHz
Zeitfensterdauer: 20 ms
Parameter: Grad des Analyse-
                    filters

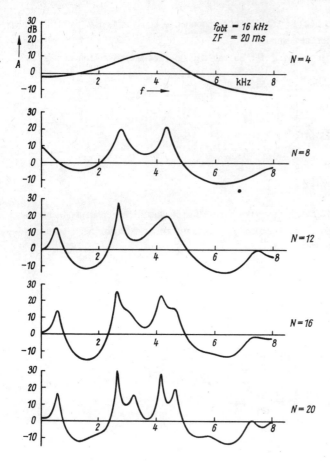

$f_{abt} = 16\ kHz$
$ZF = 20\ ms$

N = 4

N = 8

N = 12

N = 16

N = 20

Bild 13 Berechnete
Übertragungsfunktion des
Lautes /i:/ in „Schwerin"
auf der Basis LPC

Abtastfrequenz: 16 kHz
Zeitfensterdauer: 20 ms
Parameter: Grad des
           Analysefilters

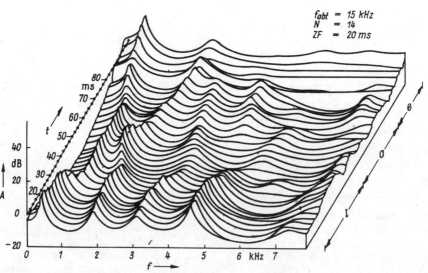

$f_{abt} = 15\ kHz$
$N = 14$
$ZF = 20\ ms$

Bild 14 Übertragungsfunktionsgebirge der Lautverbindung /la-e/ aus „Leipzig"

Abtastfrequenz: 15 kHz
Zeitfensterdauer: 20 ms
Grad: 14

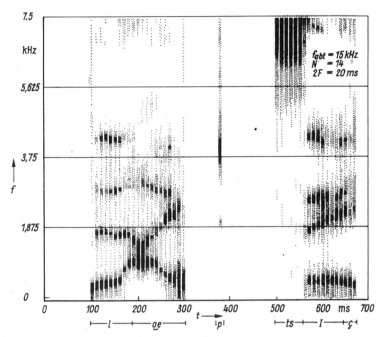

Bild 15 Sonagramm des Wortes „Leipzig"
Analyse wie bei Bild 14

erlaubt die direkte Bestimmung des Frequenzganges:

$$|S(\omega)|^2 = \frac{1}{\left[1 + \sum_{k=1}^{K} a_k \cos(k\omega T)\right]^2 + \left[\sum_{k=1}^{K} a_k \sin(k\omega T)\right]^2} \quad (72)$$

Da die numerische Berechnung solcher Frequenzgänge wegen der notwendigen Berechnung der Winkelfunktionen mit von k abhängigem Argument recht aufwendig ist, kann auch die Lösung über die Fouriertransformation der Stoßantwort erfolgen [6, S. 159ff.]. In diesem Fall wird unter Anwendung des FFT-Apparates zunächst der Betrag $|A(\omega)|$ berechnet und dann der Kehrwert gebildet. Damit der FFT-Apparat angewendet werden kann, muß die aus k Abtastwerten bestehende Stoßantwort durch Auffüllen mit den Werten „0" auf eine Anzahl von $k' = 2^m$ Stützwerten gebracht werden. Im Ergebnis stehen 2^m Stützstellen des Frequenzganges zur Verfügung. Der Unterschied zur direkten Anwendung der FFT auf das zu untersuchende Signal besteht darin, daß die Stoßantwort, die durch die Prädiktorkoeffizienten des Analysefilters gegeben ist, nur aus wenigen Abtastwerten besteht (K ist in der Regel < 20). Hingegen verlangt die Anwendung der FFT auf das Originalsignal, entsprechend der Zeitfensterlänge, die Verarbeitung einiger hundert Abtastwerte. Neben dem hohen rechentechnischen Aufwand, den die direkte FFT-Anwendung erforderlich macht, bleibt der Mangel, daß das berechnete Spektrum das des Signals ist, welches ja das Ergebnis einer Faltung ist und nicht die Übertragungsfunktion des zu untersuchenden Systems.

Die Bilder 12 bis 15 zeigen die unterschiedlichen Darstellungen von „Frequenzgängen" des menschlichen Artikulationssystems beim Sprechen. Die so dargestellten zeitlichen Änderungen der charakteristischen Gewichtsfunktion werden durch die Artikulationsbewegungen beim Sprechen hervorgerufen. Die Bilder 12 und 13 zeigen den Frequenzgang eines Signalabschnitts unter unterschiedlichen Analysebedingungen (Abtastfrequenz und Anzahl der Prädiktorkoeffizienten). Bild 14 zeigt ein Gebirge solcher Übertragungsfunktionen, das dadurch entsteht, daß die Analyseergebnisse aufeinanderfolgender Signalabschnitte hintereinander gezeichnet werden. Bild 15 zeigt ebenfalls die zeitliche Änderung der Übertragungsfunktion, jedoch wurde die Höhe des Gebirges in Bild 14 als Schwärzung aufgetragen. Diese Darstellungsart ist in der Sprachsignalforschung als Sonagramm bekannt. Bei solchen dreidimensionalen Darstellungen sind die zeitlichen Verläufe der Signalparameter besonders deutlich erkennbar. Im Falle von Sprachsignalen werden die Maxima der Übertragungsfunktion als Formanten bezeichnet. Die Formantverläufe geben dem Forscher wichtige Aufschlüsse über den Artikulationsvorgang von Sprachsignalen.

3.1.3 Bestimmung der Pole des Synthesefilters

Die Darstellung gebrochen-rationaler Funktionen kann auf zwei unterschiedliche Weisen erfolgen. Bisher wurde die Funktion A(z) als Potenzreihe in der Summendarstellung behandelt. Eine dieser Darstellung völlig adäquate Darstellung ist die Produktform des Polynoms A(z):

$$A(z) = \prod_{k=1}^{K} (1 - z_k \, z^{-1}), \tag{73}$$

worin die z_k die Nullstellen des Polynoms A(z) genannt werden. Entsprechend (41) sind die z_k gleichzeitig die Polstellen des Synthesefilters S(z).

Pol- oder Nullstellen können reell oder paarweise konjugiert-komplex in Erscheinung treten. Für Systemuntersuchungen sind besonders die konjugiert-komplexen Singularitäten von Interesse, da sie Resonanzen des zu untersuchenden Systems signalisieren. Ein Paar konjugiert-komplexer Nullstellen z_i; z_i^* kann mit Hilfe der Substitution von z durch p (s. (6)) in folgender Weise dargestellt werden:

$$(1 - z_i \, z^{-1}) \, (1 - z_i^* \, z^{-1}) = 1 - 2|z_i| \, \cos \left[\sphericalangle (z_i) \right] + |z_i|^2$$

$$= 1 - 2 \exp(\pi B_i \, T) \cos (\omega_i \, T) + \exp(2 \, \pi \, B_i \, T), \tag{74}$$

worin ω_i die Resonanzfrequenz und B_i die Bandbreite der Resonanzstelle repräsentieren.

Die Überführung des Polynoms A(z) in seine Produktform ist ein numerisches Problem, da geschlossene Lösungen hierfür nur bis zu Gleichungen 4. Grades bekannt sind. Jedoch gehören Wurzelprogramme zum Standardprogrammfundus eines jeden modernen Rechners, so daß die Umwandlung von Polynomen N-ten Grades in ihre Produktform keine Probleme mit sich bringt.

Für die Untersuchung dynamischer Systemparameteränderungen sind die Verläufe der Singularitäten besonders interessant, da die Kenntnis der Singularitäten zu der expliziten Darstellung des Systems führt. Denn jede gefundene Singularität kann durch ein physikalisch reales „Bauelement", z.B. Hoch- oder Tiefpaß 1. Grades für einfache Singularitäten sowie Hoch-, Band- oder Tiefpaß 2. Grades für Singularitäten 2. Grades, nachgebildet werden. Bei genauer Kenntnis der Lage der Singularitäten kann also das zu untersuchende System elementweise synthetisiert werden. So ist es auch möglich, bestimmte Erscheinungen im Signalspektrum mit bestimmten „Bauelementen" nachzubilden.

Von besonderem Vorteil für die Sprachsignalverarbeitung, insbesondere die Sprachsignalerkennung, ist die Tatsache, daß so die Selektion von relevanten Spektralinformationen, der für die Erkennung wichtigen Formanten, erst möglich wird. Durch die Beschränkung auf wenige, aber aussagekräftige Formanten ist eine erhebliche Verminderung des Erkennungsaufwandes möglich.

Bild 16 zeigt die Verläufe der Nullstellen des Analysefilters A(z), das auf das Sprachsignal /Leipzig/ adaptiert wurde. Im Vergleich zum Sonagramm des gleichen Sprachsignals (Bild 15) zeigt sich, daß diese Darstellung noch aussagekräftiger ist.

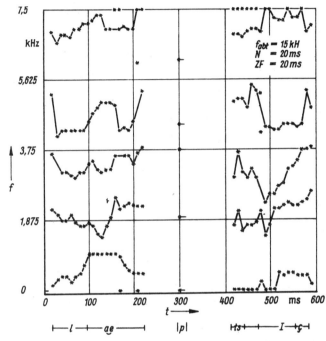

$f_{abt} = 15 \, kH$
$N = 20 \, ms$
$ZF = 20 \, ms$

Bild 16 Polstellenplan
des Wortes „Leipzig"
Analyse wie bei Bild 14

3.1.4   Berechnung der Reflexionskoeffizienten

Den weiteren Ausführungen soll eine Betrachtung über die physikalische Bedeutung der „Reflexionskoeffizienten" vorangestellt werden. Gegeben sei eine verlustfreie Leitung, deren Parameter vom Ort abhängig sind. Bekanntlich wird das Verhalten der Potentialgröße u(t,x) und der Flußgröße i(t,x) durch ein System von Leitungsdifferentialgleichungen beschrieben. Die Lösung dieses Systems, unter der Annahme sinusförmiger Schwingungen, erfolgt mit dem Ansatz

$$\underline{u}(x) = \underline{u}^{+}(x) + \underline{u}^{-}(x) \tag{75a}$$

und

$$\underline{i}(x) = \underline{i}^{+}(x) - \underline{i}^{-}(x). \tag{75b}$$

Mit diesem Ansatz wird berücksichtigt, daß sich in Leitungen Wellen ausbreiten, die aus einer hin- (+) und einer rücklaufenden (-) Wellenkomponente bestehen. Zunächst sei angenommen, daß die Leitung aus zwei aneinanderstoßenden Segmenten mit unterschiedlichen Parametern, d.h. mit unterschiedlichen Wellenwiderständen, besteht. Am Eingang und am Ausgang sei die Leitung mit den jeweiligen Wellenwiderständen abgeschlossen. So ist die Stoßstelle die einzige Inhomogenität der Leitung. Dabei ergibt sich die in die Leitung eingespeiste Leistung unabhängig vom Ort zu

$$P_{e} = \underline{u}^{+}(\underline{i}^{+})^{*} \tag{76}$$

page number
217

(der hochgestellte Stern bedeutet hier: konjugiert-komplex). Die rückläufige Komponente entsteht durch Reflexion an der Unstetigkeitsstelle der Leitung, sie führt zu einer Verminderung der Leistung, die am Ausgang der Leitung entnommen werden kann:

$$P_a = P_e - P_r. \qquad (77)$$

Die Leistung der reflektierten Komponente P_r ergibt sich zu

$$P_r = \underline{u}^-(\underline{i}^-)^*. \qquad (78)$$

Der Grad der Unstetigkeit wird durch den Reflexionsfaktor $\underline{r}$ zum Ausdruck gebracht. Er bestimmt das Verhältnis der Amplituden der rücklaufenden zur hinlaufenden Komponente. Folglich
kann (78) auch durch die hinlaufenden Komponenten ausgedrückt werden:

$$P_r = \underline{r}\,\underline{u}^+(\underline{r}\,\underline{i}^+)^* = |\underline{r}|^2 P_e. \qquad (79)$$

Schließlich kann jetzt durch Einsetzen von (79) in (77) die Ausgangsleistung berechnet werden:

$$P_a = (1 - |\underline{r}|^2) P_e. \qquad (80)$$

Diese Erkenntnis kann nun auf die gesamte Leitung angewendet werden, wenn die ursprünglich
homogene Leitung mit ortsabhängigen Parametern in homogene Segmente mit ortsunabhängigen
Parametern im Innern der Segmente untergliedert wird. Dann gilt die Beziehung (80) für jedes Segment. Ein Vergleich dieser Beziehung mit der Rekursionsgleichung (66e) zeigt die un-
mittelbare Verwandtschaft der Zwischengröße k_i mit dem Betrag des Reflexionsfaktors $|r|$.
Auch die physikalische Bedeutung der Eingangs- und Ausgangsgrößen ist in beiden Fällen
gleich. Die Bezeichnung „Reflexionskoeffizient", wie sie von MARKEL und GRAY [6] geprägt
worden ist, wurde also zu recht gewählt.

Fragt man nach der Ausdehnung dieser Segmente in x-Richtung, so ist die Antwort natürlich: infinitesimal klein! Aber ist das sinnvoll? Schließlich soll eine digitale Signalverarbeitung vorgenommen werden! Der Operator der Z-Transformation hat die physikalische Bedeutung einer Zeitverzögerung. Ebenso haben auch Leitungen infolge ihrer Phasenlaufzeit eine
solche Wirkung, also wird die Segmentlänge so gewählt, daß die Phasenlaufzeit im Segment
proportional der Dauer des Abtastintervalls ist. MARKEL und GRAY [6, S. 60-77] haben anhand

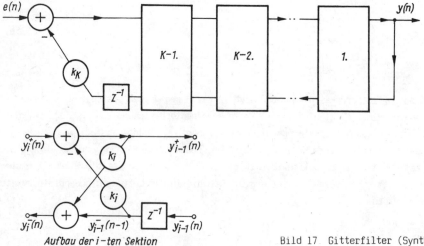

Aufbau der i-ten Sektion

Bild 17 Gitterfilter (Synthesefilter)

218

akustischer Röhren nachgewiesen, daß die Laufzeit, die eine Welle für einen Hin- und einen Rücklauf durch eine Leitungssegment der Länge 1 benötigt, gleich dem Abtastintervall ist:

$$T_{abt.} = 1/f_{abt} = 2\ 1/c,\tag{81}$$

worin c die Ausbreitungsgeschwindigkeit der Welle ist. Diese Aussage geht mit dem Abtasttheorem (2) konform, wenn es auf fortschreitende Wellen angewendet wird.

Aufgrund der Verhältnisse in einer Leitung haben MARKEL und GRAY eine Ersatzschaltung für Leitungssegmente in der z-Ebene angegeben (<u>Bild 17</u> unten). Das Modell betrachtet die hin- und rücklaufenden Wellenkomponenten der Flußgröße im Sinne eines Graphenmodells. Die Zeitverzögerung, die eigentlich beide Komponenten gleichermaßen betrifft, wird hier konzentriert durch den Operator z^{-1} dargestellt.

Mit der Röhrenanalogie von MARKEL und GRAY stellt die LPC-Analyse zur Berechnung der Reflexionskoeffizienten ein hervorragendes Mittel zur Untersuchung von Leitungen und akustischen Röhren dar. Die Anwendung dieses Modells auf akustische Röhren ermöglicht Rückschlüsse vom akustischen Signal auf die Geometrie der akustischen Röhre. Stoßen (verlustfreie) akustische Röhren unterschiedlichen Wellenwiderstandes (das ist gleichbedeutend mit unterschiedlichen Querschnitten) aneinander, so entstehen an dieser Stoßstelle in bekannter Weise Reflexionen, deren Grad durch den Reflexionsfaktor gegeben ist:

$$\underline{r}_i = r_i = \frac{A_{i-1} - A_i}{A_{i-1} + A_i}\ .\tag{82}$$

A_i und A_{i-1} sind die Querschnittsflächen der aneinanderstoßenden Segmente i und i - 1. Aus (82) kann direkt das Flächenverhältnis der beiden Segmente berechnet werden, wenn die Identität $k = |\underline{r}|$ berücksichtigt wird:

$$\frac{A_{i-1}}{A_i} = \frac{1 + k_i}{1 - k_i}\ .\tag{83}$$

Auf diese Weise kann, wenn alle k_i bekannt sind, ausgehend von der Fläche am Eingang der Röhre rekursiv die Fläche jedes Segments bis zum Ausgang der Röhre berechnet werden. So wäre

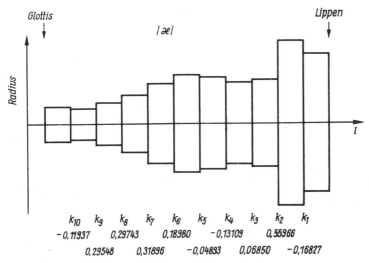

Bild 18 Geometrie des Artikulationstraktes (Röhrenmodell) bei der Artikulation des Lautes /ae/

es möglich, aus dem Ton einer Posaune auf mathematischem Wege deren konstruktives Aussehen zu ermitteln. Anwendungen dieser Art wurden von WAKITA [9] für die humane Sprachsignalerzeugung untersucht (Bild 18).

3.1.5 Zusammenfassung und Auswertung der LPC-Signalanalyse

Anhand der Produktdarstellung des Polynoms A(z) ist leicht zu verstehen, daß der Polynomgrad identisch mit der Anzahl der Nullstellen von A(z) ist. Geht man davon aus, daß das Synthesefilter S(z) M Polstellen hat und die Analyse mit einem Filter A(z) mit N Nullstellen durchgeführt werden soll, so ist A(z) unterbestimmt, solange M > N ist. Bis zu einem Grad N = M wird die Signalanalyse ein immer besseres Abbild der Realität liefern; darüber hinaus ist A(z) überbestimmt, und es erfolgt kein weiterer Informationsgewinn. Das heißt, der Informationsfluß wird mit redundanten Informationen belastet, was der eingangs formulierten Absicht, nämlich die redundanten Informationsanteile zu reduzieren, wiederspräche. Daß es eine solche obere Grenze gibt, kann anhand der Bilder 12 und 13 leicht überprüft werden. Bild 12 zeigt die Übertragungsfunktion eines Sprachsignals, des Sprachlautes /i/, das mit einer Frequenz von 8 kHz abgetastet wurde, d.h., das Sprachsignal ist auf eine obere Grenzfrequenz von 4 kHz bandbegrenzt. Im Frequenzbereich von 0 bis 4 kHz sind etwa 3 bis 4 Formanten zu erwarten, das entspricht 3 bis 4 konjugiert-komplexen Polstellenpaaren des Artikulationstraktes. Daraus ist zu schließen, daß die Übertragungsfunktion bei dieser Abtastfrequenz durch M = 8 Polstellen beschreibbar ist. Diese Vermutung wird durch Bild 12 bestätigt, denn für N > 8 ergibt sich keine weitere Verbesserung der Approximation der Übertragungsfunktion. Bild 13 zeigt die Übertragungsfunktion des gleichen Sprachsignals, das jetzt aber mit 16 kHz abgetastet wurde, was einer oberen Signalfrequenz von 8 kHz entspricht. Hier ist infolge des größeren Informationsangebotes auch mit einer wesentlich größeren Anzahl von Polstellen zu rechnen. Bei der Abtastfrequenz von 16 kHz tritt noch bis N = 20 ein Informationsgewinn auf, was den Schluß zuläßt, daß das Artikulationssystem tatsächlich im Frequenzbereich bis zu 8 kHz mindestens 20 Polstellen aufweist. Natürlich treten nicht alle Polstellen konjugiert-komplex, also als Resonanzstelle, und schon gar nicht als gesonderter Formant auf, vielmehr fallen mehrere Resonanzen zusammen und bilden dadurch besonders intensive Formanten.

Ähnliche Betrachtungen lassen sich anstellen, wenn man vom Leitungsmodell nach MARKEL und GRAY [6] ausgeht. Durch die Abtastfrequenz f_{abt} ist die Länge des zu approximierenden Leitungssegmentes vorgegeben (s. (81)), folglich wird durch die Gesamtleitungslänge L festgelegt, in wieviele Segmente der Länge l die Leitung zerlegt werden kann. Damit ist also die Anzahl der Reflexionskoeffizienten, die gleich dem Grad des Filters ist, determiniert:

$$K \gtreqless \text{ent}\{L/l\} = \text{ent}\{2 L f_{abt}/c\} . \tag{84}$$

c ist die Schallgeschwindigkeit in Luft. So ist z.B. der humane Artikulationstrakt etwa 17 cm lang. Das bedeutet bei einer Schallgeschwindigkeit von ungefähr 34 cm/ms und einer Abtastfrequenz von 10 kHz, daß der Vokaltrakt mit $\gtreqless$ 10 Koeffizienten hinreichend bestimmt ist.

Wie sind aber die Analyseergebnisse zu werten, wenn das Analysefilter unterbestimmt ist? Zunächst kann davon ausgegangen werden, daß die Approximation unter allen Umständen optimal ist, da ja bei der Berechnung von A(z) in jedem Fall eine Minimierung des Approximationsfehlers erfolgt. Bis zum Erreichen der Mindestanzahl von Prädiktorkoeffizienten, die aus den o. g. Abschätzungen hervorgeht, erfolgt eine Mittelung der spektralen Einzelheiten in der Weise, daß die mittlere quadratische Abweichung des approximierten Spektrums vom Originalspektrum minimal wird. Weil die Minimierung von einem energetischen Standpunkt aus erfolgt, werden die Prädiktorkoeffizienten so berechnet, daß sie die Energieschwerpunkte des Spektrums des zu analysierenden Signals beschreiben. Auf keinen Fall werden falsche Ergebnisse geliefert; lediglich die Genauigkeit sinkt mit abnehmender Anzahl von Koeffizienten (s. hierzu Bilder 12 und 13).

3.2   Bestimmung des Anregungssignals

Zur Bestimmung des Anregungssignals ist es erforderlich, das Fehlersignal als Zeitfunktion verfügbar zu haben. Zu diesem Zweck wird das Vorhersagemodell (35) auf die zu untersuchende Signalfunktion im doppelten Sinne angewendet. Zunächst wird ein Signalabschnitt durch die Anwendung der Fensteroperation selektiert und der LPC-Analyse unterzogen. Das Resultat ist die für diesen Abschnitt der Originalfunktion gültige charakteristische Gewichtsfunktion. Die so gewonnenen Prädiktorkoeffizienten werden in (35) eingesetzt und erneut auf das zu untersuchende Signal angewendet. Damit werden die Stützwerte der Fehlerfunktion e(n) berechnet. Es wurde bereits darauf hingewiesen, daß die Fehlerfunktion nicht nur die Anregungsfunktion enthält, vielmehr werden in der Fehlerfunktion auch die Approximationsreste konzentriert, die dadurch entstehen, daß z.B. der Allpolansatz die Realität nicht vollständig beschreibt oder daß der Grad des Analysefilters nicht ausreichend hoch gewählt wurde.

Eine weitere Ursache für das Auftreten solcher Reste ist in der Anwendung der Zeitfensterbewertung zu sehen. Bild 19 zeigt im oberen Teil die stimmhafte (periodische) Sprachsignalfunktion /lei/ aus dem Wort „Leipzig" und im unteren Teil das Fehlersignal, wie es nach Anwendung von (35) auf dieses Signal entsteht. In der Mitte der Darstellung sind die Zeitfenstergrenzen durch Pfeile gekennzeichnet. Die Zeitfenster sind 20 ms lang und wurden nichtüberlappend aneinandergereiht. Als Bewertungsfunktion wurde das Hammingfenster gewählt. Im Fehlersignal sind deutliche Maxima zu erkennen, die die gleiche Periodizität wie die Schwin-

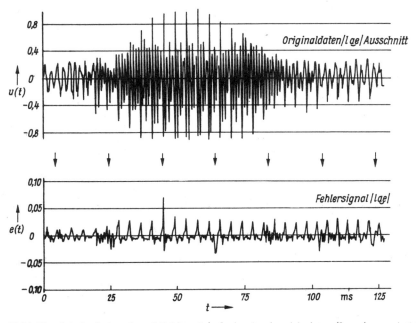

Bild 19   Originalsignal und Fehlersignal der Lautverbindung /la-e/ aus „Leipzig"

gungen der Originalfunktion haben. Aber es ist auch zu sehen, daß die berechneten Fehler an den Zeitfenstergrenzen deutlich anwachsen. Welche Ursache liegt dem zugrunde? An dieser Stelle sei an die Eigenschaften der Zeitfensterbewertung erinnert. Eine Zeitfensterung bedeutet immer eine Beeinflussung des Originalsignals. Das Hammingfenster wurde gewählt, weil bei seiner Anwendung die Verfälschungen verhältnismäßig klein sind. Aber es ist selbstverständlich so, daß das Hammingfenster infolge der zu den Fensterrändern abfallenden Amplitude, die Signalabschnitte, die an den Fensterrändern liegen, stärker abschwächt als die zentral gelegenen. Folglich sind auch die Anteile der dezentralen Signalabschnitte am Fehlerminimierungsprozeß bei der Berechnung der charakteristischen Gewichtsfunktion geringer. Darum erfolgt die Optimierung des Analysefilters hauptsächlich in Hinblick auf die zentralen Signalabschnitte, die innerhalb des wirksamen Zeitfensterbereiches liegen (s. Abschn. 2.2.3.1). Dort ist die Approximation sehr gut, an den Rändern schlechter. Es gibt nur einen Ausweg, um dieses Problem in seinen Wirkungen einzuschränken, nämlich eine Erhöhung des Analyseaufwandes, indem die Zeitfenster überlappend angeordnet werden und zwar so, daß die wirksamen Zeitfensterbereiche benachbarter Zeitfenster aneinanderstoßen (s. (58)). So werden praktisch alle Zeitfunktionsabschnitte der Originalfunktion in den zentralen Teil des Hammingfensters positioniert, und das Fehlersignal ist vorwiegend durch die Wirkung der Anregungsfunktion beeinflußt. In der Praxis hat sich eine Überlappung von 50% als geeignet erwiesen. Aber diese Vorgehensweise erhöht den Rechenaufwand um 100%!

Das Anregungssignal wird i.allg. durch drei Kenngrößen bestimmt. Eine Kenngröße ist die Periodizität des Anregungssignals. Bei Sprachsignalen ist das das Unterscheidungsmerkmal zwischen stimmhaften und stimmlosen Lauten. Im Fehlersignal kommt die Eigenschaft der Periodizität dadurch zum Ausdruck, daß die Autokorrelationsfunktion des Fehlersignals ebenfalls periodisch ist. Dabei fällt gleich die zweite Kenngröße, die Periodendauer, als Nebenergebnis an [14]. Die Periodendauer ist als der zeitliche Abstand (Verschiebezeit der Autokorrelation) zwischen den Hauptmaxima der Autokorrelationsfunktion meßbar. Die Hauptmaxima heben sich um so deutlicher von den Nebenmaxima, die durch starke Spektralanteile im Originalsignal hervorgerufen werden können, ab, je besser die Approximation der Originalfunktion durch die charakteristische Gewichtsfunktion erfolgt. Da sich die Periodendauer aber innerhalb eines Zeitfensters verändern kann, ist aus Effektivitätsgründen eine Mittelung über die Periodendauer aller innerhalb eines Zeitfensters auftretenden Perioden sinnvoll. Die dritte Kenngröße des Anregungssignals, sein Effektivwert, geht aus dem Fehlersignal direkt hervor. Sein Effektivwert ist dem des Anregungssignals gleich (s. (67)).

In der Sprachheilkunde ist neben den drei genannten Kenngrößen noch die Form des Anregungssignals von Interesse, da die Form Rückschlüsse auf krankhafte Veränderungen der Glottis und des Larynx erlauben. Auch hierzu sind Untersuchungen unter Anwendung des LPC-Apparates bekannt [15].

3.3   Anwendungen in der Signalsynthese

Eine der wichtigsten Anwendungen der LPC ist die redundanzarme Signalspeicherung bzw. -übertragung. Wie im Abschnitt 2.1 bereits ausgeführt wurde, kann durch die Abspeicherung bzw. die Übertragung der Systemkenngrößen anstelle des Originalsignals eine erhebliche Reduktion des Informationsflusses erreicht werden. Mit der LPC-Analyse kann die Berechnung der Systemkenngrößen in Gestalt der charakteristischen Gewichtsfunktion, entweder als Satz von Prädiktor- oder als Satz von Reflexionskoeffizienten, zweckmäßig erfolgen. Zusätzlich zu der charakteristischen Gewichtsfunktion wird das Anregungssignal in der Gestalt des Fehlersignals berechnet. Die Analyse des zu übertragenden Signals erfolgt zeitfensterweise, d.h., auch die Signalübertragung erfolgt sinnvollerweise zeitfenstersynchron. Als Resultat von Rechneroperationen werden die Analysedaten als Binärzahlen bereitgestellt, wodurch sie für eine digitale Speicherung bzw. Übertragung bestens geeignet sind. Auf der Syntheseseite hat lediglich die Umkehrung des Analyseprozesses zu erfolgen, so daß eine Signalrekonstruktion möglich wird.

Welche Maßnahmen sind für die Signalrekonstruktion erforderlich? Die Synthese hat in zwei Teilschritten zu erfolgen. Zunächst ist aus den bereitgestellten Analysedaten ein Anregungssignal zu rekonstruieren, daß sowohl in seinem zeitlichen Verhalten als auch in seinen energetischen Eigenschaften dem Anregungssignal des Originalsignals entspricht. Das ist natürlich nur näherungsweise möglich. Im zweiten Schritt wird mit der Hilfe eines Digitalfilters, das in seinen Eigenschaften die charakteristische Gewichtsfunktion des gerade zu synthetisierenden Signalabschnitts repräsentiert, aus dem Anregungssignal das rekonstruierte Originalsignal geformt.

3.3.1 Erzeugung des Anregungssignals

Im Fall von Sprachsignalen, die durch wechselnde Anregungstypen, stimmhafte und stimmlose Anregung, gekennzeichnet sind, werden drei Informationen über das Anregungssignal benötigt: die Energie des Anregungssignals, der Anregungstyp und, wenn die Anregung stimmhaft ist, die Periode der Anregung (die als Kehrwert der Grundfrequenz bekannt ist). Alle drei Informationen können aus dem Fehlersignal bei der Analyse extrahiert werden. Der einfachste Weg der Anregungserzeugung besteht in der Nachbildung des Fehlersignals durch eine Folge von Einheitsimpulsen, deren Effektivwert dem des Fehlersignals gleich ist. Die zeitlichen Abstände der Einheitsimpulse entsprechen den zeitlichen Abständen der Maxima des Fehlersignals. Dieser Weg wird bei Low-quality-Anwendungen beschritten, denn die Approximation des Fehlersignals durch eine Folge von Einheitsimpulsen ist eine grobe Vereinfachung und führt in der Hauptsache zu Natürlichkeitseinbußen des rekonstruierten Sprachsignals (s. dazu Bild 19 unten!). Lösungen dieser Art werden ihrer Einfachheit wegen u.a. in integrierten Schaltungen zur Sprachsynthese verwendet [10].

Eine bessere Approximation des Fehlersignals ist möglich, wenn das Signal nicht nur in einem Abtastzeitpunkt durch einen einzelnen Impuls dargestellt wird, sondern wenn ein repräsentativer Abschnitt des Fehlersignals ausgewählt und fest abgespeichert wird. Natürlich kann ein solcher, Chirp genannter, Impuls nicht allen Anforderungen gerecht werden, aber im Mittel hat sich diese Methode bewährt [11]. Der Aufwand für eine Informationsspeicherung oder -übertragung liegt bei diesen Verfahren bei minimal 1 kbit/s bis etwa 4 kbit/s. Vergleicht man diese Werte mit den Erfordernissen für eine 8-bit-Pulskodemodulation nach der CCITT-Empfehlung G 712, Klasse 5, wo eine Kanalkapazität von 64 kbit/s gefordert wird, dann liegt der Gewinn durch die Informationsreduktion mit den Mitteln der LPC klar auf der Hand.

Lösungen mit höheren Qualitätsansprüchen verwenden zur Anregung des Synthesefilters das digitalisierte Fehlersignal selbst. Bei dieser, Multipulsanregung genannten Technik, darf aber die Amplitudenauflösung sehr gering sein. Schon eine Auflösung von nur 1 bit bringt einen deutlichen Gewinn an Natürlichkeit, was allerdings eine Übertragung des Fehlersignals als (wenn auch nur mit einer Wortlänge von 1 bit) digitalisierte Zeitfunktion erforderlich macht. Im Gegensatz zur Übertragung der Prädiktor- oder Reflexionskoeffizienten, die zeitfenstersynchron erfolgt, muß das Fehlersignal entsprechend der Abtastfrequenz, also wesentlich öfter, übertragen werden. Das führt natürlich wieder zu einer unerwünschten Erhöhung des Informationsflusses. Untersuchungen haben gezeigt, daß mit einem Informationsfluß von etwa 10...12 kbit/s eine Sprachqualität erreicht werden kann, die mit der Qualität einer 5...6-bit-PCM (40...48 kbit/s) vergleichbar ist [12] [13].

Unproblematisch ist die Anregung des Synthesefilters zur Erzeugung stimmloser Sprachlaute. Dann wird das Filter nicht mit einem Einheitsimpuls je Anregungsperiode, sondern zu jedem Abtastintervall mit Einheitsimpulsen angeregt, deren Effektivwert wieder dem des Fehlersignals entspricht, deren Polarität aber von einem Zufallsgenerator stochastisch geändert wird.

3.3.2   Synthesefilter

Das Synthesefilter hat die Aufgabe, aus dem Anregungssignal das Originalsignal zu rekonstruieren. Je nach gewählter Art der Signalanalyse gibt es unterschiedliche Synthesefilterrealisierungen, die im folgenden untersucht werden sollen. Zunächst soll aber noch eine Betrachtung über die Dynamik des Synthesevorganges vorangestellt werden. Das Wesen der Information besteht in ihrer Dynamik. Um die Eigenschaft der damit verbundenen Instationarität des Signals zu erfassen, wurde die Zeitfensterung eingeführt. So wird das Originalsignal in viele quasistationäre Abschnitte zerlegt und das Signal durch viele Sätze von charakteristischen Gewichtsfunktionen beschrieben. Dies ist bei der Signalsynthese natürlich zu berücksichtigen. Die Prädiktor- oder Reflexionskoeffizienten sind jeweils nur für ein Zeitfenster gültig. Darum ist zu Beginn eines jeden Zeitfensters ein neuer, gültiger Satz von Koeffizienten zur Synthese bereitzustellen (Bild 20). In der Praxis sind die Abläufe zur Steuerung des Digitalfilters, das das Synthesefilter realisiert, mit den notwendigen Datentransfers zur rechtzeitigen Bereitstellung neuer Prädiktorsätze synchronisiert. Bei einer Abtastfrequenz von 8 kHz und einer Zeitfensterdauer von 20 ms bedeutet das, daß der Prädiktorkoeffizientensatz aller 160 Abtastintervalle gewechselt werden muß. Schaltungstechnisch wird diese Aufgabe durch Binärzähler gelöst, die nach jeweils 160 primären Takten einen Datarequest-Takt abgeben, der dann den Koeffizientenwechsel auslöst. Zur Erzielung von besonderen Effekten kann aber die Anzahl der Takte je Zeitfenster abweichend von der berechneten Anzahl gewählt werden. Auf diese Weise kann unter Beibehaltung der spektralen Hüllkurve und der Anregungsfrequenz der zeitliche Signalverlauf gestreckt oder gestaucht werden. Auf Sprachsignale angewendet, ermöglicht diese Methode die Dehnung oder Straffung des Sprechtempos.

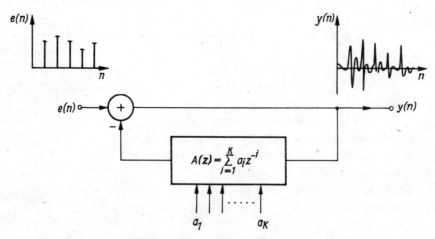

Bild 20   Syntheseanordnung zur Signalrekonstruktion

3.3.2.1 Direktformsynthese

Entsprechend dem gewählten Lösungsansatz für Direktformfilter (s. Abschn. 1.2.2) kann bei Bekanntsein der Prädiktorkoeffizienten das Synthesefilter berechnet werden. Dies geschieht durch Umstellen von (35) nach y(n):

$$y(n) = e(n) - \sum_{k=1}^{K} a_k \, y \, (n - k). \tag{85}$$

Der negative Ausdruck auf der rechten Seite ist, wenn er Z-transformiert wird, als das Analysefilter A(z) bekannt. Bild 20 zeigt die rechentechnische Implementierung von (85); aber Implementierungen nach Bild 3 und 4 sind ebenfalls möglich. In der Praxis werden Direktformfilter kaum zu Synthesezwecken realisiert, weil sie rechentechnisch schwer zu handhaben sind. Zwei wesentliche Gründe hierfür werden ohne Beweis genannt: Erstens sind die Prädiktorkoeffizienten reelle Zahlen, die keiner wertemäßigen Beschränkung unterliegen. Rechentechnisch muß aber grundsätzlich mit Werten endlicher Wortlänge (s. Abschn. 1.1.1) gerechnet werden. Daraus folgt, daß die Prädiktorkoeffizienten in irgendeiner Weise normiert werden müssen, um so Zahlen finiter Länge zu erzeugen. Welche Normierung gewählt wird, muß durch statistische Untersuchungen am konkreten Signal ermittelt werden. Der zweite Grund ist die mangelnde Stabilität der rekursiv arbeitenden Direktformfilter. Die Ursache ist auch hier die notwendige finite Wortlänge der Prädiktorkoeffizienten.

3.3.2.2 Gitterfilter

Die Realisierung des Gitterfilters beruht auf dem Leitungsmodell nach MARKEL und GRAY [6]. Mit dieser Realisierung werden die Nachteile des Direktformfilters vermieden. Ausgangselement ist die Filtersektion nach Bild 17 unten. Da dieses Modell auf der Vorstellung einer aus unterschiedlichen Sektionen bestehenden verlustlosen Leitung beruht und da alle Operationen mit Hilfe der Reflexionskoeffizienten ausgeführt werden, kann das Stabilitätsproblem recht einfach umgangen werden. Aus der physikalischen Betrachtung einer Leitung ist aus energetischen Gründen immer notwendig, daß der Betrag des Reflexionskoeffizienten ≤ 1 ist. Handelt es sich um eine beidseitig offene Leitung, so muß der Betrag immer < 1 sein, da die Leitung Energie abgibt. Folglich ist das Synthesefilter so lange stabil, wie die Beträge aller $k_i < 1$ sind! Daran ändert auch die finite Wortlänge der Reflexionskoeffizienten nichts. Allerdings wird dieser Vorteil durch einen erhöhten Realisierungsaufwand beim Filter erkauft. Wie aus Bild 17 leicht zu ersehen ist, liegt der Aufwand doppelt so hoch wie beim Direkformfilter.

Die Berechnung des rekonstruierten Signals erfolgt wie bei der Analyse für die hin- und die rücklaufende Welle getrennt:

$$y_{i-1}^{+}(n) = y_i^{+}(n) - k_i \, y_{i-1}^{-} \, (n - 1), \tag{86a}$$

$$y_i^{-}(n) = k_i \, y_{i-1}^{+}(n) + y_{i-1}^{-} \, (n - 1). \tag{86b}$$

Entsprechend Bild 17 oben werden die einzelnen Sektionen zum Gesamtfilter zusammengefügt. Lediglich die letzte (K-te) Sektion und die Bildung der rücklaufenden Welle am Filterausgang weichen vom allgemeinen Schema ab. Die K-te Sektion ist aus Ersparnisgründen nur als halbe Sektion ausgeführt worden, da ein Weiterführen der rücklaufenden Welle über das Filter hinaus nicht erforderlich ist.

Neben seinen hervorragenden Stabilitätseigenschaften hat das Gitterfilter aus applikati-

ver Sicht noch einen weiteren wichtigen Vorteil. Die Reflexionskoeffizienten, die ja durch
die Flächenverhältnisse der Röhrensegmente im Fall akustischer Röhren ausgedrückt werden
können, haben eine hohe geometrische Anschaulichkeit. Damit ist es leicht möglich, hypothe-
tische Strukturen zu untersuchen. Anwendungen hierfür wären in der Musikinstrumentenindu-
strie zum Zwecke der Optimierung von Blasinstrumenten zu sehen. Aber auch zur parameterge-
steuerten Sprachsynthese nach FANT [18] ist diese Synthesevorrichtung besonders gut geeignet.

Wegen seiner vorteilhaften Stabilitätseigenschaften ist das Gitterfilter verschiedent-
lich als integrierte Schaltung implementiert worden. Besonders die Firma Texas Instruments
hat auf diesem Gebiet umfangreiche Aktivitäten mit der Entwicklung der Schaltungsfamilie
TMS 52XX entfaltet [11] [16].

3.3.2.3 Formantfilter

Die Realisierung des Formantfilters beruht auf der Produktdarstellung des Synthesefilters
$S(z) = 1/A(z)$. Sein Hauptanwendungsgebiet ist die Sprachsignalsynthese. Als Steuersignale
für das Formantfilter finden die Nullstellendaten der LPC-Analyse, wie sie im Abschnitt 3.1.3
dargelegt wurde, Verwendung. Dabei wird das Synthesefilter durch Reihenschaltung von K/2 digitalen Tiefpaßfiltern 2. Grades realisiert, wenn die Analyse mit einem Polynom K-ten Grades
ausgeführt wurde. (74) zeigt, daß die einzelne Filtersektion in Resonanzfrequenz und Bandbreite bestimmt ist. Hier liegt der Vorteil des Formantfilters, nämlich die gedankliche Ver-
wandtschaft mit der Formanttheorie der Spracherzeugung. Die Verwendung eines solchen Filters
kommt dem Bestreben, eine natürliche und gut verständliche synthetische Sprache durch Phonem-
zeichensteuerung zu erzeugen, sehr entgegen. Aber auch die Signalrekonstruktion ist auf diese
Weise sehr gut kontrollierbar. Denn in der Regel sind die analysierten Sprachsignale, bevor
sie synthetisiert werden können, einer Editierung zu unterwerfen, um Analysefehler zu eliminieren. Hier ist die Formantvorstellung sehr hilfreich (s. auch Bilder 15 und 16). Weder die
Prädiktorkoeffizienten noch die Reflexionskoeffizienten sind einer Editierung so leicht zugänglich, weil die Pole des Artikulationstraktes nur indirekt ihren Niederschlag in diesen
Koeffizienten finden. Aus diesem Grunde wurden neuerdings digital arbeitende Formantfilter
für die Sprachsignalrekonstruktion als integrierte Lösungen implementiert. Ein Beispiel
hierfür ist der Syntheseschaltkreis MEA 8000 der Firma Valvo [10].

Hinsichtlich ihrer Stabilitätseigenschaften liegen diese Filter zwischen Direktform- und
Gitterfilter. Aus der Signaltheorie ist bekannt, daß Filter so lange stabil sind, wie ihre
Pole in der linken p-Halbebene liegen, d.h. auf Digitalfilter angewandt, daß ihre Pole im
Innern des Einheitskreises liegen müssen (Bild 1). Bei der Normierung der Polstellenwerte,
um Steuersignale endlicher Wortlänge für das Synthesefilter zu erhalten, ist dieser Umstand
zu beachten.

3.4   Anwendung auf rauschgestörte Signale

Bei der analogen Signalübertragung werden Signale hauptsächlich durch additive Komponenten
gestört. Handelt es sich bei diesen Störungen bezüglich des Nutzsignals um nichtkorrelierte
Signale, die aber determinierte Anteile enthalten können, dann kann durch die Anwendung der
LPC-Analyse eine Verbesserung des Störabstandes erreicht werden. Verfahrenstechnisch wird
dies bei der Ermittlung der Autokorrelationskoeffizienten zur Bestimmung der charakteristischen Gewichtsfunktion erreicht (s. (50) und (62) bis (64)). Da die Störkomponente mit dem

Nutzsignal nicht korreliert ist, können die c_{ik} als Summe der Autokorrelationskoeffizienten des Nutzsignals und des Störsignals aufgefaßt werden (Addition der Effektivwerte):

$$c_{ik} = c_{ikNutzsignal} + c_{ikStörsignal}. \tag{87}$$

Setzt man weiter voraus, daß die Störung ein stationäres Signal ist, dann kann in den Pausen des Nutzsignals ein Satz $\{c_{ikStörsignal}\}$ bestimmt werden, da $\{c_{ikNutzsignal}\}$ in den Pausen verschwindet. Im weiteren ist bei jeder Berechnung von $\{c_{ik}\}$, der in der Pause gefundene Wert von $\{c_{ik}\}$ abzuziehen, wie das aus (87) nach Umstellen ersichtlich ist. Von der Stationarität des Störsignals hängt die Qualität der Verbesserung des Störabstandes ab; deshalb ist die Bestimmung der $\{c_{ikStörsignal}\}$ so oft wie möglich durchzuführen, also praktisch in jeder Pause des Nutzsignals, die erkennbar ist.

Eine Signalanalyse, die auf diese Art durchgeführt wird, kann natürlich vom Störsignal nicht unbeeinflußt bleiben. In diesem Fall geschieht das zu Lasten des Fehlersignals. Im Fehlersignal tritt das additive Störsignal vollständig wieder auf, d.h., bei der Bestimmung des Anregungssignals für die Signalrekonstruktion sind jetzt wesentlich aufwendigere Algorithmen notwendig, um eine Qualität der Synthese ähnlich der ohne Störbeeinflussung zu erzielen.

4   Ausblick und Zusammenfassung

Der Hauptmangel der LPC-Analyse ist in der Beschränkung auf Allpolsysteme zu sehen. Damit ist eine Ermittlung von Nullstellen im Übertragungsverhalten von zu untersuchenden Systemen explizit nicht möglich. Nur wenn der Grad des Analysefilters sehr hoch gewählt wird, kann das Systemverhalten in der Nähe von Nullstellen approximativ erfaßt werden. Obwohl nach Ansicht einiger Autoren die Kenntnis über die Lage von Nullstellen im Sinne der Informationsübertragung irrelevant ist [17] , wäre es allein der Vollständigkeit halber wünschenswert, daß alle Systemeigenschaften durch die LPC-Analyse erfaßbar gemacht werden könnten. Denkansätze hierfür gibt es bereits. Es wurde schon darauf hingewiesen, daß das Fehlersignal - neben den von der Anregung des Systems herrührenden Komponenten - auch die Approximationsfehler enthält. Es müßte folglich möglich sein, durch eine weitergehende mathematische Behandlung des Fehlersignals die Informationen über die Nullstellen des Systems zu erlangen. Die einfachste denkbare Möglichkeit wäre, das Fehlersignal durch Kehrwertbildung in eine Reihe zu entwickeln, die ihrerseits mit Hilfe des gewöhnlichen LPC-Apparates analysiert wird. Das Ergebnis wären wiederum Polstelleninformationen des durch die Kehrwertbildung des Fehlersignals entstandenen neuen Systems. Diese Polstellen entsprächen aber den Nullstellen des eigentlich zu untersuchenden Systems. Andere Vorgehensweisen wären denkbar, wenn die Abspaltung von Polen und Nullstellen alternierend erfolgen würde.

Trotz des Mangels, Nullstellen eines zu untersuchenden Systems nicht reproduzieren zu können, hat sich der LPC-Apparat als eine alternative Signaltransformation in der Digitaltechnik an den unterschiedlichsten Stellen bewährt. Hinsichtlich seiner Leistungsfähigkeit bei der Ausführung der Rückfaltung ist das Verfahren dem Cepstrumverfahren überlegen. In diesem Sinne leistet die LPC-Analyse auch wichtige Beiträge zur Untersuchung rauschgestörter Signale.

Weil sich der LPC-Apparat so gut bewährt hat, hat er in der Wissenschaft und Technik bereits weitesten Eingang gefunden. Es ist also nicht verwunderlich, daß eine Vielzahl von Programmen zu seiner rechentechnischen Realisierung und auch integrierte Schaltungen für seine breite Anwendung geschaffen wurden und auch weiterhin geschaffen werden.

Literatur

[1] VICH, R.: Z-Transformation. Berlin: Verl. Technik. 1964

[2] FRITZSCHE, G.: Signaltheorie der Abtastvorgänge. Nachrichtentech., Elektronik (1980) 7, S. 285 ff.

[3] BOGNER, R. E.; CONSTANTINIDES, A. G.: Introduction to digital filtering. London: Wiley, 1975

[4] ATAL, B. S.; HANAUER, S. L.: Speech analysis and synthesis by linear prediction of the speech wave. J. Acoust. Soc. Amer. 50 (1971) S. 637-655

[5] MAKHOUL, J.: Linear prediction - a tutorial review. Proc. IEEE (1975) S. 561-580

[6] MARKEL, J. D.; GRAY, jr., A. H.: Linear prediction of speech. Berlin: Springer, 1976

[7] DENOEL, E.; SOLVAY, J. P.: Linear prediction of speech with a least absolute error criterion. IEEE Trans. ASSP 33 (1985) 6, S. 1397-1403

[8] SCHROEDER, M. R.: Direct (nonrecursive) relations between cepstrum and predictor coefficients. IEEE Trans. ASSP 29 (1981) 2, S. 297-301

[9] WAKITA, H.: Direct estimation of the vocal trakt shape by inverse filtering of acoustic speech waveforms. IEEE Trans. AU 21 (1973) S. 417-427

[10] MEA 8000. Tech. Inf. 840 123, Firmenschr. Valvo, Hamburg, 1984

[11] Elektronisches Lernhilfegerät DE-OS 29 17 161 G10L 1/08. Firmenschr. Texas Instr., Dallas, 1979

[12] SCHROEDER, M. R.: Linear predictive coding of speech - review and current directions. IEEE Commun. Magaz. 23 (1985) 8, S. 54-61

[13] SHARMA, R.: Architecture design of a high-quality speech synthesizer based on the multipulse LPC technique. IEEE J. Selectet Areas in Commun. SAC-3 (1985) 2, S. 377 bis 383

[14] TUCKER, W. H.; BATES, R. H. T.: A pitch estimation algorithm for speech and music. IEEE Trans. ASSP 26 (1978) 6, S. 597-604

[15] MATAUSEK, M. R.; BATALOV, V. S.: A new approach to the determination of the glottal waveform. IEEE Trans. ASSP (1980) 6, S. 616-622

[16] WICKEY, D. O.: Synthesizer chip translates LPC to speech economocally. Electronic Design (1981) Juni, S. 213-218

[17] SCHROEDER, M. R.: Linear prediction, extremal entropie and prior information in speech signal analysis and synthesis. Speech Commun. 1 (1982) 1, S. 9-20

[18] FANT, G.: Acoustic theory of speech production. 'S-Gravenhage: Mouton, 1960

Anschrift des Autors:

Dr.-Ing. Volkmar Naumburger

Akademie der Wissenschaften der DDR,
Zentrum für Wissenschaftlichen Gerätebau
Seestraße 82
Berlin
1166

Joachim Döring

Anwendung der biologischen Evolutionsstrategie für den Entwurf mikroakustischer Bauelemente

Es wird ein Verfahren zum Entwurf eines AOW-Bauelements behandelt, das die biologische Evolutionsstrategie zum Vorbild hat. Ausgehend von den bislang üblichen Entwurfsverfahren werden die Vorteile einer Optimierung innerhalb der Entwurfsprozedur dargelegt. Die besondere Eignung der biologischen Evolutionsstrategie für diese Aufgabe ergibt sich aus der Vielzahl freier Parameter sowie aus ihrer Flexibilität. Einer ausführlichen Darstellung der biologischen Evolutionsstrategie folgt die Beschreibung des realisierten Entwurfsverfahrens. Wesentlich für dessen Wirksamkeit ist die Einbeziehung der experimentellen Daten. Sie gewährleistet die praktische Relevanz der berechneten Wandlerstruktur. Der protokollierte Entwurf eines Fernseh-ZF-Filters mit diesem Verfahren belegt dessen Leistungsfähigkeit.

It is dealt with a method for the design of an acoustic Rayleigh wave components which has as model the biological evolution strategy. Starting from the hither to usual design methods the advantages of an optimization within the design procedure are explained. The particular suitability of the biological evolution strategy for this task results from the great number of free parameters as well as from its flexibility. A detailed representation of the biological evolution strategy is followed by the description of the realised design methods. The incorporation of the experimental data is important to its effectiveness. It ensures the practical relevance of the calculated transducer structure. The recorded design of a television i.f. filter with this method is evidence of its efficiency.

On décrit une méthode de la conception d'un composant à ondes acoustiques de surface qui s'oriente sur la stratégie d'évolution biologiques. En partant des méthodes de conception utilisées jusqu'à présent, on présente les avantages d'une optimisation pendant la procédure de conception. La stratégie d'évolution biologique y est particulièrement adaptée à cause de la multitude de paramètres libres et par sa flexibilité. Après une description détaillée de la stratégie d'évolution biologique, on traite la méthode de conception réalisée. La possibilité de tenir compte de données expérimentales est essentielle pour son effectivité. Elle assure une structure practicable du transducteur calculé. La conception réalisée d'un filtre moyenne fréquence pour récepteurs de télévision est la preuve de l'efficacité de la méthode.

1   Einleitung

Die Mikroakustik ist ein Teilgebiet der Akustik, das sich mit den Phänomenen der Anregung, der Ausbreitung und des Empfangs akustischer Wellen an Festkörperoberflächen befaßt. Deshalb wird auch die Bezeichnung Oberflächenwellenakustik für dieses Fachgebiet verwendet. Der ebenfalls häufig benutzte Begriff Akustoelektronik weist auf die Applikation mikroakustischer Bauelemente in elektronischen Schaltungen hin.

Der Prototyp eines solchen Bauelements besteht aus zwei akustoelektronischen Wandlern und einer Laufstrecke zwischen ihnen. Diese Wandler wiederum sind zwei kammförmige Metallelektroden, die auf ein piezoelektrisches Material aufgedampft wurden (Bild 1). Sie werden Interdigitalwandler genannt. Der Sendewandler setzt das ankommende elektrische Signal in ein akustisches um, das sich an der Oberfläche des Festkörpers zum Empfangswandler hin ausbreitet. Dort erfolgt die Rückwandlung in ein elektrisches Signal. Da die Weiterleitung der Signale auf der Festkörperoberfläche nur mit Schallgeschwindigkeit erfolgt, ist die Signalübertragung um den Faktor 100 000 langsamer als auf einer elektrischen Leitung. Das ermöglicht eine Signalverzögerung, die vom Abstand der beiden Wandler und den Materialeigenschaften des Festkörpers abhängt.

Das weitere Übertragungsverhalten dieser Grundstruktur wird von der konkreten Ausführung der Interdigitalwandler bestimmt. Wenn einer der Interdigitalwandler gleichlange Finger hat, also alle vom anderen Wandler ausgesandten Oberflächenwellen empfangen kann, gilt für das Übertragungsverhalten dieser Konfiguration

$$H_{ges}(\omega) = H_g(\omega) \cdot H_u(\omega) \cdot \exp(j\omega\tau). \tag{1}$$

Dabei ist $H_u(\omega)$ das Übertragungsverhalten des Wandlers mit gleichlangen Fingern und τ die Laufzeit des Signals von Mitte Wandler zu Mitte Wandler. Die Geometrie des zweiten Wandlers mit dem Übertragungsverhalten $H_g(\omega)$ kann so gestaltet werden, daß eine Wichtung der akustischen Quellen und damit eine spezielle Formung von $H_g(\omega)$ erfolgt. Verwendet wurden bisher die Wichtungsarten Abstands-, Breiten-, Kapazitäts-, Phasen- und Überlappungswichtung der Finger, wobei letztere am häufigsten benutzt wird [1] [2]. Aus dieser einfachen Wandleranordnung lassen sich eine ganze Reihe von passiven und aktiven Bauelementen (Verzögerungsleitungen, Bandpaßfilter, Optimalfilter und Convolver, Verstärker) ableiten [3].

2   Entwurf von AOW-Bauelementen

Der Entwurf, insbesondere der Bandpaßfilter, konzentriert sich auf die Berechnung des gewichteten Wandlers, da er das Übertragungsverhalten des gesamten Bauelements entscheidend bestimmt. Aus (1) folgt für den Amplitudenfrequenzgang des gewichteten Wandlers

$$H_g(\omega) = H_{ges}(\omega)/H_u(\omega)$$

und für den Phasenfrequenzgang $\theta_g(\omega)$

$$\theta_g(\omega) = \theta_{ges}(\omega) - \omega\tau,$$

Bild 1 Elektrodenstruktur eines AOW-Bauelements

wobei gilt

$$\omega\tau = \arg H_u(\omega) + \omega \cdot 1/v;$$

l Abstand der Wandlerzentren, v Schallgeschwindigkeit der AOW. Unter Nutzung dieser Beziehungen kann aus dem geforderten Übertragungsverhalten und bei einem vorgegebenen ungewichteten Wandler das vom gewichteten Wandler zu erreichende Übertragungsverhalten berechnet werden. Da es sich um lineare, zeitinvariante Systeme handelt, ergibt sich die Impulsantwort zu

$$h_g(t) = F^{-1}\{H_g(\omega)\} = b \int_{-\infty}^{\infty} H_g(\omega) \cdot \exp(j\omega t)\, d\omega. \tag{2}$$

Es ist charakteristisch für AOW-Bandpaßfilter, daß die Impulsantwort ein zeitliches Abbild der flächigen Elektrodenstruktur darstellt (<u>Bild 2</u>). Nach dem Impulsmodell von HARTMANN [4] sind die Amplitudenwerte der Impulsantwort den Überlappungen der zugehörigen Fingerpaare

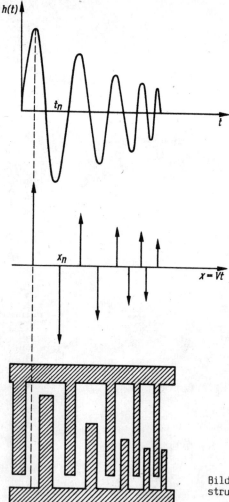

Bild 2 Zusammenhang zwischen Elektroden-struktur und Impulsantwort

proportional, d.h., die Fingerüberlappungen w_i ergeben sich aus den Amplitudenwerten der Impulsantwort zu

$$w_i \sim \int_{-\infty}^{\infty} h_g(t) \cdot \delta(t - t_i) \, dt. \qquad (3)$$

Mit Hilfe von (2) und (3) können aus dem gewünschten Übertragungsverhalten die Fingerüberlappungen des gewichteten Wandlers abgeleitet werden.

Bei der praktischen Berechnung der Wandlerstruktur nach diesem analytischen Verfahren stößt man auf einige Probleme, die im folgenden genauer betrachtet werden. Weil $h_g(t)$ als Ergebnis der inversen Fouriertransformation i.allg. unendlich ist, ist auch die Menge der w_i unbegrenzt, und es gibt folglich auch keinen endlichen und damit realisierbaren Wandler, der (3) genügt. Deshalb wird eine Fensterfunktion benutzt, die die Länge der Impulsantwort begrenzt [5]:

$$h'_g(t_i) = f(t_i) \cdot h_g(t_i).$$

Der Erfolg dieser Maßnahme hängt davon ab, inwieweit es zulässig ist,

$$H_g(\omega) = F\{h_g(t)\} \quad \text{durch} \quad H'_g(\omega) = F\{h'_g(t)\}$$

zu ersetzen. Dabei spielen die zulässigen Toleranzen und eine zweckmäßige Wahl der Fensterfunktion $f(t_i)$ eine entscheidende Rolle [6]. Ein zweites Problem entsteht bei unsymmetrischen Frequenzgängen und nichtlinearem Gruppenlaufzeitverhalten. In diesem Fall ist die Impulsantwort nicht symmetrisch und erschwert dadurch die Anwendung der i.allg. symmetrischen Fensterfunktionen.

Des weiteren ist zu berücksichtigen, daß die Anforderungen an Frequenzfilter als Toleranzschemata formuliert werden. Die Auswahl einer bestimmten Übertragungsfunktion aus diesen Toleranzschemata zur Berechnung der Wandlerstruktur bedeutet aber eine gravierende Einschränkung der Lösungsmöglichkeiten, denn sie kann nur unter dem Gesichtspunkt eines theoretisch günstigen Übertragungsverhaltens erfolgen. Über die sich daraus ergebende Wandlerstruktur ist keine Aussage möglich. Andererseits beeinflußt aber die konkrete Wandlerstruktur die Qualität des Bauelements auch bei theoretisch gutem Übertragungsverhalten entscheidend. So können Effekte der 2. Ordnung, wie elektrostatische Endeffekte, Diffraktion und regenerative Erscheinungen, zu erheblichen Störungen führen. Hinzu kommt, daß Wandlerlänge und Apertur, beides Größen, die sich auf die Wandlerstruktur beziehen, den ökonomischen Wert eines AOW-Bauelements wesentlich beeinflussen. Deshalb ist es in vielen Fällen günstig, wenn man von der Wandlerstruktur ausgeht und sie, unter Einhaltung entsprechender Nebenbedingungen, so optimiert, daß der Frequenzgang die gewünschten Werte annimmt. Mit anderen Worten, die die Eigenschaften des Frequenzfilters bestimmenden Systemparameter sind auf die einzuhaltenden Toleranzschemata hin zu optimieren. Wie aus (2) und (3) hervorgeht, können die Fingerüberlappungen des gewichteten Wandlers als solche Systemparameter angesehen werden. Ihre Anzahl liegt zwischen 10^2 und 10^3. Für die Optimierung von Systemen mit so vielen Freiheitsgraden werden meist Suchstrategien eingesetzt, die in irgendeiner Weise den Zufall zu Hilfe nehmen.

Eine Reihe von Verfahren orientiert sich dabei an natürlichen Selbstorganisationsprozessen. Bei diesen Vorgängen kommt es zu einer Abnahme der Entropie und damit zur Strukturbildung. Für die Änderung der Entropie eines offenen thermodynamischen Systems gilt [8]

$$dS = d_i S + d_e S = d_i S - dQ/T.$$

d_i S ist die Änderung der Entropie durch Prozesse im Innern des Systems und d_e S = -dQ/T die Änderung der Entropie durch Wärmeaustausch mit der Umgebung bei der Temperatur T. Für

$$d_i \ S < dQ/T,$$

d.h. bei hinreichend großem Wärmeentzug, ist

$$dS < 0,$$

und die Entropie nimmt ab. Dieser Vorgang ist als Kristallisation allgemein bekannt. Seine Simulation findet in der thermodynamischen Optimierung Anwendung [9].

Eine weitere Möglichkeit für ein thermodynamisches System, seine Entropie zu verringern, besteht im Entropieexport. Die Änderung der Entropie ergibt sich aus

$$dS = d_i \ S + \frac{dQ}{T_2} - \frac{dQ}{T_1}$$

mit $T_2 > T_1$ und $\frac{dQ}{T_2} - \frac{dQ}{T_1} < -d_i \ S.$

Ein solcher Vorgang findet auf der Erde statt. Durch die Sonne wird Wärme mit einer Temperatur von etwa 6000 K eingestrahlt und die gleiche Wärmemenge bei einer Temperatur von durchschnittlich 300 K abgestrahlt. Dieser Prozeß ist die Voraussetzung für die gesamte biologische Evolution. Eine Simulation der Strategie der biologischen Evolution, d.h. der Methode, wie diese Selbststrukturierung konkret erfolgt, führt auf ein sehr komplexes Optimierungsverfahren, dessen Hauptelemente die Mutation und die Selektion sind.

3 Anwendung der biologischen Evolutionsstrategie

3.1 Evolutionsstrategie als Optimierungsverfahren

Schon seit langer Zeit ist bekannt, daß sich die Lebewesen ihrer Umwelt gut angepaßt haben. Man versuchte oft, Lebewesen und Teile von ihnen zu kopieren, um ihre speziellen Eigenschaften zu nutzen. Aber erst in letzter Zeit wurde darangegangen, auch die Art und Weise ihrer Anpassung an die Umweltbedingungen, die Strategie der biologischen Evolution, für technische Anwendungen zu modellieren.

Ein solches Modell, das in [10] entworfen und in die Physik der Selbstorganisation und Evolution [9] integriert wurde, soll hier skizziert werden. Die Evolution findet in einem Raum statt, der durch n das biologische Individuum oder das technische System charakterisierende Parameter aufgespannt wird. Jedes System kann so entsprechend seinen Parametern auf einen Punkt des n-dimensionalen Raumes abgebildet werden. Außerdem wird ein Bewertungskriterium in Form einer Qualitätsfunktion $Q(X_1, \ldots, X_n)$ benötigt, mit dessen Hilfe den Punkten dieses Raumes reelle Zahlen zugeordnet werden können. Diese Qualitätsfunktion muß zwei notwendige Bedingungen erfüllen:

- Bestehen einer wenigstens lokalen Existenz,
- Vorhandensein einer hinreichenden Glattheit.

Diese Bedingungen gewährleisten, daß eine geringe Änderung der Systemparameter auch eine geringe Änderung der Qualitätsfunktion zur Folge hat.

Der Evolutions- bzw. Optimierungsprozeß kann dann folgendermaßen beschrieben werden:

Ein System wird als Punkt auf den n-dimensionalen Parameterraum abgebildet. Durch zufällige Veränderung der Systemparameter entstehen aus diesem Punkt neue Tochterpunkte. Diesem Vorgang entspricht im Bild der biologischen Evolution die Mutation. Die Tochterpunkte werden aber wieder gelöscht, wenn ihr Qualitätswert kleiner als der des Muttersystems ist. Erst wenn ein System mit größerem Qualitätswert entsteht, bleibt es erhalten und wird zu einem neuen Muttersystem. Dies ist vergleichbar mit der biologischen Selektion. So entsteht eine Folge von Punkten, die ihrerseits bestimmte Entwicklungsstufen des Systems kennzeichnen. Aufgrund dieser Selektion steigt die zugehörige Folge der Qualitätswerte monoton an und strebt einem Maximum zu, das für ein biologisches System optimale Anpassung an die Umwelt und für ein technisches optimale Erfüllung der technischen Anforderungen bedeutet.

Eine weitergehende Nachahmung der biologischen Evolutionsstrategie beschreibt statt der Entwicklung eines einzelnen Systems die Entwicklung einer ganzen Population. Da sich die Systemparameter der Individuen einer Population i.allg. voneinander unterscheiden, wird jedes Individuum oder System durch einen eigenen Systempunkt im n-dimensionalen Raum repräsentiert. Wegen der Ähnlichkeit der Individuen einer Population entsteht ein Punkthaufen, und die Anzahl der Punkte entspricht der Anzahl der Individuen. Die oben genannten Evolutionsmechanismen bewirken eine ständige Veränderung dieses Gebildes. In diesem Prozeß regeln die verschiedenen Arten der Mutation die Neubesetzung von Punkten, während die Selektion die Punkte mit den niedrigsten Qualitätswerten aussondert. So bleibt die Anzahl der Systeme bzw. der zugehörigen Punkte zwar erhalten, doch der Punkthaufen bewegt sich im Mittel in Richtung steigender Qualitätswerte.

Im folgenden wird die Entstehung neuer Systeme, d.h. neuer Punkte im n-dimensionalen Raum, genauer betrachtet. Dazu wird, ausgehend vom biologischen Mutationsmechanismus, ein mathematischer Algorithmus entwickelt, der die wesentlichsten Eigenschaften der speziellen Mutationsart nachbildet.

Als erstes soll die Genmutation betrachtet werden. Bei ihr verändern sich durch Austausch der Nukleotidbasen der DNS die Gene, d.h. die Werte für die Variablen, die das biologische System determinieren. Diese Veränderungen sind zufällig, wobei kleinere Abweichungen häufiger auftreten als große. Für die mathematische Formulierung wird deshalb angenommen, daß die Abweichungen der Gaußverteilung gehorchen.

Wenn man die Genmutation als Transformation des Punktes **P** in den Punkt **P**′ ansieht, vollzieht sie sich folgendermaßen:

$$\mathbf{G P = P + Z = P'}$$

das entspricht:

$$\mathbf{G} \begin{pmatrix} x_1 \\ \cdot \\ \cdot \\ \cdot \\ x_n \end{pmatrix} = \begin{pmatrix} x_1 \\ \cdot \\ \cdot \\ \cdot \\ x_n \end{pmatrix} + \begin{pmatrix} \Delta x_1 \\ \cdot \\ \cdot \\ \cdot \\ \Delta x_n \end{pmatrix} = \begin{pmatrix} x_1 + \Delta x_1 \\ \cdot \\ \cdot \\ \cdot \\ x_n + \Delta x_n \end{pmatrix} = \begin{pmatrix} x_1' \\ \cdot \\ \cdot \\ \cdot \\ x_n' \end{pmatrix}.$$

Die Werte von **Z** werden mit Hilfe von Zufallszahlen berechnet.

Von den in der Natur bekannten Arten der Chromosomenmutation wurde nur die Inversion genauer betrachtet. Bei dieser Mutationsart wird ein Chromosomenabschnitt, der viele hundert Gene umfassen kann, herausgebrochen und, um 180° gedreht, wieder eingefügt.

Als Transformation des Punktes im n-dimensionalen Raum der Variablen stellt sich das folgendermaßen dar:

$$JP = P'$$

$$
J
\begin{pmatrix}
x_1 \\
\cdot \\
x_{k-1} \\
x_k \\
x_{k+1} \\
\cdot \\
x_{k+a-1} \\
x_{k+a} \\
x_{k+a+1} \\
\cdot \\
x_n
\end{pmatrix}
=
\begin{pmatrix}
x_1 \\
\cdot \\
x_{k-1} \\
x_{k+a} \\
x_{k+a-1} \\
\cdot \\
x_{k+1} \\
x_k \\
x_{k+a+1} \\
\cdot \\
x_n
\end{pmatrix}
=
\begin{pmatrix}
x_i' \\
\cdot \\
x_{k-1}' \\
x_k' \\
x_{k+1}' \\
\cdot \\
x_{k-1+a}' \\
x_{k+a}' \\
x_{k+1+a}' \\
\cdot \\
x_n'
\end{pmatrix}
$$

d.h., die Variablen zwischen den willkürlich gewählten Elementen x_k und x_{k+a} vertauschen ihre Reihenfolge.

Eine weitere Möglichkeit, neue Punkte in diesem Raum zu erreichen, ist die Rekombination. Bei diesem Vorgang wird das Erbgut der Individuen einer Population ständig neu gemischt. In dem benutzten mathematischen Modell bedeutet das einen Austausch zufällig gewählter Koordinaten zweier Punkte aus dem Punkthaufen:

$$R[P_1, P_2] = [P_1', P_2']$$

$$
R \left[
\begin{pmatrix}
x_1 \\
\cdot \\
x_{i-1} \\
x_i \\
\cdot \\
x_j \\
x_{j+1} \\
\cdot \\
x_n
\end{pmatrix},
\begin{pmatrix}
y_i \\
\cdot \\
y_{i-1} \\
y_i \\
\cdot \\
y_j \\
y_{j+1} \\
\cdot \\
y_n
\end{pmatrix}
\right],
=
\left[
\begin{pmatrix}
x_1 \\
\cdot \\
x_{i-1} \\
y_i \\
\cdot \\
y_j \\
x_{j+1} \\
\cdot \\
x_n
\end{pmatrix},
\begin{pmatrix}
y_1 \\
\cdot \\
y_{i-1} \\
x_i \\
\cdot \\
x_j \\
y_{j+1} \\
\cdot \\
y_n
\end{pmatrix}
\right].
$$

Bisher wurden nur die Variablen betrachtet und einer Mutation unterzogen, die die Qualitätswerte einer Struktur bestimmen. Die Größen, die die Mutationen und damit das Konvergenzverhalten der Qualitätswerte beeinflussen, wurden von außen eingegeben. Konkret bedeutet das ein fest vorgegebenes Verfahren zur Bestimmung der Elemente des Zufallszahlenvektors und eine Gleichverteilung für die von der Inversion bzw. Rekombination betroffenen Koordinaten. Es liegt aber nahe, auch bei der Bestimmung der Elemente des Zufallszahlenvektors das Mutations-Selektions-Prinzip zu berücksichtigen, um eine Anpassung der Streubreite der Systempunkte an den Verlauf der Qualitätsfunktion zu erreichen. Außerdem kann die Gleichverteilung bei der Bestimmung der Koordinaten für die Inversion und die Rekombination durch eine entsprechende Gaußverteilung ersetzt werden. Auf diese Weise sucht sich das Optimierungsverfahren selbst den Weg mit der höchsten Konvergenzgeschwindigkeit. Es merkt sich gewissermaßen eine für Mutationen günstige Streubreite und Raumrichtung bzw. ein günstiges Mutationsverfahren und bevorzugt dieses bei den nächsten Evolutionsschritten.

Eine Reihe von Autoren hat die Eignung der biologischen Evolutionsstrategie als Optimierungsverfahren untersucht. In [10] wird ein umfassendes Bild einer biologischen Evolutionsstrategie entworfen, das quantitative Überlegungen zu Bedingungen einer maximalen Konvergenzgeschwindigkeit einschließt. Numerische Varianten sind in [11] [12] veröffentlicht worden. In [13] werden mit Hilfe der Evolutionsstrategie numerische Optimierungen durchgeführt und das Konvergenzverhalten, die Genauigkeit und die Anwendungsbreite mit deterministischen Optimierungsverfahren verglichen und die Leistungsfähigkeit der Evolutionsstrategie betont. Dies trifft besonders auf Systeme mit vielen freien Parametern zu. Umfangreiche rein theoretische Untersuchungen werden in [14] dargelegt. Eine erfolgreiche Anwendung der Evolutionsstrategie auf Schaltungen der Nachrichtentechnik wird in [15] beschrieben. Die Rolle der Selektion in kybernetischen Systemen wird in [16] untersucht. Es wird gezeigt, daß ihre Bedeutung nicht auf die Stabilität der Systeme beschränkt ist, sondern vor allem deren Evolution betrifft.

3.2 Entwurf von AOW-Bandpaßfiltern mit der biologischen Evolutionsstrategie

3.2.1 Mathematisch-physikalische Voraussetzungen

Da die Fingerüberlappungen des gewichteten Wandlers sein Übertragungsverhalten und damit auch das des AOW-Bandpasses bestimmen, können sie als die Systemparameter angesehen werden. Die Qualitätsfunktion stellt dann eine Abbildung des durch diese Parameter bestimmten Übertragungsverhaltens auf den Bereich der reellen Zahlen dar. Dadurch ist es möglich, verschiedene Filtervarianten zu vergleichen und die bessere auszuwählen. Die zweite notwendige Bedingung, die stückweise Glattheit der Qualitätsfunktion, garantiert, daß kleine Änderungen der Fingerüberlappungen in der Regel auch nur kleine Änderungen des Übertragungsverhaltens zur Folge haben. Das wiederum ist eine wesentliche Voraussetzung für eine zielgerichtete Suche nach dem Maximum der Qualitätsfunktion.

Zur Bestimmung der Werte der Qualitätsfunktion wird mittels eines Wandlermodells, z.B. des Impulsmodells von HARTMANN [4], die Impulsantwort aus den Fingerüberlappungen des gewichteten Wandlers berechnet. Das zugehörige Übertragungsverhalten ergibt sich mathematisch exakt aus der Impulsantwort durch die Fouriertransformation:

$$H_g(\omega) = F\{h_g(t)\} \ ,$$

woraus der logarithmische Amplitudenfrequenzgang

$$a_B(\omega) = 20 \ \lg \frac{H_g(\omega)}{\max H_g(\omega)}$$

und der Phasenfrequenzgang

$$\theta_g(\omega) = \arctan \frac{\mathrm{Im}(H_g(\omega))}{\mathrm{Re}(H_g(\omega))}$$

bzw. das Gruppenlaufzeitverhalten

$$\tau_g(\omega) = \frac{d\Theta(\omega)}{d\omega}$$

hervorgehen.

Der Qualitätswert der aktuellen Filtervariante soll ein Maß dafür sein, wie gut die technischen Forderungen in Form von Toleranzschemata eingehalten werden. Dazu ist das folgende Abstandsmaß geeignet:

$$\delta_a = \sqrt{\frac{\sum\limits_{i=1}^{P} (q_i^{(a)})^2}{P\,(p-1)}}$$

$$\text{mit} \quad q_i^{(a)} = \begin{cases} \dfrac{\Delta a_i}{\Delta b_i} & \text{für} \quad \Delta a_i > \Delta b_i \\[2mm] 0 & \text{sonst} \end{cases} \tag{5}$$

δ_a Abstandsmaß für den Amplitudenfrequenzgang,

Δa_i Pegelabweichung vom Sollwert an der Stelle ω_i,

Δb_i halbe Breite des Toleranzfeldes an der Stelle ω_i,

p   Anzahl der Punkte, die nach der Fouriertransformation der Impulsantwort innerhalb des relevanten Frequenzintervalls liegen.

Für das Gruppenlaufzeitverhalten gilt eine zu δ_a völlig analoge Beziehung. Die Bedingung (5) garantiert, daß die Einhaltung der Toleranzschemata und nicht die Annäherung an eine fiktive Sollkurve zum entscheidenden Kriterium für den Qualitätswert wird. Sollen sowohl der Amplitudenfrequenzgang als auch das Gruppenlaufzeitverhalten bei der Bestimmung des Qualitätswertes berücksichtigt werden, so ergibt sich das resultierende Abstandsmaß δ_{ges} zu

$$\delta_{ges} = \delta_a + C\,\delta_G.$$

Die Konstante C ist ein Strategieparameter und so zu wählen, daß eine zweckmäßige Relation zwischen δ_a und δ_G, dem Abstandsmaß für das Gruppenlaufzeitverhalten, hergestellt wird. Der Qualitätswert Q wird durch

$$Q = 1/\delta_{ges} \tag{6}$$

bestimmt.

3.2.2   Optimierung des gewichteten Wandlers

Der Ausgangspunkt für die Optimierung ist im einfachsten Fall ein uniformer Wandler. Im allgemeinen wird dann jedoch der Abstand der Istkurven von den Zieltoleranzschemata groß sein. Dadurch ist der Optimierungsprozeß sehr zeitaufwendig und birgt die Gefahr einer vorzeitigen Stagnation an einem relativen Maximum in sich. Günstiger ist es, den Optimierungsprozeß mit einer Näherungslösung zu beginnen. Aus der Literatur sind eine Reihe von Verfahren bekannt, die solche Anfangstrukturen liefern [5] [17] [18].

Nach der Bestimmung der Anfangsstruktur wird durch die Variation der Fingerüberlappungen (Mutation) eine zweite Struktur erzeugt. Auf diese Weise erhält man zwei miteinander konkurrierende Filtervarianten. An dieser Stelle soll auf die Simulation der Genmutation genauer eingegangen werden, da sie entscheidende Bedeutung für den Erfolg der Optimierung hat.

Die Komponenten des Zufallsvektors werden mit Hilfe eines Zufallszahlengenerators erzeugt. Da die möglichen Systempunkte gleichmäßig, d.h. ohne Vorzugsrichtung, um **P** verteilt sein sollen und bei dieser Mutationsform kleine Verschiebungen häufiger als große auftreten, gehorchen die Zufallszahlen einer Gaußverteilung mit dem Mittelwert 0. Die Einstellung der Streubreite erfolgt durch den Optimierungsalgorithmus. Weil die Apertur des gewichteten Wandlers begrenzt ist und die Koordinaten der Punkte **P** und **P′** seinen Fingerüberlappungen entsprechen, gilt

$$x_i' = \begin{cases} x_i + \Delta x_i & \text{für} \quad |x_i + \Delta x_i| < |w_{max}| \\ \text{sign}(x_i + \Delta x_i) \, |w_{max}| & \text{sonst} \end{cases}$$

mit w_{max} als maximal zulässiger Fingerüberlappung. Damit liegen die Systemparameter zweier Filtervarianten vor, und der Abschnitt der Mutation ist abgeschlossen.

Der nächste Schritt des Optimierungszyklus ist die Selektion. Um sie durchführen zu können, müssen die Qualitätswerte beider Systeme vorliegen (vgl. (4) und (6)). Es folgt ein Vergleich der Qualitätswerte und die Löschung des schlechteren Systems. Die Variante mit dem größeren Wert für Q wird zum Ausgangspunkt einer erneuten zufälligen Veränderung der Systemparameter (Mutation). Dieser Zyklus wird so lange wiederholt, bis das gewünschte Verhalten erreicht ist oder das Verfahren in der Umgebung eines Maximums stagniert.

3.2.3   Steuerung der Optimierung durch Strategieparameter

Obwohl durch die Selektion gesichert ist, daß die Folge der Qualitätswerte erfolgreicher Variationen monoton steigt, sind weitere Maßnahmen zur Steuerung der Optimierung erforderlich. Sie müssen gewährleisten, daß brauchbare Optimierungsergebnisse in angemessener Zeit erhalten werden. Damit sind in der Evolutionsstrategie sowohl zufällige als auch deterministische Elemente enthalten. Letztere haben die Aufgabe, die Spielregeln festzulegen, unter denen der Zufall wirksam wird. Sie werden deshalb Strategieparameter genannt. Die wichtigsten dieser Parameter sind die Streubreite der Zufallszahlen und die Breite der Toleranzschemata des gewichteten Wandlers bei den einzelnen Frequenzen.

Die Streubreite der Komponenten des Zufallszahlenvektors hat großen Einfluß auf die Stärke der Veränderung des gewichteten Wandlers durch die Mutationen und damit auf das Konvergenzverhalten des Optimierungsprozesses. Sie muß sich innerhalb eines bestimmten Intervalls, des Konvergenzfensters, befinden, damit sich ein kontinuierlicher Optimierungsprozeß entwickeln kann. Wenn die Streubreite zu gering gewählt wird, ist die Anzahl der Iterationsschritte unnötig groß, und die Rechenzeit erhöht sich. Bei zu großer Streubreite erfolgt dagegen keine kontinuierliche Approximation des Maximums, und das System kann sich ihm nicht hinreichend dicht nähern. Obwohl die aus der Literatur bekannte 1:4-Erfolgsregel [10], d.h.

$$\frac{\text{Anzahl der erfolgreichen Mutationen}}{\text{Anzahl der erfolglosen Mutationen}} = \frac{1}{4},$$

eine gute Richtlinie für die Streubreitenregelung darstellt, versagt sie, wenn die Qualitätsfunktion eine komplizierte Struktur mit vielen Nebenmaxima aufweist. Dies äußert sich in einer frühzeitigen Stagnation des Optimierungsverfahrens in der Nähe eines dieser Maxima. In diesem Fall muß ein geeigneter Algorithmus durch empirische Untersuchungen gefunden werden. Er muß bewirken, daß sich das Verfahren dem aktuellen Verlauf der Qualitätsfunktion anpaßt, nicht vorzeitig stagniert und somit eine hohe Konvergenzgeschwindigkeit einhält.

Auch die Toleranzschemata für den Amplitudenfrequenzgang und das Gruppenlaufzeitverhalten

des gewichteten Wandlers, die das Ziel der Optimierung charakterisieren, können als Strategieparameter eingesetzt werden. Dabei hat die Toleranzbreite eine doppelte Funktion. Sie
kennzeichnet die Grenzen des Toleranzfeldes und normiert außerdem den Abstand eines Abtast-
punktes des Frequenzganges vom Sollwert auf die halbe Toleranzbreite. Die Größe

$$q_i = \Delta a_i / \Delta b_i$$

gibt an, wie groß der Abstand der Istkurve vom mittleren Toleranzwert ist. Dadurch wird
gleichzeitig eine Wichtung der Frequenzpunkte ω_i durch die Δb_i erreicht. Wird z.B. Δb_i sehr
klein gewählt, so nimmt der Summand q_i sehr große Werte an. Entsprechend groß ist sein Einfluß auf das Abstandsmaß und den Qualitätswert Q. Eine Veränderung des zugehörigen Δa_i ist
damit vergleichsweise stärker gewichtet als die anderer Summanden.

Das Konvergenzverhalten des Optimierungsprozesses läßt sich dann folgendermaßen steuern:

Bei Frequenzen, bei denen die Annäherung des Übertragungsverhaltens zu langsam erfolgt,
wird eine besonders geringe Toleranzbreite gewählt, d.h., sie werden höher gewichtet. Dadurch erfolgt eine Verbesserung der Konvergenz an dieser Stelle. Eine entsprechende Wichtung des gesamten Toleranzschemas führt somit zu einem ausgeglichenen Approximationsverhal-
ten.

3.2.4 Verknüpfung numerischer und experimenteller Optimierung

Der Grundgedanke der biologischen Evolutionsstrategie geht von einer tatsächlichen Variation
der Systemparameter aus. Das würde hinsichtlich des Entwurfs von AOW-Bandpaßfiltern bedeuten, für jede Mutation ein spezielles Muster anzufertigen. Da ein solches Vorgehen zu aufwendig ist, bietet sich ein numerisches Verfahren an, wie es in den vorangegangenen Abschnitten beschrieben wurde. Dadurch erhält man einen rationellen Entwurfsalgorithmus, der aber
den Nachteil hat, die Effekte der 2. Ordnung nicht zu berücksichtigen. Die Folge ist eine
Differenz zwischen dem berechneten und dem anhand von Mustern experimentell ermittelten
Übertragungsverhalten, denn die Messung der Filter erfolgt in der endgültigen Schaltung und
erfaßt sämtliche auftretenden Störeffekte. Deshalb werden die experimentellen Ergebnisse in
die numerische Optimierung mit einbezogen. Nach Abschluß der Wandlerberechnung wird der Entwurf als Bauelement realisiert und sein Übertragungsverhalten gemessen. Noch bestehende Abweichungen zum gewünschten Verlauf dienen zur Korrektur der Zieltoleranzschemata, um in
einer folgenden Optimierung störende Einflüsse durch ein verändertes Übertragungsverhalten
der akustischen Oberflächenwellen zu kompensieren. Dabei wird vorausgesetzt, daß sich die
Störgröße durch die Variation der Wandlerstruktur bei der folgenden Optimierung nicht wesentlich ändert. Dies ist um so besser gewährleistet, je geringer die Korrektur der Wandlerstruktur, d.h. je geringer der Abstand zum Entwurfsziel ist.

Die Grenzen des Verfahrens werden durch die Reproduzierbarkeit der experimentellen Ergebnisse gesteckt. Nur gesicherte experimentelle Daten lassen eindeutige Schlußfolgerungen für
die numerische Optimierung zu. Der Zyklus numerischer Entwurf - Ermittlung experimenteller
Daten - Korrektur der Zieltoleranzschemata - neuer numerischer Entwurf kann so lange wiederholt werden, bis das gewünschte Übertragungsverhalten erreicht ist. Da die Störungen durch
Veränderung der AOW-Charakteristik kompensiert werden, endet die Anwendbarkeit dieser Methode im Sperrbereich des Amplitudenfrequenzganges. Hier kann der Entwurf lediglich sichern,
daß der AOW-Pegel hinreichend klein ist. Die Störungen im Sperrbereich müssen durch zusätzliche Maßnahmen reduziert werden, z.B. Bearbeitung der Chipunterseite, Wahl des Kristall-
schnitts, der Dämpfungsmasse und der elektrischen Anpaßschaltung.

4   Anwendung auf den Entwurf des Fernseh-ZF-Filters

Mit diesem Verfahren sollte ein Fernseh-ZF-Filter optimiert werden, dessen Apertur (Breite des akustischen Strahls) von 18 Wellenlängen auf 8 reduziert wurde. Die maßstäbliche Verkleinerung der Struktur führte zu einer gravierenden Verschlechterung des Amplitudenfrequenzganges (Bilder 3 und 4). Die Ursache dafür ist in der Zunahme der sehr kleinen akustischen Quellen mit ihren geringen Fingerüberlappungen zu sehen. Diese Quellen werden besonders stark durch Effekte 2. Ordnung gestört. Die Einführung einer unteren Grenze für die Fingerüberlappungen verringerte diese Störungen entscheidend (Bild 5) [19]. Die verbleibende hohe Welligkeit im Durchlaßbereich und an der Tonstufe wurde durch Einengung der Breite des Zieltoleranzschemas bei diesen Frequenzen reduziert (Bild 6). Die weiteren Verbesserungen des Übertragungsverhaltens erfolgten entsprechend den Korrekturen der Toleranzschemata (Bilder 7 und 8). Die oben erörterte Kompensation der Störung durch den AOW-Pegel war also in allen Fällen möglich. Im Ergebnis dieses Entwurfsprozesses entstand eine Wandlerstruktur (Bild 9) mit einer Apertur von 0,9 mm, deren Amplitudenfrequenzgang (Bild 8) den technischen Forderungen entsprach.

Diese experimentellen Ergebnisse bestätigen die Hypothese von der Anwendbarkeit der bio-

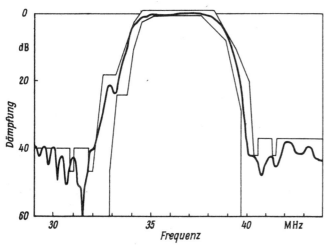

Bild 3 Amplitudenfrequenzgang der Ausgangsstruktur
(Apertur 18 λ)

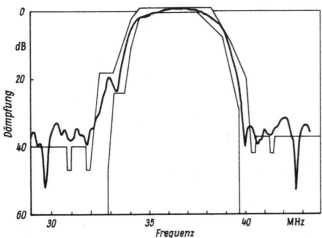

Bild 4 Amplitudenfrequenzgang der maßstäblich ver-
kleinerten Ausgangsstruktur
(Apertur 8 λ)

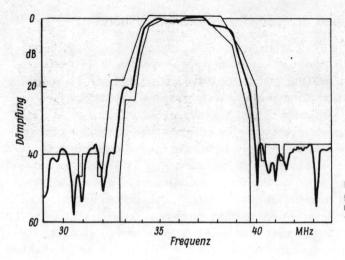

Bild 5 Amplitudenfrequenzgang nach Einführung einer
minimalen Fingerüberlappung
von 20 µm

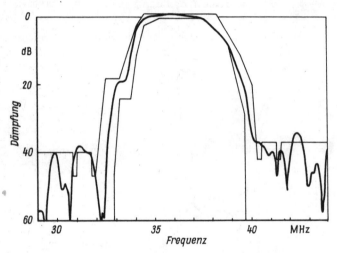

Bild 6 Amplitudenfrequenzgang nach der Korrektur zur
Verringerung der Welligkeit

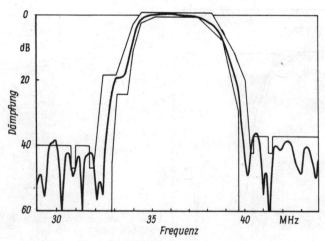

Bild 7 Amplitudenfrequenzgang nach der Korrektur der
Nyquistflanke

242

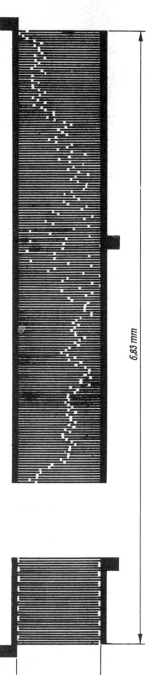

6.83 mm

0.95 mm

Bild 9   Struktur des optimierten FS-ZF-Filters

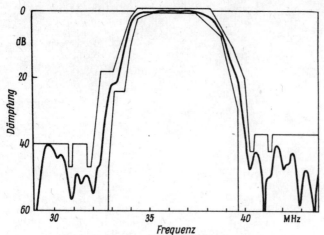

Bild 8 Amplitudenfrequenz-
gang des optimierten FS-ZF-
Filters (nach Korrektur des
Tonträgers)

logischen Evolutionsstrategie auf den Filterentwurf. Schon die vereinfachte Nachahmung der
wesentlichsten Elemente dieses Algorithmus genügt, um einen Optimierungsprozeß in Gang zu
setzen, der auf neuartige und unerwartet günstige Ergebnisse führt. Für den Entwurf von AOW-
Bauelementen haben vor allem die volle Nutzung der durch die Toleranzschemata gebotenen Möglichkeiten, insbesondere die Einbeziehung von Nebenbedingungen, sowie die Berücksichtigung
experimenteller Ergebnisse entscheidende Bedeutung.

Literatur

[1] KOVALEV, A. V.; JAKOVKIN, I. B.: Interferencionnye éffekty v preoprazovateljach UPV
     vstrečno styrevogo tipa. Radiotechnika i Élektronika 16 (1971) 8, S. 1521-1523

[2] ZAROV, A. M.; PASIN, N. S.; JAKOVKIN, I. B.: Metody postroenija filtrov s ispolzova-
     niem uprugich povernstnych voln. In: Uprugie poverchnostnye volny. Novosibirsk: Nauka,
     1974, S. 139-151

[3] FRÖHLICH, H. J.; HOFMANN, H.: Akustische Oberflächenwellenbauelemente. In: Taschenbuch
     Akustik. Berlin: Verl. Technik, 1984, S. 1608-1641

[4] HARTMANN, C. S.; BELL, D. T.; ROSENFELD, R. C.: Impulse model design of acoustic sur-
     face wave filters. IEEE Trans. Microwave Theory Tech. MTT-21 (1973) 4, S. 162-175

[5] TANCRELL, R. H.: Analytic design of surface wave bandpass filters. IEEE Trans. Sonics
     Ultrasonics SU-21 (1977) 1, S. 12-22

[6] HARRIS, F. J.: On the use of windows for harmonics analysis with the discrete Fourier
     transform. Proc. IEEE 66 (1978) 1, S. 51-83

[7] KODAMA, T.: Broad-band compensation for diffraction in surface acoustic wave filters.
     IEEE Trans. Sonics Ultrasonics SU-30 (1983) 3, S. 127-136

[8] EBELING, W.; FEISTEL, R.: Physik der Selbstorganisation und Evolution. Berlin: Akade-
     mie-Verl. , 1982

[9] KIRKPATRICK, S.; GELATT, C. D.; VECCHI, M. P.: Optimization by simulated annealing.
     Science 220 (1983) S. 671-680

[10] RECHENBERG, I.: Evolutionsstrategie - Optimierung technischer Systeme nach Prinzipien
     der biologischen Evolution. Stuttgart/Bad Cannstatt: Frommann, 1973

[11] BORN, J.: Evolutionsstrategien zur numerischen Lösung von Adaptionsmodellen. Diss. Univ., Berlin, 1978

[12] PERTERSOHN, U.; VOSS, K.; WEBER, K. H.: Genetische Adaption - ein stochastisches Such-verfahren für diskrete Optimierungsprobleme. Math. Operationsforsch. u. Statistik 5 (1975) 7/8, S. 555-571

[13] SCHWEFEL, H. P.: Numerische Optimierung von Computer-Modellen mittels der Evolutions-strategie. Basel: 1977

[14] OPPEL, U. G.: Evolution und Optimierung. T. 1 d. Vorles. Auf der Zufallssuche basierende Optimierungsverfahren und Evolutionsprozesse. Univ. München, Wintersem. 1978/79

[15] HOCK, A.; RINDERLE, J.: Zur Anwendung der Evolutionsstrategie auf Schaltungen der Nachrichtentechnik. Frequenz 34 (1980) 7, S. 208-214

[16] HÄLSIG, C.: Der Selektor - Selektionsvorgänge der Nachrichtentechnik und ihre Verall-gemeinerung in kybernetischen Systemen. Nachrichtentech., Elektron. 33 (1983) 3, S. 92-95; 4, S. 152-161; 5, S. 208-212; 7, S. 290-292

[17] SUTHERS, M. S.; CAMPBELL, C. K.; REILLY, J. P.: SAW bandpass filter design using Hermitian function techniques. IEEE Trans. Sonics Ultrason. SU-27 (1980) 2, S. 90-93

[18] VASILE, C. F.: A numerical Fourier transform technique and its application to acoustic-surface-wave bandpass filter synthesis and design. IEEE Trans. Sonics Ultrason. SU-21 (1974) 1, S. 7-11

[19] DÖRING, J.: Die Entwicklung von AOW-Bandpaßfiltern unter Anwendung der biologischen Evolutionsstrategie. Diss. Akad. d. Wiss. d. DDR, 1986

Anschrift des Autors:

Dr. rer. nat. Joachim Döring

Akademie der Wissenschaften der DDR,
Zentralinstitut für Elektronenphysik
Hausvogteiplatz 5-7
Berlin
1086

Günther Fuder; Wolfgang Kraak

Erfassung der Informationskapazität des Gehörs bei Innenohrschäden mit Recruitment

Voraussetzung für den zielgerichteten Entwurf und die optimale Anpassung von Hörgeräten ist, daß der mit einem Hörschaden verbundene Funktionsverlust qualitativ und quantitativ möglichst umfassend dokumentiert wird. Die Verminderung der Informationskapazität eines geschädigten Ohres gegenüber der des normalen Ohres läßt Schlüsse auf die Grenzen der Wiederherstellbarkeit des Hörvermögens durch elektronische Hörhilfen zu. Optimierte subjektive Meßverfahren zur Ermittlung der Informationskapazität werden angegeben. An Beispielfällen von Hörschäden mit Recruitment wird die Einschränkung der Informationskapazität vorgeführt.

It is prerequisite for the purposive design and the optimum adaptation of hearing aids that the loss of function associated with a hearing damage ist qualitatively and quantitatively documented as comprehensively as possible. The reduction of the information capacity of a damaged ear as compared with that of the normal ear allows conclusions as to the limits of the restorability of the hearing ability by electronic hearing aids. Optimised subjective measuring methods for the determination of the information capacity are indicated. By examples of hearing damage with recruitment the restriction of the information capacity is demonstrated.

Une détermination, dans la mesure du possible, des pertes fonctionnelles qualitatives et quantitatives liées à une lésion auditive constitue une condition préalable pour la conception effective et l'adaptation optimale de prothèses auditives. La diminution de la capacité d'information d'une oreille ayant subi une lésion auditive, par rapport à l'oreille normale, permet des conclusions sur les limites dans lesquelles le rétablissement du pouvoir auditif est possible par des prothèses auditive électroniques. On indique des méthodes optimales de mesures subjectives pour l'évaluation de la capacité d'information. La réduction de la capacité d'information est présentée en donnant des exemples de différents cas de lésions auditives avec „recruitment".

1 Problemstellung

Bei vielen Schädigungen des Gehörs ist eine Verbesserung des Hörvermögens nur durch den Einsatz elektronischer Hörhilfen zu erzielen. Obwohl damit in vielen Fällen eine Anhebung des sozial besonders wichtigen Sprachverständnisses erreicht werden kann, wird jedoch gegenwärtig von einer Reihe der Betroffenen das Tragen elektronischer Hörhilfen als unangenehm und lästig empfunden und manchmal sogar ganz abgelehnt.

Die Ursachen dafür sind vielfältig. Sie können psychologischer Art sein, indem z.B. das Gerät aus Eitelkeit nicht getragen wird. Das Unbehaglichkeitsgefühl kann aber auch durch zu große Abmessungen und zu große Masse hervorgerufen werden. Meist werden jedoch die Verstärkungseigenschaften der Geräte beanstandet: unnatürliche Wiedergabe der akustischen Umwelt, zu große Lautstärke bei schon natürlich lauten Schallsignalen, eine zu geringe Verbesserung der Sprachverständlichkeit.

Zweifellos sind ein Teil der Beanstandungen auf ungenügende Auswahl und Anpassung der Hörhilfen zurückzuführen, ein anderer Teil auf mangelnde Bereitschaft zur Gewöhnung. Es verbleiben jedoch Mängel der Geräte, die noch keine solche Transformation des natürlichen Schallsignals in ein Schallsignal im Ohrkanal ermöglichen, das optimal an die gestörten Hörverhältnisse des geschädigten Ohres angepaßt ist. Es liegen aber auch noch nicht genügend Erkenntnisse darüber vor, wie das akustische Signal vom Prinzip her verarbeitet werden muß, so daß das Resthörvermögen optimal ausgenutzt wird; mit anderen Worten, die durch ein ideales Hörgerät zu realisierende Zielfunktion ist noch nicht genügend bekannt.

Um in dieser Richtung den Stand der Kenntnisse zu erhöhen, ist es zunächst wichtig, Kenngrößen zur Verfügung zu haben, mit denen der Funktionsverlust des geschädigten Ohres qualitativ und quantitativ so vollständig wie möglich beschrieben werden kann. Neben den allgemein gebräuchlichen Kenngrößen, wie z.B. der Hörschwelle, ist dabei vor allem an abgeleitete, informationsverdichtende Kenngrößen zu denken, die geeignet sein könnten, den mit einem Gehörschaden verbundenen Sprachdiskriminationsverlust objektiv zu beschreiben bzw. die als Zwischenschritt dazu in Frage kommen.

In diesem Sinne wird im folgenden die Kenngröße Informationskapazität verwendet. ZWICKER [1] definiert sie als die Gesamtzahl der unterscheidbaren Töne. Um dem Mißverständnis vorzubeugen, daß es sich dabei um Töne handelt, die sich nur in ihrer Tonhöhe, d.h. ihrer Frequenz, unterscheiden, wird im folgenden die Informationskapazität gekennzeichnet als die Anzahl der unterscheidbaren Höreindrücke, die bei sinusförmiger Anregung über die gesamte Hörfläche verteilt aufgenommen werden können.

Zielstellung der Untersuchungen, von denen hier berichtet wird, war die Frage, inwieweit bei Vorhandensein eines Recruitments durch eine dem Recruitment gegenläufige Amplitudenbewertung in einem Hörgerät näherungsweise das Verhalten des normalen Gehörs erreicht werden kann. Der Recruitmenteffekt ist dadurch charakterisiert, daß oberhalb der nach oben verschobenen Hörschwelle die Intensitätsunterschiedsschwellen gegenüber dem Normalfall vermindert sind, was zur Folge hat, daß ein Pegelzuwachs im Bereich zwischen Hörschwelle und Lautstärkeausgleich zu einem rascheren Lautstärkezuwachs führt, als es für das normale Gehör typisch ist. Es liegt somit der Gedanke nahe, durch ein Hörgerät mit einem geeigneten Verstärker eine Entzerrung in der Weise zu versuchen, daß die Hörschwelle verringert wird und der mit einem Pegelzuwachs verbundene Lautstärkeanstieg dem Normalfall angeglichen wird. Im Bild 1 wird das anhand der idealisierten grafischen Darstellung demonstriert, die üblicherweise zur Beschreibung des Recruitmenteffektes benutzt wird. In Ordinatenrichtung des linken Teils des Bildes wird dabei ein normal funktionierendes Ohr angenommen, die Abszisse kennzeichnet das geschädigte Ohr. Die zugrundegelegte Variable ist der hearing level HL, worunter im folgenden der auf die Normalhörschwelle (genormte mittlere Hörschwelle) bezogene Pegel verstanden wird, wie er als Meßgröße z.B. bei Reintonaudiometern benutzt wird. Die auf die individuelle Hörschwelle bezogene Pegel wird als sensation level SL gekennzeichnet. (Beim Normalhörenden sind dieser Definition entsprechend HL und SL identisch.) Die im Bild 1 eingetragenen Kurven kommen zustande, indem am normalen Ohr vorgegebenen HL-Werten Pegelwerte am geschädigten Ohr so zugeordnet werden, daß gleicher Lautstärkeeindruck entsteht. Liegt eine Schalleitungsstörung vor, so erhält man eine Gerade, die gegenüber der mit einem Anstieg von 45° durch den Ursprung gehenden Geraden um den Betrag der Hörschwellenverschiebung nach rechts verschoben ist. Für ein Recruitment ist charakteristisch, daß im Bereich zwischen Hörschwelle und Lautstärkeausgleich ein steilerer Anstieg vorliegt, was bedeutet, daß eine Pegelerhöhung in diesem Bereich zu einem größeren Lautstärkezuwachs führt als beim normalen Ohr. Für ein Hörgerät folgt daraus, daß bei einer Schalleitungsstörung eine Verstärkung benötigt wird, die das Eingangssignal um den Betrag der Hörschwellenverschiebung - unabhängig von der Höhe des Eingangssignals - anhebt, wobei durch Begrenzung dafür gesorgt werden muß, daß die Schmerzschwelle nicht überschritten wird. Für den Recruitmentfall ergibt sich die Forderung nach einer von der Höhe des Eingangssignals abhängigen Verstärkung, wie es Bild 1 idealisiert zeigt. (In [6] wird über erste orientierende Versuche mit einem Meßplatz berichtet, mit dem eine derartige, dem Recruitment entgegenwirkende Amplitudenbewertung möglich ist.)

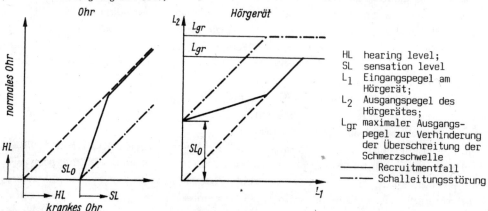

Bild 1 Idealisierte Darstellung zur Kennzeichnung des Recruitmenteffektes und der Übertragungscharakteristik des benötigten Hörgerätes

Es kann angenommen werden, daß durch eine entsprechende Amplitudenbewertung eine dem normalen Gehör nahekommende Funktionsfähigkeit des Gehörs hergestellt werden kann, wenn die Gesamtzahl der unterscheidbaren Intensitätsunterschiedsstufen gegenüber dem normalen Gehör nicht zu sehr vermindert ist und wenn sich die Schädigung ausschließlich in einer verzerrten Amplitudenbewertung äußert. Sind aber gleichzeitig andere Funktionen gestört, z.B. das Tonhöhenunterscheidungsvermögen oder das dynamische Verhalten des Ohres, so muß damit gerechnet werden, daß allein mit einer Amplitudenbewertung nur eine begrenzte Verbesserung erreichbar ist.

Um den komplexen Charakter der Wirkung einer Schädigung zu erfassen, müssen zahlreiche Daten zusammengetragen werden, die über den Zustand der verschiedenen Funktionsmechanismen des Gehörs Auskunft geben. Durch eine Vielzahl von Daten können aber Übersicht und Handhabbarkeit erschwert werden, so daß es günstig ist, wenn die gewonnenen Daten zu geeigneten Kenngrößen verdichtet werden. Eine derartige Kenngröße ist die Informationskapazität, in die die Gesamtheit aller wahrnehmbaren Intensitäts- und Tonhöhenunterschiede eingeht. Anhand einer Einzahlangabe wird damit ein Gesamteindruck über potentielle Möglichkeiten der Signalverarbeitung des Gehörs vermittelt.

Es ist denkbar, daß durch Einbeziehung weiterer Effekte, wie Verdeckung und zeitdynamisches Verhalten, die Kennzeichnung der Gesamtleistungsfähigkeit des Gehörs bez. der Signalverarbeitung weiter präzisiert wird, so daß eine objektive Bestimmung des möglichen Sprachverständnisses versucht werden kann. Das ist deshalb von großer Bedeutung, weil dann aus dem Vergleich mit dem subjektiv ermittelten Sprachverständnis Schlüsse darüber gezogen werden können, inwieweit die angesetzten Signalverarbeitungsalgorithmen zutreffen, was für die Konzipierung von Hörgeräten eine wichtige Voraussetzung ist.

Den Schwerpunkt der vorliegenden Arbeit bilden Vorschläge für Verfahren zur subjektiven Messung der Intensitäts- und Tonhöhenunterschiedsschwellen, die Ableitung informationsverdichtender Kenngrößen aus den Schwellenverläufen (wie der Dichte der Unterscheidbarkeit von Höreindrücken auf der Hörfläche) und die sich daraus ergebende Informationskapazität. Anhand von Einzelbeispielen werden Vorgehensweise und Ergebnisse bei Personen mit Recruitment demonstriert, und es werden Vergleiche mit dem Normalhörenden angestellt.

2 Messung der Intensitäts- und der Tonhöhenunterschiedsschwellen

2.1 Einführung

Das Grundprinzip aller monauralen Verfahren zur subjektiven Messung von Intensitätsunterschiedsschwellen besteht darin, daß über Kopfhörer ein amplitudenmodulierter Ton angeboten wird und der Proband befragt wird, ob er Intensitätsunterschiede wahrnimmt oder nicht. Die Verfahren unterscheiden sich vor allem hinsichtlich des Zeitverlaufs der Modulationsfunktion, aber auch danach, ob der Proband an der Einstellung des Pegelhubes aktiv beteiligt wird oder nicht.

Die Modulationsfunktion kann sinusförmig sein (meist wird dann eine Modulationsfrequenz von f_M = 4 Hz benutzt), sie kann aber auch einem knackfreien Schaltvorgang entsprechen, wobei das Pegelniveau mit oder ohne Zwischenpause sprunghaft geändert wird. Die Zeitdauer, während der die verschiedenen Pegelniveaus anliegen, kann gleich sein, wie z.B. beim Lüscher-Test (L_1 für 250 ms, L_2 für 250 ms), sie kann sich aber auch stark unterscheiden, wie beim SISI-Test (short increment sensation index), bei dem aller 5 s für jeweils 200 ms eine Pegelanhebung erfolgt.

Leider streuen die von verschiedenen Autoren nach unterschiedlichen Verfahren gemessenen mittleren Schwellenwerte relativ stark. Im Rahmen unserer Untersuchungen zeigte sich das speziell bei Messungen von MELIK [10], wo Intensitätsunterschiedsschwellen sowohl mit Hilfe des Lüscher-Tests als auch eines modifizierten SISI-Tests ermittelt wurden. Die Modifikation des SISI-Tests bestand dabei darin, daß die Intensität der alle 5 s für 200 ms auftretenden Pegelanhebungen vom Versuchsleiter zum unmittelbaren Aufsuchen der wahrnehmbaren Intensitätsunterschiedsschwelle geändert wurde. Beim ursprünglichen Verfahren, das als Screening-

Verfahren zum Recruitmentnachweis konzipiert ist, bleibt der Pegelhub ΔL = 1 dB unverändert, und es wird die Zahl der während eines vorgegebenen Zeitraumes wahrgenommenen Pegelanhebungen festgestellt.

Die mit Hilfe des Lüscher-Tests ermittelten Werte der Intensitätsunterschiedsschwellen lagen bei diesen Messungen deutlich unter denen, die sich beim modifizierten SISI-Test ergaben. Dieses unterschiedliche Verhalten kann mehrere Ursachen haben. Denkbar ist z.B., daß, durch den Modulationsvorgang bedingt, zusätzlich zur Trägerfrequenz spektrale Anteile hörbar werden, die das Meßergebnis beeinflussen. Dazu werden im folgenden einige Überlegungen angestellt.

2.2   Spektrum der Testtonsignale

Der Fall der Amplitudenmodulation einer sinusförmigen Schalldruck-Zeit-Funktion p(t) kann nach <u>Bild 2</u> durch die Beziehung

$$p(t) = \left[\hat{p}_{Tr} + p_{mod}(t)\right] \cos 2\pi \ f_{Tr}t; \tag{1}$$

$\hat{p}_{Tr}$ Spitzenwert der sinusförmigen Trägerschwingung,

f_{Tr} Frequenz der Trägerschwingung,

$p_{mod}(t)$ Modulationsfunktion,

beschrieben werden. Wird angenommen, daß sich die Modulationsfunktion $p_{mod}(t)$, so wie im Bild 2 dargestellt, von $-\hat{p}_{mod}$ bis $+\hat{p}_{mod}$ erstreckt, dann kann der <u>Modulationsgrad</u>

$$m = \hat{p}_{mod}/\hat{p}_{Tr}$$

eingeführt werden ($0 \leqq m \leqq 1$). Der Modulationsgrad m = 1 bzw. 100% charakterisiert dann den Zustand, in dem die Spitzenwerte von Modulationsfunktion und unmodulierter Trägerschwingung gleich groß sind (Bild 2).

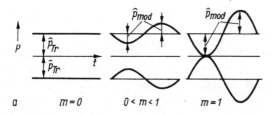

a   m = 0   0 < m < 1   m = 1

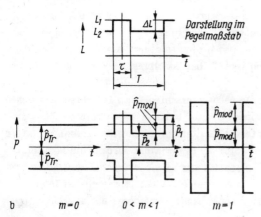

Bild 2   Kenngrößen zur Ermittlung des Modulationsgrades m = $\hat{p}_{mod}/\hat{p}_{Tr}$

(Trägerfunktion in Hüllkurvendarstellung)

a) Modulationsfunktion sinusförmig
b) Modulationsfunktion rechteckförmig

b   m = 0   0 < m < 1   m = 1

250

Die rechteckförmige Modulationsfunktion $p_{mod}(t)$ nach Bild 2 kann als Fourierreihe durch ihre sinusförmigen Bestandteile dargestellt werden:

$$p_{mod}(t) = \hat{p}_{mod}\left[\left(2\,\frac{\tau}{T} - 1\right) + 2\,\frac{\tau}{T}\sum_{n=1}^{\infty} si\;n\pi\,\frac{\tau}{T}\cos n\,2\,\pi\,f_{mod}t\right], \quad n = 1, 2, 3 \ldots \quad (2)$$

$si\;x = \dfrac{\sin x}{x}$ Spaltfunktion,

τ/T Tastverhältnis,

T Wiederholdauer (Periode) der Modulationsfunktion,

$f_{mod} = 1/T$ Grundfrequenz der Modulationsfunktion.

(2) in (1) eingeführt, ergibt unter Verwendung trigonometrischer Beziehungen

$$p(t) = \hat{p}_{Tr}\left[1 - m\left(1 - \frac{\tau}{T}\right)\right]\cos 2\,\pi\,f_{Tr}t + \hat{p}_{mod}\,\frac{\tau}{T}$$

$$\times \sum_{n=1}^{\infty}\left\{si\;n\pi\,\frac{\tau}{T}\left[\cos 2\,\pi\,(f_{Tr} + nf_{mod})\,t + \cos 2\,\pi\,(f_{Tr} - nf_{mod})\,t\right]\right\}. \quad (3)$$

$\hat{p}_{Tr}\left[1 - m\left(1 - \frac{\tau}{T}\right)\right]$ ist die Größe der Amplitude der Trägerschwingung nach der Modulation und $\hat{p}_{mod}\,\frac{\tau}{T}\,si\;n\pi\,\frac{\tau}{T}$ die Amplitude von Frequenzen, die durch die Modulation im rechten Seitenband $(f_{Tr} + nf_{mod})$ und im linken Seitenband $(f_{Tr} - nf_{mod})$ entstanden sind. Die Gesamtheit der Amplituden von Trägerschwingung (f_{Tr}) und Seitenfrequenzen $(f_{Tr} \pm nf_{mod})$ ist das Amplitudenspektrum des amplitudenmodulierten Signals.

Bei überschwelligen akustischen Tests wird als Bezugspegel entweder der Pegel des unmodulierten Grundsignals oder der Pegel bei Minimalwert der Hüllkurve der Modulationsfunktion oder auch der Pegel für den Maximalwert der Hüllkurve verwendet. Die Stärke der Modulation wird dann durch den Pegelhub ΔL gekennzeichnet.

Aus den Pegelwerten

$$L = 20\,\lg\frac{\widetilde{p}_{Tr}}{p_0}\;dB, \qquad L_1 = 20\,\lg\frac{\widetilde{p}_1}{p_0}\;dB, \qquad L_2 = 20\,\lg\frac{\widetilde{p}_2}{p_0}\;dB$$

($\widetilde{p}$ Effektivwert des Schalldrucks, $p_0 = 2\cdot 10^{-5}$ Pa)

folgt

$$\hat{p}_{Tr} = \sqrt{2}\,p_0\,10^{L/20}\;dB, \qquad \hat{p}_1 = \sqrt{2}\,p_0\,10^{L_1/20}\;dB, \qquad \hat{p}_2 = \sqrt{2}\,p_0\,10^{L_2/20}\;dB$$

und für den Pegelhub

$$\Delta L = 20\,\lg\frac{\hat{p}_1}{\hat{p}_2}\;dB$$

$$m = \frac{\hat{p}_{mod}}{\hat{p}_{Tr}} = \frac{\hat{p}_1 - \hat{p}_2}{\hat{p}_1 + \hat{p}_2} = \frac{10^{\Delta L/20\;dB} - 1}{10^{\Delta L/20\;dB} + 1}\,.$$

In den Bildern 3 und 4 sind für ein ausgewähltes Testsignal die Amplitudenspektren des rechten Seitenbandes $(f > f_{Tr})$ für den modifizierten SISI-Test und für den Lüscher-Test dargestellt. Die Werte der Spektrallinien sind im Pegelmaßstab, bezogen auf $p_0 = 2\cdot 10^{-5}$ Pa, angegeben.

Der Pegel der Trägerschwingung in den Bildern 3 und 4 ergibt sich aus (3)

$$L'_{Tr} = L_1 + 20 \lg (1 + m) \left[1 - m \left(1 - 2 \frac{\tau}{T} \right) \right] \text{dB}. \tag{4}$$

Der Wert der Amplituden der Seitenfrequenzen $f_n = f_{Tr} + n f_{mod}$ beträgt

$$L_n \approx L_1 - \frac{\Delta L}{2} - 20 \lg \frac{1}{m} \text{dB} - 20 \lg \frac{T}{\tau} \text{dB} + 20 \lg \left| \text{si } n\pi \frac{\tau}{T} \right| \text{dB}. \tag{5}$$

Für $L_n < 0$ wurde in den Bildern 3 und 4 der Pegel zu Null gesetzt.

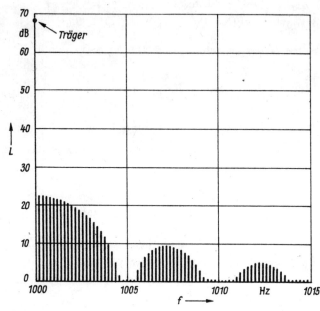

Bild 3 Modifizierter SISI-Test
(T = 5 s, τ = 0,2 s)

Spektrum des Testsignals
($f \geqq f_{Tr}$) für f_{Tr} = 1000 Hz,
L_1 = 70 dB, ΔL = 2 dB,
$L_2 = L_1 - \Delta L$

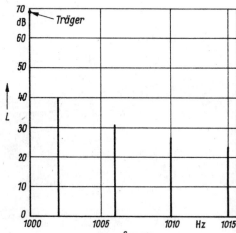

Bild 4 Lüscher-Test (T = 0,5 s, τ = 0,25 s)
Spektrum des Testsignals ($f \geqq f_{Tr}$) für
f_{Tr} = 1000 Hz, L_1 = 70 dB, ΔL = 2 dB,
$L_2 = L_1 - \Delta L$

Beim Lüscher-Test (T = 0,5 s; τ = 0,25 s) befindet sich zwischen den Nullstellen der Spaltfunktion, die im Abstand Δf = $1/\tau$ = 4 Hz aufeinander folgen, aufgrund des Tastverhältnisses τ/T = 0,5 nur eine einzige Spektrallinie, während beim modifizierten SISI-Test (t = 5 s, τ = 0,2 s) wegen der längeren Wiederholzeit die Spektrallinien dichter aufeinanderfolgen (Δf = $1/T$ = 0,2 Hz) und die charakteristische Form der Spaltfunktion deutlich in Erscheinung tritt.

Die Amplituden der Spektrallinien sind dem Modulationsgrad m proportional, sie hängen also vom Pegelhub ΔL ab. Sie klingen, von der Trägerfrequenz ausgehend, so wie die Spaltfunktion in (3) und (5) nach Hyperbelfunktionen proportional $\frac{1}{n\pi\tau/T}$ ab. In den <u>Bildern 5</u> und <u>6</u> sind die hyperbelförmigen Hüllkurven der Spektrallinienverläufe im Pegelmaßstab aufgezeichnet.

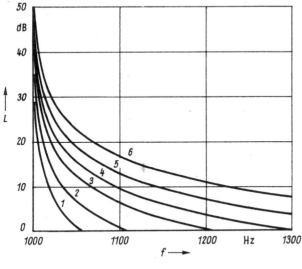

Bild 5 Einfluß des Modulationsgrades m bzw. des Pegelhubes ΔL auf den Hüllkurvenverlauf des Spektrums

Lüscher-Test, L_1 = 70 dB,

$L_2 = L_1 - \Delta L$, f_{Tr} = 1000 Hz

	ΔL dB	m %
1	0,5	2,9
2	1	5,8
3	2	11,5
4	3	17,1
5	5	28,0
6	10	52,0

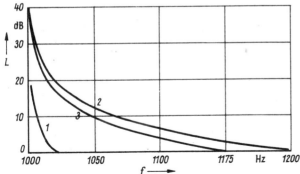

Bild 6 Vergleich der Hüllkurven der Spektren des Testsignals L_1 = 70 dB, ΔL = 2 dB, f_{Tr} = 1000 Hz für die untersuchten Varianten rechteckförmiger Modulation

1 modifizierter SISI-Test
   T = 5 s, τ = 0,2 s
2 Lüscher-Test
   T = 0,5 s, τ = 0,25 s
3 modifizierter Lüscher-Test
   T = 0,69 s, τ = 0,345 s

Bild 5 zeigt den Einfluß des Pegelhubes ΔL bzw. des Modulationsgrades m bei konstantem Tastverhältnis τ/T = 0,5 am Beispiel des Lüscher-Tests. Noch aufschlußreicher ist es jedoch im hier betrachteten Zusammenhang, bei konstantem Pegelhub - z.B. ΔL = 2 dB - die untersuchten Tests untereinander zu vergleichen, wie es im Bild 6 dargestellt ist. Die modifizierte Form des Lüscher-Tests (T = 0,69 s; τ = 0,345 s gegenüber T = 0,5 s; τ = 0,25 s) wurde mit aufgenommen, weil damit die im weiteren dargestellten Untersuchungen durchgeführt wurden; die Begründung dafür folgt später. Der Unterschied zwischen den Verläufen des Lüscher-Tests und seiner Modifikation entsteht durch die unterschiedliche Zeitdauer τ. Die Funktionswerte der Hüllkurvenstützstellen

$$p(f_{HK}) = p_{Tr}\, m\, \frac{\tau}{T}\, \frac{1}{(\frac{1}{2} + k)\pi}\, , \qquad k = 0, 1, 2 \ldots,$$

sind zwar für die gleichen Werte von k identisch, weil Modulationsgrad und Tastverhältnis gleich sind. Wegen

$$f_{HK} = \frac{1}{\tau}\left(\frac{1}{2} + k\right), \qquad k = 0, 1, 2 \dots,$$

werden sie jedoch anderen Frequenzen f_{HK} zugeordnet. Augenfällig ist, daß die Werte des SISI-Tests deutlich unter denen des Lüscher-Tests liegen. Dabei muß man jedoch beachten, daß es sich um eine Hüllkurvendarstellung handelt. Wie die Bilder 3 und 4 zeigen, sind im gleichen Frequenzband die Spektrallinien beim Lüscher-Test höher, beim SISI-Test demgegenüber aber sehr viel dichter. Um zu einer Aussage zu gelangen, inwieweit Anteile der Seitenbänder hörbar werden können, wurden die Seitenbänder in Frequenzgruppenbreiten energetisch zusammen-

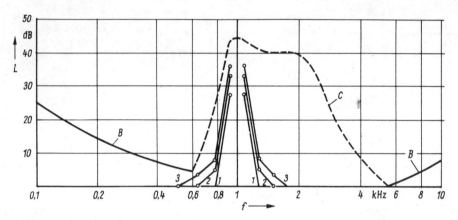

Bild 7 Testsignalspektrum und Hörschwelle beim modifizierten SISI-Test, $L_1 = 70$ dB
Seitenbänder des Testtonspektrums energetisch in Frequenzgruppenbreiten zusammengefaßt
Pegelhub: 1 $\Delta L = 1$ dB
2 $\Delta L = 2$ dB
3 $\Delta L = 3$ dB

B Reintönhörschwelle; C Mithörschwelle für einen 1-kHz-Sinuston (L = 70 dB) nach ZWICKER [1]

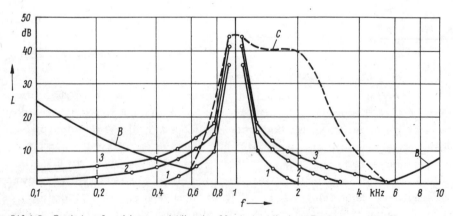

Bild 8 Testsignalspektrum und Hörschwelle beim Lüscher-Test, $L_1 = 70$ dB
Seitenbänder des Testtonspektrums energetisch in Frequenzgruppenbreiten zusammengefaßt
Pegelhub: 1 $\Delta L = 1$ dB
2 $\Delta L = 2$ dB
3 $\Delta L = 3$ dB

B Reintonhörschwelle; C Mithörschwelle für einen 1-kHz-Sinuston (L = 70 dB) nach ZWICKER [1]

254

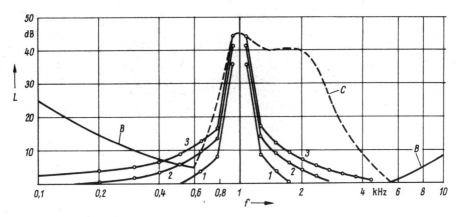

Bild 9 Testsignalspektrum und Hörschwelle für den modifizierten Lüscher-Test, L_1 = 70 dB
Seitenbänder des Testtonspektrums energetisch in Frequenzgruppenbreiten zusammengefaßt
Pegelhub: 1 ΔL = 1 dB
              2 ΔL = 2 dB
              3 ΔL = 3 dB

B Reintonhörschwelle; C Mithörschwelle für einen 1-kHz-Sinuston (L = 70 dB) nach ZWICKER [1]

gefaßt und mit der Ruhehörschwelle bzw. der durch den 1-kHz-Ton entstehenden Mithörschwelle
verglichen, wie es aus den Bildern 7 bis 9 hervorgeht. In dem dargestellten Beispiel wurde
ein Pegel L_1 = 70 dB gewählt und der Pegelhub ΔL zu 1, 2 und 3 dB angenommen (L_2 = L_1 - ΔL).
Generell fällt auf, daß Frequenzanteile f > f_{Tr} unkritischer sind, weil die Verdeckung durch
den 1-kHz-Ton zu höheren Frequenzen hin wesentlich ausgeprägter ist als zu tieferen. Das
fällt insbesondere beim Lüscher-Test ins Gewicht, wo im Bereich 460 Hz < f < 650 Hz bei einem
Pegelhub ΔL = 2 dB eine Überschreitung der Hörschwelle vorliegt. Beim SISI-Test bleiben die
Werte unterhalb der Hörschwelle.

Dieses Ergebnis stimmt mit dem subjektiven Eindruck überein, daß beim Lüscher-Test für
Testtonpegel, die weit oberhalb der Hörschwelle liegen, bei gleichzeitig hohem Pegelhub
(ΔL > 2 dB) eine Klangverfärbung wahrgenommen wird, was beim modifizierten SISI-Test nicht
in gleicher Weise in Erscheinung tritt.

2.3 Beschreibung des Meßverfahrens

Vom Spektrum des Testsignals her gesehen, ist der modifizierte SISI-Test günstiger. Dennoch
wurde für die Untersuchungen, über die im folgenden berichtet wird, die schon erwähnte Modifikation des Lüscher-Tests benutzt. Dafür waren mehrere Gründe maßgebend.

Zunächst ist festzuhalten, daß die bei MELIK [10] auftretenden Unterschiede zwischen den
Ergebnissen des SISI- und des Lüscher-Tests nicht maßgeblich durch die Spektren der Testsignale verursacht sein können, weil die Differenzen zwischen den gemessenen Intensitätsunterschiedsschwellen in der Nähe der Hörschwelle größer sind als bei höheren Werten des
hearing level HL. Wie gezeigt wurde, ist zu erwarten, daß für Pegelhübe, wie sie bei Messungen der Intensitätsunterschiedsschwelle auftreten, sowohl beim modifizierten SISI-Test
als auch beim Lüscher-Test im Bereich 0 dB ≦ HL ≦ 80 dB vom Spektrum der Testtonsignale nur
die Trägerfrequenz hörbar ist.

Möglicherweise könnten die unterschiedlichen Meßergebnisse durch den Lautstärkebildungsprozeß verursacht sein. Bei der Festlegung der Dauer der Pegelanhebung zu 200 ms wird unter-

stellt, daß der Lautstärkebildungsprozeß in diesem Zeitraum abgeschlossen ist. Dabei wird von Untersuchungsergebnissen zur Lautstärkebildung ausgegangen, die in dem dafür optimalen überschwelligen Bereich, z.B. bei HL = 70 dB, gewonnen wurden. Es kann jedoch mit Sicherheit davon ausgegangen werden, daß in Schwellennähe längere Zeiten zur Lautstärkebildung bzw. generell zur bewußten Wahrnehmung von Signaländerungen benötigt werden. Das zeigt sich z.B. an den Ergebnissen von [5], wo die Latenzzeiten zwischen akustischen Reizen und motorischen Reaktionen in Schwellennähe wesentlich größere Werte aufweisen als bei höheren Pegelwerten im überschwelligen Bereich. Trifft diese Erklärung zu, so werden mit dem modifizierten SISI-Test wegen der zu kurzen Pegelanhebungsphase, insbesondere bei niedrigem hearing level HL, die Werte der Intensitätsunterschiedsschwellen zu hoch bestimmt.

Darüber hinaus sind noch weitere Gesichtspunkte zu beachten. Um repräsentativ für die gesamte Hörfläche die Intensitäts- und Tonhöhenunterschiedsschwelle erfassen zu können, ist es mit Rücksicht auf die Probanden wichtig, daß die pro Meßpunkt benötigte Zeit so kurz wie möglich ist. Daraus ergibt sich die Forderung, daß das Meßprinzip so angelegt ist, daß die Testperson sich möglichst schnell entscheiden kann. Um einer frühzeitigen Ermüdung der Testperson vorzubeugen, soll außerdem die Meßprozedur so wenig anstrengend wie möglich sein. Nicht zu vernachlässigen ist auch, daß Meßablauf und Auswertung so organisiert sind, daß sie einfach handhabbar und gut überschaubar sind, so daß subjektiv bedingte Fehler seitens des Untersuchers weitestgehend vermieden werden.

Im Sinne aller Vorgaben erwies sich im Ergebnis einer Reihe von Voruntersuchungen das im folgenden beschriebene Verfahren als optimal. Auf dieser Grundlage wurde ein Meßplatz aufgebaut, mit dem die subjektive Erfassung der Intensitäts- und Tonhöhenunterschiedsschwellen erfolgte. Zur Begriffskennzeichnung ist darauf hinzuweisen, daß bei der Bestimmung der Tonhöhenunterschiedschwelle danach gefragt wird, ob bei zwei zeitlich aufeinanderfolgenden Tönen ein Unterschied in der Tonhöhe, d.h. der Frequenz, wahrgenommen wird oder nicht. Dem Gebrauch in [12] folgend, wird demgegenüber unter der Frequenzunterschiedsschwelle die Frage danach verstanden, ob bei zwei gleichzeitig dargebotenen Tönen unterschiedlicher Frequenz zwei verschiedene Töne gehört werden, wobei die Frequenzen so weit auseinanderliegen, daß keine Schwebungen mehr wahrgenommen werden, sondern nur noch eine zusätzliche Rauhigkeit.

Die gleichermaßen für die Erfassung der Intensitäts- wie auch Tonhöhenunterschiedsschwellen zugrunde gelegte Zeitstruktur des Prüfsignals zeigt Bild 10.

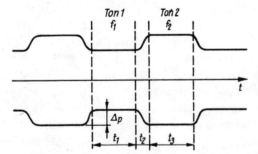

Bild 10 Hüllkurvendarstellung des Meßsignals zur subjektiven Ermittlung der Tonhöhen- und Intensitätsunterschiedsschwellen $t_1 = t_3 = 300$ ms, $t_2 = 90$ ms

für Messung der Tonhöhenunterschiedsschwelle: $\Delta p = 0$

für Messung der Intensitätsunterschiedsschwelle: $f_1 = f_2$

Durch die Dauer der stationären Phase von 300 ms wird angestrebt, auch in Schwellennähe gut messen zu können, andererseits aber gegenüber dem modifizierten SISI-Test mit seiner Taktzeit von 5 s Zeit zu sparen. Die relativ lange Übergangsphase von 90 ms soll dafür sorgen, daß die durch die Umschaltung entstehenden spektralen Anteile so gering wie möglich in Erscheinung treten. (Eine weitere Ausdehnung der Übergangsphase ist übrigens nicht zu empfehlen, weil sich gezeigt hat, daß das zu einer Verunsicherung der Testpersonen bei der Entscheidungsfindung führt.)

Außerdem hat sich herausgestellt, daß deutlich wahrnehmbare Pausen zwischen den Prüftönen nicht günstig sind. Sie werden als Störung bei der Konzentration auf den Vergleich der beiden Prüftöne empfunden.

Ein wichtiger Gesichtspunkt ist auch, daß die ursprünglich geplante Version, einen der beiden aufeinanderfolgenden Prüftöne durch den Probanden zur Bestimmung der Intensitäts- bzw. Tonhöhenunterschiedsschwelle regeln zu lassen, aufgrund der Ergebnisse der Voruntersuchungen fallengelassen wurde. Es hat sich gezeigt, daß bei ungeübten Probanden die Ermittlung der Schwellenwerte schneller möglich ist und besser reproduzierbare Ergebnisse liefert, wenn die Regelung durch den Versuchsleiter erfolgt und mit dem Probanden Handzeichen zur Signalisierung vereinbart werden, z.B. Heben der Hand, wenn ein Unterschied wahrgenommen wird. Durch mehrfaches Umfahren des Schwellenbereiches kann der Versuchsleiter relativ schnell den gewünschten Meßwert erhalten und aus dem Verhalten des Probanden zusätzliche Informationen über die Glaubwürdigkeit des Meßergebnisses gewinnen.

Die Verfahrensoptimierung ist von großer praktischer Bedeutung für den hier vorliegenden Fall, bei dem angestrebt wird, Tonhöhen- und Intensitätsunterschiedsschwellen an möglichst vielen, repräsentativ über die gesamte Hörfläche verteilten Meßpunkten zu bestimmen. Zu Beginn der orientierenden Messungen an Normalhörenden wurde pro Proband für 65 Meßpunkte eine Meßzeit von insgesamt 22 h benötigt. Durch Reduzierung auf 31 Meßpunkte und durch die Maßnahmen zur Optimierung des Meßverfahrens gelang es, diese Zeit auf 2,5 h zu verkürzen, wobei 1,5 h auf die Ermittlung der Tonhöhenunterschiedsschwellen und etwa 1 h auf die Messung der Intensitätsunterschiedsschwellen entfielen. Mit Rücksicht auf die Konzentrationsfähigkeit der Probanden und auch aus praktischen Gründen wurden die Messungen der Intensitäts- und der Tonhöhenunterschiedsschwellen zu verschiedenen Zeitpunkten durchgeführt.

2.4   Messungen an Normalhörenden

Wie in Abschnitt 2.1 diskutiert wurde, können bei der subjektiven Messung von Intensitäts- und Tonhöhenunterschiedsschwellen Ergebnisdifferenzen auftreten, die durch das Meßverfahren bedingt sind. Wie eine in [8] vorgenommene Zusammenstellung von in der Literatur angegebenen, nach unterschiedlichen Verfahren ermittelten Meßwerten zeigt, muß damit gerechnet werden, daß die Differenzen beträchtlich sind. Da für die hier gewählte Verfahrensmodifikation aus der Literatur keine Meßergebnisse vorlagen, wurde zunächst mit Messungen an Normalhörenden begonnen. Sowohl bez. der Tonhöhen- und Intensitätsunterschiedsschwellen als auch der daraus ermittelten Informationskapazität liegt damit für die Beurteilung der Meßwerte von Patienten mit Recruitment eine nach dem gleichen Meßverfahren ermittelte Bezugsbasis vor.

Tonhöhenunterschiedsschwellenmessungen wurden an insgesamt 10 normalhörenden Probanden vorgenommen, aus organisatorischen Gründen konnten jedoch nur 6 davon zur Messung von Intensitätsunterschiedsschwellen herangezogen werden. Tonhöhenunterschiedsschwellen und Intensitätsunterschiedsschwellen wurden an jeweils 31 Meßpunkten bestimmt, die entsprechend Tabelle 1 über die Hörfläche verteilt wurden.

Die aus Tabelle 1 hervorgehende Begrenzung des Meßbereiches bei tiefen und hohen Frequenzen wurde durch die Schaltung und den verwendeten Audiometriekopfhörer erzwungen. Da die Einbeziehung weiterer Meßpunkte wegen des damit verbundenen Anwachsens der Meßzeit ohnehin nicht ratsam schien, wurden keine Anstrengungen unternommen, den Meßbereich zu erweitern.

Tabelle 1   Verteilung der Meßpunkte zur Tonhöhen- und Intensitätsunterschiedsschwellenmessung auf der Hörfläche normalhörender Probanden

HL	100 dB				x	x	x	x	
	80 dB			x	x	x	x	x	x
	60 dB		x	x	x	x	x	x	x
	40 dB		x	x	x	x	x	x	x
	20 dB		x	x	x	x	x	x	x
		0,125	0,25	0,5	1	2	4	8 kHz	
					f				

Bild 11 und Tabelle 2 zeigen die Mittelwerte der an 10 Normalhörenden gemessenen Tonhöhenunterschiedsschwellen. In Tabelle 2 sind zusätzlich die Standardabweichungen aufgeführt.

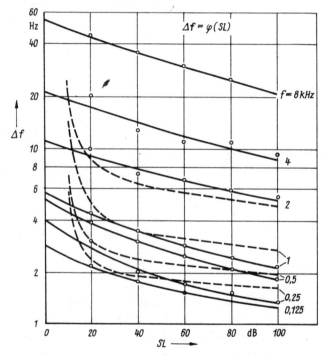

Bild 11   Mittlere Tonhöhenunterschiedsschwelle Δf von
10 Normalhörenden in Abhängigkeit vom sensation level SL

– – – – – Meßwerte nach ZWICKER
[1]

Da für die weiteren Auswertungen der Zusammenhang $\Delta f = \varphi(SL)$ als geschlossene Funktion
benötigt wird, wurden für die einzelnen Bezugsfrequenzen die im Bild 11 dargestellten Regressionsfunktionen bestimmt. Als Funktionstyp wurde $y = a_1 \exp(a_0 x)$ bzw.
lg $\Delta f = a_1 \exp(a_0 SL)$ zugrunde gelegt. Vergleicht man die ermittelten Werte mit den in der
Literatur angegebenen Werten, so ergibt sich die insgesamt beste Übereinstimmung mit den
Angaben von ZWICKER und FELDTKELLER [1]. Das ist insofern etwas überraschend, weil ZWICKER
und FELDTKELLER eine sinusförmige Modulation mit f = 4 Hz angewendet haben, so daß mit verschiedenartigen Prüfsignalen gemessen wurde.

Mittelwerte und Standardabweichungen der Intensitätsunterschiedsschwellenmessung an
10 Normalhörenden zeigt Bild 12. Die Messungen wurden bei f = 0,125; 0,25; 0,5; 1; 2; 4;
8 kHz durchgeführt. Da nach den Auswertungen von UNDISZ [8] keine systematische Frequenz-

Tabelle 2 Mittelwerte und Standardabweichungen der an 10 Normalhörenden gemessenen Tonhöhenunterschiedsschwellen

Bezugs-frequenz f_B kHz	HL in dB									
	20		40		60		80		100	
	Δf Hz	s Hz	Δf Hz	s Hz	Δf Hz	s Hz	Δf Hz	s Hz	Δf Hz	s Hz
8	44,6	18,2	35,0	12,0	29,3	10,3	24,8	7,9	–	–
4	20,1	4,7	12,8	2,7	10,9	2,7	10,3	3,5	9,1	5,0
2	9,9	0,2	7,2	1,2	6,7	1,8	5,7	1,1	5,2	1,1
1	4,3	0,9	3,3	1,1	2,9	0,9	2,4	0,9	2,1	0,8
0,5	3,8	0,9	3,0	0,9	2,5	0,9	2,1	0,8	1,8	0,7
0,25	3,0	0,7	2,0	0,6	1,6	0,3	1,5	0,4	–	–
0,125	2,1	0,8	1,8	0,9	1,5	0,6	–	–	–	–

abhängigkeit erkennbar war, wurde bei dem jeweils vorgegebenen hearing level HL nicht nur
über die ΔL-Werte der Personen, sondern auch über die bei den verschiedenen Frequenzen erhaltenen Ergebnisse gemittelt.

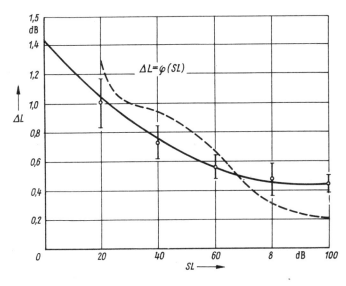

Bild 12 Mittlere Intensitätsunterschiedsschwelle ΔL
und Standardabweichung in
Abhängigkeit vom sensation
level SL für 10 Normalhörende
(0,125 kHz $\leqq$ f $\leqq$ 8 kHz)

----- Meßwerte nach
ZWICKER [1]

Wie bei den Tonhöhenunterschiedsschwellen ergibt sich - verglichen mit den Werten anderer
Autoren - auch bei den ermittelten Intensitätsunterschiedsschwellen die beste Übereinstimmung mit den Werten nach ZWICKER und FELDTKELLER [1].

Da auch bei den Intensitätsunterschiedsschwellen für die weitere Auswertung der Zusammenhang ΔL = φ(SL) in geschlossener Form benötigt wird, wurde zur Kennzeichnung des mittleren
Verhaltens die im Bild 12 eingetragene Regressionsfunktion vom Typ $y = a_0 + a_1 x + a_2 x^2$
bzw. $\Delta L = a_0 + a_1 SL + a_2(SL)^2$ berechnet.

Die Koeffizienten ergaben sich zu

$$a_0 = 1,43 \text{ dB}; \qquad a_1 = 2,2 \cdot 10^{-2}; \qquad a_2 = 1,17 \cdot 10^{-4} \frac{1}{dB} \cdot$$

Der Funktionstyp des quadratischen Polynoms wurde gewählt, weil sich gegenüber dem Typ y = a_0 exp(a_1x) eine kleinere Reststreuung ergab. Bei Probanden mit Recruitment ist aber auch phänomenologisch der Polynomtyp vorzuziehen, weil damit der Fall, daß mit wachsendem hearing level HL ein Ansteigen der Intensitätsunterschiedsschwelle ΔL erfolgt, nachgebildet werden kann.

2.5   Messungen an Probanden mit Recruitment

In die orientierenden Messungen nach dem im Abschnitt 2.3 beschriebenen Verfahren konnten 4 Probanden mit Recruitment einbezogen werden. Bei 3 Probanden handelte es sich um Patienten der HNO-Klinik der Medizinischen Akademie Dresden, bei denen ein Recruitment ohrenärztlich diagnostiziert war. Ein Proband war ein Mitarbeiter, bei dem bei den Untersuchungen der Ausfall des Hochtonhörvermögens festgestellt wurde. Bei den Messungen an Probanden mit Recruitment mußte aus praktischen Gründen gegenüber den Normalhörenden eine Reduzierung der Zahl der Meßpunkte vorgenommen werden. Es wurde so vorgegangen, daß zunächst anhand der Reintonaudiogramme 3 Meßfrequenzen festgelegt wurden, und zwar derart, daß der Bereich der geringsten Schädigung, der Bereich der starken Schädigung und der Übergangsbereich möglichst repräsentativ erfaßt wurden. Pro ausgewählte Meßfrequenz wurden bei etwa 5 verschiedenen SL-Werten die Tonhöhen- und Intensitätsunterschiedsschwellen bestimmt.

Aus Platzgründen werden im folgenden die Zwischenschritte der Auswertungen an einem Einzelbeispiel demonstriert; für die anderen untersuchten Fälle werden im Anschluß nur die Endergebnisse angegeben.

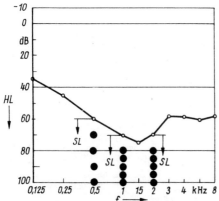

Bild 13   Reintonaudiogramm (Proband C, rechts)

● Messung der Intensitäts- und Tonhöhenunterschiedsschwellen
HL hearing level, SL sensation level

Bild 13 zeigt das für diesen ausgewählten Fall gemessene Reintonaudiogramm. Mit eingetragen sind die Meßpunkte, bei denen Tonhöhen- und Intensitätsunterschiedsschwellen ermittelt wurden. Die Ergebnisse der Messung der Intensitätsunterschiedsschwellen ΔL sind im Bild 14 dargestellt. Der erwartete Effekt der Verminderung der Intensitätsunterschiedsschwellen ΔL gegenüber dem Normalhörenden bei gleichem sensation level SL, d.h. bei gleichem Pegel über der Hörschwelle, ist deutlich zu erkennen. Als Regressionsfunktionstyp ist ein quadratisches Polynom ΔL = a_0 + a_1 SL + a_2(SL)^2 zugrunde gelegt.

Bild 15 zeigt die gemessenen Tonhöhenunterschiedsschwellen Δf als Funktion des sensation level SL. Dabei fällt auf, daß die Tonhöhenunterschiedsschwellen des Probanden gegenüber dem Normalfall deutlich angehoben sind, d.h. daß das Tonhöhenunterscheidungsvermögen schlechter ist. Die Regressionsfunktionen sind vom Typ lg Δf = a_0 + a_1 SL + a_2(SL)^2.

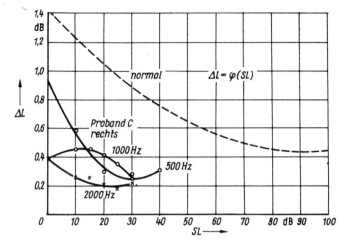

Bild 14 Intensitäts-
unterschiedsschwellen ΔL
(Proband C, rechts) als
Funktion des sensation
level SL

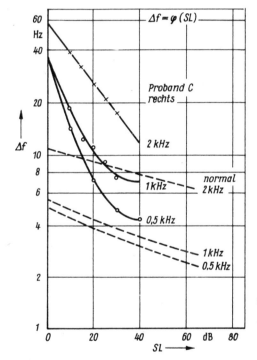

Bild 15 Tonhöhenunterschiedsschwellen Δf
(Proband C, rechts) als Funktion des sensation level SL

3 Ermittlung der kumulativen Verläufe der Intensitäts- und Tonhöhenunterschiedsschwellen

Ein wichtiger Zwischenschritt zur Ermittlung der Informationskapazität ist die Bestimmung
der kumulativen Verläufe der Intensitätsunterschiedsschwellen, d.h. der Summe der Unterscheidungsstufen in Abhängigkeit vom sensation level SL. Der zur Verfügung stehende Gesamtbereich
des sensation level SL wird dabei schrittweise durchlaufen, wobei, vom jeweils aktuellen

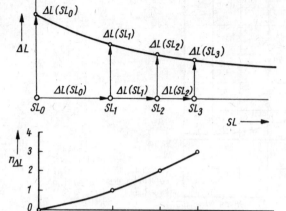

Bild 16 Ermittlung der Anzahl der Unterschiedsschwellen in Abhängigkeit vom sensation level SL

$$SL_{n+1} = SL_n + \Delta L(SL_n),$$
$$n = 0, 1, 2 \ldots$$

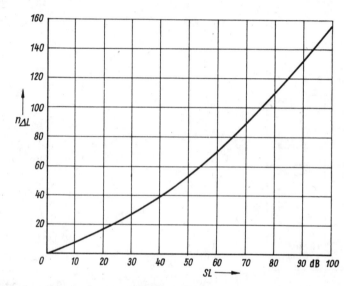

Bild 17 Anzahl der Intensitätsunterscheidungsstufen ΔL in Abhängigkeit vom sensation level SL für Normalhörende

$n_{ges} = 156$

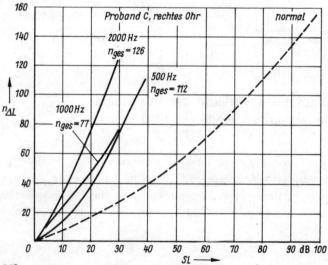

Bild 18 Anzahl der Unterscheidungsstufen ΔL in Abhängigkeit vom sensation level SL (Proband C, rechtes Ohr)

n_{ges} für HL = 100 dB

Wert SL_n ausgehend, ein neuer Wert SL_{n+1} berechnet wird, indem anhand der Funktion $\Delta L = \varphi(SL)$ der Schwellenwert ΔL an der Stelle SL_n ermittelt und zu SL_n addiert wird:

$$SL_{n+1} = SL_n + \Delta L(SL_n), \qquad n = 0, 1, 2 \dots$$

Bild 16 veranschaulicht grafisch die Vorgehensweise.

Ausgehend von der im Bild 12 dargestellten Funktion $\Delta L = \varphi(SL)$ erhält man für Normalhörende den im Bild 17 gezeigten Verlauf der Zahl der Intensitätsunterschiedsschwellen in Abhängigkeit vom sensation level SL. Für den Bereich des erfaßten sensation level 0 dB bis 100 dB wurde eine Gesamtzahl n = 156 ermittelt. Im Bild 18 sind die Verläufe für das ausgewählte Beispiel des recruitmentgeschädigten Ohres aufgetragen. Da die Funktion $\Delta L = \varphi(SL)$ in diesem Fall frequenzabhängig ist (Bild 14), ergeben sich für die untersuchten Frequenzen unterschiedliche Zusammenhänge zwischen dem sensation level SL und der Anzahl der unterscheidbaren Stufen. Wegen der für den Recruitmenteffekt charakteristischen Verminderung der Intensitätsunterschiedsschwellen sind die Anstiege gegenüber dem Normalfall steiler, d.h., im gleichen SL-Bereich können mehr Stufen unterschieden werden. Festzuhalten ist jedoch, daß die Gesamtzahl der unterscheidbaren Stufen gegenüber dem Normalfall (Bereich Hörschwelle bis zu HL = 100 dB) kleiner ist.

In der Regel ist der hearing level der Schmerzschwelle bei dem geschädigten Ohr mit Recruitment gegenüber dem des Normalhörenden nicht erhöht, oft sogar herabgesetzt. Dann bleibt auch die Gesamtzahl der Unterscheidungsstufen bis zur Schmerzschwelle beim geschädigten Ohr unter der des normalen Gehörs.

Zur Ermittlung der Informationskapazität muß neben der Anzahl der Intensitätsunterschiedsstufen auch die Anzahl der unterscheidbaren Tonhöhen bestimmt werden. Es kann dabei in analoger Weise wie bei den Intensitätsunterschiedsstufen vorgegangen werden, indem der erfaßte Frequenzbereich in Schritten Δf durchlaufen wird, deren Breite sich aus der Funktion $\Delta f = \varphi(f)$ für die jeweils erreichte aktuelle Frequenz f_n ergibt:

$$f_{n+1} = f_n + \Delta f(f_n), \qquad n = 0, 1, 2 \dots$$

Eine Schwierigkeit dabei ist, daß die Funktion $\Delta f = \varphi(f)$ zunächst nicht vorliegt, weil aus praktischen Gründen die Messung so durchgeführt wird, daß die Bezugsfrequenz f konstant gehalten und die Tonhöhenunterschiedsschwelle Δf bei variiertem sensation level SL gemessen

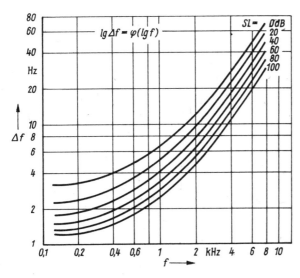

Bild 19 Abhängigkeit der Tonhöhenunterscheidungsschwelle Δf von der Frequenz f für Normalhörende

wird, so daß zunächst die Funktion $\Delta f = \varphi(SL)$ bestimmt wird. Da die Funktionen $\Delta f = \varphi(SL)$ mittels Regression analytisch in geschlossener Form vorliegen (Bilder 11 und 15), können jedoch Funktionen $\Delta f = \varphi(f)$ ermittelt werden, indem bei vorgegebenen SL-Werten senkrechte Schnitte durch die Kurvenschar gelegt und für die dabei entstehenden Schnittpunkte durch Regression analytische Funktionen bestimmt werden. Zugrunde gelegt wurde wiederum der Polynomtyp $y = a_0 + a_1 x + a_2 x^2$ bzw. $\lg f = a_0 + a_1 \lg f + a_2 (\lg f)^2$. <u>Bild 19</u> zeigt die berechneten Funktionen $\lg \Delta f = \varphi(\lg f)$ mit SL als Parameter für Normalhörende. Die Funktion für SL = 0 dB ist als auswertungstechnischer Grenzfall zu verstehen, der entsteht, wenn die Kurvenschar $\lg \Delta f = \varphi(SL)$ bis zum Wert SL = 0 dB extrapoliert wird und aus den Schnittpunkten der Kurven mit der Ordinate mit Hilfe der gleichen Regressionsprozedur wie bei den Wer-

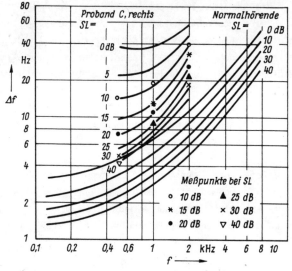

Bild 20 Abhängigkeit der Tonhöhenunterschiedsschwelle Δf von der Frequenz f (Proband C, rechts)

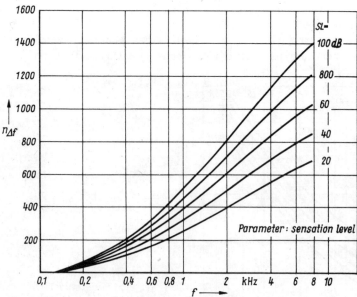

Bild 21 Anzahl der Tonhöhenunterscheidungsstufen Δf in Abhängigkeit von der Frequenz f für Normalhörende

ten SL > 0 dB die Funktion lg $\Delta f = \varphi$ (lg f) bestimmt wird. Im <u>Bild 20</u> sind für das ausgewählte geschädigte Ohr die Funktionen lg $\Delta f = \varphi$ (lg f) dargestellt, die aus den im Bild 15 gezeigten Funktionen berechnet wurden. Um einen Eindruck zu vermitteln, wie die gemessenen Werte durch die berechneten Funktionen repräsentiert werden, sind die Meßwerte mit eingetragen. Die Anhebung der Tonhöhenunterschiedsschwellen Δf gegenüber dem Normalfall wird wiederum deutlich. Mit Hilfe der Funktionen lg $\Delta f = \varphi$ (lg f) kann nun nach Entlogarithmierung die mit steigender Frequenz wachsende Anzahl der Tonhöhenunterschiedsstufen nach dem bereits dargestellten Algorithmus ermittelt werden. <u>Bild 21</u> zeigt das im Frequenzbereich 0,125 kHz $\leqq$ f $\leqq$ 8 kHz für den mittleren Normalhörenden.

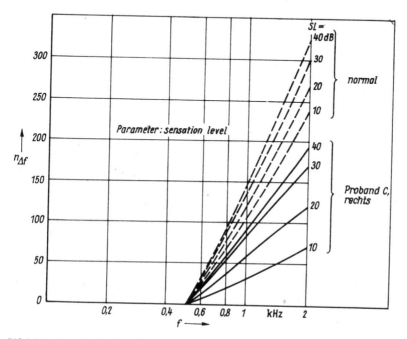

Bild 22 Anzahl der Tonhöhenunterscheidungsstufen Δf in Abhängigkeit von der Frequenz f
(Proband C, rechts)

Für den ausgewählten Probanden wurden die im <u>Bild 22</u> dargestellten Kurven berechnet. Wegen der Erhöhung der Tonhöhenunterschiedsschwellen gegenüber dem Normalfall steigen bei gleichem sensation level SL die Kurven wesentlich flacher an, d.h., die Gesamtzahl der unterscheidbaren Tonhöhen im erfaßten Frequenzbereich 0,5 kHz $\leqq$ f $\leqq$ 2 kHz ist erheblich vermindert.

4   Bestimmung der Informationskapazität

Zur Ermittlung der Informationskapazität der Normalhörenden wurde die Grafik im <u>Bild 23</u> verwendet. Sie vermittelt einen visuellen Eindruck von der Dichte der unterscheidbaren Höreindrücke. Jedes Viereck kennzeichnet 10 Intensitäts- und 50 Tonhöhenunterscheidungsstufen, also 500 unterscheidbare Höreindrücke. Für den im Bild 23 gekennzeichneten Bereich der Hörfläche ergibt sich durch Aufsummierung eine Informationskapazität von IK $\approx$ 170 000 unterscheidbaren Höreindrücken.

<u>Bild 24</u> zeigt den Vergleich der Dichte der unterscheidbaren Höreindrücke des ausgewählten

recruitmentgeschädigten Ohres mit der des Normalhörenden für den erfaßten Bereich der Rest-hörfläche des Probanden. Jedes Viereck kennzeichnet 125 unterscheidbare Höreindrücke. Auf-fällig ist, daß neben der den Recruitmenteffekt charakterisierenden Verminderung der Inten-sitätsunterschiedsschwellen eine so starke Erhöhung der Tonhöhenunterschiedsschwellen auf-tritt, daß die Informationskapazität des Probanden mit IK ≈ 4300 deutlich geringer ist als die des Normalhörenden (IK ≈ 7500) im gleichen Hörflächenbereich.

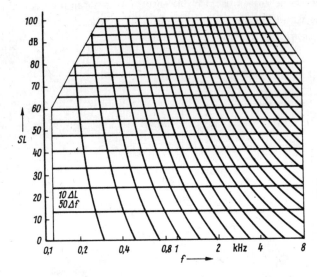

Bild 23 Dichte der unterscheid-baren Höreindrücke auf der Hör-fläche des Normalhörenden

500 Höreindrücke je Teilbereich Informationskapazität IK ≈ 170000

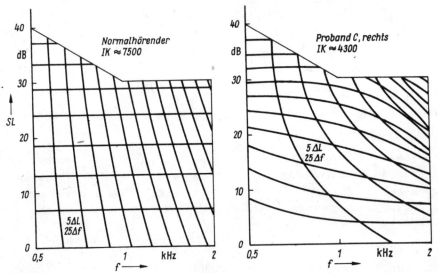

Bild 24 Vergleich der Dichte der Höreindrücke eines recruitmentgeschädigten Ohres mit der des Normalhörenden im gleichen Hörflächenbereich

125 Höreindrücke je Teilbereich

Eine Zusammenstellung der Ergebnisse, die bei den anderen Probanden erhalten wurden, zeigt Bild 25. Die obere Begrenzung des Auswertebereiches ergibt sich durch die Schmerzschwelle, der Ausschnitt aus dem Spektrum durch die anhand der Reintonaudiogramme festgelegten Meß-punkte. Die Werte der Reintonaudiogramme sind in Tabelle 3 zusammengestellt.

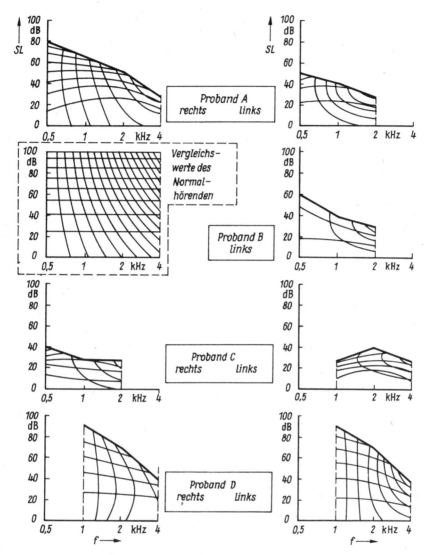

Bild 25 Vergleich der Dichte der Höreindrücke von Probanden mit Recruitment mit der des Normalhörenden

Es sind jeweils 20 Intensitäts- und 50 Tonhöhenunterschiedsstufen zusammengefaßt, d.h., jedes Viereck umschließt 1000 unterscheidbare Höreindrücke.

Es ist festzuhalten, daß bei den geschädigten Ohren eine wesentlich geringere Informationskapazität vorliegt, als dem Normalfall entspricht. Das gilt auch für den Fall, daß zur Bestimmung des Normalbezugswertes nur der Bereich der Resthörfläche des Probanden herangezogen wird. Im Bereich der Resthörfläche sind entsprechend dem Recruitmenteffekt zwar mehr Intensitätsunterschiedsstufen festzustellen, die Tonhöhenunterschiedsschwellen sind jedoch gegenüber dem Normalfall so stark erhöht, daß die Informationskapazität insgesamt kleiner ist. Es ergibt sich daraus, daß mit einem Hörgerät, das nur eine Amplitudenentzerrung vornimmt, die Annäherung an den Normalfall nur insoweit möglich ist, wie es durch die Störung des Tonhöhenunterscheidungsvermögens vorgegeben ist.

Am Rande sei noch einmal darauf hingewiesen, daß es bei allen Manipulationen zur Ampli-

Tabelle 3 Hörschwellenwerte der recruitmentgeschädigten Probanden

Proband	f in kHz									
	0,125	0,250	0,5	1	1,5	2	3	4	6	8
A rechts	0	12	22	31	42	40	52	71	71	82
A links	12	20	40	55	68	70	88	92	92	92
B links	20	10	12	38	52	63	72	83		
C rechts	35	45	60	65	72	65	58	58	60	60
C links	35	62	80	70	65	61	62	60	56	58
D rechts	0	7	12	8	15	20	40	48	57	
D links	3	3	5	5	12	18	52	48	58	65

tudenentzerrung sehr wichtig ist, daß in keinem Fall die Schmerzschwelle überschritten wird. Daß dadurch die erreichbare Sprachverständlichkeit, die Gesamtqualität und damit die Akzeptanz seitens des Patienten stark beeinflußt werden, hat sich bei Untersuchungen in [6] und [7] erneut bestätigt.

5 Schlußfolgerungen

Beim Recruitmenteffekt, der allgemein dadurch charakterisiert ist, daß im Bereich zwischen Hörschwelle und Lautstärkeausgleich gegenüber dem Normalhörenden eine Verminderung der Intensitätsunterschiedsschwellen zu verzeichnen ist, muß beachtet werden, daß gleichzeitig - je nach Grad der Schädigung - eine Erhöhung der Tonhöhenunterscheidungsschwellen auftritt. Es ergibt sich daraus, daß in jedem Fall eine Verminderung der Informationskapazität gegenüber der des Normalhörenden in Rechnung zu stellen ist, die selbst durch eine ideale Amplitudenentzerrung mittels eines Hörgerätes nicht ausgeglichen werden kann. Es ist die Schlußfolgerung zu ziehen, daß im weiteren untersucht werden muß, welchen Einfluß die Verminderung des Tonhöhenunterscheidungsvermögens auf die Sprachverständlichkeit hat und ob Ansatzpunkte gefunden werden können, wie durch eine entsprechende Verarbeitung des Sprachsignals in einem Hörgerät neben der dem Recruitmenteffekt gegenläufigen Amplitudenentzerrung das verminderte Tonhöhenunterscheidungsvermögen optimal ausgeglichen werden kann.

Literatur

[1] ZWICKER, E.; FFIDTKELLER, R.: Das Ohr als Nachrichtenempfänger. Stuttgart: Hirzel, 1967

[2] SCHUBERT, K.: Ergebnisse mit einer neuen Methode der Tonhöhen- und Lautstärkeunterschiedsschwellenmessung. Arch. Ohren-, Nasen- u. Kehlk.-Heilkde. 163 (1953), S. 437

[3] ZWICKER, E.: Die elementaren Grundlagen zur Bestimmung der Informationskapazität des Gehörs. Acustica 6 (1956) S. 365

[4] NIESE, H.: Die Trägheit der Lautstärkebildung. Hochfrequenztech. u. Elektroakustik 68 (1959) S. 143

[5] OPPELT, W.; VOSSIUS, G.: Der Mensch als Regler. Berlin: Verl. Technik, 1970

[6] WOLF, A.: Einfluß der Dynamikkompression verstärkter Schallsignale auf das Sprachverständnis Innenohrschwerhöriger mit Recruitment. Diss., Tech. Univ. Dresden, 1986

[7] HAUBOLD, J.: Zum Ausgleich des Recruitments mittels elektronischer Hörhilfen. Diss. Tech. Univ. Dresden (in Vorb.)

[8] UNDISZ, L.: Recruitmenterfassung mittels subjektiver Tests. Diplomarb., Tech. Univ. Dresden, 1985

[9] KLAMT, R.: Subjektive Messung von Intensitäts- und Tonhöhenunterschiedsschwellen. Diplomarb., Tech. Univ. Dresden, 1985

[10] MELIK, R.: Untersuchungen zum Recruitment. Diss. Tech. Univ. Dresden, 1985

[11] FUDER, G.: Einfluß des Recruitments auf die Informationskapazität des Gehörs. Forsch.-Ber. 18/85, Tech. Univ. Dresden, 1985

[12] Taschenbuch Akustik. Hrsg. von W. FASOLD, W. KRAAK u. W. SCHIRMER. Berlin: Verl. Technik, 1984, T. 1, S. 219

Anschrift der Autoren:

Dr.-Ing. Günther Fuder
Prof. Dr.-Ing. habil. Wolfgang Kraak

Technische Universität Dresden,
Sektion 9 Informationstechnik, Bereich 4 Akustik und Meßtechnik
Mommsenstraße 13
Dresden
8027

Johannes Herhold

Tierexperimente zur Gehörschadensforschung

Es wird über tierexperimentelle Untersuchungen zur gehörschädigenden Wirkung des Lärms berichtet, die über mehrere Jahre an Meerschweinchen vorgenommen wurden. Dabei konnte der direkte experimentelle Nachweis der Gültigkeit des Lärmdosismodells erbracht werden. Die Arbeit enthält neben der Darstellung der wichtigsten Ergebnisse der experimentellen Arbeiten einen Vergleich mit dem menschlichen Gehör für kurz- und langzeitliche Lärmexpositionen mit unterschiedlicher zeitlicher Struktur.

It is reported on investigations with animal experiments as to the damaging effect of noise on the hearing which have been carried out for several years at guinea pigs. As a result the direct experimental proof of the validity of the noise dose model has been furnished. Besides the representation of the most important results of the experimental work the report contains a comparison with the human hearing for short-time and long-time noise expositions with different temporal structure.

On décrit des études expérimentales chez l'animal sur les lésions auditives causées par le bruit qui, durant plusieures années, ont été effectuées chez le cobaye. Les expériences ont prouvé directement la validité du modèle de la dose de bruit. L'auteur présente les résultats essentiels des expériences ainsi qu'une comparaison avec le système auditif humain pour des expositions aux bruits de courte et de langue durée avec des structures temporelles différentes.

1 Einleitung

Bei Tierexperimenten im Rahmen der Gehörschadensforschung werden meist die vom Lärm beein-
flußten Veränderungen in der Morphologie und Biochemie des Innenohres beobachtet. Daraus
lassen sich wesentliche Rückschlüsse auf die gehörschädigende Wirkung von Lärm ziehen, jedoch ist man damit nur unzureichend in der Lage, Expositionsgrenzwerte für den Menschen ab-
zuleiten. Dies liegt vor allem an der großen Komplexität des Untersuchungsgegenstandes. Deshalb hat als weiteres Verfahren die Black-box-Methode eine relativ große Bedeutung erlangt.
Hierbei werden die Zusammenhänge zwischen den die Exposition beschreibenden physikalischen
Parametern bzw. einer daraus abgeleiteten „Eingangsgröße" und den resultierenden Veränderungen der Hörschwelle untersucht. Diese Veränderungen sind je nach Art und Umfang der Exposition eine zeitweilige oder eine dauerhafte Verschiebung der Hörschwelle (TTS - temporary
threshold shift bzw. PTS - permanent threshold shift) und liefern die Primärinformation zur
Bestimmung einer geeigneten „Ausgangsgröße" der Black-box bzw. sind selbst schon als „Ausgangsgröße" anzusehen. Dabei werden die im Innern ablaufenden Prozesse weitgehend aus der
Betrachtung ausgeklammert und nur in dem Maße mit herangezogen, wie es für das Verständnis
der gewonnenen Erkenntnisse und für ihre Einordnung in das bereits bekannte Wissen erforderlich ist. Die Black-box-Methode ist in ihrer Anwendung nicht auf tierexperimentelle Untersuchungen beschränkt.

Vor allem mittels umfangreicher retrospektiver Untersuchungen der Gehörschadensfälle von
Lärmarbeitern und anhand von Auswertungen des Aufbau- und Abbauverhaltens der zeitweiligen
Hörschwellenverschiebung nach Schallbelastungen im unschädlichen Bereich konnten so umfangreiche Erkenntnisse über die Zusammenhänge von Lärm und Gehörschaden beim Menschen gewonnen
und in Form eines Dosismodells zusammengefaßt werden [1] [2] [3]. Tierversuche sind in diesem Zusammenhang vor allem für die Untersuchung solcher Belastungsfälle nötig, bei denen
wegen des Risikos einer unmittelbaren Schädigung Messungen an Probanden grundsätzlich nicht
möglich sind. Nur im Tierexperiment können also Schädigungsverläufe in Abhängigkeit von der
Exposition gezielt beobachtet werden, wobei es außerdem relativ leicht möglich ist, die gewünschten Expositionsbedingungen einzuhalten. Voraussetzung für die Durchführung von Black-
box-Untersuchungen im Tierexperiment ist eine geeignete Methode zur Hörschwellenmessung.
Problematisch ist bei Tierversuchen auch die richtige Interpretation der experimentell gewonnenen Erkenntnisse, vor allem hinsichtlich ihrer Übertragung auf den Menschen.

2 Zielstellung

Ausgehend von den vorliegenden Ergebnissen des Lärmschädlichkeitsmodells waren die wichtigsten Aufgabenstellungen für die durchzuführenden tierexperimentellen Arbeiten auf der Grundlage der Black-box-Methode

- die direkte experimentelle Bestätigung der Zusammenhänge zwischen Lärm und Gehörschaden,
  wie sie für den Menschen anhand statistischer (retrospektiver) Untersuchungen gewonnen
  wurden,
- die Klärung der Frage nach dem Gültigkeitsbereich des Dosisprinzips,

- der Nachweis der Indikatorwirkung der integrierten zeitweiligen Hörschwellenverschiebung (ITTS) für die Schädigungswirkung von Lärmereignissen,
- die Ableitung zusammenfassender Aussagen über qualitativ gleiches bzw. unterschiedliches Verhalten von Versuchstier und Mensch sowie über quantitative Unterschiede.

Im Mittelpunkt standen immer die Frage nach der Ausbildung von Gehörschäden im Tierexperiment nach Langzeitbelastungen mit breitbandigem stationärem Lärm, mit Industrieimpulslärm und mit kombiniertem Lärm (Industrieimpulslärm mit stationärem Hintergrundgeräusch) unter möglichst praktisch vorkommenden Bedingungen, der Vergleich mit den in Vorversuchen ermittelten Veränderungen der Hörschwelle (Zeitverlauf der Hörschwellenverschiebung) nach Kurzzeitbelastungen mit Lärm sowie die Frage, wie die Eingangs- und Ausgangsgrößen den Wirkungen auf das Gehör adäquat zu beschreiben sind.

3 Methodik

Die Auswahl geeigneter Spezies für die Gehörschadensforschung erfolgt im wesentlichen auf der Grundlage der Forderung nach Ähnlichkeiten in Aufbau und Funktion des Hörorgans zum Menschen, nach der Verfügbarkeit einer ausgereiften Untersuchungsmethodik (bei der Blackbox-Methode insbesondere zur Hörschwellenbestimmung) und nach ökonomischen Gesichtspunkten (Beschaffung und Haltung). Im vorliegenden Fall wurden die Untersuchungen ausschließlich mit Meerschweinchen durchgeführt.

3.1 Messung der Hörschwelle

Kooperative Meßverfahren (subjektive Audiometrie), so wie sie i.allg. beim Menschen Anwendung finden, sind für Tierexperimente ungeeignet. Dafür wurden andere Methoden entwickelt. Die wesentlichsten sind

- die Verhaltensaudiometrie: Erfassung von Reaktionen als Folge eines akustisch ausgelösten bedingten Reflexes,
- die Reflexaudiometrie: Erfassung von unbedingten Reflexen nach Auslösung durch akustische Reizung,
- die objektive Audiometrie: Erfassung elektrophysiologischer Vorgänge bei der akustischen Sinneswahrnehmung.

Im allgemeinen bestehen folgende Forderungen an das Meßverfahren:

- gute Reproduzierbarkeit und geringe Meßunsicherheit, da alle weiterführenden Aussagen von den Meßwerten der Hörschwelle abgeleitet werden,
- möglichst keine zusätzliche Beeinflussung durch andere Faktoren, deren Auswirkungen auf das Meßergebnis nur schwer abschätzbar sind (z.B. innere Eingriffe oder Sedierung),
- beliebige Wiederholbarkeit der Messungen auch über längere Zeiträume (Langzeitversuche),
- geringer Zeitbedarf für die Vorbereitung und Durchführung der Einzelmessung, damit beim Auftreten zeitweiliger Hörschwellenverschiebungen der Zeitverlauf lückenlos erfaßt werden kann,
- möglichst geringer technischer und organisatorischer Aufwand zur sicheren Anwendung, weil sehr viele Einzelmessungen nötig sind.

Jede der o.g. Methoden hat diesbezüglich Vor- und Nachteile, auf die aber hier nicht weiter eingegangen werden soll. Für die Experimente wurde ein objektives, elektrophysiologisches

Verfahren verwendet, das im wesentlichen auf [4] basiert. Es gestattet die Hörschwellenmessung am wachen, unverletzten und nicht sedierten Tier. Für die Hörschwellenmessung werden frühe evozierte Summenaktionspotentiale unter Einsatz der Average-Technik abgeleitet.
Die Latenzzeit beträgt 2...4 ms. Die Potentiale haben somit ihren Ursprung im Innenohr und
werden vermutlich durch die Haarzellen selbst erzeugt [5] [6]. Gemessen wird die Klick-Hörschwelle, d.h., als akustische Reizsignale dienen kurze, relativ breitbandige Schallimpulse
(Klicks), da die Verwendung schmalbandiger oder sinusförmiger Signale so geringe Reizant-
wortamplituden ergibt, daß sie mit den heutigen Meßmitteln nicht erfaßbar sind. Demgegenüber
bewirkt die Klick-Reizung, daß alle Neuronen der ersten Verarbeitungsstufe gleichzeitig
„feuern" und damit eine relativ starke Reizantwort im EEG hervorrufen. Diese Reizantwort
liegt aber immer noch um ca. 20 dB unter der Spontanaktivität des Gehirns, so daß eine Mittelung zur Verbesserung des Nutzsignal-Störsignal-Verhältnisses nötig ist. Dabei sind die
reizsynchronen evozierten Potentiale das kohärente Nutzsignal und die Spontanaktivität das
Störsignal mit annähernd normalverteilten Amplitudenwerten. Das Spektrum der Klicks ist
breitbandig und hat sein Maximum bei etwa 1...4 kHz. Dabei liegen die Hauptspektralanteile
im Bereich der maximalen Empfindlichkeit des Meerschweinchengehörs [7].

Der Schaltplan des Meßplatzes ist im Bild 1 dargestellt. Ein Impulsgenerator liefert
Rechteckimpulse mit einer Signaldauer von 0,1 ms und einer Impulsfolgefrequenz von 20 Hz,
die über einen zwischengeschalteten Verstärker und eine Eichleitung gelangen, mit deren
Hilfe das Signal in 1-dB-Stufen gedämpft werden kann. Schließlich wird das Signal nach noch-
maliger Verstärkung über einen Lautsprecher als Klick abgestrahlt. Das Versuchstier befindet
sich in einer elektrisch und akustisch gut isolierten Kammer (schallabsorbierend ausgeklei-
dete Kiste im Faradaykäfig) frontal 20 cm vor dem Lautsprecher. Über zwei Plattenelektroden,
die dem Tier auf die enthaarte Kopfhaut im Bereich von Vertex und rechter Bulla „unblutig"
aufgesetzt sind, wird das Elektroenzephalogramm (EEG) aufgenommen und mit einem in seinem
Übertragungsbereich modifizierten EEG-Verstärker um etwa 90 dB verstärkt. Nach der reizsynchronen Mittelung von 1024 EEG-Proben erhält man auf dem Bildschirm des Averagers Reiz-
antwortkurven, die eine Bestimmung der Hörschwelle ermöglichen. Dies geschieht durch grafische Extrapolation der Potentialamplituden bei überschwelliger Reizung mit mehreren unterschiedlichen Pegeln auf den Amplitudenwert Null. Die Reproduzierbarkeit der Hörschwellen-
messungen beträgt etwa ± 2 dB. Während der Messung befindet sich das Tier in einem kleinen
Käfig, der die Bewegungsfähigkeit weitgehend einschränkt und damit eine exakte Schallfeld-
kalibrierung sowie die Reduzierung störender Myopotentiale ermöglicht. Ein zusätzlich vorhandener Störsignaldiskriminator bewirkt die Unterbrechung der Auswertung für die Dauer des
Auftretens derartiger Artefakte und verhindert so die Verfälschung des Ergebnisses. Die
Triggerung des Averagers erfolgt vom Reizimpulsgenerator. Die Kalibrierung und laufende Kontrolle des akustischen Reizsignals kann mit einem Schallpegelmesser mit eingebauter Spitzen-
wertmessung erfolgen. Bei allen Schalldruckpegeln wurde der Spitzenwert des Schalldrucks auf
$p_0 = 2 \cdot 10^{-5}$ Pa bezogen. Zweikanaloszilloskop, EEG-Monitor und X-Y-Schreiber komplettieren
den Meßplatz.

Es sei darauf hingewiesen, daß das beschriebene Meßverfahren keine frequenzabhängige Bestimmung der Hörschwelle erlaubt. Die Klick-Hörschwelle muß vielmehr als eine integrale Emp-
findlichkeitskenngröße angesehen werden. Für TTS- und PTS-Untersuchungen erscheint - wie im
folgenden noch gezeigt wird - trotz dieser Einschränkung der integrale Wert dennoch geeignet, da er relativ leicht und gut reproduzierbar bestimmt werden kann und einem Mittelwert
über einem bestimmten Frequenzbereich entspricht.

Ausgehend von dem Klick-Reizsignal werden im weiteren alle so ermittelten Größen als

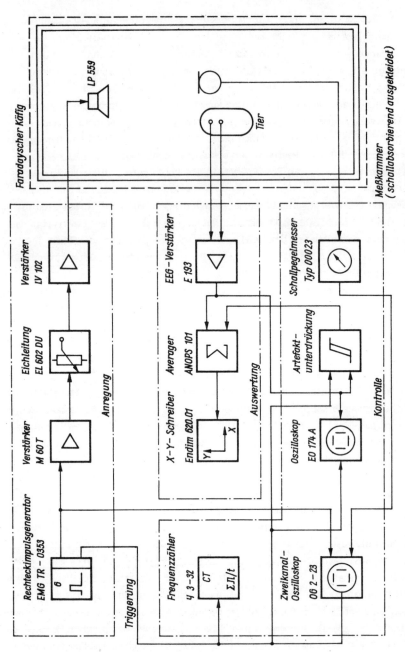

Bild 1 Übersichtsschaltplan der Meßanordnung zur Bestimmung der Klick-Hörschwelle der Versuchstiere

PTS(C), TTS(C) bzw. ITTS(C) gekennzeichnet. Bei der Bestimmung der zeitweiligen Hörschwellenverschiebung mit dieser Methode wird als frühester Wert die TTS(C) etwa 4 min nach Beendigung der Exposition erfaßt. Dieser Wert wird in Analogie zur TTS_2 mit $TTS(C)_4$ bezeichnet.

3.2 Auswahl der Versuchstiere

Als Versuchstiere dienten junge, ausgewachsene Meerschweinchen, die einen ausgeprägten Preyerschen Ohrmuschelreflex aufwiesen und deren Klick-Hörschwellen nicht mehr als 10 dB unempfindlicher waren als der für die Meerschweinchen gemessene Mittelwert. Offensichtlich kranke und unruhige Tiere wurden ebenfalls ausgesondert. Eine spezielle otologische Untersuchung der Tiere erfolgte nicht. Vor den Experimenten waren die Tiere keinen nennenswerten Lärmexpositionen ausgesetzt worden. In der überwiegenden Mehrzahl wurden weibliche Meerschweinchen verwendet. In einer Voruntersuchung konnte gezeigt werden, daß keine signifikanten Unterschiede in der Größe der ITTS(C) zwischen männlichen und weiblichen Tieren bestehen. Für das Alter, in dem die Versuche (insbesondere zur Langzeitbelastung) beendet wurden, konnte bei gleichaltrigen unbelasteten Kontrolltieren noch keine altersbedingte Hörschwellenveränderung festgestellt werden. Die einzelnen Meßreihen wurden mit durchschnittlich 8...10 Tieren durchgeführt.

3.3 Durchführung der Lärmexpositionen

3.3.1 Stationärer Lärm

Als stationäres Belastungsgeräusch diente breitbandiges Rauschen. Die Exposition erfolgte in einer speziell dafür eingerichteten Beschallungskammer im diffusen Schallfeld. Um alle Tiere unter möglichst gleichen Bedingungen dem Lärm auszusetzen, wurde ein in einzelne Boxen unterteilter Drahtkäfig verwendet, der zur Aufnahme der Tiere diente und in einen kleinen Hallraum eingesetzt wurde. Die Abstrahlung des Geräusches erfolgte über vier an der oberen Abdeckung angebrachte Lautsprecher. Es konnte mit Hilfe eines Rauschgenerators erzeugt und über einen Leistungsverstärker auf den vorgegebenen Pegelwert eingestellt werden. Die Schalldruckpegel lagen bei den einzelnen Versuchen im Bereich L = 97...109 dB (linear bewertet) bei Expositionszeiten von t_E = 60 s (einmalig) bis t_E = 8 h/Tag (wiederholt bei Langzeitbelastungen). Die örtlichen Pegelunterschiede in der Box waren kleiner als ± 1 dB. Zusätzlich wurde zur Vermeidung von evtl. Expositionsunterschieden die Besetzung der Boxen des Käfigs während der wiederholten Belastungen zyklisch vertauscht.

3.3.2 Industrieimpulslärm

Die Belastung der Tiere mit Impulslärm erfolgte im freien Schallfeld. Dabei wurde wiederum ein Drahtkäfig mit Einzelboxen verwendet. Die Impulse weisen Schalldruckzeitverläufe auf, wie sie für in der Industrie vorkommende Schlagimpulse typisch sind. Erzeugt wurden sie mit Hilfe einer mechanischen Impulsschallquelle [8] durch definierte Aufschläge eines Hammers auf eine Stahlplatte. Durch eine wählbare Randbedämpfung der Platte konnte die B-time der Impulse [9], d.h. die Zeit, in der die Amplitude der Hüllkurve des Impulses um 20 dB gegenüber ihrem Maximalwert abgeklungen ist, variiert werden. Die Beeinflussung des Schalldruckpegels erfolgte über die Wahl der Entfernung zwischen Schallquelle (Stahlplatte) und Drahtkäfig. Betrachtet wurde bei Impulslärm immer der Spitzenwert des Schalldrucks der Impulse. Es wurden Impulse mit Spitzenpegeln von $\hat{L}$ = 125...146 dB erzeugt; die Abklingzeiten lagen im Bereich t_B = 40...200 ms. Mit einer elektromechanischen Auslenkvorrichtung für den Hammer wurden die Impulse mit einer Periodendauer von t_P = 3 s periodisch wiederholt. Die Anzahl der Impulse je Meßreihe lag zwischen m = 1 und m = 20 (Kurzzeitbelastung) bzw. m = 80 und m = 800 je Einzelexposition (Langzeitbelastung). An aufeinanderfolgenden Tagen erfolgte auch hier eine zyklische Vertauschung der Besetzung der Boxen mit den Tieren, um Expositionsunterschiede durch evtl. auftretende örtliche Pegelschwankungen im Käfig möglichst zu vermeiden.

3.3.3 Kombinierter Lärm

Unter kombiniertem Lärm ist eine Kombination von Industrieimpulslärm und stationärem Lärm zu verstehen. Dies wird erreicht, indem Schlagimpulsen ein stationäres breitbandiges Hintergrundgeräusch überlagert wird. Die Belastung der Tiere erfolgte im freien Schallfeld (reflexionsfreier Raum). Zur Erzeugung der Impulse diente die im vorigen Abschnitt beschriebene Impulsschallquelle. Das zusätzlich erforderliche stationäre Hintergrundgeräusch wurde mittels eines Rauschgenerators erzeugt, einem Leistungsverstärker zugeführt und über zwei Lautsprecherboxen abgestrahlt.

Während der Belastungen befanden sich die Tiere wieder in dem bereits beschriebenen Drahtkäfig. Die Einstellung des Spitzenschalldruckpegels für die Exposition erfolgte über die Wahl des Abstandes zwischen Stahlplatte und Käfig. Der Impulsabstand betrug t_P = 3 s, die B-time [9] t_B = 200 ms. Der Pegel des Hintergrundgeräusches wurde am Leistungsverstärker eingestellt. Während der Exposition wurde immer zuerst das stationäre Geräusch eingeschaltet, danach die Impulsbelastung überlagert und erst nach dem letzten Impuls die Abschaltung des Hintergrundgeräusches vorgenommen. Die Lärmdosis erhält man näherungsweise aus der Summe der beiden getrennt bestimmten Anteile. Zum Ausgleich möglicher örtlicher Pegelschwankungen innerhalb des Drahtkäfigs wurde die Besetzung der Boxen während der wiederholten Belastungen zyklisch vertauscht. Die Spitzenpegel der Impulse lagen zwischen $\hat{L}$ = 122...145 dB. Der Pegel des Hintergrundgeräusches war L_{HG} = 90 dB.

4   Kenngrößen und wesentliche Zusammenhänge des Dosismodells

In einer Reihe von Arbeiten von KRAAK und Mitarbeitern [1] [2] [3] [7] [8] sind ausführliche Darstellungen über die Kenngrößen des Lärmdosismodells für den Menschen sowie deren Zusammenhänge enthalten. An dieser Stelle sollen deshalb nur die wichtigsten und für das weitere Verständnis erforderlichen Größen kurz vorgestellt werden.

4.1   Lärmdosis

Alle im Laufe des Lebens auf das Gehör einwirkenden Schallereignisse können mit Hilfe einer Dosiskenngröße

$$B_N = \int_{t_0}^{t_E} |p(t)|^n \, dt; \tag{1}$$

p(t) Zeitverlauf des Schalldrucks,

n   Bewertungsexponent,

t_0 Beginn der Exposition,

t_E Ende der Exposition,

B_N Lärmdosis,

erfaßt werden. Bei der Ermittlung der Lärmdosis für den Menschen wird meist vom A-bewerteten
Schalldruck ausgegangen. Es ist anzunehmen, daß auch beim Meerschweinchen von einer Frequenz-
bewertung auszugehen ist. Da aber eine derartige Bewertungsfunktion für das Meerschweinchen-
gehör nicht bekannt ist, wird der lineare Schalldruck gemessen und den weiteren Auswertungen
zugrunde gelegt.

Sofern keine Dosimeter zur direkten Dosisbestimmung zur Verfügung stehen, ist die Lärmdosis aus den Parametern des einwirkenden Schalls auf rechnerischem Weg gem. (1) zu bestimmen. Mit Hilfe einer rechnerunterstützten Auswertung können die Dosiswerte jeweils genau ermittelt werden, was jedoch einen relativ hohen geräte- und programmtechnischen Aufwand erfordert. Einfacher läßt sich die Dosis der Industrieimpulse nach einer in [8] angegebenen
empirischen Näherungsformel abschätzen (max. Fehler etwa 15%):

$$B_N \approx \frac{1}{3} t_B \left(\frac{\hat{p}}{2}\right)^n m;$$ (2)

t_B B-time nach [9],

$\hat{p}$ Spitzenwert des Schalldrucks der Impulse,

m   Anzahl der Impulse.

Bei stationären Geräuschen wird mit Hilfe üblicher Schallpegelmesser der Effektivwert $\tilde{p}$
des Schalldrucks gemessen, während für die Lärmdosis der Betrag des Schalldrucks erforderlich ist. Bei stationären Geräuschen mit normalverteilten Momentanwerten erhält man z:B. für
den Bewertungsexponenten n = 1 dann den Dosiswert

$$B_N = \overline{|p|} \, t_E;$$ (3)

$\overline{|p|} = \sqrt{\frac{2}{\pi}} \tilde{p}$ Betragsmittelwert des Schalldrucks,

$\tilde{p}$ Effektivwert des Schalldrucks,

t_E Expositionszeit.

Bei allen Einzelmessungen mußte die Größe des Bewertungsexponenten n in (1) ermittelt
werden, für die sich der kompakteste Zusammenhang zwischen der Lärmdosis gem. (1) und den
als Folge der Exposition feststellbaren Veränderungen der Hörschwelle ergibt.

4.2 Hörschwellenverschiebung

4.2.1 Zeitweilige Hörschwellenverschiebung TTS

Die Differenz zwischen der zeitweilig verschobenen Hörschwelle infolge einer Exposition und
der Ruhehörschwelle wird als TTS (temporary threshold shift) bezeichnet. Einfluß auf die
Größe und den zeitlichen Verlauf des Auf- und Abbaus während und nach einer Exposition haben
verschiedene Faktoren (Schalldruckpegel, Expositionszeit, Spektrum, zeitliche Struktur). Im
allgemeinen verlaufen Auf- und Abbau der TTS jeweils linear über einer logarithmisch geteil-
ten Zeitachse [10]. Bei länger andauernden Expositionen sind jedoch das Auftreten von Asym-
ptotenwerten der TTS sowie damit verbunden ein verzögerter Abbau zu beobachten [1] [2] [3]

[11] [12] . Aus diesem Grunde ist die TTS als schädlichkeitsäquivalente Größe nicht brauchbar, da keine eineindeutige Zuordnung zwischen der Belastungskenngröße und der resultierenden TTS vorgenommen werden kann. In [7] sind Beispiele für das Aufbau- und Abbauverhalten der TTS(C) bei Meerschweinchen enthalten. Deren Verläufe stimmen qualitativ gut mit entsprechenden Kurven für das menschliche Gehör [10] [1] [11] [12] und mit tierexperimentellen Beobachtungen anderer Autoren überein [13] [14] [15] [16] [17] .

4.2.2 Integrierte zeitweilige Hörschwellenverschiebung ITTS

Eine - wie im folgenden noch gezeigt wird - geeignete schädlichkeitsäquivalente Kenngröße erhält man durch Integration des gesamten TTS-Verlaufes, also aus der Fläche unter dem Auf- und Abbau der TTS. Diese Größe wird als <u>integrierte zeitweilige Hörschwellenverschiebung</u> bezeichnet:

$$\text{ITTS} = \int_{t_E + t_R} \text{TTS}(t)\ dT ,\qquad\qquad (4)$$

TTS(t) zeitlicher Verlauf der zeitweiligen Hörschwellenverschiebung,

t_E Zeitspanne der Exposition,

t_R Zeitspanne der Rückbildung der TTS,

ITTS   integrierte TTS.

   KRAAK [1] führt eine Reihe von Gründen an, die die Schadensäquivalenz dieser Kenngröße belegen. Diese beziehen sich vor allem auf die vorhandenen Zusammenhänge zwischen Lärmdosis ITTS und PTS bei der Einwirkung verschiedenartigen Lärms auf das menschliche Gehör.

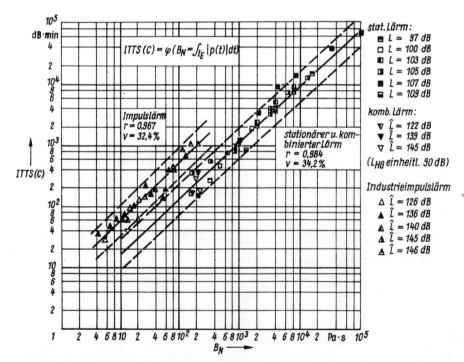

Bild 2 Mittlere ITTS(C) von Meerschweinchen in Abhängigkeit von der Lärmdosis bei Belastung mit stationärem, impulsartigem und kombiniertem Lärm

Die eingetragenen Punkte sind Mittelwerte der einzelnen Meßreihen

Bild 2 gibt die Mittelwerte der ITTS(C) beim Meerschweinchen nach Belastung mit stationärem, kombiniertem und Schlagimpulslärm an. Dargestellt sind die Zusammenhänge für den
optimalen Bewertungsexponenten n = 1 für die Lärmdosisbestimmung gem. (1). Dabei wurde
dieses Optimum auf der Grundlage einer linearen Regressionsanalyse des Zusammenhangs
lg ITTS(C) = φ(lg B_N) mittels Variation von n bestimmt. Dieser Zusammenhang ist dann am
kompaktesten, wenn die Korrelation zwischen den beiden Größen maximal und die Reststreuung
minimal werden. Die Abhängigkeiten dieser beiden Größen von n sind im Bild 3 dargestellt.
Bei jedem Punkt im Bild 2 handelt es sich um einen Mittelwert von 5...24 Tieren. Für die
Meßreihen mit stationärem Lärm und mit Schlagimpulsen erfolgte eine getrennte Regressionsanalyse mit den Logarithmen der Größen. Das Ergebnis sind die beiden ausgezogenen Geraden.
Außerdem ist noch jeweils der $\pm$2-s-Bereich eingetragen, d.h. das Intervall, in dem $\approx$95%
aller Mittelwerte liegen.

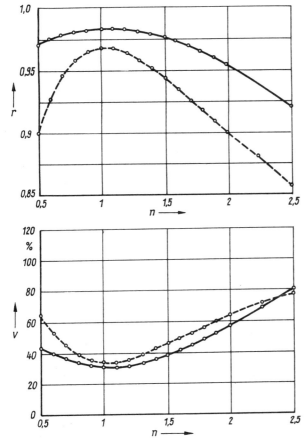

Bild 3 Abhängigkeit des Korrelationskoeffizienten r und der Varia-
bilität v (auf den Mittelwert bezogene Reststandardabweichung) für
den mittleren Zusammenhang
ITTS(C) = φ(B_N) vom Bewertungsexponenten n des Schalldrucks
gem. (1) für das Meerschweinchen

———— stationärer und kombi-
           nierter Lärm
------ Industrieimpulslärm

Sowohl für den stationären als auch für den Industrieimpulslärm ist der Zusammenhang
ITTS(C) = φ(B_N) nahezu linear. Allerdings ist bei Schlagimpulsen die Empfindlichkeit der
Meerschweinchen im Mittel etwa 5...6fach höher als gegenüber stationärem Lärm gleicher
Dosis. Mit guter Näherung kann für das mittlere Verhalten geschrieben werden:

$$ITTS(C) = k \, B_N \qquad\qquad (5)$$

mit k = k_S = 59 dB/Pa für stationären Lärm und k = k_I = 345 dB/Pa für Industrieimpulslärm
bei n = 1 in (1).

Beim Menschen sind für die Schlagimpulse zwei Kategorien zu unterscheiden [1] [8] : eine, die wie stationärer Lärm wirkt, und eine zweite, die schädlicher ist. Allerdings betrifft diese zweite Kategorie im wesentlichen nur isoliert auftretende Einzelimpulse, die praktisch kaum auftreten, während die Meerschweinchen auf alle Arten der untersuchten Impulse einheitlich empfindlicher reagieren. Es ist nicht auszuschließen, daß beim Meerschweinchen schon im Bereich der hier verwendeten Spitzenpegel von $\hat{L}$ = 125...146 dB ein Übergangsverhalten im Schädigungsmechanismus auftritt, welches beim Menschen erst bei höheren Pegeln beobachtbar ist. Auf alle Fälle müssen diese Unterschiede bei Vergleichen berücksichtigt werden, insbesondere bei der Abschätzung von Werten der kritischen Dosis von PTS(C)-Belastungen. Darauf wird im folgenden Abschnitt weiter eingegangen.

Ein besonders hervorzuhebender Effekt tritt bei Belastung der Meerschweinchen mit kombiniertem Lärm auf. Die Werte der ITTS(C) für derartige Expositionen ordnen sich gut in den Bereich der stationären Geräusche ein. Obwohl also aufgrund der Kombination von beiden Geräuschen die Gesamtdosis für diese Expositionen stets höher war als für die alleinige Belastung mit den Schlagimpulsen, wies die mittlere ITTS(C) in diesen Fällen deutlich kleinere Werte auf.

Ein ähnliches Verhalten wurde in [18] und [19] bei Menschen beobachtet, wonach bei Frequenzen oberhalb 1 kHz die Exposition mit kombiniertem Lärm trotz der höheren Gesamtbelastung signifikant geringere TTS-Werte hervorrief als bei alleiniger Belastung mit stationärem bzw. impulsartigem Lärm. Oft wird versucht, diesen Effekt mit der Wirksamkeit des akustischen Reflexes zu erklären. Danach solle durch das stationäre Hintergrundgeräusch der Reflex ständig ausgelöst bleiben, was eine Dämpfung der Impulse bewirke, so daß der zum Innenohr gelangende Schalldruck geringer sei als ohne Reflexwirkung. Dies würde dann letztlich zu kleineren TTS(C)-, ITTS(C)- und PTS(C)-Werten führen. Es wird dabei aber nicht ausreichend berücksichtigt, daß nach dem bekannten Wissen der akustische Reflex bei Frequenzen oberhalb 2 kHz beim Menschen und vermutlich auch beim Meerschweinchen nicht mehr wirksam ist [20] [21] . Aber gerade in diesem Frequenzbereich liegt die meiste Energie des Klick-Reizsignals und der Impulse, und dort wird auch die größte Wirkung auf die TTS vorliegen. Offenbar wirken hier noch andere, bisher nicht bekannte Mechanismen mit ähnlichen oder größeren Zeitkonstanten.

In [23] und [24] wird darauf verwiesen, daß das Meerschweinchen in der Lage ist, seine Trommelfellimpedanz in weiten Grenzen spontan zu ändern und diese Änderung über längere Zeit aufrechtzuerhalten. Eventuell ist auch darin die Erklärung zu suchen.

4.2.3 Dauerhafte Hörschwellenverschiebung PTS

Ist das Gehör über längere Zeit Lärmbelastungen ausgesetzt, so daß die Gesamtlärmdosis einen kritischen Wert B_0 übersteigt, so tritt im Mittel eine irreversible Verschiebung der Hörschwelle ein. Diese wird PTS (permanent threshold shift) genannt. In Langzeitbelastungen von Tiergruppen mit allen o.g. Arten von Lärm wurde durch viele dosierte Einzelbelastungen (8 h/Tag, 5 Tage/Woche bzw. max. 800 Einzelimpulse/Tag, 5 Tage/Woche) mit Pegeln im Bereich L = 103...111 dB bzw. $\hat{L}$ = 125...145 dB, z.T. mit L_{HG} = 90 dB, der Aufbau der PTS(C) beim Meerschweinchen bewußt hervorgerufen. Die Ergebnisse sind im Bild 4 zusammengefaßt dargestellt. Es konnte eine eindeutige Abhängigkeit der im Mittel auftretenden PTS(C) von der Lärmdosis B_N festgestellt werden. Auch die Gültigkeit der anhand retrospektiver Untersuchungen für den Menschen abgeleiteten Beziehung

$$PTS = k \; lg \; \frac{B}{B_0} \; dB \tag{6}$$

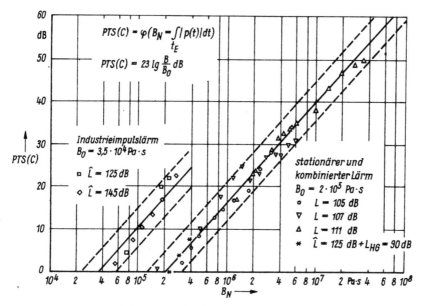

Bild 4 Mittlere PTS(C) von Meerschweinchen in Abhängigkeit von der Lärmdosis bei Belastung
mit stationärem, impulsartigem und kombiniertem Lärm

Die Regressionsgerade für Impulslärm ist die um den Faktor 5,8 nach links verschobene Gerade
für stationären Lärm.
Die eingetragenen Punkte sind Mittelwerte der einzelnen Meßreihen.

wurde direkt experimentell bestätigt. Dabei nehmen die Größen k und B_0 beim Menschen für
die verschiedenen Audiometertestfrequenzen unterschiedlich große Werte an [1] . Eine lineare
Regression bei logarithmierter Dosis B_N ergab für die Belastung der Meerschweinchen

$$PTS(C) = 23 \; \lg \frac{B_N}{B_0} \; dB \qquad (7)$$

mit $B_0 = 2 \cdot 10^5$ Pa·s für stationären und kombinierten Lärm und mit $B_0 = 3,5 \cdot 10^4$ Pa·s für
Industrieimpulslärm.

Diese Beziehung stimmt qualitativ mit (6) überein, die für den Menschen gültig ist. Die
Variation des Bewertungsexponenten des Schalldrucks gem. (1) ergibt die im Bild 5 dargestellten Abhängigkeiten, so daß auch hier für n = 1 die kompaktesten Zusammenhänge zu erzielen sind.

Die ITTS(C)-Belastungen hatten gezeigt, daß die Tiere auf Belastungen mit Schlagimpulsen
etwa 5...6fach empfindlicher reagieren als auf breitbandigen stationären Lärm gleicher Dosis
und daß trotz der höheren Gesamtbelastung kombinierter Lärm genauso zu behandeln ist wie
stationärer Lärm. Die sich daraus ergebende Frage, ob sich dieses unterschiedliche Verhalten im Verlauf des Aufbaus einer PTS(C) reproduziert, konnte - wie auch aus Bild 4 hervorgeht - eindeutig positiv beantwortet werden. Dabei wurde der Aufbau der PTS(C) durch viele
Einzelexpositionen mit relativ geringer Einzeldosis hervorgerufen. Nach einer in [24] näher
beschriebenen konzentrierten Einzelbelastung hoher Dosis konnte nämlich für Meerschweinchen
gezeigt werden, daß die strenge Anwendung des Dosisprinzips nicht zulässig ist, weil dann
traumatische Erscheinungen auftreten, die sich in einer Hörschwellenverschiebung mit extrem
verzögertem Rückbildungsverhalten (bis zu 2 Jahre) äußern.

Bild 4 enthält die Mittelwerte der PTS(C) für alle durchgeführten Langzeituntersuchungen.

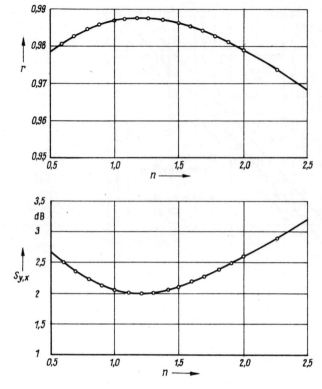

Bild 5 Abhängigkeit des Korrelationskoeffizienten r und der Reststandardabweichung $s_{Y,X}$ für den mittleren Zusammenhang PTS(C) = $\varphi(B_N)$ vom Bewertungsexponenten n des Schalldrucks gem. (1) für das Meerschweinchen

Dabei ist die links eingetragene Gerade nicht das Ergebnis der Regressionsanalyse der PTS(C)-Werte nach Schlagimpulsbelastung, sondern die um den Faktor 5,8 in Richtung geringerer Dosiswerte verschobene Regressionskurve PTS(C) = $\varphi(B_N)$ nach Belastung mit stationärem Lärm. Diesem Vorgehen lag die Überlegung zugrunde, daß entsprechend der Indikatorwirkung der ITTS(C) auch bei dosierter Schlagimpuls-Exposition eine in gleichem Maße größere Empfindlichkeit zu erwarten ist. Ebenso ist anhand der ITTS(C)-Werte nach kombinierter Exposition die Einordnung der PTS(C)-Werte in den Bereich für stationären Lärm zu erwarten. Diese Überlegungen konnten durch die hier durchgeführten PTS(C)-Belastungen ohne Ausnahme direkt bestätigt werden. Dies liefert gleichzeitig den direkten experimentellen Nachweis dafür, daß die ITTS(C) ein geeigneter Indikator für die Gehörschädlichkeit ist. Die Tiere reagieren sowohl im ITTS(C)-Verhalten als auch im PTS(C)-Verhalten (bei dosierter Einzelbelastung) in gleichem Maße empfindlicher auf Schlagimpulse als auf stationären oder kombinierten Lärm gleicher Dosis. Damit ist eine Aussage über die Schädigungswirkung eines Geräusches anhand von ITTS(C)-Werten möglich.

In diesem Zusammenhang muß noch einmal auf die Unterschiede zwischen Mensch und Tier bei der Reaktion auf Schlagimpulse mit den hier verwendeten Parametern hingewiesen werden. Da beim Menschen für die überwiegende Mehrzahl der praktisch auftretenden Belastungssituationen mit Schlagimpulsen die resultierende ITTS im Bereich der ITTS-Werte für die Belastung mit stationärem Lärm gleicher Dosis liegt, ist wegen der o.g. Indikatorwirkung ebenfalls kein Unterschied im Aufbau der PTS nach Belastungen mit Lärm dieser Kategorie zu erwarten, was auch durch retrospektive Untersuchungen bestätigt werden konnte [1].

5   Zusammenfassung

Auf der Grundlage mehrjähriger tierexperimenteller Untersuchungen mit Meerschweinchen konnte die Abhängigkeit der ITTS und der PTS für unterschiedliche Lärmkategorien im Mittel aufgezeigt werden. Es ist zwischen stationärem/kombiniertem und Industrieimpulslärm zu unterscheiden: Die Meerschweinchen reagieren auf Schlagimpulslärm gleicher Dosis etwa 5...6mal empfindlicher als auf stationäre bzw. kombinierte Geräusche. Innerhalb jeder Kategorie gilt bei dosierten Einzelbelastungen immer streng das Dosisprinzip. Der optimale Bewertungsexponent für den Schalldruck ist $n = 1$. Dies stimmt mit entsprechenden Ergebnissen für das menschliche Gehör und mit weiterführenden Auswertungen der Ergebnisse anderer Autoren, gewonnen an Chinchillas, überein. Altersabhängige Dosisanteile waren bei den Tieren nicht zu berücksichtigen. Insgesamt weisen die Tiere eine wesentlich geringere kritische Dosis B_0 für die Ausbildung einer PTS auf als der Mensch (etwa 1/100 bzw. 1/500 im Vergleich zur PTS_{4kHz}). Nach Überschreiten der kritischen Dosis verläuft der Anstieg der PTS(C) beim Meerschweinchen etwa halb so steil wie die Ausbildung der PTS_{4kHz} beim Menschen. Die Indikatorwirkung der ITTS für die potentielle Schädigungswirkung von Geräuschen konnte direkt experimentell bestätigt werden.

Literatur

[1]   KRAAK, W.: Investigations on criteria for the risk of hearing loss due to noise. In: Hearing research and theory, Bd. 1. New York: Acad. Press, 1981, S. 187-303

[2]   KRAAK, W.; KRACHT, L.; FUDER, G.: Die Ausbildung von Gehörschäden als Folge der Akkumulation von Lärmeinwirkungen. Acustica 38 (1977) S. 102-117

[3]   KRAAK, W.: Growth of TTS and course of recovery for different noises; implications for growth of PTS. Proc. Int. Congr. on Noise as a Public Health Problem, Dubrovnik, 1973, S. 293-300

[4]   HOFMANN, G.: Über objektive Verfahren zur Beurteilung des Hörvermögens im Zusammenhang mit dem Nachweis von Schallschädigungen am Tier. Diss. Tech. Univ. Dresden, 1974

[5]   HOFMANN, G.; KRAAK, W.: Über das Verhalten des unblutig abgeleiteten Summenaktionspotentials (SAP) von Meerschweinchen bei verschiedenen akustischen Reizformen. Arch. Oto-Rhino-Laryngol. 214 (1976) S. 9-18

[6]   KRAAK, W.; HOFMANN, G.: Nachweis der physiologischen Beanspruchung und der Schädigung des Meerschweinchengehörs nach Lärmeinwirkung mittels Elektrocochleografie. Arch. Oto-Rhino-Laryngol. 215 (1977) S. 301-310

[7]   HERHOLD, J.: Über tierexperimentelle Untersuchungen zur Beurteilung der gehörschädigenden Wirkung des Lärms. Diss. Tech. Univ. Dresden, 1980

[8]   BERGER, H.-J.: Zur Bewertung von Lärm hinsichtlich seiner Gehörschädlichkeit. Diss. Tech. Univ. Dresden, 1978

[9]   COLES, R., u.a.: Hazardous exposure to impulse noise. J. Acoust. Soc. Amer. 43 (1968) S. 336-343

[10] WARD, W. D.; GLORIG, A.; SKLAR, D. L.: Dependence of temporary threshold shift at 4 kc on intensity and time. J. Acoust. Soc. Amer. 30 (1958) S. 944-954

[11] WARD, W. D.: Temporary threshold shift and damage-risk criteria for intermittent noise exposures. J. Acoust. Soc. Amer. 48 (1970) S. 561-574

[12] WARD, W. D.: Effects of noise exposure on auditory sensitivity. In: Handbook of Physiology, Bd. 9. Hrsg. Amer. Phys. Soc. Bethesda, Maryland: 1977, S. 1-15

[13] BENITEZ, L.; ELDREDGE, D.; TEMPLER, J.: Temporary threshold shifts in chinchillas: Electrophysiological correlates. J. Acoust. Soc. Amer. 52 (1972) S. 1115-1123

[14] BLAKESLEE, E., u.a.: Asymptotic threshold shift in chinchillas exposed to impulse noise. J. Acoust. Soc. Amer. 63 (1978) S. 876-882

[15] ELDREDGE, D., u.a.: Behavioral, physiological and anatomical studies of threshold shifts in animals. Proc. Int. Congr. on Noise as a Public Health Problem, Dubrovnik, 1973, S. 237

[16] MILLER, J.; ROTHENBERG, S.; ELDREDGE, D.: Preliminary observations on the effects of exposure to noise for seven days on the hearing and inner ear of the chinchilla. J. Acoust. Soc. Amer. 50 (1971) S. 1199

[17] SAUNDERS, J.; MILLS, J.; MILLER, J.: Threshold shift in the chinchilla from daily exposure to noise for six hours. J. Acoust. Soc. Amer. 61 (1977) S. 558-570

[18] WALKER, J.: Temporary threshold shift caused by combined steady-state and impulse noise. J. Sound Vibrat. 24 (1972) S. 493-504

[19] COHEN, A.; KYLIN, B.; LA BENZ, P.-J.: Temporary threshold shifts in hearing from exposure to combined impact/steady-state noise conditions. J. Acoust. Soc. Amer. 40 (1966) S. 1371

[20] ROY, A.: Vergleich der Untersuchungsergebnisse verschiedener Autoren zur Schutzwirkung des akustischen Mittelohrreflexes. HNO-Praxis 7 (1982) S. 289-295

[21] ROY, A.: Messungen zum Einfluß des akustischen Reflexes auf das Übertragungsverhalten des Mittelohres. HNO-Praxis 8 (1982) S. 41-47

[22] WIGGERS, H.: The function of the intra-aural muscles. J. Amer. Physiol. 120 (1937) S. 771

[23] MUNDIE, J.; HENGES, D.: Some factors influencing the acoustical impedance of guinea-pig ear. J. Acoust. Soc. Amer. 32 (1960) S. 1495

[24] HERHOLD, J.: Grenzen des Dosisprinzips bei Lärmeinwirkungen - Tierexperimentelle Untersuchungen an Meerschweinchen. 16. Fachkoll. Inf.-Tech., Tech. Univ. Dresden, 1983, Tag.-H. A, S. 74-78

Anschrift des Autors:

Dr.-Ing. Johannes Herhold

VEB RFT Nachrichtenelektronik Leipzig „Albert Norden"
Melscher Str. 7
Leipzig
7027

Die Arbeit wurde angefertigt während der Tätigkeit an der Technischen Universität Dresden, Sektion Informationstechnik, Bereich Akustik und Meßtechnik.